Karl Pusch
Grundkurs IEC 1131

Karl Pusch

Grundkurs IEC 1131

Programmierbeispiele für die Prozeßautomatisierung

Vogel Buchverlag

KARL PUSCH
Jahrgang 1943, absolvierte 1966 eine Ausbildung zum Radio- und Fernsehtechniker und war danach einige Jahre auf diesem Gebiet und im Bereich der Geophysik tätig. Er vollzog 1968 eine Ausbildung zum Elektroniktechniker und ist seit 1969 Technischer Lehrer an der Elektronikschule Tettnang mit den Fächern: Elektronik, Meßtechnik, Energietechnik, Regelungstechnik und Automatisierungstechnik.

Die Deutsche Bibliothek – CIP-Einheitsaufnahme

Grundkurs IEC 1131 [Medienkombination] : Programmbeispiele für die Prozeßautomatisierung / Karl Pusch. – Würzburg : Vogel
ISBN 3-8023-1807-2
BUCH. 1999
CD-ROM. 1999

ISBN 3-8023-1807-2
1. Auflage. 1999

Umschlaggrafik: Gudrun Schwarz, St. Johann
Herstellung: Vogel Verlag, Würzburg
Satz/Layout: WPT Kernstock, Kirchheim/Teck

Vorwort

Neue Programmiersprachen, der Einsatz von Feldbussystemen und der Industrie-PC als Basis, das sind die Elemente, mit denen die Steuerungstechnik einen weiteren Schritt von der Schützverdrahtung in Richtung Datenverarbeitung unternimmt.

Der erste Wandel vollzog sich in den 60er Jahren mit dem Ersatz der Hilfsschützlogik durch Elektronikbaugruppen. Der nächste Schritt folgte in den 70er Jahren mit den speicherprogrammierbaren Steuerungen. Entstanden die Programme bis dahin hauptsächlich durch den Einsatz eines Schraubenziehers, war jetzt ein Computer in Form eines Programmiergerätes erforderlich.

Die 80er Jahre brachten dann einen enormen Zuwachs im Funktionsumfang der Steuerungen mit Elementen der Datenverarbeitung (Arbeit mit Gleitkommazahlen und Tabellen, Mehrprozessorsystemen usw.). Die Grundstruktur einer SPS-Anlage blieb jedoch den Denkweisen der Schütztechnik, des eigenständigen Schaltschrankes und der Parallelverdrahtung treu.

Die 90er Jahre sind dagegen davon geprägt, daß das Steuerungssystem in höherem Maße Aufgaben der Datenverarbeitung, Prozeßvisualisierung, Anlagendiagnose und Wartung übernimmt: Wünsche, die nur mit dem konsequenten Einsatz von Feldbussystemen erfüllbar sind und einen Industrie-PC als Basis fordern.

Für das Anfertigen der Anwendersoftware sind darüber hinaus weltweit einheitliche Verfahren notwendig, die effektives Programmieren ermöglichen. Hier schaffen die Programmierverfahren nach IEC 1131 eine Basis, die sehr an die Denkweisen der Datenverarbeitung angelehnt sind.

Für den Techniker bedeutet dies ein weiteres Mal, daß er sich in eine neue und vor allem komplexere Programmiertechnik einarbeiten muß. Das Buch wendet sich deshalb in erster Linie an alle, die als Praktiker mit dieser neuen Programmiertechnik konfrontiert werden: Techniker, Facharbeiter, Meister und selbstverständlich alle, die eine entsprechende Ausbildung absolvieren. Die vielen kleinen und überschaubaren Programme in unterschiedlichen Sprachen beschleunigen die ersten Schritte in die Materie, die in sich abgeschlossenen und getesteten Bausteine lassen sich darüber hinaus in eigenen Programmen nutzbringend einsetzen.

Ohne Rat und Tat von außen kann so ein Buch nicht entstehen. Ich möchte mich hier in erster Linie bei meiner Frau bedanken für ihre Geduld mit meiner Ungeduld. Auch bei den Damen und Herren der Firmen Klöpper & Wiege und Phoenix Contact bedanke ich mich für die erwiesene Hilfestellung. Dank auch an Kolleginnen und Kollegen für ihre Unterstützung und den Damen und Herren des Vogel Buchverlags für die hervorragende Zusammenarbeit.

Resonanz aus Leserkreisen ist mir stets willkommen, ganz im Sinne moderner offener Automatisierungstechniken.
Sie erreichen mich per E-Mail unter pusch@est.fn.bw.schule.de.

Tettnang Karl Pusch

Inhaltsverzeichnis

1 Basiselemente einer Prozeßsteuerung

Ganz grob betrachtet besteht eine Prozeßsteuerung aus den Elementen Hardware, Infrastruktursoftware und dem eigentlichen Anwenderprogramm.

Hardware

- das ist die Schaltschrank-SPS mit ihren E-/A-Baugruppen,
- das ist der Steuerungs-PC mit seinen Feldbusanschaltbaugruppen,
- und das ist ein Feldbussystem mit den E-/A-Baugruppen, welches die Prozeßdaten einsammelt und verteilt.

Infrastruktursoftware

- Betriebssystem einer firmenspezifischen SPS oder des Steuerungs-PC,
- Betriebssystem eines Coprozessors auf der Slot-SPS,
- Interpreterprogramm in einer Schaltschrank-SPS,
- Softwarewerkzeug zum Konfigurieren der Hardware,
- Softwarekomponente für die Systemdiagnose,
- Programmierwerkzeug für die Steuerungssoftware inkl. einem eventuellen Compiler.

Anwenderprogramm, Steuerungssoftware

Hardware und Infrastruktursoftware sind im Sinne dieses Buches die Basiselemente einer Steuerung. Hier finden wir auf dem Markt große, systemspezifische Unterschiede. Diese Unterschiede sind sinnvoll und notwendig, um das weite Feld der Anwenderwünsche abzudecken. Was dagegen den Aufbau der Steuerungssoftware betrifft, unternimmt die Norm IEC 1131 bzw. DIN EN 61131 den Versuch, zu einheitlichen Programmstrukturen zu kommen, unabhängig vom Programmiersystem. Als Endziel dieser Bemühungen sollen beliebige Programmbausteine zwischen x-beliebigen Programmiersystemen völlig frei übertragbar sein. Dem geplagten Programmierer stehen dann Bausteinbibliotheken zur Verfügung, mit denen er seine Aufgaben effektiver lösen kann. Für die Textsprachen Anweisungsliste AWL und Strukturierter Text ST ist dies noch relativ einfach; schwierig wird es dagegen bei den grafischen Sprachen.

Der Steuerungssoftware ist dieses Buch gewidmet. Zwar läßt der freie Programmaustausch zwischen unterschiedlichen Systemen noch viele Wünsche offen. Doch führt die Normungsentwicklung immerhin dazu, daß der Programmierer firmenunabhängig die gleichen Begriffe und Symbole vorfindet. Operatoren, Standardfunktionsbausteine und -Funktionen sind weitestgehend einheitlich. Kapitel 2 befaßt sich mit den Grundlagen der Programmierung nach IEC 1131, den Beispielprogrammen gehören die Kapitel 3 bis 11.

1.1 Steuerung

1.1.1 Schaltschrank-SPS mit Parallelverdrahtung

Unter einer Steuerung, der speicherprogrammierbaren Steuerung, kurz SPS, verstehen wir hier ein autarkes Computersystem mit mindestens einem eigenen Prozessor (CPU) und einem eigenen Betriebssystem. Hauptaufgabe der SPS ist das Steuern, Regeln und Überwachen von technischen oder industriellen Prozessen im weitesten Sinne; von der Garagentorsteuerung bis zur Steuerung einer Großraffinerie. Wesentliches äußeres Merkmal einer klassischen Schaltschrank-SPS ist die breite Palette von Eingabe- und Ausgabebaugruppen, die der CPU zur Verfügung stehen. Über eine umfangreiche Parallelverdrahtung steht die SPS im Schaltschrank mit den Sensoren und Aktoren im Prozeßumfeld in Verbindung.

Bild 1.1 zeigt die Elemente einer solchen Anlage. Die E-/A-Baugruppen sind über ein Stecksystem direkt mit der CPU verbunden (Schutzart IP 20). Der Prozessor in der CPU arbeitet mit einem eigenen, firmenspezifischen Betriebssystem. Das Programm für die Prozeßsteuerung (Anwenderprogramm) entsteht auf einem speziellen Programmiergerät oder einem PC. Für eine zusätzliche Visualisierung ist ein weiterer PC oder ein entsprechendes Bedienpannel nötig.

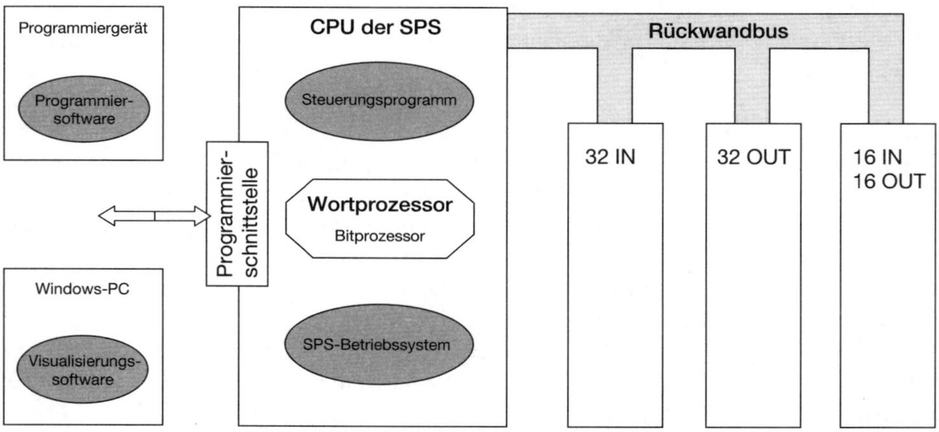

Bild 1.1 Elemente der klassischen Schaltschrank-SPS

1.1.1.1 Interpretersprachen

Das Anwenderprogramm geht per Download vom Programmiergerät an die SPS; und zwar als Interpretercode. Der Interpretercode hat große Ähnlichkeit mit dem vom

Programmierer erstellten Quellprogramm (z. B. als Anweisungsliste). Der Interpreter als Bestandteil des Betriebssystems in der SPS setzt diesen Code um in Anweisungen für den SPS-Prozessor. Ein Vorteil des Interpretercodes ist, daß wir Programme in der Steuerung schnell ändern können. Im Gegensatz zu Compilerprogrammen, wie sie in der Regel auf PC-Steuerungen laufen, sind Interpreterprogramme allerdings langsamer. Allgemein gestatten Interpreterprogramme eine einfache Kommunikation zwischen der Steuerung und dem Programmiergerät. So läßt sich z. B. das Programm auf der SPS ohne großen Aufwand mit einem Programmiergerät wieder lesen, selbstverständlich ohne Symbolik.

1.1.2 Schaltschrank-SPS mit Feldbus-Ein-/Ausgabe

Mit fortschreitender Entwicklung auf dem Gebiet der Feldbustechniken wächst die Zahl der Anlagen, deren E-/A-Baugruppen nicht mehr unmittelbar neben der CPU im Schaltschrank sitzen. Statt dessen befinden sie sich in direkter Nähe der Sensoren und Aktoren, häufig in der Schutzart IP 65 oder IP 54. Der Datenaustausch zwischen CPU und E-/A-Baugruppen läuft über ein einziges Feldbuskabel. Diese Entwicklung begann vor ca. 10 Jahren mit der Einführung des steuerungsunabhängigen Interbus-S in der Automobilindustrie.

Bild 1.2 zeigt ein Beispiel. Anstelle der E-/A-Baugruppen sitzt neben der CPU eine Busanschaltung. Die E-/A-Baugruppen sind im Feld verteilt, für den Datenaustausch sorgt der Feldbus. Die Anschaltbaugruppe organisiert diesen Datenaustausch, überwacht und verwaltet den Bus und gestattet die Busdiagnose. Die CPU arbeitet nach wie vor mit einem eigenen Betriebssystem; das Programm für die eigentliche Prozeßsteuerung entsteht nach den Regeln des CPU-Herstellers. Für die Programmierung ist auch hier ein spezielles Programmiergerät nötig, entsprechendes gilt für die Visualisierung. Vorteil einer solchen Anlage gegenüber der Komplett-SPS im Schaltschrank ist ein erheblich geringerer Verdrahtungsaufwand. Die Leitungslänge zwischen den Prozeßelementen und der E-/A-Ebene ist geringer, folglich sind auch die leitungsbedingten Störungen geringer. Über den geringeren Verdrahtungsaufwand hinaus gibt es jedoch noch eine Vielzahl weiterer Gründe für die durchgängige Feldbusvernetzung aller Aktor- und Sensoreinheiten in einem Prozeß (s. Abschnitt 1.2.2).

1.1.3 PC-gestützte SPS, Slot-SPS

In modernen Anlagen geht es nicht mehr ausschließlich um schnelle und effiziente Steuerungsprogramme. Der Wunsch nach komfortabler Visualisierung und Bedienung steigt ebenso wie der Wunsch, größere Datenmengen zu erfassen (Betriebs- oder Produktdaten) und mit entsprechenden Softwarewerkzeugen weiter zu verarbeiten. Die Basis hierfür sind Windowsprogramme und der IBM-kompatible PC. Damit kommt der Wunsch auf, die CPU der SPS ebenso wie bereits die E-/A-Baugruppen auch noch aus dem Schaltschrank herauszunehmen und als Slotkarte in den PC zu integrieren (s. Bild 1.3).

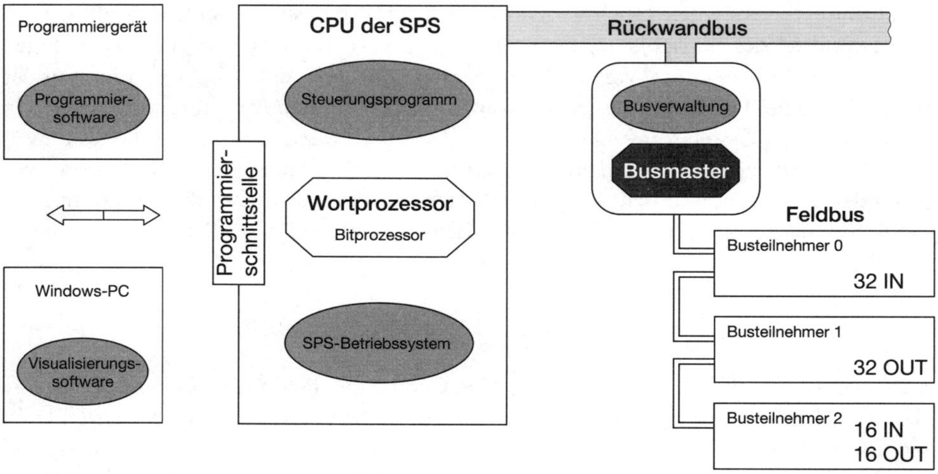

Bild 1.2 Schaltschrank-SPS, erweitert durch eine Feldbus-Anschaltbaugruppe

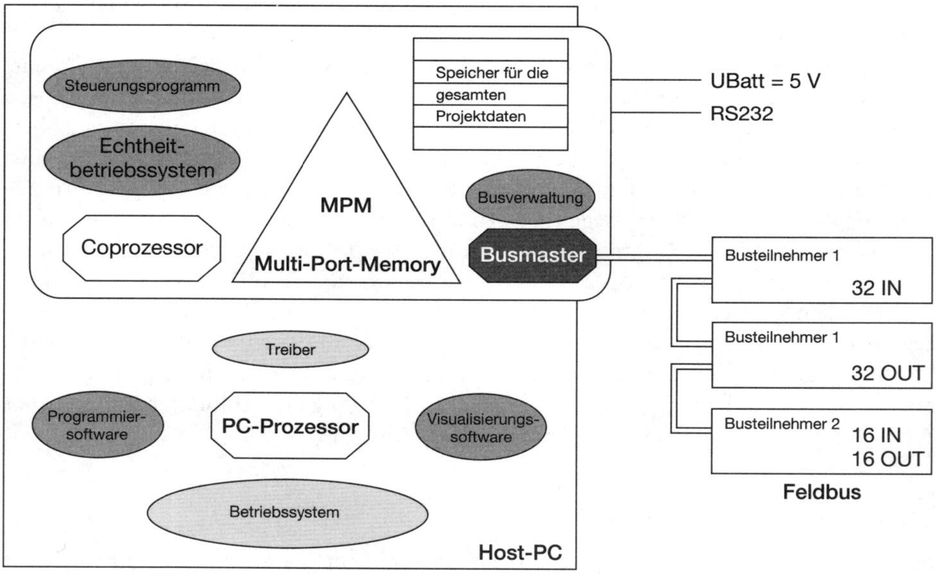

Bild 1.3 Slot-SPS: SPS und Busverwaltung als PC-Slotkarte

Ein Coprozessor auf dieser Karte arbeitet als SPS mit eigenem Betriebssystem, das ist in der Regel ein multitaskingfähiges Echtzeitbetriebssystem (z. B. PROCONOS, RTX-DOS). Das Steuerungsprogramm liegt ebenfalls auf dieser Karte in einem nichtflüchtigen Programmspeicher. Ein weiterer Prozessor als Busmaster sorgt für den Busbetrieb und die Busdiagnose und wickelt den Datenaustausch zwischen dem SPS-Prozessor und den Busteilnehmern ab. Ein Multiport-Memory (MPM) in Form eines RAM-Speichers dient als Zwischenlager für die Daten. Die Tatsache, daß die SPS hier direkt im PC steckt, erleichtert sowohl die Programmierung als auch die Prozeßvisualisierung. Das MPM ist dabei die zentrale Verteilerstelle.

1.1.3.1 Busmaster

Der Busmaster legt die Eingabedaten, die aus dem Feld in die Steuerung einlaufen, im MPM ab, sowohl der Coprozessor als auch der PC-Prozessor für die Visualisierung können darauf zugreifen.

1.1.3.2 Coprozessor

Der Coprozessor legt die Ergebnisse des Steuerungsprogrammes ebenfalls im MPM ab. Der Busmaster kann darauf zugreifen und diese Daten an die Ausgabebaugruppen im Feld verteilen. Ebenso kann die Prozeßvisualisierung auf diese Daten zugreifen und damit ihre Bilder auf dem PC-Bildschirm gestalten.

1.1.3.3 Host-Rechner

Auch der Host-Rechner, der die Slotkarte beherbergt, kann Daten in diesen Speicherbereich hineinschreiben. Damit läßt sich während der Inbetriebnahme das auf dem PC erstellte Steuerungsprogramm zum Programmspeicher des Coprozessors schicken. Im laufenden Betrieb ist aus der Visualisierungsoberfläche heraus eine Bedienung der Anlage möglich.

Das Anwenderprogramm kann auf 2 Wegen zur Slot-SPS gelangen. In der einfachsten Art entsteht es auf dem Host-PC mit Hilfe der Programmiersoftware. Ein Download-Vorgang über die Host-interne Treiberschnittstelle bringt das kompilierte Programm dann auf die SPS. Der andere Weg läuft über die RS232-Schnittstelle der Karte. Hier läßt sich das Anwenderprogramm von einem zusätzlichen Rechner auf die Karte laden.

Darüber hinaus gestattet die serielle Schnittstelle der Slot-SPS das Testen des Programmes und einen Zugriff auf die Busverwaltung. Hat die Karte auch noch einen Anschluß für die Versorgungsspannung, dann kann sie auch ohne den Host-PC ihre Steuerungsaufgaben erfüllen.

1.1.3.4 Compilersprachen

Im Bereich der PC-gestützten Steuerungen sind in der Regel Compilersprachen eingesetzt. Die Programmierung erfolgt häufig mit Hilfe von Hochsprachen, wie Pascal oder C, C++, Visual Basic und in zunehmendem Maße auch auf der Basis von IEC 1131. Bei Compilersprachen schreibt der Programmierer zunächst ein Quellprogramm. Das Quellprogramm ist dann in die Maschinensprache des SPS-Prozessors zu übersetzen; ein Vorgang, den wir als kompilieren bezeichnen. Der Compiler ist folglich ein Übersetzungsprogramm, das Texte einer höheren Programmiersprache in die Maschinensprache eines Zielprozessors übersetzt. In manchen Systemen erfolgt das Übersetzen in 2 Stufen. Dabei läuft im Zielsystem eine 2. Übersetzung ab, die den

Code noch einmal optimiert. Zwar ist ein Kompiliervorgang recht aufwendig, das kompilierte Laufzeitprogramm ist dagegen schneller als ein entsprechendes Interpreterprogramm. Im Gegensatz zu Interpretersystemen läßt sich bei Compilersystemen der Code aus der SPS allerdings nicht mehr zurückübersetzen. Verschiedene Systemhersteller gehen deshalb dazu über, das komplette Steuerungsprojekt komprimiert in einem FLASH-Epromspeicher auf der Slotkarte abzulegen, komplett mit allen Bildern und Kommentartexten (z. B. die Karten IBS ISA FC/I-T und IBS ISA FC/486 DX/I-T in Verbindung mit PC-WORX der Firma Phoenix Contact). Das Projekt wirkt dort als Bootprojekt (Programmstart mit dem Einschalten der Anlage) und läßt sich auch komplett zurücklesen (UPLOAD).

1.1.3.5 Konfiguration, Ressource, Task

Nach dem Sprachgebrauch der Norm ist der Host-PC mit seiner SPS-Karte eine Konfiguration, bei der eigenständigen Slot-Karte handelt es sich um eine Ressource. Auf dieser Ressource läuft mindestens 1 Steuerungsprogramm ab (s. Kapitel 2). Ist die gesamte Prozeßsteuerung auf mehrere Programme aufgeteilt, dann sorgt eine sog. Taskverwaltung für den situationsgerechten Einsatz der Programme. Die Taskverwaltung ist Bestandteil des Betriebssystems auf der Ressource. Sie stellt dem Programmierer 3 verschiedene Aufrufmechanismen für seine Programme zur Verfügung, wobei das einzelne Aufrufverfahren als Task bezeichnet wird:

- ❑ Zyklische Basis-Task (Default-Task)
  Programme, die einer zyklischen Task zugeordnet sind, werden von der SPS ständig mit größtmöglicher Geschwindigkeit bearbeitet.
- ❑ Zeitgesteuerte Task
  Auch eine zeitgesteuerte Task ruft ihre Programme zyklisch auf. Als Taskeigenschaft muß der Programmierer aber die Zeitintervalle angeben, mit denen die Task aktiv werden soll.
- ❑ Ereignisgesteuerte Task
  Die ereignisgesteuerte Task setzt ihre Programme nur dann in Gang, wenn aus dem Prozeß heraus ein spezielles Signal einläuft. Der Programmierer muß dieses Signal definieren.

Beim Einsatz mehrerer Tasks müssen wir diesen unterschiedliche Prioritäten zuweisen. Aufgrund der Prioritäten erkennt die Taskverwaltung, ob sie eine gerade laufende Task durch eine andere unterbrechen kann. Die zyklische Basis-Task hat dabei die niedrigste Priorität.

1.1.3.6 Anwendungsbeispiel

Bild 1.4 zeigt einen Host-PC als Konfiguration, der 3 Ressourcen enthält. Der PC dient hier also als Plattform für 3 eigenständige speicherprogrammierbare Steuerungen. Auf jeder läuft mindestens 1 eigenständiges Programm, das mit der Programmiersoftware auf dem PC erstellt wurde. Die Visualisierungssoftware kann auf die Daten aller 3 Ressourcen zugreifen. Ein Beispiel verdeutlicht die Möglichkeiten einer solchen Anlage. Es handelt sich bei den 3 Ressourcen um jeweils eine Coprozessorkarte IBS ISA FC/486 DX/I-T, die sich nach IEC 1131 programmieren läßt. Jede Karte kann als Interbusmaster 512 Busteilnehmer betreuen und maximal 256 Prozeßdatenworte bearbeiten. Würden alle Datenworte mit binären Ein- und Ausgängen belegt, könnte jede Karte 4096 Eingänge und 4096 Ausgänge bearbeiten. Bei einem Prozessortakt von 100 MHz benötigt die Karte für 1 000 Wortanweisungen ca. 200 µs und für 1 000 Bitanweisungen ca. 400 µs.

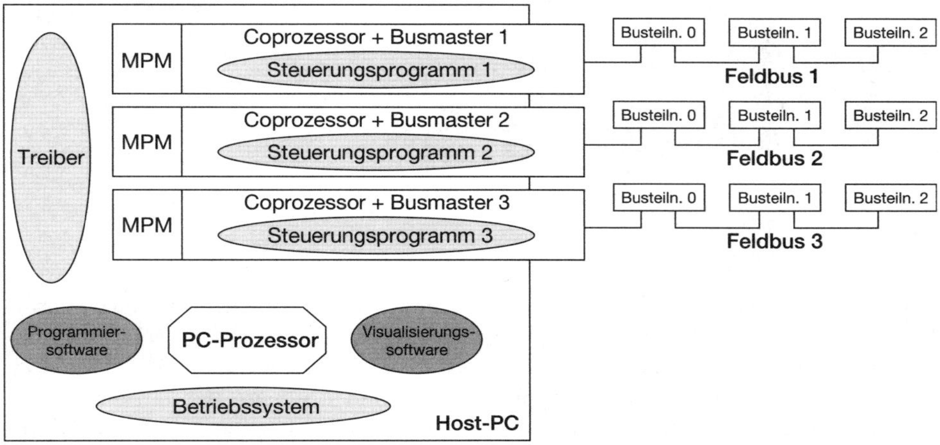

Bild 1.4 Steuerungskonfiguration mit 3 eigenständigen Ressourcen

1.1.4 Soft-SPS

Handelt es sich bei dem eingesetzten PC um einen schnellen Rechner mit echtzeitfähigem Betriebssystem, dann kann man auf den Coprozessor und das zusätzliche Betriebssystem der Slotkarte verzichten. Es genügt hier eine einfache Busmasterkarte für die Organisation und Diagnose des Bussystems. Das Steuerungsprogramm läuft auf dem Host-PC ab. Dies kann sowohl ein Büro-PC sein als auch ein spezieller Industrie-PC (IPC), als Betriebssystem dient in zunehmendem Maße Windows NT. Bild 1.5 zeigt die Struktur.

Die Slotkarte enthält nach wie vor einen Prozessor, der für das Busprotokoll, die Diagnose usw. zuständig ist. Auch ein Speicherbereich ist vorhanden für die Datenübergabe. Im Gegensatz zur Coprozessorlösung mit ihrem Multiport-Memory ist der Speicher hier als Dualport-Memory ausgeführt. Der Busmaster baut in diesem Speicherbereich das Prozeßabbild für die E-/A-Daten auf. Eine Treibersoftware, speziell für diese Karte, gestattet dem Host-PC, auf das Prozeßabbild zuzugreifen. Das eigentliche Steuerungsprogramm läuft auf dem Prozessor des Host-PC ab. Hier handelt es sich also nicht mehr um eine firmenspezifische SPS-Lösung wie z. B. die Simatic S5 oder S7 oder eine Modicon TSX Compact der Firma «Schneider Automation». Die wesentlichen Merkmale dieser Soft-SPS werden hier geprägt durch die Betriebssystem- und Programmiersoftware auf der einen Seite und durch den eingesetzten Feldbus auf der anderen Seite.

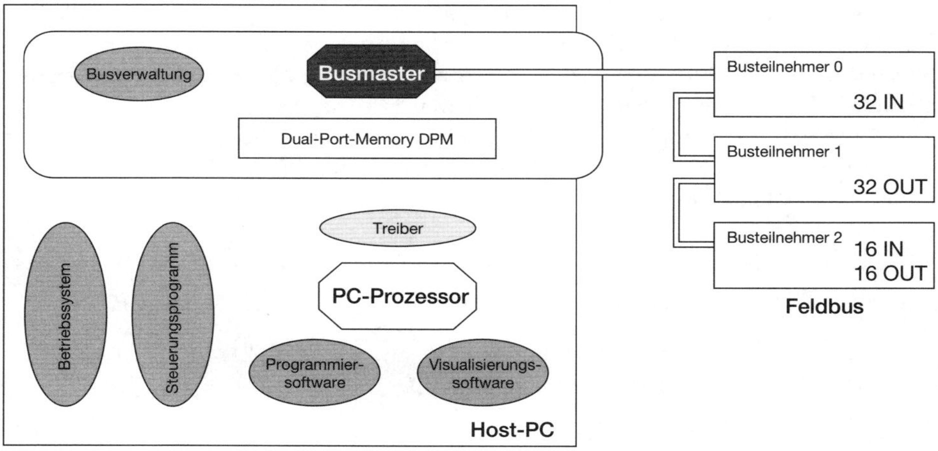

Bild 1.5 SPS als reine Softwarelösung

Bild 1.6 zeigt, wie hier ein größeres Steuerungssystem aussehen kann. Die Firma Hilscher bietet unter der Bezeichnung CommunicationInterFace (CIF) Feldbus-Anschaltbaugruppen für alle wichtigen Bussysteme an. Diese kurzen ISA-Karten im PC/104-Format wickeln das Feldbusprotokoll ab und kümmern sich um die Busverwaltung. Die Karten hinterlegen die Eingabedaten in einem Dualport-Memory (DPM). Das Steuerungsprogramm im PC kann über sog. Devicetreiber auf dieses Prozeßabbild zugreifen. Die Ausgabedaten des Programmes gehen ebenfalls über diese Treiber in das Dualport-Memory; die Anschaltbaugruppe verteilt sie dann an die Busteilnehmer im Feld.

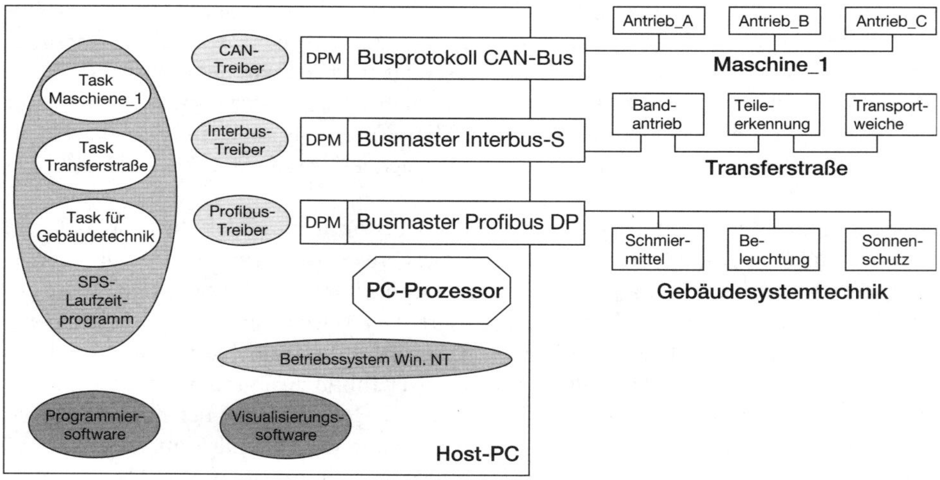

Bild 1.6 Anwendungsbeispiel einer reinen Softwaresteuerung

CAN-Anschaltung
Im konstruierten Beispiel sorgt ein CAN-Netzwerk für die Kommunikation in der Maschine 1 zwischen 3 schnellen Achsantrieben, die räumlich nah beieinanderliegen. Dieser Teilprozeß erfordert einen schnellen Mutimasterbetrieb, weil die Antriebe untereinander Daten austauschen; große Leitungslängen sind nicht erforderlich.

Interbus-S-Anschaltung
Eine Interbus-S-Anschaltung kümmert sich um die Transferstraße mit 3 E-/A-Gruppen für Bandantrieb, Teileerkennung und Transportweiche. Hier sind große Entfernungen mit umfangreichem Diagnosebedarf zu überbrücken. Für die Steuerung der Bandantriebe vor Ort mit Motorschaltern der Schutzklasse IP 54, eingebunden in den Interbus-Loop, sind keine Schaltschränke nötig. Für das reibungslose Zusammenspiel von Teileerkennung und Transportweichen sorgt der Busmaster mit seiner zeitlich konstanten Übertragungsrate.

Profibus-DP-Anschaltung
Für die Gebäudeleittechnik ist ein Profibus-DP-Netzwerk eingesetzt, weil der Betrieb diesen Bereich auch noch mit Simatic-S7-Steuerungen abdeckt. Das Profibusnetzwerk organisiert die Schmiermittelzufuhr zu den einzelnen Maschinen, die Hallenbeleuchtung und den Sonnenschutz. Da hier einerseits große Entfernungen zu überbrücken sind, andererseits die Übertragungsgeschwindigkeit auf dem Bus keine große Rolle spielt, läßt sich der Bus mit niedriger Baudrate fahren.

Im einfachsten Falle könnte das Steuerungsprogramm auf dem Host-PC so aufgebaut sein, daß jedem Teilprozeß eine eigene Task zugeordnet ist. Jede Task kann ihre eigene Priorität und ihren eigenen Aufrufintervall haben. Der Betriebssystemhintergrund Windows NT ist zuständig für das Einhalten dieser Taskeigenschaften.

1.1.5 Steuerungssysteme mit verteilter Intelligenz

Mit dem Begriff Intelligenz ist hier gemeint, daß in einer Baugruppe ein Prozessor mit eigenem Steuerungsprogramm arbeitet. Die Baugruppe kümmert sich eigenständig um einen abgegrenzten Teilprozeß. Die intelligente Baugruppe empfängt Eingangsdaten aus dem Prozeß, verarbeitet diese Daten und gibt die Ergebnisse dieser Verarbeitung als Ausgangsdaten an den Prozeß wieder aus. Darüber hinaus kommuniziert der Busteilnehmer mit anderen Busteilnehmern, mit einem eventuell vorhandenen Busmaster oder dem Visualisierungssystem (s. Bild 1.7).

Der Busmaster übernimmt aufgrund seiner Software zusätzliche Aufgaben im System. So ist er z. B. in der Lage, den Kommunikationsfluß zwischen den übrigen Teilnehmern zu steuern oder einzelne Teilnehmer mit neuen Parametern zu versehen.

1.2 Feldbus

In dezentralisierten Steuerungen der Produktionsleittechnik oder Gebäudeleittechnik bildet der Feldbus das Rückgrat für die Datenübertragung. Der Begriff Feld umschreibt dabei die räumliche Situation der gesamten Anlage; z. B. einer Großraffinerie, einer Transferstraße oder einer Verpackungsmaschine. Der Begriff Bus kennzeichnet strenggenommen ein linienförmiges Leitungssystem, an dem alle Teilnehmer über Stichleitungen angeschlossen sind. Die beiden Enden der Leitung erfordern in der Regel einen Abschlußwiderstand. Inzwischen steht der Begriff Bus im allgemeinen Sprachgebrauch jedoch als Oberbegriff für alle vernetzten Systeme in der Prozeßtechnik. Die Feldbussysteme, die weltweit eine Rolle spielen, sind in Tabelle 1.1 aufgelistet. Einige davon werden anschließend näher beschrieben.

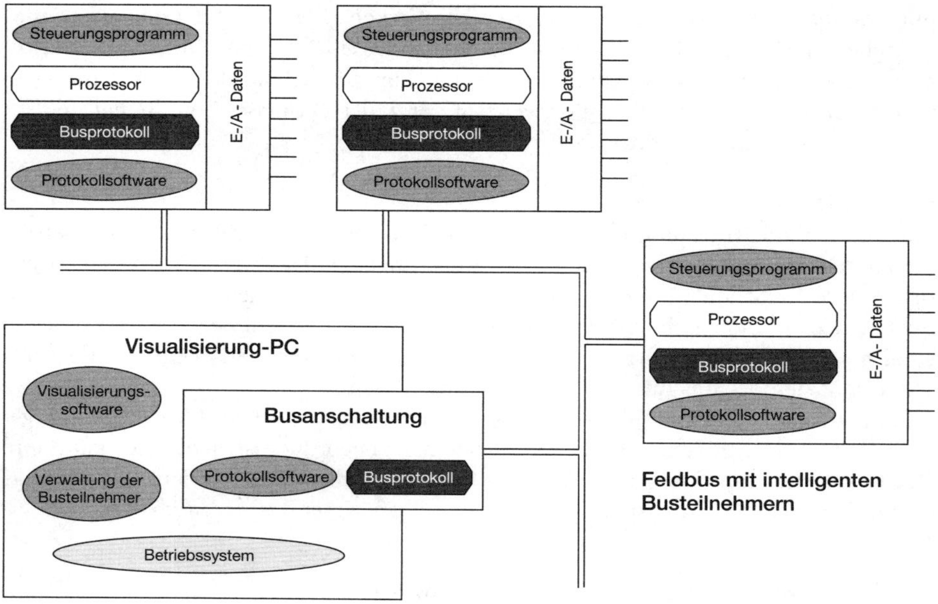

Bild 1.7 Prozeßsteuerung mit verteilter Intelligenz

1.2.1 Tätigkeit von Feldbussystemen

Zunächst einmal soll ein Feldbus möglichst viele Baugruppen einer Anlage mit geringstem Verkabelungsaufwand und höchster Störsicherheit miteinander verbinden. Auf der Basis eines solchen Netzes soll dann ein möglichst vielschichtiger Informationsaustausch möglich sein.

Die Frage, wie dieser Informationsaustausch im Bussystem zu organisieren ist, läßt sich aus zwei extrem unterschiedlichen Blickwinkeln betrachten. Ein Standpunkt sieht in erster Linie die Prozeßdaten, die möglichst schnell in knapper Form zu verarbeiten sind. Für den anderen Standpunkt stehen eigenständige Feldbusteilnehmer im Vordergrund, die miteinander Informationen austauschen.

Tabelle 1.1 Wichtige Feldbusse

Busbezeichnung		Ursprung	Norm
ASI-Bus	Aktuator-Sensor-Interface	Deutschland, Anwendervereinigung	EN 50 295
ARCNET	Attached Resource Computer Network	USA, Firma Datapoint	
Bitbus		USA, Firma Intel	IEEE 1118
CAN	Controller Area Network	Deutschland, Firma Bosch	
DIN-Messbus		Anwendervereinigung	DIN 66 348
FAIS	Factory Automation Interconnection System	Japan	
EIB	European Installation Bus	Anwender-vereinigung EIBA in Brüssel	EN 50 900
Interbus-S	Interface-Bus-Schnell	Deutschland, Firma Phoenix Contact	DIN 19 258, EN 50 254
LON-Worx	Local Operating Network	USA, Firma Echelon	
P-NET		Dänemark	EN 50 170
Profibus DP	Prozess-Field-Bus, Dezentrale Peripherie	Deutschland	EN 50 170
Profibus PA	Prozess-Field-Bus, Prozeß-automatisierung	Deutschland	EN 50 170
FIP	Factory Instrumentation Protokoll	Frankreich	EN 50 170

Prozeßdaten stehen im Vordergrund

Im klassischen Sinne der Steuerungstechnik sehen wir in einem Prozeß sehr viele binäre, digitale oder analoge Ein-/Ausgabedaten. Diese sind an einer zentralen Stelle zu verarbeiten und sollen dort auch für die Prozeßvisualisierung zur Verfügung stehen. Hier sehen wir ein Master-Slave-System. Der Busmaster ist die zentrale Stelle, die 2 prinzipiell wichtige Dinge zu tun hat:

1. Daten und Informationen mit allen Busteilnehmern austauschen und
2. den Zugriff der einzelnen Busteilnehmer auf das gemeinsame Leitungssystem zu steuern.

Der Busmaster stellt die eingesammelten Eingabedaten dem Anwenderprogramm zur Verfügung. Das Anwenderprogramm verarbeitet diese Eingabedaten und übergibt die Ergebnisse an den Busmaster. Dieser verteilt sie wieder an die Ausgabebaugruppen im Feld.

In dieser einfachen Betrachtungsweise haben die Slaveteilnehmer im System zunächst keine eigene Intelligenz. ASI-Bus, Interbus-S und Profibus-DP z. B. arbeiten auf diese Art. Speziell in Interbus-S- und Profibus-Systemen finden wir jedoch zunehmend intelligente Teilnehmer, die auf der Basis von eigenen Programmen eigenständig im Prozeß agieren. Nach wie vor handelt es sich dabei aber um Slavebaugruppen, die nicht von sich aus auf den Bus zugreifen. Der Datenaustausch, z. B. von Visualisierungsdaten, mit dem Mastersystem erfolgt nach den Regeln der buseigenen Master-Slave-Kommunikation. Wichtig dabei ist, daß diese Teilnehmer ihr Programm von zentraler Stelle aus über den Feldbus erhalten und daß man das Programm von zentraler Stelle aus starten und stoppen kann! Typisches Beispiel hierfür ist der Remote-Field-Controller IBS ST 24 RFC_T der Firma Phoenix Contact. Die Regeln, nach denen in Master-Slave-Systemen der Datenaustausch funktioniert, werden als teilnehmerorientierte Protokolle bezeichnet. Jeder Teilnehmer hat hierbei eine Adresse, über die ihn ein anderer Teilnehmer ansprechen kann.

Intelligente eigenständige Busteilnehmer stehen im Vordergrund
Eine andere extreme Betrachtungsweise nehmen wir dann ein, wenn wir in einer automatisierten Anlage viele eigenständige Baugruppen sehen. Der Feldbus verbindet dann innerhalb eines Prozesses alle Baugruppen, die für den Erfolg ihrer Arbeit auf einen vielschichtigen Informationsaustausch untereinander angewiesen sind. Diese Sichtweise entspricht unseren menschlichen Kommunikationsverfahren im Betrieb, in der Familie usw. Eigenständige, intelligente «Einheiten» agieren im großen und ganzen selbständig, sind aber in bestimmten Situationen auf Kommunikation untereinander angewiesen. Ein Feldbussystem, das diese intelligenten Teilnehmer miteinander verbindet, muß intern nach völlig anderen Verwaltungsrichtlinien (Protokollen) arbeiten als dort, wo nur E-/A-Daten im Vordergrund stehen. Nicht die schnelle Prozeßdatenübertragung ist hier entscheidend, sondern das Übermitteln unterschiedlichster Informationen. Z. B. ist von einer zentralen Stelle mit angeschlossener Funkuhr mehrmals täglich die Uhrzeit an alle Teilnehmer im Feld zu übertragen. Solche Systeme arbeiten nach Regeln, die als nachrichtenorientierte Protokolle bezeichnet werden. Beispiele hierfür sind der CAN-Bus, Profibus-FMS, WorldFIP und LON für einen Teilbereich der Kommunikation.

1.2.2 Vorteile von Feldbussystemen

- geringerer Verdrahtungsaufwand (weniger Kupferverbrauch, weniger Montagezeiten),
- Leitungslängen zwischen der E-/A-Baugruppe einerseits und dem Sensor/Aktor andererseits sind geringer, was den Entstöraufwand in den Eingängen vermindert,
- der Aufwand an Schaltschränken verringert sich erheblich beim konsequent durchgängigen Einsatz von Feldbusbaugruppen der Schutzart IP 65 oder IP 54,
- Feldbusbetrieb für die Prozeßdaten erleichtert auch eine dezentrale Energieverteilung,
- im Gegensatz zum Stand-alone-Betrieb von z. B. Frequenzumrichtern oder Servoeinheiten ist für vernetzte Geräte eine durchgängige Ferndiganose möglich,

- der Feldbus schafft die Voraussetzung für den sinnvollen Einsatz intelligenter Feldbaugruppen: Download, Start/Stop von dezentralen Programmen, Kommunikation mit Busmaster zwecks Visualisierung,
- Feldbusanlagen lassen sich einfacher erweitern als Schaltschrankanlagen,
- Fehler im Feld lassen sich bis herab zu einem einzelnen binären Kanal einfacher erkennen und orten,
- da der Datentransport über große Entfernungen hinweg nur mit einem einzigen Kabel erfolgt, lassen sich störintensive Orte einfach per Lichtwellenleiter überbrücken,
- der Feldbus als Verdrahtungssystem ist einer umfangreichen Störungsanalyse zugänglich,
- die Verwaltungssoftware des Bussystems kann statistisches Material liefern über Art und Ort von Störungen, was Wartungsarbeiten erheblich vereinfacht,
- im Feld verteilte Baugruppen lassen sich komplett vorverdrahten, so daß beim Aufbau der Gesamtanlage nur noch das Buskabel einzustecken ist,
- im Fehlerfalle lassen sich auch komplexe Baugruppen schnell austauschen und von zentraler Stelle aus mit den nötigen Parametersätzen versehen,
- für Feldbuskomponenten ist die Auswahl von Anbietern größer als für die Komponenten einer firmenspezifischen Schaltschrank-SPS.

1.2.3 Forderungen an Feldbussysteme

- Datenaustausch im System soll streng deterministisch erfolgen, nach einem stabilen und bekannten Zeitraster also. Dies ist unabdingbar, wenn der Bus innerhalb eines Regelkreises liegt oder wenn Meßreihen zu registrieren sind,
- Austausch von Prozeßdaten soll möglichst schnell erfolgen,
- parametrisierbare Busteilnehmer sollen sich mit Parametern versorgen lassen,
- intelligente Busteilnehmer sollen sich mit Programmen versorgen lassen,
- Programme in einzelnen Teilnehmern sollen sich von zentraler Stelle aus starten und stoppen lassen,
- einzelne Teilnehmer sollen sich physikalisch aus dem Verbund problemlos entfernen bzw. hinzufügen lassen,
- einzelne Teilnehmer oder Gruppen von Teilnehmern sollen sich logisch von einer zentralen Stelle aus Ein- und Ausschalten lassen. Notwendig ist dies für Wartungsarbeiten oder das Umrüsten von Robotereinheiten,
- Fehler im System sollen sich möglichst genau lokalisieren lassen,
- in gestörten Regionen soll ein einfacher Einsatz von Lichtwellenleitern möglich sein,
- es sollen möglichst viele Übertragungsmedien zur Verfügung stehen, was speziell in der Hausleittechnik interessant ist,
- für die Inbetriebnahme und Diagnose sollen durchgängige Softwarewerkzeuge zur Verfügung stehen,
- der Bus soll auch im explosionsgeschützten Bereich einsetzbar sein,
- in Master-Slave-Systemen soll eine Synchronisierung zwischen dem Programmzyklus des Anwenderprogrammes und dem Buszyklus möglich sein,

- ❑ spezielle Daten, die ein Teilnehmer an eine Leitwarte schickt, sollen sich mit einem Zeitstempel versehen lassen. Wichtig ist dies vor allem für Störungsmeldungen, die aus einer Anlage einlaufen,
- ❑ jeder Busteilnehmer soll beliebig vielen anderen Busteilnehmern eine Nachricht senden können.

1.2.4 Informationsaustausch in Feldbussystemen

Für die Art und Weise, wie sich in einem Bussystem möglichst viele dieser Forderungen realisieren lassen, ist das Busprotokoll zuständig [2]. Das Busprotokoll enthält alle Vorschriften, nach denen der Informationsaustausch in einem speziellen Bussystem geregelt ist. Grundlage für alle Feldbusprotokolle ist das 7-Schichten-Modell der ISO (International Standards Organization) [5]. Dieses Modell gliedert die Informationsübertragung zwischen technischen Systemen in 7 Schichten (Ebenen). Auf jeder Schicht stehen bestimmte Dienste zur Verfügung, die ihren Teil zum Informationstransport beitragen. Auf der untersten Schicht, der Schicht 1, sind dies Hardwareaktionen, die die physikalische Verbindung zwischen den Busteilnehmern herstellen, nach den Regeln der RS485-Schnittstelle z. B. Die oberste Schicht, die Anwendungsschicht 7, stellt dem Programmierer die Dienste zur Verfügung, mit denen er die Busteilnehmer ansprechen kann; z. B. Parameter übertragen, Teilnehmer steuern usw. Wesentliches Merkmal dieses Schichtenmodells ist, daß es offen ist für die Kopplung unterschiedlichster Systeme miteinander. Für diese Offenheit steht die Bezeichnung OSI-Modell (Open Systems Interconnection), die den Begriff des ISO-OSI-Referenzmodells prägt [2]. Interessant ist diese Offenheit z. B., wenn Gateways zu realisieren sind, die unterschiedliche Feldbussysteme miteinander koppeln. Typisches Beispiel ist hier die Ehe zwischen Profibus-DP-Systemen und ASI-Systemen. Einerseits macht es wenig Sinn, auf der Basis des Profibus-DP einzelne oder wenige Bits zu verarbeiten. Andererseits ist der ASI-Bus nicht in der Lage, große Prozeßdatenmengen zu übertragen. Da jedoch in vielen Prozessen beides anfällt, taucht fast zwingend in Profibus-DP-Systemen die Forderung nach einem Gateway zum ASI-Bus auf. Interbus-S-Systeme sind dagegen speziell für den schnellen Prozeßdatenaustausch auch kleinster Dateneinheiten ausgelegt und können somit auf ein Gateway verzichten.

Für die vereinfachte Darstellung der Feldbussysteme in diesem Buch grenzen wir hier 3 Bereiche ab:

- ❑ der physikalische Rahmen des Systems (OSI-Schicht 1),
- ❑ das Zugriffsverfahren der Teilnehmer auf den Bus (OSI-Schicht 2) und
- ❑ das Feldbussystem als Dienstleistungsunternehmen (OSI-Schicht 7).

1.2.4.1 Physikalischer Rahmen

Zum physikalischen Rahmen des Systems gehören die räumliche Struktur (die sog. Bustopologie) und die elektrischen Daten wie Leitungsart, Ströme, Spannungen und Abschlußwiderstände. Bild 1.8 zeigt die wichtigsten Topologien für den Feldbusbereich. Da ist zunächst die Linientopologie mit ihren wesentlichen Elementen:

Bild 1.8
Beide elementare Topologieformen im Feldbusbereich

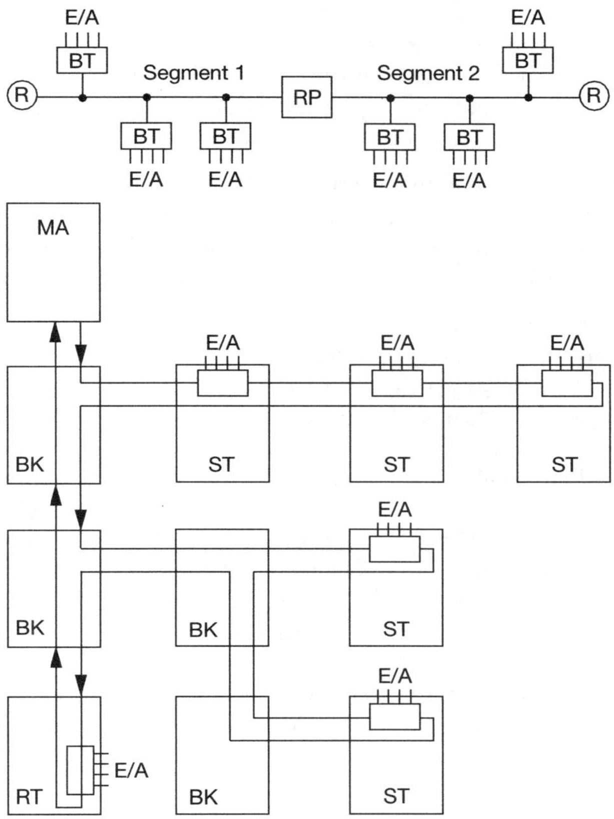

- ❑ das Leitungssystem als Übertragungsmedium für alle Busteilnehmer,
- ❑ die Busteilnehmer BT,
- ❑ die Abschlußwiderstände R am Ende der Leitung und
- ❑ ein Repeater RP.

Das Leitungssystem ist in der Regel eine verdrillte 2-Draht-Leitung (im ControlNet von Allen Bradley ist es ein Koaxialkabel!), und das Übertragungsverfahren basiert auf den Regeln der RS485-Schnittstelle. Hier darf im Gesamtsystem immer nur ein einziger Teilnehmer aktiv sein und Daten über die Leitungen senden. Die elektrische Schnittstelle dieses Teilnehmers wird von allen anderen passiven Teilnehmern belastet. Dies ist der Grund, daß in einem Liniensystem die Anzahl der Teilnehmer je Segment begrenzt ist, häufig auf 32. Eine Begrenzung der Segmentlänge ergibt sich aus der Baudrate und aus dem Zugriffsverfahren, nach dem das System arbeitet [2, 4, 18]. In einem CAN-System mit der Übertragungsrate 1 MBaud z. B. ist die Segmentlänge auf 30 m begrenzt. Um größere Distanzen zu überbrücken, müssen wir Repeater einsetzen. Repeater entkoppeln die Segmente elektrisch und regenerieren das Signal. Mit einem Kurzschluß im Liniensystem fällt die Anlage aus. Eine Unterbrechung kann die HF-

Eigenschaften des Systems so gravierend verändern, daß die Anlage ebenfalls nicht mehr arbeitsfähig ist.

Auf der Basis des Liniensystems arbeiten z. B. der CAN-Bus, der Profibus-DP, ControlNet und ASI. Als zweite Basistopologie zeigt Bild 1.8 das Ringsystem, wie es im Interbus-S eingesetzt ist. Seine wesentlichen Elemente sind:

- das Leitungssystem als physikalischer Ring,
- der Busmaster MA, der das Gesamtsystem verwaltet,
- Busteilnehmer BK als Busklemmen, die für die Verwaltung zuständig sind,
- Busteilnehmer RT und ST, die für die Prozeßdaten zuständig sind.

Auch hier läuft die Datenübertragung über verdrillte 2-Draht-Leitung auf der RS485-Basis. Da jeder Leitungsabschnitt jedoch nur einen einzigen Sender und einen einzigen Empfänger hat, ist die elektrische Belastung des Senders gering. Hier sind Leitungslängen bis 500 m je Segment zulässig. Da jeder Fernbusteilnehmer gleichzeitig Repeaterfunktion hat, ist eine Gesamtlänge von 12 km möglich. Kurzschluß oder Unterbrechung in einem Segment sind genau lokalisierbar, wobei Reste des Systems weiterlaufen können. Entscheidend ist hier, daß jeder Teilnehmeranschluß über Hin- und Rückleiter verfügt; und zwar in zweierlei Hinsicht: Einerseits läßt sich jeder Abzweig in einem Teilnehmer abschalten oder überbrücken, was für alle Baumstrukturen gilt. Andererseits läßt sich das Kupferkabel zwischen 2 Teilnehmern auf einfachste Weise durch 2-adrige Lichtwellenleiter ersetzen, ohne daß sich am Vollduplexbetrieb des Systems etwas ändert.

Zwischen diesen beiden Idealformen einer Bustopologie finden wir in der industriellen Praxis alle denkbaren Mischformen von Linien-, Ring-, Baum- oder Sternstrukturen.

1.2.4.2 Zugriffsverfahren

Das Zugriffsverfahren der Busteilnehmer auf das Verbindungsmedium ist nur in solchen Systemen ein wichtiger Diskussionspunkt, in denen alle oder mehrere Teilnehmer an einem gemeinsamen Leitungsstrang angeschlossen sind. In einer Linientopologie darf z. B. immer nur 1 Busteilnehmer senden; nur der Sender darf die Strom- und Spannungspegel auf den Leitungen bestimmen. Das erfordert spezielle Regeln, die verhindern, daß mehrere Teilnehmer gleichzeitig senden. Wir finden hier 3 prinzipiell unterschiedliche Verfahren [2, 3, 4, 7]:

- Pollingverfahren in Master-Slave-Systemen,
- Token-Passing-Verfahren in Multimastersystemen und
- der gleichberechtigte Zugriff aller Teilnehmer in Multimastersystemen, wobei unterschiedliche Varianten gebräuchlich sind.

In einem reinen Ringsystem wie dem Interbus-S, der nach dem Summenrahmenverfahren arbeitet, gibt es in jedem Busabschnitt generell nur 1 Sender und 1 Empfänger. Eine Diskussion über den Buszugriff erübrigt sich.

Pollingverfahren
Das Pollingverfahren wenden Master-Slave-Systeme an, Profibus-DP z. B. Der Master behandelt jeden Slaveteilnehmer einzeln. Sind E-/A-Daten zwischen Master und Slave auszutauschen, dann geht zuerst ein Telegramm des Masters an den Slave. Dieses enthält die Ausgangsdaten und gleichzeitig die Forderung an den Slave, mit einem eigenen Telegramm die Eingangsdaten an den Master zu senden. Der Master wartet dann so lange, bis diese Eingangsdaten angekommen sind. Nach einer kurzen Busruhezeit kümmert sich der Master dann um den nächsten Slave usw. In diesen Systemen kann es nie vorkommen, daß mehrere Teilnehmer von sich aus gleichzeitig senden.

Token-Passing-Verfahren
Das Token-Passing-Verfahren wenden Systeme mit gleichberechtigten Busteilnehmern an, ARCNET z. B. Alle Teilnehmer sind numeriert. Reihum erhält jeder Teilnehmer das Zugriffsrecht (Token) auf den Bus. Er darf dann eine begrenzte Anzahl von Aktionen durchführen und muß danach das Zugriffsrecht durch ein kurzes Telegramm an den nächsten Teilnehmer weitergeben. Auch hier kann es nie vorkommen, daß mehrere Teilnehmer von sich aus gleichzeitig senden.

CSMA/CD-Verfahren
CSMA steht für Carrier Sense Multiple Access und CD für Collision Detect. Es wird angewendet in Systemen mit absolut gleichberechtigten Busteilnehmern, Ethernet, LON z. B. Die Teilnehmer greifen hier von sich aus auf den Bus zu (Multiple Access). Jeder sendewillige Busteilnehmer beobachtet die Spannungspegel auf dem Bus (Carrier Sense). Ist der Bus frei, beginnt er zu senden. Jeder Sender überwacht auch seine Sendepegel auf dem Bus. Beginnen zufälligerweise mehrere Teilnehmer gleichzeitig zu senden, dann zerstören sie sich gegenseitig ihre Signalpegel auf dem Bus und merken dies (Collision Detect). Alle hören dann auf zu senden. Nach bestimmten Mechanismen beginnen sie zeitversetzt erneut zu senden.

CSMA/CA-Verfahren
CA steht hier für Collision Avoidance, Kollisionsvermeidung also. Der CAN-Bus arbeitet nach diesem Verfahren. Auch hier tasten alle Teilnehmer den Buspegel ab und können mit ihrer Sendung beginnen, wenn der Bus frei ist. Stellen jetzt mehrere Teilnehmer fest, daß sie gleichzeitig senden, dann setzt sich immer ein Teilnehmer durch; und zwar der mit der höchsten Priorität. Nur er sendet weiter, während alle anderen sich nach und nach vom Bus zurückziehen. Folgender Mechanismus ist dafür zuständig: Jedes Telegramm enthält in seinen ersten 11 Bit eine Information über seine Priorität. Je höher die Priorität, um so niedriger ist der Wert dieser 11 Bit, um so mehr 0-Pegel gibt der Sender also auf den Bus. Jeder 0- oder LOW-Pegel eines Senders zerstört aber die 1- oder HIGH-Pegel eines anderen Senders, d. h., daß ein Sender mit hoher Priorität die Pegel aller Teilnehmer mit geringerer Priorität zerstört. Da auch hier jeder Teilnehmer seine Sendepegel auf dem Bus überwacht und sich zurückzieht, wenn er nicht durchkommt, bleibt zum Schluß einer übrig. Dieser sendet also von Beginn an kontinuierlich weiter, ohne Unterbrechung wie beim CD-Verfahren.

1.2.4.3 Dienstleistungen

Das Transportunternehmen «Deutsche Brief- und Paketpost» stellt dem Anwender folgende Dienste zur Verfügung: Paketbeförderung; Briefbeförderung, Telegrammbeförderung usw.
Andere Dienste, wie z. B. das Befördern von Elefanten oder einer Schafherde gestattet es nicht. Ebensowenig gestattet es dem Anwender einen Eingriff in das Management des Unternehmens. Einen Einfluß auf dessen Parameter wie die Transportzeit oder die Zeit der Briefkastenleerung haben wir nicht.

Auf ähnliche Weise können wir ein Bussystem als Transportunternehmen betrachten. Jedes Feldbussystem stellt dem Anwender bestimmte Dienste zur Verfügung. Diese Dienste sollen möglichst alle Forderungen des Anwenders (Abschnitt 1.2.3) erfüllen.

Genauso wie bei der Post möchte der Anwender hier in erster Linie Daten oder Informationen befördern, im Bereich der Prozeßautomatisierung sind dies die E-/A-Daten der Sensorik und Aktorik. Das System muß ihm also Schreib- und Lesedienste für diese Daten zur Verfügung stellen.

Im Gegensatz zur Post möchte der Anwender aber auch die Arbeitsweise seines Transportunternehmens «Feldbus» verändern können. Das System muß ihm also Dienste für das Netzwerkmanagement zur Verfügung stellen. Dazu gehört z. B. ein Dienst für das Stoppen oder Starten des Busbetriebs.

Grob lassen sich folgende Dienstarten unterscheiden, die in den einzelnen Bussystemen mehr oder weniger stark ausgeprägt sind:

- ❑ Dienste für den Datentransfer,
- ❑ Dienste für die Inbetriebnahme des Bussystems,
- ❑ Dienste für die Parametrisierung der Busteilnehmer,
- ❑ Dienste für die Diagnose des Bussystems.

Manche dieser Dienste, beim Hochfahren des Systems z. B., laufen automatisch ab, ohne daß wir einen Einfluß darauf haben. Andere Dienste, z. B. für die Parametrisierung der Busteilnehmer, lassen sich weiter zergliedern in einen Satz von sog. Dienstprimitiven. Es gibt eine Reihe von Diensten, die prinzipiell in jedem Bussystem vorhanden sein müssen; andere wiederum sind speziell auf das jeweilige System zugeschnitten. Ebenso gibt es Dienste, die nur aus der Sicht einer bestimmten Teilnehmergruppe einen Sinn haben. Frequenzumrichter oder Servoantriebe benötigen z. B. andere Dienste als Encoder oder Bedientafeln. Es müssen folglich nicht alle Busteilnehmer für alle Dienste zugänglich sein. Aus Gründen der Übersichtlichkeit streben die Hersteller in entsprechenden Nutzervereinigungen (DRIVECOM, ENCOM, CiA) für solche Gerätegruppen sog. Profile an. Das sind Vorschriftensammlungen für spezielle Dienste zu diesen Gruppen.

1.2.5 Merkmale wichtiger Feldbussysteme

Die für den deutschsprachigen Raum wichtigsten Systeme lassen sich im Rahmen dieses Buches nicht umfassend behandeln, dazu sei auf die Literatur [1 bis 7] verwiesen. Die wesentlichen Merkmale von 5 Feldbussystemen sollen allerdings hier vorgestellt werden.

1.2.5.1 ASI

- Master-Slave-System für maximal 31 Teilnehmer,
- max. Leitungslänge 100 m,
- Stern-, Linien- und Baumstruktur möglich,
- Kommunikation über eine 2-Draht-Leitung, die auch den Betriebsstrom der Sensoren und Aktoren führt,
- spezielles Netzteil erforderlich,
- Datenübertragungsrate 167 KBit/s,
- Halbduplexübertragung,
- teilnehmerorientierter Informationsaustausch,
- max. 4 Bit Nutzdaten je Telegramm,
- relativ hohe Übertragungseffizienz,
- maximal 124 Bit je Strang,
- jeder Busteilnehmer ist mit einer Adresse zu versehen,
- Teilnehmer verarbeiten Prozeßdaten und Parametersätze,
- E-/A-Module überwiegend in der Schutzart IP 67,
- Datenaustausch zwischen Master und Slave durch zyklisches Abfragen aller Teilnehmer (Polling), deterministisch.

1.2.5.2 CAN

- Multimastersystem für max. 32 Teilnehmer pro Segment [4, 18],
- max. Leitungslänge 30 m bei 1 MBit/s,
- Linientopologie,
- Kommunikation über 2-Draht-Leitung, RS485-Schnittstelle,
- Datenübertragungsrate 10 KBit/s bis 1 MBit/s,
- nachrichtenorientierter Informationsaustausch,
- max. 8 Byte Nutzdaten je Telegramm,
- Busteilnehmer benötigen keine Adresse,
- intelligente Teilnehmer, verarbeiten Prozeßdaten, Parametersätze, Meldungen, Programme,
- deterministischer Datenaustausch möglich.

1.2.5.3 Interbus-S

- Master-Slave-System für max. 512 Fernbusteilnehmer und max. 256 Prozeßdatenworte [1, 2, 8, 19],
- maximale Leitungslänge im Fernbus zwischen 2 Teilnehmern 400 m, insgesamt max. 13 km,
- Ringtopologie,
- Baumstruktur mit entsprechenden Fernbusklemmen,
- Kommunikation über 5-adrige Leitung für die Hin- und Rückführung, jeweils nach RS485,
- Datenübertragungsrate 500 KBit/s,

- Vollduplexübertragung,
- einfacher Übergang auf LWL,
- teilnehmerorientierter Informationsaustausch für die Prozeßdaten,
- nachrichtenorientierter Informationsaustausch für Parameterdaten,
- sehr hohe Übertragungseffizienz für Prozeßdaten durch das Summenrahmenprotokoll,
- Teilnehmer benötigen keine Adressierung,
- Datenaustausch streng deterministisch.

1.2.5.4 LON

- Multimastersystem für max. 32 385 Teilnehmer in einem sog. Domainsegment [10],
- max. Teilnehmerabstand zwischen 130 m und 2 200 m, abhängig vom eingesetzten Transceiver,
- Stern-, Linien- und Baumstruktur möglich,
- Kommunikation über 2-Draht-Leitung RS 485, Koaxkabel, Funk, Infrarot, Lichtwellenleiter, 110-V- bzw. 230-V-Netz,
- Datenübertragungsrate 78 KBit/s, max. 1,25 MBit/s,
- max. 228 Byte Nutzdaten je Telegramm,
- jeder Teilnehmer arbeitet auf der Basis eines lokalen Prozessors, dem sog. Neuronchip,
- jeder Neuronchip erhält vom Hersteller eine 48 Bit lange ID-Nummer,
- auf der Basis dieser ID-Nummer erhält jeder Teilnehmer eine eindeutige Adresse,
- intelligente Teilnehmer verarbeiten Prozeßdaten, Parametersätze und Programme,
- Datenaustausch nicht deterministisch.

1.2.5.5 Profibus-DP

- Master-Slave-System für max. 32 Teilnehmer pro Segment [15],
- max. Leitungslänge 100 m bei 12 MBit/s,
- Linientopologie, mit speziellen Repeatern auch Stern- und Baumstruktur,
- Kommunikation über 2-Draht-Leitung, RS485,
- Datenraten zwischen 0,96 MBit/s und 12 MBit/s,
- max. 246 Byte Nutzdaten je Telegramm,
- Halbduplexübertragung,
- in einem Bussegment ist ein 2. Master möglich,
- mit speziellen Optical-Link-Modulen und LWL-Technik ist Ringstruktur möglich,
- geringe Übertragungseffizienz für Prozeßdaten wegen großem Protokolloverhead,
- jedem Busteilnehmer ist während der Inbetriebnahme eine Adresse zuzuweisen,
- deterministischer Datenaustausch möglich.

1.3 Aufgaben

Beantworten Sie folgende Fragen. Die Lösungen finden Sie im PCWORX-Projekt KAP_02.BG4 auf der beiliegenden CD-ROM, und zwar im Textarbeitsblatt des Programmes ANTWO_1.

1. Wie bezeichnet man den Speicherbereich in einem PC-gestützten Feldbussystem, über den der Host-PC, der Coprozessor und der Busmaster miteinander kommunizieren?
2. Auf welche Weise wird hier dafür gesorgt, daß nicht einer der Teilnehmer die Daten eines anderen Teilnehmers überschreibt?
3. Erläutern Sie die beiden Begriffe «Soft-SPS» und «Slot-SPS».
4. Nennen Sie 3 Aufgaben eines Busmasters in einer Feldbus-Anschaltbaugruppe.
5. Nennen Sie 5 Gründe, die für den Einsatz von Feldbussystemen sprechen (im Gegensatz zur klassischen Parallelverdrahtung).
6. Welches Feldbussystem kann mit Übertragungsraten bis 12 MBaud arbeiten?
7. Wie lange dauert bei folgenden Baudraten die Übertragung eines einzelnen Bit?
   500 KBaud
   1 MBaud
   1,5 MBaud
   12 MBaud
8. Für den Interbus-S gilt folgende Beziehung für die Datenübertragungszeit $t_ü$ in ms:
   $t_ü = [13 \cdot (6 + n) + 4 \cdot m\ ] * t_{Bit} + t_{SW} + 2 \cdot t_{PH}$
   mit:
   n Anzahl der Nutzdatenbyte
   m Anzahl der installierten Fernbusteilnehmer
   t_{Bit} Bitdauer = 2 µs
   t_{SW} Softwarelaufzeit = 200 µs
   t_{PH} Signallaufzeit auf dem Kabel, bei Kupfer ist t_{PH} = 0,016 ms · l/km, bei einer Busausdehnung von 1 km also 16 µs.
   Berechnen Sie die Datenübertragungszeit $t_ü$ in ms für folgende Situation:
   m = 32 Fernbusteilnehmer mit jeweils 1 Nutzdatenwort, also
   n = 64 Nutzdatenbyte
   l = 1 km Ausdehnung
9. Nennen Sie 2 Feldbussysteme, die auf der Basis eines Liniensystems nach RS485 arbeiten.
10. Welche Faktoren haben einen Einfluß auf die Ausdehnung eines Liniensystems nach RS485?
11. Was versteht man unter einer Vollduplexverbindung zwischen Kommunikationspartnern?
12. Was versteht man unter einem deterministischen Datenaustausch in Verbindung mit einem Feldbussystem?
13. Welches Feldbussystem bietet einen deterministischen Datenaustausch allein aufgrund seines Wirkungsprinzips?
14. Nennen Sie 2 Gründe für die Forderung nach deterministischem Datenaustausch.

15. Nach welchem Verfahren teilen sich die beiden Master in einem Profibussystem den Buszugriff?
16. Nach welchem Verfahren kommuniziert ein PROFIBUS-DP-Master mit den Slavebaugruppen?
17. Welches Feldbussystem benötigt für das Erfassen von kleinen binären Einheiten auf der Sensor-Aktor-Ebene einen Gateway-Übergang zum ASI-Bus?
18. Wenn ein Profibus-DP-Master mit einem Slaveteilnehmer Daten austauscht, dann läuft dies folgendermaßen ab. Wir nehmen dabei an, daß der Slave 16 binäre Eingänge und 16 binäre Ausgänge hat.
    1. Der Master sendet dem Slave in einem Telegramm die 16 Bit Nutzdaten. Diese sind umrahmt von 72 Bit Telegrammheader, der u. a. den Slave auffordert, seine 16 Bit Eingangsdaten an den Master zu senden.
    2. Dann muß eine Bus-spezifische Wartezeit verstreichen, mit einer Dauer von 30 Bitübertragungszeiten z. B.
    3. Der Slave sendet die geforderten 16 Bit Eingangsdaten an den Master, ebenfalls umrahmt von einem 72 Bit breiten Telegrammheader.
    4. Danach ist wieder eine Busruhezeit nötig mit der Dauer von 36 Bitübertragungszeiten z. B.

    Nach diesem Zyklus kann der Master den nächsten Slave bedienen usw.

    Berechnen Sie die Gesamtzeit $t_{ü}$ für diesen Datenaustausch bei einer Baudrate von 1,5 MBaud.

    Wie groß ist die Gesamtzeit, wenn 32 Slaves dieser Art abzufragen sind?
19. Was verstehen wir unter einer intelligenten Slavebaugruppe?
20. Welches Feldbussystem arbeitet für den Austausch der Prozeßdaten nach dem Summenrahmenprotokoll?
21. Nennen Sie 3 unterschiedliche Informationsarten, die über ein Feldbussystem zu übertragen sind.
22. In welcher Bustopologie muß der Anwender auf Abschlußwiderstände am Ende eines Segments achten? Nennen Sie als Beispiel hierzu ein Feldbussystem.
23. Welche grundsätzlichen Möglichkeiten gibt es in Master-Slave-Systemen für die Art und Weise, wie Busteilnehmer auf das Busmedium zugreifen?
24. In welchem Feldbussystem werden die Teilnehmer über eine 48 Bit breite Adresse identifiziert?
25. Welches Feldbussystem arbeitet mit einer Baudrate von 500 KBaud?
26. Warum sagt die Baudrate in einem Feldbussystem nichts aus über die Effizienz des Datenaustauschs? Erläutern Sie in diesem Zusammenhang den Begriff Protokolloverhead!
27. Durch welche Maßnahme ist in Interbus-S-Systemen gewährleistet, daß die Parameterübertragung keinerlei Einfluß hat auf den zeitlichen Ablauf der Prozeßdatenübertragung?

2 Elemente der Steuerungssoftware

Die Steuerungssoftware ist das vom Anwender oder vom Programmierer geschriebene Programm (Anwenderprogramm), das den Prozeß überwacht, steuert und regelt. Im Sinne einer übersichtlichen, strukturierten Programmierung legt die Norm als Organisationselemente 3 Programmorganisationseinheiten (POE) fest:

- ❑ Programm,
- ❑ Funktionsbaustein und
- ❑ Funktion.

Für das Erstellen des eigentlichen Programmrumpfes innerhalb einer POE gestattet sie 5 Programmiersprachen; und zwar die 2 Textsprachen

- ❑ Anweisungsliste und
- ❑ strukturierter Text

sowie die 3 grafischen Sprachen

- ❑ Funktionsbausteinsprache
- ❑ Kontaktplan und
- ❑ Ablaufsprache.

2.1 Organisationselemente

Als Organisationselemente werden hier die Programmorganisationseinheiten bezeichnet, in die der Programmierer nach IEC 1131 sein Gesamtprogramm gliedern kann. Für Programmorganisationseinheit finden wir oft die Abkürzung POE oder für die englische Bezeichnung «Program Organisation Unit» entsprechend POU. Die Norm legt 3 grundsätzlich unterschiedliche Einheiten fest; und zwar das Programm, den Funktionsbaustein und die Funktion [11, 17].

2.1.1 Programme

Ganz allgemein ist ein Programm eine eindeutig formulierte Verarbeitungsvorschrift, nach der ein Prozessor eine Aufgabe lösen kann. Anstelle des Begriffes Verarbeitungsvorschrift finden wir häufig auch den Begriff Algorithmus. Im Sinne der IEC

1131 verstehen wir unter dem Begriff Programm aber eine Organisationseinheit mit besonderen Eigenschaften. Im Text- und Redefluß kann dies u. U. zu Unklarheiten führen, weil wir den Algorithmus in einem Funktionsbaustein oder in einer Funktion häufig ebenfalls als Programm bezeichnen.

Nach IEC 1131 ist das Programm die größte Softwareeinheit in einem Projekt. Jedes Programm, das im Anwenderprogramm aktiv sein soll, ist einer Task zuzuordnen.

2.1.1.1 Schreiben eines Programmes

Beim Schreiben eines Programmes muß man wissen:

- ❑ Zu jedem Programmbaustein gehört ein Variablenarbeitsblatt. In diesem sind alle Variablen zu deklarieren, auf die das Programm zugreifen soll.
- ❑ Programme kommunizieren über globale Variablen. Diese sind im Variablenarbeitsblatt als VAR_EXTERNAL zu deklarieren. Die Norm gestattet allerdings auch die Kommunikation über VAR_INPUT und VAR_OUTPUT, abhängig vom eingesetzten Programmiersystem.
- ❑ In einem Programm ist kein weiteres Programm aufrufbar.
- ❑ In einem Programm kann man Funktionsbausteine und Funktionen aufrufen.
- ❑ Über das Bestimmungszeichen RETAIN lassen sich interne Variablen (VAR_RETAIN) und Ausgangsvariablen (VAR_OUTPUT_RETAIN) dem batteriegepufferten RAM-Bereich zuweisen.
- ❑ In Multiprog wt gehört zu jedem Programm ein Textarbeitsblatt, in dem die Funktion des Programmes näher beschrieben werden kann.

2.1.1.2 Verwenden eines Programmes

Beim Einsatz von bestehenden Programmen muß man folgendes wissen:

- ❑ Ein Programm läßt sich nicht von einem anderen Baustein aus aufrufen.
- ❑ Jedes Programm, das in der Steuerung aktiv sein soll, muß einer Task zugeordnet sein.
- ❑ Innerhalb einer Konfiguration und innerhalb einer Ressource läßt sich ein Programm mehrmals aufrufen (instanziieren).
- ❑ Einer Task lassen sich mehrere Programme zuordnen.
- ❑ Existiert in einem Projekt nur ein einziges Programm, dann teilt die Programmiersoftware dieses Programm von sich aus einer zyklischen Default-Task zu.

2.1.2 Funktionsbausteine

Funktionsbausteine sind Programmbausteine, die für ihre innere Arbeit Daten im Datenbereich der Steuerung speichern müssen. Das Programmiersystem, z. B. der Compiler, legt für diese Daten die Speicherbereiche statisch fest. Die Norm schreibt eine Anzahl von Standardfunktionsbausteine vor; der Anwender kann sich beliebige Funktionsbausteine selbst erstellen. Funktionsbausteine lassen sich ebenso wie Funktionen in Bibliotheken sammeln und von dort aus in beliebigen Projekten einsetzen. Im Programmiersystem Multiprog wt läßt sich jedes Projekt in jedem anderen Projekt als Bibliothek anmelden. Entscheidend für die Arbeit mit Bausteinbibliotheken ist, daß wir zu jedem Baustein einen Beschreibungs- oder Hilfetext greifbar haben. Dies gilt für Standardfunktionsbausteine und ganz besonders auch für die eigenen, selbstgeschriebenen Bausteine, die wir über Jahre hinweg ansammeln. In Multiprog wt ist für jeden Funktionsbaustein und jede Funktion ein Textarbeitsblatt vorhanden. Hier kann der Programmierer die Aufgabe und die Arbeitsweise des Bausteins näher beschreiben. Bei einem späteren Einsatz dieses Bausteins aus dem aktuellen Projekt oder einer Bibliothek heraus dient dieser Text als Hilfetext. Er läßt sich kontextbezogen zu den Bausteinen aufrufen.

2.1.2.1 Schreiben eines Funktionsbausteins

Beim Schreiben eines Funktionsbausteins muß man folgendes wissen:

- In einem Funktionsbaustein kann man Funktionsbausteine und Funktionen aufrufen.
- Zu jedem Funktionsbaustein gehört ein Variablenarbeitsblatt. In diesem sind alle Variablen zu deklarieren, auf die der Funktionsbaustein zugreifen soll.
- Bei den mit den Schlüsselwörtern VAR, VAR_INPUT und VAR_OUTPUT deklarierten Variablen handelt es sich um lokale Variablen, die nur für diesen Baustein gelten. Deren Namen dürfen in anderen Bausteinen ebenso auftauchen.
- Sollen dem Programm Variablen zugänglich sein, die als global in einem speziellen Arbeitsblatt deklariert wurden, dann sind diese mit dem Schlüsselwort VAR_EXTERNAL anzumelden.
- In Funktionsbausteinen lassen sich direkt dargestellte Variablen wie %IX0.1 einsetzen; der Baustein ist damit aber nicht mehr ohne weiteres mehrfach einsetzbar. Der Programmierer sollte dies vermeiden.
- Ein Funktionsbaustein kann mehrere Eingänge und mehrere Ausgänge haben.
- Die zugehörigen Variablen für die Ein- und Ausgänge entstehen durch die Deklaration als VAR_INPUT bzw. VAR_OUTPUT.
- Die Reihenfolge innerhalb der Variablenliste bestimmt die Anordnung der E-/A-Punkte beim Einsatz des Bausteins in den grafischen Sprachen.
- Über das Bestimmungszeichen RETAIN lassen sich interne Variablen (VAR_RETAIN) und Ausgangsvariablen (VAR_OUTPUT_RETAIN) dem batteriegepufferten RAM-Bereich zuweisen.
- Zu jedem Funktionsbaustein gehört in Multiprog wt ein Textarbeitsblatt mit einfachem Texteditor. Dies gibt Raum für die Beschreibung des Bausteins.

2.1.2.2 Verwenden eines Funktionsbausteins

Für den Einsatz von bestehenden Funktionsbausteinen muß man folgendes berücksichtigen:

- Funktionsbausteine lassen sich in Programmen und in anderen Funktionsbausteinen aufrufen.

- Mehrere gleiche Funktionsbausteine in einer POE sind in der Variablenliste durchzunumerieren bzw. mit einem eigenen Namen (FB-Name, Instanzenname) zu versehen. Damit kann der Compiler für jeden dieser FB den entsprechenden Algorithmus in das Gesamtprogramm einbinden (linken) und für jede Instanz einen eigenen Datenbereich reservieren. Die Norm bezeichnet dieses Durchnumerieren der verwendeten Funktionsbausteine als Instanziierung.
- Zu einem Funktionsbaustein gehört immer ein Programmcode, der beim Aufrufen des Bausteins aktiviert wird.
- Zu jedem instanziierten Funktionsbaustein gehört immer ein eigener Datenbereich in Form einer Struktur im Arbeitsspeicher der Steuerung.
- Eingangsparameter, die man den Eingängen eines Funktionsbausteins übergibt, müssen von ihrem Datentyp her zum Typ der Eingänge passen.
- Auch beim Weiterverarbeiten der Ausgangsparameter ist auf den Datentyp zu achten.
- Sind Funktionsbausteine überladen, dann akzeptieren sie mehrere gleichartige Datentypen an den Ein- und Ausgängen, z.B. ANY_NUM für SINT, INT, REAL usw.
- In der Sprache AWL ruft man einen Funktionsbaustein durch die CAL-Anweisung auf. Vorher sind die geforderten Eingangsparameter durch LD-ST-Anweisungen mit aktuellen Werten zu versorgen (Bild 2.1). Es müssen bei einem FB-Aufruf nicht alle Eingangsparameter einen Wert erhalten; der Code eines Funktionsbausteins arbeitet immer mit den zuletzt zugewiesenen Daten bzw. den Anfangswerten der Variablen. Auch die Reihenfolge, in der man die Eingangsparameter versorgt, spielt keine Rolle. Die Ausgangsparameter verwendet man durch Laden und Zuweisen der entsprechenden Strukturvariablen. Bild 2.1 zeigt dies am Beispiel eines Vorwärtszählers, die Variablen zeigt Tabelle 2.1. Mit dem Aufruf CAL CTU_66 wird der Programmcode aktiviert, der zu dem Funktionsbaustein CTU gehört. Unter dem Namen CTU_66 findet dieser Programmcode seinen privaten Speicherbereich, in dem alle seine lokalen Variablen liegen. Der Programmcode CTU verarbeitet jetzt die Daten aus den Strukturvariablen seiner Eingänge nach dem Algorithmus eines Vorwärtszählers. Er hinterlegt die Ergebnisse in den Strukturvariablen seiner Ausgänge.
- In der Sprache ST rufen wir einen Funktionsbaustein durch Angabe des FB-Namens auf. Nach dem FB-Namen folgt die Liste der Eingangsparameter, denen wir einen Wert zuweisen wollen; die Reihenfolge spielt dabei keine Rolle. Der Aufruf des Bausteins mit seinem FB-Namen und die Parameterübergabe gilt als Anweisung. Hat der Funktionsbaustein keine Eingangsparameter, folgt eine leere Klammer. Es müssen bei einem FB-Aufruf nicht alle Eingangsparameter einen Wert erhalten; der Code eines Funktionsbausteins arbeitet immer mit den zuletzt zugewiesenen Daten bzw. den Anfangswerten der Variablen (s. Bild 2.2).

2.1.3 Funktionen

Funktionen sind Programmbausteine, die für ihre innere Arbeit keine statischen Daten im Datenbereich der Steuerung speichern.

```
(* Ein Vorwärtszähler mit dem FB-Namen COUNT_66: *)
LD   zaehlimpuls      (* den Aktualoper. zaehlimpuls laden und *)
ST   COUNT_66.CU      (* an die Strukturvar. CTU_1.CU übergeben *)
LD   endwert          (* den Aktualoperanden endwert laden und *)
ST   COUNT_66.PV      (* an die Strukturvar. CTU_1.PV übergeben *)
LD   stop             (* den Aktualoperanden stop laden und *)
ST   COUNT_66.RESET   (* an die Strukturvar. COUNT_66.RESET *)
                      (* übergeben *)
CAL  COUNT_66         (* den Programmcode CTU aufr. mit dem Verweis *)
                      (* auf den zugehörigen Speicherbereich COUNT_66 *)

LD   COUNT_66.Q       (* Die Zähler-Voll-Meld. aus der Strukturvar. *)
ST   wert_erreicht    (* COUNT_66.Q laden und an die Variable *)
                      (* wert_erreicht weitergeben;*)
LD   COUNT_66.CV      (* den laufenden Zählerstand aus der *)
                      (* Strukturvariablen *)
ST   anzeige          (* COUNT_66.CV laden und an die anzeige leiten *)

(* Die Standard-Funktion COS mit einer einzigen Eingangsvariablen:*)
LD   bogenwinkel      (* den Aktualoperanden bogenwinkel laden *)
COS                   (* Aufruf der Funktion COS *)
ST   cosinus          (* den Rückgabewert der Funktion *)
                      (* weiterverarbeiten *)

(* Die Funktion SHR_WORD mit 2 Eingangsvariablen: *)
LD          analog_in_word
SHR_WORD    4
ST          analogwert

(* Die Funktion LIMIT_INT mit 3 Eingangsvariablen: *)
LD          minimalwert
LIMIT_INT   stellgr_intern, maximalwert
ST          stellgroesse
```

Bild 2.1 Beispiele für den Einsatz von Funktionsbausteinen und Funktionen in AWL

2.1.3.1 Schreiben einer Funktion

Beim Schreiben einer Funktion ist folgendes zu berücksichtigen:

- Eine Funktion hat immer nur einen einzigen Ausgang, die Variablenart VAR_OUTPUT gibt es in einer Funktion nicht: Der Name der Funktion ist die Ausgangsvariable.
- Bereits beim Deklarieren der Funktion ist der Datentyp des Ausgangs festzulegen.
- Variablen und Konnektoren in einer Funktion werden grundsätzlich vom Programmiersystem als dynamische Variablen angelegt.
- In einer Funktion kann man keine Funktionsbausteine aufrufen.
- In einer Funktion kann man andere Funktionen aufrufen.
- Literale lassen sich in Funktionen einsetzen, weil Literale im Programmbereich gespeichert sind.

Tabelle 2.1 Lokale Variablen von PRG_AWL und PRG_ST

```
VAR (* PRG_AWL und PRG_ST *)
zaehlimpuls    :    BOOL;
stop           :    BOOL;
wert_erreicht  :    BOOL;
endwert        :    INT;
anzeige        :    INT;
CTU_66         :    CTU;
bogenwinkel    :    REAL;
cosinus        :    REAL;
analog_in_word :    WORD;
analogwert     :    WORD;
minimalwert    :    INT;
stellgr_intern :    INT;
maximalwert    :    INT;
stellgroesse   :    INT;
END_VAR
```

```
(* Beispiel: Ein Rückwärtszähler mit dem FB-Namen *)
(* COUNT_66 im Einsatz: *)

(* Mit COUNT_66 erfolgt zunächst der Aufruf des Programmcodes CTD *)
(* mit Hinweis auf den zugehörigen Datenbereich COUNT_66. In den *)
(* Klammern dann die Übergabe der Aktualparameter und Abschluß der *)
(* Anweisung durch ein Semikolon. 2 Zuweisungen bringen die *)
(* Ausgangsvariablen des Zählers an die Anzeige und an wert_erreicht *)

COUNT_66(CU := zaehlimpuls, PV := endwert, RESET := stop);
anzeige := COUNT_66.CV;
wert_erreicht := COUNT_66.Q;

(* Die Standard-Funktion COS mit einer einzigen Eingangsvariablen: *)

cosinus := COS (bogenwinkel);


(* Die Funktion SHR_WORD mit 2 Eingangsvariablen: *)

analogwert := SHR_WORD(analog_in_word, 4);


(* Die Funktion LIMIT_INT mit 3 Eingangsvariablen: *)

stellgroesse := LIMIT_INT  (minimalwert, stellgr_intern, maximalwert);

(* Das Beispiel zeigt, daß innerhalb der Befehlszeile *)
(* ein Zeilenumbruch möglich ist. *)
```

Bild 2.2 Beispiele für den Einsatz von Funktionsbausteinen und Funktionen in ST

2.1.3.2 Verwenden einer Funktion

Für den Einsatz von bestehenden Funktionen sind folgende Überlegungen wichtig:

- Ein Durchnumerieren von mehreren gleichen Funktionen ist nicht nötig, es sind keine Instanzen anzulegen.
- Bei einfachen Standardfunktionen (AND, OR usw.) lassen sich die Eingänge vervielfältigen.
- Funktionen haben einen Rückgabewert, d. h.: Nach dem Bearbeiten der Funktion in einer Textsprache steht im Akkumulator das Ergebnis der Funktion, es läßt sich unmittelbar weiterverarbeiten.
- In AWL ruft man Funktionen mit nur einem Eingang folgendermaßen auf: Eingangsparameter zunächst laden, dann Funktion als Operator aufrufen und in der nächsten Zeile das Ergebnis der Funktion der nachfolgenden Variablen zuweisen (Bild 2.1). Im Beispiel ist von der Variablen `bogenwinkel` der Cosinus zu berechnen und an die Variable `cosinus` zu übergeben.
- In AWL lädt man für Funktionen mit 2 Eingängen ebenfalls zunächst den 1. Parameter, dann ruft man die Funktion als Operator auf und nennt in der gleichen Zeile den 2. Parameter. Im Beispiel ist das Eingangswort `analog_in_word` von einer ADU-Baugruppe um 4 Stellen nach rechts zu schieben und das Ergebnis an die Variable `analogwert` zu übergeben.
- Auch bei Funktionen mit mehreren Eingangsparametern lädt man in AWL zunächst die 1. Eingangsvariable, dann erfolgt der Aufruf der Funktion als Operator (Bild 2.1). Dem Aufruf folgen die restlichen Eingangsvariablen in der richtigen Reihenfolge. Beispiel ist die LIMIT_INT-Funktion. Eine Variable `stellgroesse_intern` ist auf einen `minimalwert` und einen `maximalwert` zu begrenzen. Das Ergebnis geht an die Variable `stellgroesse`.
  In ST gilt der Aufruf einer Funktion ebenfalls als Operator; er ist Teil eines Ausdrucks.
- Der Einsatz von Funktionen in der Funktionsbausteinsprache ist denkbar einfach. Man wählt die Funktion aus der Liste und plaziert sie im Arbeitsblatt. Da die Funktionen nicht durchzunumerieren sind, lassen sie sich durch Kopieren und Einfügen innerhalb des Arbeitsblattes auch leicht mehrfach einsetzen.

2.2 Sprachelemente

Steuerungssoftware entsteht mit Hilfe der Textsprachen AWL und ST sowie den grafischen Sprachen FBS, KOP und Ablaufsprache.

Die eigentlichen Softwareelemente, die die Datenverarbeitung steuern und das Programm bilden, sind Anweisungen, Operationen, Bausteinaufrufe und Ausdrücke. Literale und Variablen sind die Träger der Daten. Literale benennen die Daten unmittelbar. Variablen nennen die Speicherplätze, an denen die Daten stehen.

Tabelle 2.2 Operatoren in AWL

Operator	Modifizierer	Operand	Beschreibung
LD	N	überladen	setzt aktuelles Ergebnis dem Operanden gleich
ST	N	überladen	speichert aktuelles Ergebnis auf die Operandenadresse
S		ANY_BIT	setzt Booleschen Operanden auf 1, wenn aktuelles Ergebnis 1 ist
R		ANY_BIT	setzt Booleschen Operanden auf 0, wenn aktuelles Ergebnis 1 ist
AND	N,(	ANY_BIT	Boolesches UND
OR	N, (	ANY_BIT	Boolesches ODER
XOR	N, (	ANY_BIT	Boolesches Exklusiv-ODER
ADD	(	ANY_NUM	Addition
SUB	(	ANY_NUM	Subtraktion
MUL	(	ANY_NUM	Multiplikation
DIV	(	ANY_NUM	Division
GT	(	ANY_NUM	Vergleich: >
GE	(	ANY_NUM	Vergleich: >=
EQ	(	ANY_NUM	Vergleich: =
NE	(	ANY_NUM	Vergleich: <>
LE	(	ANY_NUM	Vergleich: <=
LT	(	ANY_NUM	Vergleich: <
JMP	C, N	MARKE	Sprung zur Marke
CAL	C, N	NAME	Aufruf Funktionsbaustein
RET	C, N		Rücksprung von Funktion oder Funktionsbaustein
	)		Bearbeitung zurückgestellter Operation

2.2.1 Anweisungsliste AWL

Die Anweisungsliste ist die Sprache mit der größten Ähnlichkeit zur Assemblerprogrammierung von Mikrocontrollern (Bild 2.1). Die Sprache ist zeilenorientiert. Jede Zeile enthält eine Anweisung, bestehend aus einem Operator (s. Tabelle 2.2), gefolgt von einem Operanden. Einem Operator können auch mehrere Operanden folgen, getrennt durch Kommas. Vor einer Anweisung kann eine Sprungmarke stehen, gefolgt von einem Doppelpunkt. Eine Anweisungszeile benötigt kein Abschlußzeichen.

Der Modifizierer N steht für NICHT bzw. NOT und gestattet bei den Verknüpfungs- und Ladeoperationen ein invertiertes Abfragen des Operanden. Die Folge

```
LD     e1
ANDN   e2
ST     ausgang
```

führt zu einer 1 am `ausgang`, wenn `e1 = 1` UND `e2 = 0`.

Der Zuweisungsoperator ST nimmt das aktuelle Ergebnis der vorhergehenden Operationen und weist es dem genannten Operanden zu; im Beispiel dem `ausgang`. Mit STN erhält der Operand das invertierte Ergebnis. Die Operationen JMP, CAL und RET lassen sich unbedingt oder, modifiziert mit C, bedingt ausführen; C steht für Conditional bzw. bedingt. Die Sprungoperation JMPC wird ausgeführt, wenn das aktuelle Ergebnis TRUE ist. Mit dem zusätzlichen Modifizierer N, also JMPCN, läuft der Sprung mit dem Ergebnis FALSE ab.

Die Klammern gestatten es, Verknüpfungen auf 2 Ebenen zu bilden, ohne Zwischenmerker einzusetzen. Eine UND-vor-ODER-Verknüpfung z. B. ergibt folgende Sequenz:

```
LD      e1
AND     e2
OR(     e4
AND     e5
)
ST              a1
```

a1 geht auf 1, wenn entweder e1 UND e2 Signal 1 führen ODER wenn e4 UND e5 Signal 1 führen. Eine ODER-vor-UND-Verknüpfung erhalten wir mit:

```
LD      e1
OR      e2
AND(    e4
OR      e5
)
ST      a1
```

2.2.2 Strukturierter Text ST

Programme in strukturiertem Text haben große Ähnlichkeit mit Pascal-Programmen [14]. Die Sprache ist nicht zeilenorientiert; abgeschlossene Anweisungen benötigen ein Semikolon als Endezeichen. Ausdrücke und Anweisungen bewerkstelligen das Verarbeiten der Daten. Ausdrücke bestehen aus Operatoren und Operanden, sie liefern einen Ergebniswert. Als Operanden in einem Ausdruck sind zugelassen: Literale, Variablen, weitere Ausdrücke oder Funktionsaufrufe.

Tabelle 2.3 zeigt die möglichen Operatoren für die Sprache ST, Tabelle 2.4 die Anweisungen. Da die Anweisungen in ST um einiges komplexer sind als in AWL, folgen hier für jede Anweisung einige Beispiele.

2.2.2.1 IF-Anweisung

Die IF-Anweisung erlaubt eine einseitige oder mehrseitige Verzweigung. Die mit IF oder ELSIF abgefragte Bedingung muß immer ein Boolesches Ergebnis TRUE oder FALSE liefern. Beispiele für korrekte Ausdrücke:

IF	eingang_1	(wenn eingang_1 Signal 1 führt ...)
IF	a = 10	(wenn die Variable a den Wert 10 hat ...)
IF	a < b	(wenn die Variable a kleiner ist als die Variable b ...)
ELSIF	a > b	(wenn die Variable a größer ist als die Variable b ...)
IF	e1 OR e2	(wenn Eingang e1 oder Eingang e2 Signal 1 führt ...)

Tabelle 2.3 Operatoren in ST

Operator	Beispiel	Wert des Beispiels	Beschreibung	Priorität
( )	(2+3) * (4+5)	45	Klammerung	höchste
**	3**4	81	Potenzierung	
–	–10	–10	Negation	
NOT		NOT TRUE	falsch, Komplement	
*	10*3	30	Multiplikation	
/	6/2	3	Division	
MOD	17 MOD 10	7	Modulo	
+	2+3	5	Addition	
–	4–2	2	Subtraktion	
<, >, <=, >=	4 > 12	FALSE	Vergleich	
=	T#26h = T#1d2h	TRUE	Gleichheit	
<>	8 <>16	TRUE	Ungleichheit	
&, AND	TRUE & FALSE	FALSE	Boolesches UND	
XOR	TRUE XOR FALSE	TRUE	Boolesches Exklusiv ODER	
OR	TRUE OR FALSE	TRUE	Boolesches ODER	niedrigste

Tabelle 2.4 Anweisungen in ST

Schlüsselwort	Beispiel	Beschreibung
RETURN	RETURN;	Rücksprunganweisung
IF	IF a < b THEN c := 1; ELSIF a = b THEN c := 2; ELSE c := 3; END_IF;	Auswahlanweisung
CASE	CASE f OF 1: a := 3; 2: a := 4; ELSE a := 0; END_CASE;	Auswahlanweisung

FOR	FOR a := 1 TO 10 BY 2 DO
	f[a] := b;
	END_FOR;
		Wiederholungsanweisung

WHILE	WHILE b > 1 DO b := b / 2 END_WHILE;	Wiederholungsanweisung
REPEAT	REPEAT a := a * b; UNTIL a > 10000 END_REPEAT;	Wiederholungsanweisung
EXIT	EXIT;	EXIT-Anweisung

Im Anweisungsteil, den das Schlüsselwort THEN einleitet, lassen sich beliebig viele Anweisungen unterbringen. Der Anweisungsteil wird nur dann bearbeitet, wenn die mit IF abgefragte Bedingung TRUE liefert.

Beispiele zur IF-Anweisung

3 Beispiele für die IF-Anweisung enthält der Funktionsbaustein IFBSP in Bild 2.3, Tabelle 2.5 enthält die inneren Variablen des Bausteins und Bild 2.4 den Programmrumpf.

Bild 2.3
Funktionsbaustein IFBSP

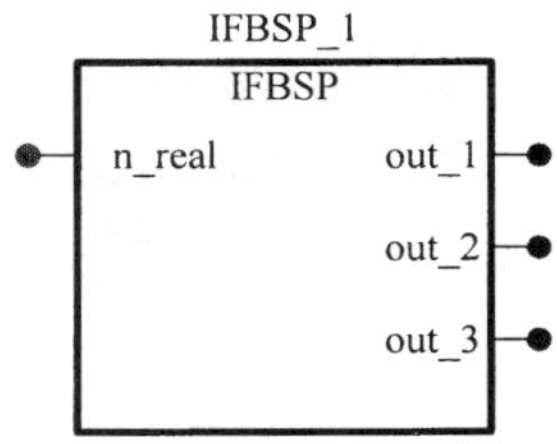

Beispiel 1 trifft eine einfache Auswahl. Das Programm fragt zunächst, ob der Eingang `n_real` größer ist als das Ergebnis des Ausdrucks `schwellwert + hysterese`. Der Ausdruck `n_real > (schwellwert + hysterese)` liefert ein Boolesches Ergebnis: TRUE oder FALSE. Dies ist Voraussetzung für das Funktionieren der IF-Anweisung. Mit dem Ergebnis TRUE führt das Programm die Anweisung `out_1 := FALSE` aus. Mit dem Ergebnis FALSE geht's weiter zur Frage ELSIF. Auch dieser Ausdruck `n_real < (schwellwert-hysterese)` liefert als Ergebnis TRUE oder FALSE. Mit TRUE geht der Ausgang `out_1` auf 1. Bild 2.5 zeigt das Verhalten der Ausgangsvariablen `out_1` in Abhängigkeit vom Eingang `n_real`.

In Beispiel 2 gilt es für einen Stillstandswächter, 3 Zustände von `n_real` auszuwerten. 2 dieser Zustände führen zum gleichen Ergebnis am Ausgang, nämlich

Tabelle 2.5 Lokale Variablen des Funktionsbausteins IFBSP

```
VAR_INPUT
n_real        :    REAL;
END_VAR

VAR
hysterese     :    REAL := 5.0;
schwellwert   :    REAL := 20.0 ;
END_VAR

VAR_OUTPUT
out_1         :    BOOL;
out_2         :    BOOL;
out_3         :    BOOL;
END_VAR
```

```
(* IF-Beispiel 1: *)
(* hysteresebehafteter Umschalter als Grenzwertmelder für die *)
(* Drehzahl n_real *)

IF     n_real > (schwellwert + hysterese)
       THEN out_1 := FALSE;
ELSIF  n_real < (schwellwert - hysterese)
       THEN out_1 := TRUE;
END_IF;


(* IF-Beispiel 2: *)
(* Stillstandswächter für die Drehzahl n_real ohne Umschalthysterese *)

IF     (n_real > schwellwert) OR (n_real < -schwellwert)
       THEN out_2 := FALSE;
ELSE   out_2 := TRUE;
END_IF;


(* IF-Beispiel 3: *)
(* Stillstandswächter für die Drehzahl n_real mit Umschalthysterese *)

IF     n_real > schwellwert + hysterese OR
       n_real < -schwellwert - hysterese
       THEN out_3 := FALSE;
ELSIF  n_real < schwellwert - hysterese OR
       n_real > -schwellwert + hysterese
       THEN out_3 := TRUE;
END_IF;
```

Bild 2.4 3 Beispiele für die IF-Anweisung

`out_2 = FALSE`. Dies ist der Fall, wenn `n_real` kleiner ist als der negative `schwellwert` oder größer ist als der positive `schwellwert`. Diese Situation klärt die erste IF-Abfrage; der Ausdruck `(n_real > schwellwert) OR (n_real < schwellwert)` liefert in beiden Fällen TRUE. Womit `out_2` auf 0 geht. Die Alternative, ob `n_real` innerhalb der beiden Schwellwerte liegt, müssen wir nicht gesondert abfragen, weil es keine weiteren Möglichkeiten gibt. Hier genügt die Anweisung `ELSE out_2 := TRUE`. Anders ist die Situation im Beispiel 3, wenn der Stillstandswächter eine Umschalthysterese haben soll. Hier fragen wir die äußeren Umschaltpunkte mit IF und die inneren Umschaltpunkte mit ELSIF ab.

2.2.2.2 FOR-Anweisung

Mit der FOR-Anweisung werden Zählschleifen realisiert. Man setzt sie ein, wenn eine Serie gleichartiger Anweisungen durchzuführen ist, deren Anzahl bekannt ist. Den Wertebereich und die Schrittweite übergibt man im Kopf der FOR-Schleife an die `steuervariable`. Dabei sind nur INT-Werte zugelassen. Beispiele für korrekte Angaben:

Bild 2.5
Arbeitsweise der 3 Umschalter

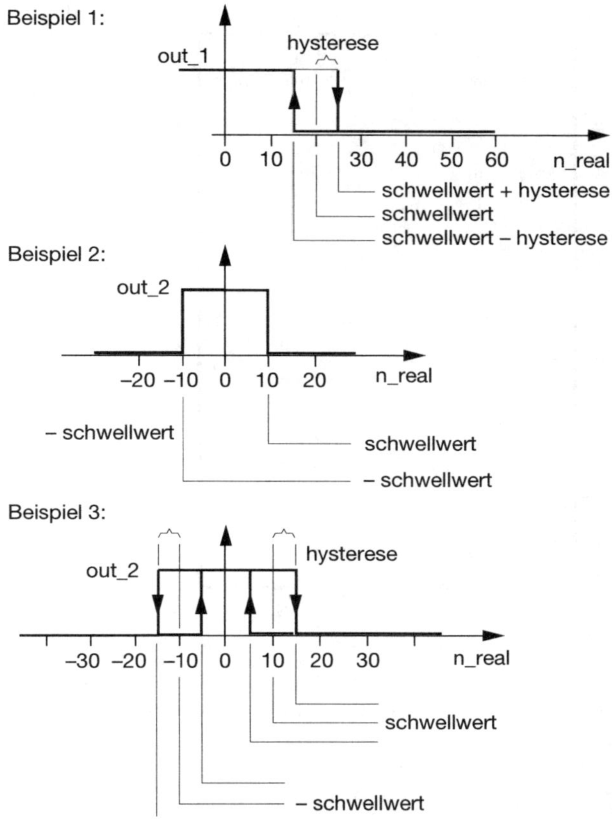


```
FOR  steuervariable  := 0 TO 9                   DO
FOR  steuervariable  := 0 TO endwert             DO
FOR  zeiger          := anfangswert TO endwert   DO
FOR  zeiger          := 0 TO 20      BY 2        DO
FOR  zaehler         := 10 TO 100    BY 10       DO
```

Der erste Schleifendurchgang erfolgt mit dem Startwert der `steuervariablen`. Ohne weitere Angaben geht die `steuervariable` mit jedem Durchlauf um 1 hoch; die Angabe BY 2 oder BY 10 ändert jedoch diese Schrittweite ab, so daß die `steuervariable` mit jedem Durchlauf um 2 bzw. 10 hochgeht.

Der Schleifenrumpf kann aus beliebig vielen Anweisungen bestehen.

Beispiele zur FOR-Anweisung

2 Beispiele für die FOR-Anweisung enthält der Baustein FORBSP1 in Bild 2.6 mit dem Programmrumpf in Bild 2.7. Tabelle 2.6 enthält die lokalen Variablen.

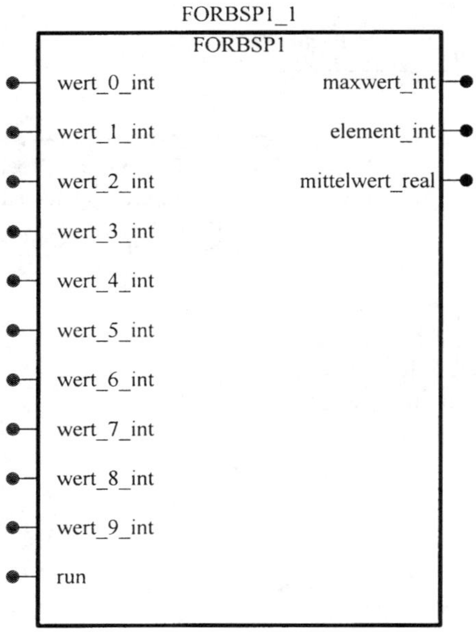

Bild 2.6
Funktionsbaustein FORBSP1

Beispiel 1 ermittelt aus einer Tabelle mit 10 INT-Werten den größten Wert, gibt diesen Wert aus und nennt am Ausgang `element_int` die Nummer des zugehörigen Tabellenplatzes.

Der 1. Teil des Programmes überträgt die Werte der Eingänge 0 … 9 in die Tabelle. Danach erhält die Merkervariable `merker` den Wert 0 zugewiesen als Anfangswert für die zyklische Maximalwertsuche. In der Zeile `FOR zeiger := 0 TO 9` geschehen 2 Dinge. Zunächst erhält die Steuervariable `zeiger` den Anfangswert 0 zugewiesen. Dann folgt für `zeiger` der Endwert 9, so daß die FOR-Schleife 10mal durchlaufen wird. Beim 1. Durchgang hat `zeiger` den Wert 0, beim letzten Durchgang hat `zeiger` den Wert 9. Automatisch geht bei jedem Durchlauf die Steuervariable um 1 hoch (Eine andere Schrittweite erhält man z. B. mit der Formulierung `FOR zeiger := 0 TO 100 BY 5`; hier würde der `zeiger` mit jedem Durchlauf um 5 anwachsen). Die erste IF-Sequenz innerhalb der Schleife ist dann ein Beispiel für den Einsatz der EXIT-Anweisung; mit `run = FALSE` läßt sich die Schleife abbrechen. Den eigentlichen Suchvorgang nach dem größten Wert in der Tabelle bewerkstelligt die 2. IF-Anweisung in der Schleife. In jedem Durchgang fragt sie, ob der vom `zeiger` aufgerufene Tabellenwert größer ist als der aktuelle Wert im `merker`. Ist dies der Fall, dann wird der Tabellenwert in den `merker` kopiert und der Wert des Zeigers geht an `element_int`. Nach dem Ende der FOR-Schleife geht auch der `merker` an den Ausgang, womit `maxwert_int` den größten Tabellenwert anzeigt.

Beispiel 2 bildet den arithmetischen Mittelwert aus dem Tabelleninhalt. Vor dem Einstieg in die Schleife bringt man die Merkervariable `summe` auf 0. In der Schleife werden dann die von der Steuervariablen `zaehler` aufgerufenen Tabellenwerte

```
(* Beispiel 1: Suche nach dem größten Wert in einer Tabelle *)

(* tabelle1 füllen: *)
tabelle1[0] := wert_0_int;
tabelle1[1] := wert_1_int;
tabelle1[2] := wert_2_int;
tabelle1[3] := wert_3_int;
tabelle1[4] := wert_4_int;
tabelle1[5] := wert_5_int;
tabelle1[6] := wert_6_int;
tabelle1[7] := wert_7_int;
tabelle1[8] := wert_8_int;
tabelle1[9] := wert_9_int;

merker := 0;

FOR zeiger := 0 TO 9 DO
    IF  run = FALSE
        THEN maxwert_int := 0;
             element_int := 0;
             EXIT;
    END_IF;

    IF  tabelle1[zeiger] > merker
        THEN merker := tabelle1[zeiger];
             element_int := zeiger;
    END_IF;
END_FOR;
maxwert_int := merker;


(* Beispiel 2: Mittelwert aus 10 Tabellenwerten *)

summe := 0;
FOR zaehler := 0 TO 9 DO
    summe := summe + tabelle1[zaehler];
END_FOR;
mittelwert_real := INT_TO_REAL(summe) / 10.0;
```

Bild 2.7 2 Beispiele für die FOR-Anweisung im Baustein FORBSP1

addiert. Um den Mittelwert zu berechnen, ist die summe zunächst in das REAL-Format zu wandeln, weil als Ergebnis ein Dezimalbruch entstehen kann. Die Zuweisung an den Ausgang mittelwert_real läuft dann so ab, daß zunächst die INT_TO_REAL-Wandlung der summe abläuft, dann wird der gewandelte Wert durch 10.0 dividiert und das Ergebnis abschließend an den Ausgang überwiesen.

Ein weiteres Beispiel für die FOR-Anweisung ist der Funktionsbaustein FORBSP2 in Bild 2.8 mit dem Rumpf in Bild 2.9. Tabelle 2.7 enthält die zugehörigen Variablen.

Tabelle 2.6 Lokale Variablen des Funktionsbausteins FORBSP1

```
VAR_INPUT
wert_0_int       :    INT;
wert_1_int       :    INT;
wert_2_int       :    INT;
wert_3_int       :    INT;
wert_4_int       :    INT;
wert_5_int       :    INT;
wert_6_int       :    INT;
wert_7_int       :    INT;
wert_8_int       :    INT;
wert_9_int       :    INT;
run              :    BOOL;
END_VAR

VAR
tabelle1         :    TAB10INT;
zeiger           :    INT;
merker           :    INT;
summe            :    INT;
zaehler          :    INT;
END_VAR

VAR_OUTPUT
maxwert_int      :    INT;
element_int      :    INT;
mittelwert_real  :    REAL;
END_VAR
```

Das Programm berechnet die Zweierpotenz zu einem eingegebenen Exponenten. Der Exponent kann im Bereich 0 ... 14 liegen. Liegt `exponent_int` außerhalb dieses Bereiches, dann erhält der Ausgang den Wert 0 und der Baustein wird über die RETURN-Anweisung verlassen. Mit `exponent_int` im erlaubten Bereich erhält der `merker` den Startwert 0.5 zugewiesen, den dann der Schleifenrumpf mit jedem Durchgang verdoppelt. Die Anzahl der Durchgänge durch die Schleife ist um 1 größer als der Wert in `exponent_int`, weil der 1. Durchgang mit dem Zählerwert 0 abläuft. Damit erhalten wir für einen Exponenten von 0 die Zweierpotenz = 1, weil der Anfangswert von 0,5 im `merker` einmal verdoppelt wird. Ein `exponent_int` von 1 hat 2 Durchläufe mit dem Ergebnis `zweierpotenz_int = 2` zur Folge.

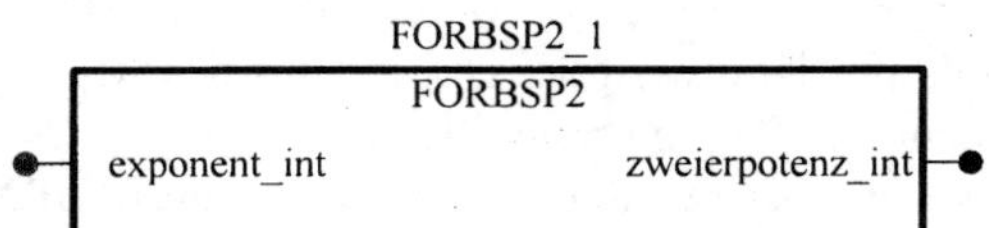

Bild 2.8
Funktionsbaustein FORBSP2

```
(* Funktionsbaustein FORBSP2: *)

IF    exponent_int < 0 OR exponent_int > 14
        THEN zweierpotenz_int := 0; RETURN;
END_IF;

merker := 0.5;

FOR      zaehler := 0 TO exponent_int DO
         merker := merker * 2.0;
END_FOR;

zweierpotenz_int := REAL_TO_INT(merker);
```

Bild 2.9 Rumpf des Funktionsbausteins FORBSP2

Tabelle 2.7 Lokale Variablen des Funktionsbausteins FORBSP2

```
VAR_INPUT
exponent_int       :    INT;
END_VAR

VAR
zaehler            :    INT;
merker             :    REAL;
END_VAR

VAR_OUTPUT
zweierpotenz_int :      INT;
END_VAR
```

2.2.2.3 WHILE-Anweisung

Die WHILE-Anweisung realisiert die sog. abweisende Schleife. In die Schleife geht's nur dann hinein, wenn die abgefragte Bedingung das Ergebnis TRUE liefert. Andernfalls wird der Schleifenrumpf nicht bearbeitet. Die Entscheidung, wann die Schleife zu verlassen ist, fällt innerhalb des Schleifenrumpfes! Beispiele für korrekte Angaben:

```
WHILE  a < 100              DO
WHILE  a < endwert          DO
WHILE  wert1 < 5 OR wert2 > 10 DO
WHILE  a <> 786.5           DO
```

Die Anweisungen innerhalb der Schleife müssen dafür sorgen, daß die abgefragte Bedingung irgendwann FALSE wird; ansonsten liegt eine Endlosschleife vor. Auch hier sind innerhalb des Schleifenrumpfes beliebig viele Anweisungen gestattet.

Beispiel zur WHILE-Anweisung

Der Funktionsbaustein WHLBSP (s. Bild 2.10, 2.11 und Tabelle 2.8) wirkt ähnlich wie ein Bargraph. Er bildet dabei den Wertebereich am Eingang auf die 16 Bit des Ausgangswortes ab. Der Bereich an `wert_int` von 0 ... 160 wird dabei in 10er-stufen zerlegt, wobei mit jeder Stufe am Ausgang 1 Bit hinzukommt, beginnend mit dem wertniedrigsten Bit. Beispiele:

```
wert_int =  40, out_word = 16#000F bzw. 2#0000 0000 0000 1111;
wert_int =  52, out_word = 16#001F bzw. 2#0000 0000 0001 1111;
wert_int =  69, out_word = 16#003F bzw. 2#0000 0000 0011 1111;
wert_int =  72, out_word = 16#007F bzw. 2#0000 0000 0111 1111;
wert_int = 160, out_word = 16#FFFF bzw. 2#1111 1111 1111 1111;
```

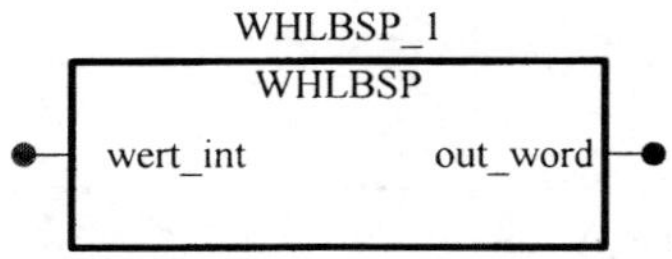

Bild 2.10
Funktionsbaustein WHLBSP

```
wert := LIMIT_INT (0, wert_int, 160);
maske := WORD#16#0001;
merker := WORD#16#0000;

WHILE wert>=stufe DO
     wert   := wert - stufe;
     merker := merker OR maske;
     maske  := SHL_WORD(maske, 1);
END_WHILE;

out_word := merker;
```

Bild 2.11 Rumpf des Funktionsbausteins WHLBSP

Tabelle 2.8 Lokale Variablen des Funktionsbausteins WHLBSP

```
VAR_INPUT
wert_int    :    INT;
END_VAR

VAR
maske       :    WORD;
merker      :    WORD;
wert        :    INT;
stufe       :    INT  := 10 ;
END_VAR

VAR_OUTPUT
out_word    :    WORD;
END_VAR
```

Man erkennt, daß immer dann, wenn wert_int um 10 zunimmt, in out_word von rechts her ein Bit hinzukommen muß. Dies geschieht innerhalb der Schleife durch eine OR-Verknüpfung des ursprünglichen Bitmusters mit einer maske. Die maske hat zu Beginn der Schleifendurchgänge den Wert $0000\ 0000\ 0000\ 0001_B$, den sie im Vorspann zur WHILE-Schleife erhält. Der merker, der im Vorspann den Wert 0000_H erhält, dient innerhalb der Schleife als Speicher für die Zwischenergebnisse. Die Variable wert erhält den limitierten Eingang wert_int. In die Schleife hinein geht's nur dann, wenn der wert größer oder gleich stufe ist (Anfangswert von stufe = 10). Dann zieht man von wert den Stufenwert von 10 ab und baut das einzelne Bit aus der maske in den merker ein. Anschließend schiebt die Funktion SHL_WORD die maske um eine Stelle nach links und bereitet sie damit für den nächsten Durchgang vor. Falls jetzt wert immer noch größer ist als stufe, geht's mit den Anweisungen in der Schleife weiter. Im 2. Durchgang steht das Bit in der maske um eine Stelle weiter links und wird durch die OR-Verknüpfung an dieser Stelle in den merker eingebaut usw.

Abschließend, nach dem Verlassen der WHILE-Schleife, geht der merker an den Ausgang out_word.

2.2.2.4 REPEAT-Anweisung

Ebenso wie mit der WHILE-Schleife werden auch mit der REPEAT-Anweisung Schleifen realisiert, bei denen sich erst im Schleifenrumpf herausstellt, wann die Schleife zu beenden ist. Hier wird jedoch diese Bedingung erst am Ende der Schleife abgefragt, so daß der Schleifenrumpf auf jeden Fall einmal bearbeitet wird! Das Programm verläßt die Schleife, wenn die mit UNTIL abgefragte Bedingung TRUE ist.
Beispiele für korrekte Angaben:

```
REPEAT
zahlenwert / 100;
UNTIL zahlenwert < 10     END_REPEAT;
```

Der Rumpf dividiert die Variable zahlenwert so lange durch 100, bis das Ergebnis kleiner ist als 10.

```
REPEAT
zeichen := ASCII-Eingabe;
UNTIL zeichen = e         END_REPEAT;
```

Der Rumpf liest so lange Zeichen von einer ASCII-Eingabe ein, bis das Zeichen e auftaucht.

```
REPEAT
ausgabe := tabellenwert;
UNTIL tabellenwert = 999 END_REPEAT;
```

Der Rumpf gibt so lange Tabellenwerte aus, bis der Wert 999 erscheint. Bei einer Abfrage auf Gleichheit oder Ungleichheit müssen wir sicher sein, daß dieser abgefragte Wert auch tatsächlich vorkommt, ansonsten haben wir wieder eine Endlosschleife. Speziell bei REAL-Werten ist die Gefahr groß, weil hier geplante Werte u. U. durch

Rundungsfehler gar nicht auftreten. Besser ist es dann, man fragt auf kleiner gleich (≤) oder größer gleich (≥) ab.

Beispiel zur REPEAT-Anweisung

Der Funktionsbaustein SWKZPOS erläutert an 2 Beispielen die Arbeitsweise der REPEAT-Anweisung. In beiden Fällen geht es darum, in einer Tabelle einen bestimmten Wert zu suchen. Die Tabelle mit dem Namen `magazin_tab` gehört zu einer NC-Maschine, die max. 8 Werkzeuge aus einem Magazin auswählen kann und repräsentiert mit ihrem Tabelleninhalt den Inhalt des Magazins. Die codierten Werkzeuge liegen nach dem chaotischen System in diesem Magazin; eine Lesevorrichtung im Magazin erfaßt deren Codenummern 111, 222, 333, usw. bis 888. Ein abzulegendes Werkzeug kommt immer auf den 1. freien Platz; freie Plätze bringen die Codenummer 0. Der Baustein SWKZPOS erfüllt dabei 2 Aufgaben. Kommt von der Handhabungseinrichtung, die ein Werkzeug aufnehmen soll ein bestimmter Werkzeugcode, dann sucht der Baustein aus der Tabelle den Platz, an dem das Werkzeug steckt. Nebenbei sucht der Baustein ständig nach dem 1. freien Platz in der Tabelle bzw. dem Magazin

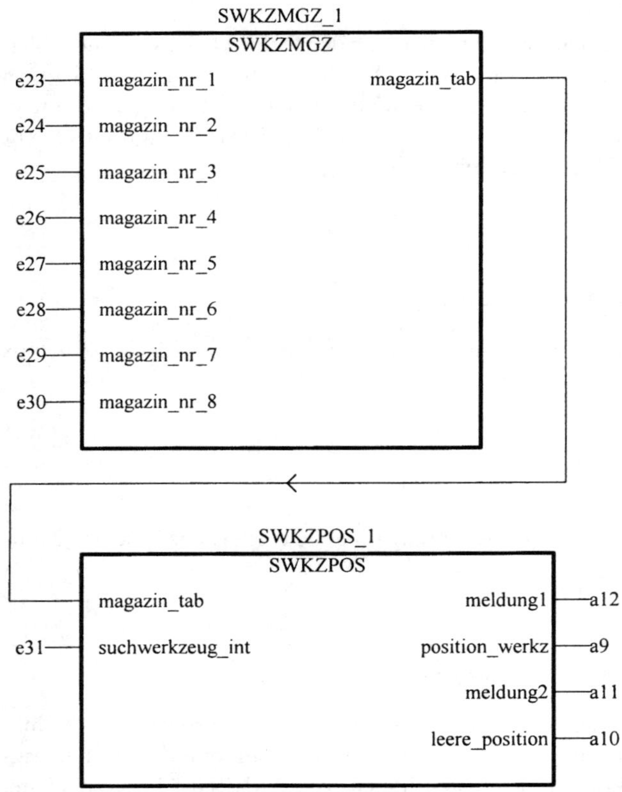

Bild 2.12 Funktionsbausteine SWKZPOS und SWKZMGZ im Programm PRG_WKZ

und gibt dessen Nummer aus. Zum Testen des Programmes ist ein weiterer Baustein nötig, der die Codenummern einliest und die Tabelle zur Verfügung stellt: der Funktionsbaustein SWKZMGZ. Bild 2.12 zeigt die beiden Bausteine im Einsatz (s. a. Bild 2.13 und Tabelle 2.9).

Beide REPEAT-Anweisungen arbeiten mit der gleichen Variablen `zeiger`, um die Tabelle abzusuchen: Sie wird vor jeder Schleife auf 0 gesetzt. Im 1. Durchgang einer jeden REPEAT-Anweisung beginnt der Suchvorgang dann mit dem Wert 1, das ist die Nummer des 1. Tabellenplatzes.

Im 1. REPEAT-Vorgang geht es darum, in der Tabelle nach einer Zahl zu suchen, die in der Eingangsvariablen `suchwerkzeug_int` enthalten ist. Falls der gesuchte Werkzeugcode irgendwo in der Tabelle vorhanden ist, wird er mit einem `zeiger`-

```
zeiger := 0;

REPEAT       (* Werkzeug suchen: *)
zeiger := zeiger + 1;

IF  zeiger = 9
    THEN  zeiger := 0;
          EXIT;
    END_IF;

UNTIL suchwerkzeug_int = magazin_tab[zeiger]
END_REPEAT;

IF  zeiger = 0
    THEN  meldung1 := text1;
    ELSE  meldung1 := text2;
END_IF;
position_werkz := zeiger;

zeiger := 0;

REPEAT       (* freien Magazinplatz suchen: *)
zeiger := zeiger + 1;
IF  zeiger = 9
    THEN  zeiger := 0;
          EXIT;
END_IF;
UNTIL magazin_tab[zeiger] = 0
END_REPEAT;

IF  zeiger = 0
    THEN  meldung2 := text3;
ELSE      meldung2 := text4;
END_IF;
leere_position := zeiger;
```

Bild 2.13   Rumpf des Bausteins SWKZPOS

Tabelle 2.9 Lokale Variablen des Bausteins SWKZPOS

```
VAR_INPUT
magazin_tab       :  TAB8INT;
suchwerkzeug_int :  INT;
END_VAR
VAR
zeiger            :  INT;
zaehler           :  INT;
wkz_nr            :  INT;
text1             :  STRING := 'Werkzeug nicht enthalten' ;
text2             :  STRING := 'Werkzeug gefunden auf Platz';
text3             :  STRING := 'keine freier Platz';
text4             :  STRING := 'erster freier Platz ist Nr.';
END_VAR

VAR_OUTPUT
meldung1          :  STRING; (* Werkzeug Nr. *)
position_werkz    :  INT;
meldung2          :  STRING; (* freier Platz *)
leere_position    :  INT;
END_VAR
```

Wert zwischen 1 und 8 gefunden und die Schleife ist beendet. Ist das Werkzeug nicht vorhanden, erreicht der `zeiger` den Wert 9, mit dem die Schleife per EXIT verlassen wird. Vorher bringt man den `zeiger` noch auf 0, um die Textanzeige zu steuern. Das Verlassen der Schleife mit `zeiger = 9` ist wichtig, weil wir einerseits eine Endlosschleife verhindern müssen und andererseits ein Zugriff auf die Tabelle mit dem Wert 9 zu einem Programmstopp führt.

Die IF-Sequenz im Anschluß an den Suchvorgang steuert die Textausgabe; abschließend geht der `zeiger` an den Ausgang `position_werkz` und meldet die Platznummer, an der das Werkzeug im Magazin steckt.

Die Suche nach einem freien Platz im Magazin gestaltet sich ähnlich. Der Suchvorgang startet mit dem `zeiger`-Wert 1 und läuft so lange, bis in der Tabelle zum 1. Mal die 0 auftaucht. In der Schleife ist auch hier zu prüfen, ob der `zeiger` den Wert 9 erreicht für den Fall, daß kein freier Platz im Magazin vorhanden ist. Nebenbei ist das Programm auch noch ein Beispiel für den Einsatz von STRING-Variablen.

In der Testumgebung sind über die Eingangsvariablen alle Magazinplätze belegt. Sie könne die Werte beliebig im laufenden Programm durch forcen ändern.

2.2.2.5 CASE-Anweisung

Die CASE-Anweisung gestattet es, eine einzige Variable auf bestimmte Inhalte hin zu untersuchen. Jedem der gesuchten Inhalte ist ein beliebig großer Anweisungsblock zugeordnet. Ist einer der gesuchten Inhalte vorhanden, wird der zugehörige Anweisungsblock aktiv, die Suche nach weiteren Fällen ist damit beendet! In der Auswahlvariablen können wir nach einzelnen oder nach mehreren Werten suchen, auch nach Wertebereichen. Beispiele für korrekte Angaben:

```
CASE    auswahlvariable OF
1       : textausgabe := text_88;          (* ein einziger Wert *)
2..5    : beliebig langer Anweisungsblock;      (* Wertebereich *)
6,8,10  : textausgabe := text_99;     (* mehrere einzelne Werte *)
ELSE    : beliebig langer Anweisungsblock;
END_CASE;
```

Beispiel zur CASE-Anweisung

Die Funktion CASEBSP (Bild 2.14, 2.15 und Tabelle 2.10) gestattet es, eine Auswahl unter 5 Sollwerten zu treffen. Die Auswahl erfolgt über den Eingang `sollwert_nr_int` mit Werten im Bereich 0 … 5. Mit Werten >5 geht der Ausgang auf 0. Die Sollwerte sind an den Eingängen `sollwert_0_int` … `sollwert_5_int` einzustellen. Der Programmrumpf des Bausteins überprüft zunächst den erlaubten Wertebereich für den Eingang `sollwert_nr_int`. Mit Werten >5 oder <0 geht die 0 an den Ausgang der Funktion und der Baustein wird verlassen. Bei der IF-Abfrage ist zu beachten, daß die Vergleichsoperationen > und < eine höhere Priorität haben als die OR-Operation. Für die beiden OR-Operanden ist folglich keine Klammer nötig. Danach erfolgt die Fallauswahl, wobei die Variable `sollwert_nr_int` nur noch erlaubte Werte hat. Sobald einer der Fälle 0 … 5 erkannt wurde, geht der zugehörige Sollwert an den Ausgang und das Programm verläßt die CASE-Sequenz.

Bild 2.14
Funktion CASEBSP

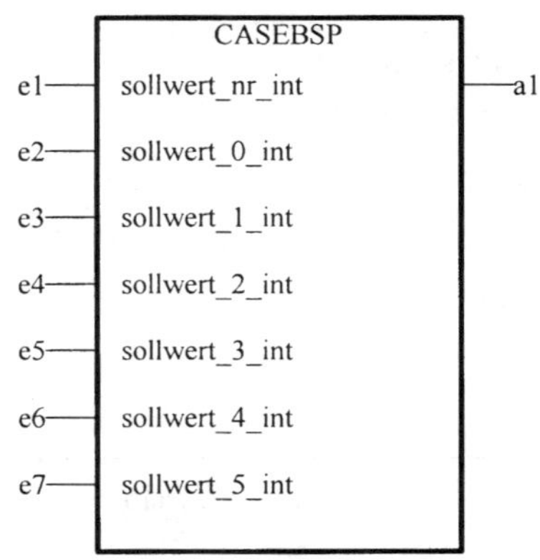

2.2.3 Funktionsbausteinsprache FBS

Die Funktionsbausteinsprache arbeitet mit folgenden Elementen:

- ❑ als Grafik aufgerufene Funktionen und Funktionsbausteine,
- ❑ Verbindungslinien für die Weitergabe der Daten,

- Konnektoren als Ersatz für Verbindungslinien,
- Elemente für die Steuerung des Programmablaufs wie Sprungbefehle usw.

Kennzeichen der Funktionsbausteinsprache in Multiprog wt ist, daß sie gänzlich auf die klassische Netzwerkstruktur verzichtet. Die Elemente lassen sich beliebig auf dem Arbeitsblatt positionieren; die Reihenfolge von rechts nach links oder von oben nach unten sagt dabei nichts über die Bearbeitungsreihenfolge im laufenden Programm aus. Erst mit dem Kompilieren wird die Bearbeitungsreihenfolge festgelegt, wobei der Compiler alle Bausteine durchnumeriert. Der Programmierer muß dies vor allem dann beachten, wenn bei speziellen Verknüpfungen die zeitliche Aufeinanderfolge der Operationen eine Rolle spielt. Beispiele für die Funktionsbausteinsprache finden Sie in allen Kapiteln.

```
(* Funktion CASEBSP als Beispiel für die CASE-Anweisung: *)

IF  sollwert_nr_int > 5 OR sollwert_nr_int < 0
    THEN CASEBSP := 0; RETURN;
END_IF;

CASE sollwert_nr_int  OF

0: CASEBSP := sollwert_0_int;
1: CASEBSP := sollwert_1_int;
2: CASEBSP := sollwert_2_int;
3: CASEBSP := sollwert_3_int;
4: CASEBSP := sollwert_4_int;
5: CASEBSP := sollwert_5_int;

END_CASE;
```

Bild 2.15 Rumpf der Funktion CASEBSP

Tabelle 2.10 Lokale Variablen der Funktion CASEPSP

```
VAR_INPUT
sollwert_nr_int :  INT;
sollwert_0_int  :  INT;
sollwert_1_int  :  INT;
sollwert_2_int  :  INT;
sollwert_3_int  :  INT;
sollwert_4_int  :  INT;
sollwert_5_int  :  INT;
END_VAR
```

2.2.4 Kontaktplansprache KOP

KOP arbeitet mit folgenden Elementen:

- ❑ Kontakte als binäre Eingänge, die als Öffner oder Schließer arbeiten können,
- ❑ Spulen als binäre Ausgänge, die direkt, invertiert oder speichernd arbeiten können,
- ❑ als Grafik aufgerufene Funktionen und Funktionsbausteine,
- ❑ Verbindungslinien für die Weitergabe der Daten,
- ❑ Konnektoren als Ersatz für Verbindungslinien,
- ❑ Elemente für die Steuerung des Programmablaufs wie Sprungbefehle usw.

Funktionen und Funktionsbausteine lassen sich als Grafik nur dann in KOP einsetzen, wenn sie über mindestens 1 Booleschen Ein- oder Ausgang verfügen. Über diesen ist eine Verbindung zu einer der beiden Stromschienen herzustellen. Beispiele für die KOP-Darstellung findet man in den Kapiteln 4 und 5.

2.2.5 Ablaufsprache AS

AS ist im Prinzip eine grafische Sprache, wobei die Norm aber auch eine textuelle Form zuläßt. In Multiprog wt ist nur die grafische Form möglich. In dieser grafischen Form arbeitet AS mit folgenden Elementen:

- ❑ Schrittsymbole zur symbolischen Darstellung der einzelnen Ablaufschritte, wobei jedem Schritt ein interner Merker mit der Form `schrittname.X` und einer internen Laufzeit mit dem Bezeichner `schrittname.T` zugeordnet ist (abhängig vom Programmiersystem),
- ❑ Transitionen, die die Übergangsbedingungen von einem Schritt zum nächsten enthalten,
- ❑ zu jedem Schritt eine Anzahl von Aktionen, in denen formuliert ist, in welcher Weise der Schritt auf den Prozeß bzw. auf das Programm einwirkt,
- ❑ als Grafik aufgerufene Funktionen und Funktionsbausteine wie in FBS,
- ❑ Kontakte aus dem KOP-Bereich als binäre Eingänge, die als Öffner oder Schließer arbeiten können,
- ❑ Verbindungslinien für die Weitergabe der Daten.

Programme in AS sind in Kapitel 11 zu finden.

2.3 Datenelemente

Generell gibt es in jeder Software 2 Möglichkeiten, Daten ins Spiel zu bringen. Im einfachsten Falle können Daten als unveränderliche Werte direkt im Programm angegeben werden, man arbeitet dann mit Literalen. Die Norm bezeichnet dies als externe Darstellung von Daten.

Die 2. Möglichkeit besteht darin, nicht die Daten direkt zu benennen, sondern die Speicherstellen, an denen sie stehen, dann wird mit Variablen gearbeitet.

2.3.1 Speicherorte der Daten

2.3.1.1 Literale

Literale stehen zusammen mit den Programmbefehlen im Programmspeicher der Steuerung. Neue Werte für Literale sind nur durch Ändern des Programmes möglich.

2.3.1.2 E-/A-Daten

Eingangsdaten kommen von einer Eingangsbaugruppe der Steuerung. Ihr Wert hängt unmittelbar, nur mit einer physikalischen Verzögerung behaftet, von den angeschlossenen Sensoren ab. Die Firmware der SPS oder des Feldbussystems überträgt diese Signalzustände zyklisch in bestimmten Zeitabständen von der Eingabeelektronik in das Prozeßabbild der Eingänge PAE. Das Prozeßabbild liegt im Arbeitsspeicher der Steuerung. Wenn der Programmierer z. B. den Booleschen Eingang %IX4.0 im Programm benennt, dann greift er damit auf einen Speicherplatz im PAE zu. Die Zuordnung dieses Speicherplatzes zu einer Geräteanschlußklemme irgendwo im Feld erfolgt durch den SPS-Hersteller.

Ausgangsdaten entstehen als Ergebnis des Steuerungsprogrammes. Auch die Ausgangsdaten gehen aus dem Programm zunächst in das Prozeßabbild der Ausgänge PAA. Die Firmware der Steuerung verteilt sie dann an die Ausgabeelektronik, auch wieder zyklisch in bestimmten Zeitabständen. Wenn der Programmierer dem Ausgangswort %QW66 einen Wert zuweist, dann geht dieser zunächst auf einen 16 Bit breiten Speicherplatz im Arbeitsspeicher. Von dort überträgt ihn die Firmware an die Ausgabebaugruppe.

2.3.1.3 Merkerdaten

Neben den Ein- und Ausgängen existiert mit den Merkern in einer Steuerung ein weiterer Datenbereich mit physikalisch adressierbaren Speicherstellen. Durch den Einsatz von Merkern begibt sich der Programmierer auf die Ebene der Maschinensprache. Er arbeitet mit Speicherplätzen im RAM-Bereich des Prozessors, deren Zuordnung zwischen dem Bezeichner und dem physikalisch real verwendeten Speicher fest durch das Betriebsystem vorgegeben ist.

Tabelle 2.11 zeigt eine verbreitete Möglichkeit der Organisation des Merkerbereiches. In vielen Steuerungen ist der Merkerbereich byteweise organisiert.

Wenn Daten in Merkerworten abgelegt werden, dann existiert unmittelbarer Zugriff auf jedes Byte und auf jedes Bit in diesem Wort. Dies ist von Vorteil, wenn öfters

Tabelle 2.11 Organisation eines Merkerfeldes

% MW0															
%MB0								%MB1							
%MX0.7	%MX0.6	%MX0.5	%MX0.4	%MX0.3	%MX0.2	%MX0.1	%MX0.0	%MX1.7	%MX1.6	%MX1.5	%MX1.4	%MX1.3	%MX1.2	%MX1.1	%MX1.0

bei Daten im WORD-Format auf spezielle, einzelne Bits in diesem Wort zugegriffen wird. Programme oder Funktionsbausteine, in denen man Merker einsetzt, sind allerdings nicht mehr frei verfügbar. Man kann sie innerhalb einer Ressource nicht mehrfach für unterschiedliche Aufgaben einsetzen, weil sie ja auf die gleichen physikalischen Speicherplätze zugreifen. In PC-gestützten SPS-Systemen beschränkt sich der Einsatz von Merkern deshalb auf die Übergabe von verschiedenen Systemoperanden.

2.3.1.4 Freie symbolische Variablen

Der Speicherort für freie Variablen ist der Arbeitsspeicher der Steuerung. Im Gegensatz zu Merkern, Ein- und Ausgängen muß sich der Programmierer bei symbolischen Variablen nicht um deren physikalische Lage im Speicher kümmern; dafür ist das Programmierwerkzeug zuständig, z. B. der Compiler. Er kann allerdings durch das Schlüsselwort RETAIN bei der Variablendeklaration festlegen, daß die zugehörigen Variablen im batteriegepufferten Arbeitsspeicher hinterlegt werden.

2.3.2 Adressen der E-/A-Daten

Für den Zugriff auf die Speicherstellen der E-/A-Daten ist deren Adresse wichtig, wobei derzeit 2 prinzipiell unterschiedliche Verfahren im Einsatz sind.

2.3.2.1 Physikalische Adresse

In einer Schaltschrank-SPS, in der alle E-/A-Baugruppen unmittelbar bei der CPU angeordnet sind, findet man oft eine Adressierung, die sich nach dem Steckplatz richtet. Die erste Baugruppe neben der CPU belegt z. B. die Byteadressen 0 ... 3, die 2. Baugruppe daneben belegt die Byteadressen 4 ... 7 usw. Hier kann der Programmierer mit physikalischen Adressen arbeiten [16]. Den Begriffen der Norm entsprechend, handelt es sich dabei um direkt dargestellte Variablen. Die physikalische Adresse erhält man aus dem SPS-System heraus nach den Vorschriften des Herstellers. Hier lassen sich u. U. aus der geographischen Anordnung einer Baugruppe im Schaltschrank Rückschlüsse auf die Adressen gewinnen. Tabelle 2.12 zeigt eine häufig verwendete Anordnung der Bits und Bytes in einem Eingangswort, entsprechendes gilt natürlich auch für Ausgangsworte. Benannt sind die Speicherplätze als direkt dargestellte Variablen. Die Zählrichtung der Bytes geschieht dabei von links nach rechts. Das Wort hat die Ziffer des niedrigsten Bytes; Wort 2 besteht also aus Byte 2 und Byte 3. Doppelwort 4 besteht dementsprechend aus den Bytes 4, 5, 6 und 7. Innerhalb eines Bytes dagegen ist die Zählrichtung der Bits von rechts nach links.

Tabelle 2.12 Anordnung von Bits und Bytes in einem Eingangswort

% IW0															
%IB0								%IB1							
%IX0.7	%IX0.6	%IX0.5	%IX0.4	%IX0.3	%IX0.2	%IX0.1	%IX0.0	%IX1.7	%IX1.6	%IX1.5	%IX1.4	%IX1.3	%IX1.2	%IX1.1	%IX1.0

Betrachtet man moderne PC-gestützte Feldbussysteme, dann trifft man auf eine gänzlich andere Situation:

- Für die Verbindung zwischen Rechner und Prozeß sind u. U. mehrere Feldbuslinien zuständig.
- Zu den reinen E-/A-Baugruppen einer Steuerung kommen jetzt komplexe Busteilnehmer wie Frequenzumrichter, Servosteuerungen, Sicherheitseinrichtungen, Meßwertgeber usw. hinzu.
- Die Baugruppen als Busteilnehmer sind auf einem mehr oder weniger großen Areal untergebracht.
- Sie sind in Ring-, Stern-, Baum- oder Liniensystemen miteinander verbunden.
- Die geographische Lage der Busteilnehmer ist von der Anlagenstruktur im Feld abhängig und nicht von den Steckplätzen im Schaltschrank.
- Die Bindung der E-/A-Baugruppen zu einem Anlagenteil, einer Maschine, einer Ventilinsel usw. ist wesentlich stärker als bei einer Kompakt-SPS mit Parallelverdrahtung.
- Änderungen im Busaufbau sind eher in Betracht zu ziehen als in einer Kompakt-SPS.
- In Ringsystemen wie dem Interbus-S hat das Einfügen oder Herausnehmen von Baugruppen unmittelbare Folgen für die physikalische Adresse der Teilnehmer.
- Das hardwareseitige Adressieren von Busteilnehmern per Schalter o. ä. kann bei Systemänderungen zu unklaren Adreßfolgen innerhalb eines Anlagenteiles führen.

2.3.2.2 Symbolische Adresse

In solchen Systemen ist das Arbeiten mit physikalischen, vom Hersteller festgelegten Adressen für die E-/A-Kanäle entweder gar nicht möglich oder sehr umständlich. Hier ist es einfacher, mit symbolischen Adressen zu arbeiten. In PCWORX-Systemen der Firma Phoenix Contact sind dies die Prozeßdatennamen.

Dazu ordnet man den Ein- und Ausgängen auf einer hardwarenahen Ebene beliebige Bezeichner (Symbole) zu. Für den Zugriff auf die E-/A-Kanäle werden dann ausschließlich diese Bezeichner verwendet. Die Zuordnung geschieht mit Hilfe eines Programmierwerkzeugs, häufig als Systemkonfigurator oder Hardwarekonfigurator bezeichnet. Im Paket PCWORX der Firma PHOENIX CONTACT ist dies die Komponente SYSTEM WORX.

Der Hardwarekonfigurator kennt alle am System beteiligten Baugruppen. Wie er diese erkennt, ist abhängig vom verwendeten Feldbussystem. Eine Möglichkeit, die Teilnehmer bekannt zu machen besteht darin, daß sie bei der Projektierung des Systems mit physikalischer Adresse und Gerätekennung angemeldet werden. Eine andere Möglichkeit findet man bei reinen Ringsystemen, dem Interbus-S z. B. Die physikalische Situation ergibt sich hier eindeutig aus der Position der Teilnehmer im Ring. Die Gerätekennung ist durch den ID-Code ebenfalls eindeutig für jede Art von Busteilnehmer festgelegt. Damit kann der Hardwarekonfigurator SYSTEM WORX das komplette System aus sich selbst heraus erkennen. Nach Abschluß der Konfiguration hat der Programmierer alle notwendigen Informationen über die physikalisch vorhandenen E-/A-Kanäle vor sich auf dem Bildschirm. Er kann jetzt jedem Kanal den Prozeßdatennamen zuordnen, der ihm sinnvoll erscheint, z. B. die innerbetrieblich festgelegte Betriebsmittelkennzeichnung.

Fazit

Die Norm IEC 1131 spricht bei der hardwarenahen Bezeichnung der E-/A-Kanäle von direkt dargestellten Variablen. Sie kennt hierfür nur die Bezeichner wie %IX0.7, %QW2, %QX3.2 usw. Die Ziffernfolge muß dabei eine hierarchische physikalische oder logische Adresse darstellen, die vom *Hersteller* vorgegeben ist! Der Norm entsprechend, lassen sich diese Bezeichner in Programmen und Funktionsbausteinen einsetzen, um die E-/A-Punkte anzusprechen. Die industrielle Praxis geht hier teilweise andere Wege. Sie gestattet dem *Anwender*, für die E-/A-Punkte eigene Prozeßdatennamen zu vergeben, wobei es sich nach wie vor um Hardwareadressen handelt. Der Sicherheit halber lassen sich diese aber *nicht* innerhalb der Anwendersoftware verwenden. Eine Schnittstelle der Anwendersoftware nach außen läßt sich nur über globale Variablen schaffen, die auf der Softwareebene zu deklarieren sind (Abschnitt 2.4)!

2.3.3 Darstellung von Literalen

Bei der externen Darstellung von Daten wird mit Literalen gearbeitet.
Numerische Literale sind

- ganzzahlige Literale wie `INT#5`, `INT#1234`, `INT# -23`, `DINT#345696`,
- reelle Literale wie `12.0`, `3421.4543`, `-45.98`, `34.6E+3`, `-3567.2E+2`,
- Basis-2-Literale wie `2#1111_1100`, `2#1000_0001`,
- Basis-8-Literale wie `8#007`, `8#777`,
- Basis-16-Literale wie `16#1234`, `16#FFFF`, `16#12ff`,
- Boolesche Literale wie `FALSE`, `TRUE`.

Zeitliterale sind

- Zeitdauerliterale wie `T#2s`, `t#2345ms`, `TIME#45m`, `T#3h`,
- Literale für Datum und Tageszeit wie `DATE#1989-06-25`, `TIME_OF_DAY#15:12:32.59`,

Zeichenfolgeliterale sind

- Leerzeichen ' ';
- beliebiger Text wie '`Anlage start`'.

Direkt im Programm werden Literale verwendet z. B. für Zeitangaben bei Timern oder für die Zuweisung von Endwerten an Zähler. Z. B. läßt sich ein Timer in der Sprache ST folgendermaßen aufrufen:

```
timer_1 := (IN := eingang, TP := T#2560ms),
```

wobei allerdings zu bedenken ist, daß sich diese Werte bei laufendem Programm nicht verändern (forcen) lassen. Flexibler ist man, wenn statt dessen Variablen eingesetzt werden, die bei der Deklaration einen Anfangswert erhalten:

```
VAR    laufzeit : TIME := T#2560ms;    END_VAR.
```

Damit sieht der Aufruf von `timer_1` folgendermaßen aus:

```
timer_1 := (IN := eingang, TP := laufzeit);
```

2.3.4 Darstellung von Variablen

Das Arbeiten mit Variablen ist ein wesentliches Merkmal der allgemeinen Datenverarbeitung mit den höheren Programmiersprachen C, Pascal usw. Der Variablenname steht hier stellvertretend für einen Speicherort. Die Verwaltung des notwendigen Speicherbereiches überlassen wir dabei dem Programmierwerkzeug, z. B. dem Compiler. Der Programmierer muß sich um die Zuordnung zwischen Variablenname und physikalischem Speicherort nicht kümmern. Im Gegensatz zur allgemeinen Datenverarbeitung sind jedoch im Bereich der Prozeßdatenverarbeitung bzw. Steuerungstechnik große Mengen von physikalischen E-/A-Punkten anzusprechen. Hier gestattet die Norm IEC 1131, den Variablen physikalische Speicherstellen zuzuordnen; und zwar für E-/A-Kanäle und für Merker. Ganz allgemein gelten im Umgang mit Variablen folgende Überlegungen:

- Nach dem Geltungsbereich von Variablen unterscheidet man zunächst zwischen global gültigen Variablen und lokal gültigen Variablen.
- Man arbeitet in der Regel mit Variablen, über deren physikalischen Speicherort man sich keine Gedanken machen muß, da sie hier als freie Variablen bezeichnet werden.
- Es wird aber auch mit Variablen gearbeitet, die einen festen Bezug zu physikalischen Speicherstellen haben. Wenn diese Speicherstellen direkt benannt werden (%IX4.2 z. B.), spricht die Norm von direkt dargestellten Variablen. Für globale Variablen kann man durch das Schlüsselwort AT einen festen Bezug zu physikalischen Speicherstellen schaffen (`start_taste: BOOL AT %IX4.2;`).
- Alle Variablen, die im Projekt eingesetzt werden sollen, müssen deklariert werden; sie müssen dem Programmiersystem mit ihren wesentlichen Merkmalen bekannt sein.
- Merkmale, die zwingend bei der Deklaration benannt werden müssen, sind der Geltungsbereich global oder lokal und der Datentyp BOOL, WORD, INT usw.

2.3.5 Geltungsbereich von Variablen

2.3.5.1 Global gültige Variablen

Global deklarierte Variablen sind die Datendrehscheibe innerhalb einer Ressource, innerhalb einer SPS also (s. Bild 2.19). Sie sind häufig in einem speziellen Arbeitsblatt zu deklarieren. 2 zentrale Aufgaben erfüllen die global gültigen Variablen:

- mit ihnen schafft man eine Schnittstelle zwischen der Anwendersoftware einerseits und den Prozeßdatennamen der Hardware andererseits

- ❑ und sie dienen als Schnittstelle zwischen verschiedenen Programmen innerhalb einer Ressource.

Der Einsatz globaler Variablen ermöglicht es dem Programmierer, sein Programm gänzlich unabhängig von der Hardware zu erstellen. Er muß zunächst nur wissen, welche Daten aus dem Prozeß einlaufen und welche Daten an den Prozeß auszugeben sind. Auf dieser Basis kann er seine Softwareschnittstelle nach außen, seine globalen Variablen also, deklarieren. Damit läßt sich die Software erstellen, ohne daß auch nur ein einziger E-/A-Punkt im Spiel ist. Erst gegen Ende der Projektierungsphase, wenn die Hardwarekonfiguration im Detail bekannt ist, erfolgt das Zusammenfügen der globalen Variablen mit den Prozeßdatennamen.

Was der Programmierer im Umgang mit globalen Variablen wissen muß:

- ❑ Das Deklarieren globaler Variablen erfolgt in einem eigenen Arbeitsblatt, das der Ressource zugeordnet ist.
- ❑ Globale Variablen lassen sich physikalischen Speicherstellen mit dem Schlüsselwort AT zuweisen.
- ❑ Der Einsatz globaler Variablen ist in Programmen und Funktionsbausteinen möglich.
- ❑ Sie sind dort im Deklarationsteil als `VAR_EXTERNAL` zu deklarieren.

2.3.5.2 Direkt dargestellte Variablen

Direkt dargestellte Variablen benennen E-/A-Punkte und Merker in einem eindeutigen, starren und hierarchischen System nach den Zuordnungsrichtlinien des Herstellers. Im allgemeinen Sprachgebrauch der klassischen SPS sind dies die physikalischen Adressen, sie sind global gültig. Die Norm macht klare Aussagen darüber, wie die Bezeichner für direkt dargestellte Variablen aufzubauen sind. Das 1. Zeichen des Bezeichners ist das %-Zeichen. Dann folgen I für Input, Q für Output oder M für Memory (Merker). Das 3. Zeichen benennt die Datenbreite mit X (oder kein Zeichen) für 1 Bit, B für Byte, W für Wort, D für Doppelwort und L für Langwort.

2.3.5.3 Lokal gültige Variablen

Mit dem Begriff Lokal ist dabei eine Programmorganisationseinheit POE gemeint; also ein Programm, ein Funktionsbaustein oder eine Funktion. Lokal gültig heißt, daß der Variablenname nur innerhalb dieser POE bekannt ist.

Was der Programmierer im Umgang mit lokalen Variablen wissen muß:

- ❑ Lokale Variablen sind immer freie Variablen, über deren physikalischen Speicherort nur die Programmiersoftware verfügt.
- ❑ Lokale Variablen, die nur innerhalb einer POE sichtbar sein sollen, sind mit den Schlüsselwörtern `VAR` ... `END_VAR` zu deklarieren. Sollen sie im batteriegepufferten Bereich liegen, dann müssen wir mit `VAR_RETAIN` ... `END_VAR` deklarieren.

- Eingangsvariablen, über die wir Daten in einen Funktionsbaustein oder eine Funktion hineinbringen, sind mit den Schlüsselwörtern `VAR_INPUT` ... `END_VAR` zu deklarieren.
- Die Ausgangsvariablen von Funktionsbausteinen sind mit den Schlüsselwörtern `VAR_OUTPUT` ... `END_VAR` zu deklarieren. Auch Ausgangsvariablen lassen sich über `VAR_RETAIN`... `END_VAR` für den batteriegepufferten Bereich deklarieren.
- Variablen, die als Eingangs- und als Ausgangsvariable arbeiten sollen, sind als `VAR_IN_OUT` ... `END_VAR` zu deklarieren.

2.3.6 Datentypen von Variablen

2.3.6.1 Elementare Datentypen

Datentypen haben eine grundsätzliche Bedeutung bei der Arbeit mit Variablen. An dem Datentyp einer Variablen erkennt der Compiler, wieviel Speicherplatz für diese Variable zu reservieren ist. Für den Programmierer zeigt der Datentyp, welchen Wertebereich er mit dieser Variablen verarbeiten kann. Darüber hinaus ist der Datentyp bestimmend für die Operationen, die mit dieser Variablen möglich sind. So ist z. B. eine logische UND-Verknüpfung zwischen 2 INT-Variablen nicht möglich, das gäbe keinen Sinn. Die verschiedenen Programmierwerkzeuge sind nur unterschiedlich stark geeignet das korrekte Einhalten der Deklarationsrichtlinien zu gewährleisten. Beispiel: Eine Variable vom Datentyp WORD belegt ebenso wie eine INT-Variable eine Datenbreite von 1 Wort. Eine Addition der beiden Variablen wäre insofern kein Problem. Allerdings deklariert man eine Variable mit dem Typ WORD aus völlig anderen Gründen als die INT-Variable. Die WORD-Variable kommt u. U. von einem ADU und enthält neben dem Analogwert noch einzelne Bits, die auszumaskieren sind: Hier steht noch das Bitmuster im Vordergrund. Die INT-Variable dagegen dient zum Abzählen von Dingen, hier steht der digitale Wert dieser 16-Bit-Einheit im Vordergrund. Noch eine andere Sicht der Typangabe ist möglich. So gibt der Datentyp an, welche Elemente überhaupt in der Variablen möglich sind. In einer Variablen vom Typ USINT sind ausschließlich die Elemente 0, 1, 2, 3, 4, 5, 6, ..., 255 möglich. Das Element 256 kann darin ebensowenig vorkommen wie das Element grün oder das Element 3752.

Softwarewerkzeuge, womit genau auf den richtigen Einsatz der Datentypen geachtet werden kann, zwingen den Programmierer folglich zu größerer Sorgfalt. Tabelle 2.13 zeigt die Datentypen, die mit Multiprog wt möglich sind.

2.3.6.2 Abgeleitete Datentypen

Neben diesen elementaren Datentypen gestattet die Norm, eigene Datentypen zu definieren; und zwar über die Schlüsselworte `TYPE` ... `END_TYPE`. Multiprog wt stellt hierfür einen eigenen Projektzweig zur Verfügung. Der Programmierer kann dort in getrennten Arbeitsblättern seine Datentypen festlegen. Folgende Möglichkeiten bietet die Norm:

Tabelle 2.13 Datentypen nach IEC 1131

Schlüsselwort	Erklärung	Anzahl der Bits	Wertebereich
ANY			
ANY_BIT	Einzelbitfolgen		
BOOL	Einzelbit	1	TRUE, FALSE
BYTE	ein Byte	8	
WORD	ein Wort	16	
DWORD	ein Doppelwort	32	
LWORD	ein Langwort	64	
ANY_NUM	numerische Daten		
ANY_INT	Festpunktzahlen		
SINT	short Integer	8	–128 ... +127
INT	Integer	16	–32 768 ... +32 767
DINT	double Integer	32	–2 147 483 648 ... +2 147 483 647
LINT	long Integer	64	$-2^{63} \ldots +2^{63} - 1$
USINT	unsigned short integer	8	0 ... 255
UINT	unsigned integer	16	0 ... 65 535
UDINT	uns. double integer	32	0 ... 4 294 987 295
ULINT	uns. long integer	64	$0 \ldots 2^{64} - 1$
ANY_REAL	Gleitpunktzahlen		
REAL	real numbers	32	$1.18 \times 10^{-38} \ldots 3{,}40 \times 10^{38}$
LREAL	long real	64	
ANY_DATE	Datum, Echtzeit		
DATE_AND_TIME	Datum und Zeit		
DATE	Datum		
TIME_OF_DAY	Tageszeit		
TIME	Zeitdauer		
STRING	Textfolge		

- Direktes Ableiten eines neuen Datentyps mit neuem Namen:

```
TYPE
WENIG_SCHAFE     : SINT;
VIELE_SCHAFE     : DINT;
END_TYPE
```

- Direktes Ableiten mit Angaben zum Wertebereich:

```
TYPE
BOOL_TRUE    : BOOL := TRUE;          (* Datentyp mit Anfangswert *)
ANALOG_DATEN: INT (-10000..10000) (* Datentyp mit begrenztem Werte-
                                     bereich *)
ECKWERTE     : INT (-99,99)          (* Datentyp mit Aufzählung der
                                     erlaubten Werte *)
END_TYPE
```

- Definition von Datenfeldern:

```
TYPE
TAB66INT  : ARRAY[0..65] OF INT;   (* Tabelle für 66 INT-Variablen *)
TAB16BOOL : ARRAY[0..15] OF BOOL;  (* Tabelle für 16 BOOL-Variablen *)
TAB8BYTE  : ARRAY[1..8] OF BYTE;   (* Tabelle für 8 BYTE-Variablen *)
END_TYPE
```

- Definition von Strukturen:

```
TYPE
DATENSATZ : STRUCT
        startrampe : INT;
        sollwert   : REAL;
        richtung   : BOOL;
        bremszeit  : TIME;
        END_STRUCT;
END_TYPE
```

Die Elemente in einem ARRAY müssen alle vom gleichen Datentyp sein, in Strukturen sind alle Datentypen möglich. Auf ein ARRAY-Element greift man zu, indem dessen Platznummer angegeben wird. Die folgende Zuweisung bringt z. B. den Inhalt der Variablen `messwert_1` auf Platz 1 der Tabelle `messwert_tab`:

```
messwert_tab[1] := messwert_1 ;
```

Anstelle der Platznummer 1 in der rechteckigen Klammer kann auch eine Variable stehen:

```
messwert_tab[zeiger] := messwert_input ;
```

Hier bestimmt der Inhalt der Variablen `zeiger`, an welchen Tabellenplatz der Inhalt von `messwert_input` kommt. Mit Hilfe dieser Zeigervariablen ist man in der Lage, in kurzen Schleifenoperationen mit den Anweisungen FOR, WHILE oder REPEAT auf den Tabelleninhalt zuzugreifen (s. FORBSP1 und SWKZPOS).

Auf die Elemente von Strukturen greift man zu, indem man den gesamten Namen nennt, bestehend aus den Strukturnamen, gefolgt vom Elementnamen. Im folgenden Beispiel geht der Inhalt der Variablen `input` an das Element `sollwert` in der

Struktur umrichtertabelle:

```
umrichtertabelle.sollwert := input ;
```

Bei allen E-/A-Variablen von Funktionsbausteinen, auf die man zugreifen kann, handelt es sich um solche Strukturvariablen. Beispiel: Der Inhalt des Zählers schafe_zaehler soll an die Variable schwarze_schafe_gesamt gehen:

```
schwarze_schafe_gesamt := schafe_zaehler.CV
```

schafe_zaehler ist dabei der Name der Struktur, CV der Name des Elements, in dem der Zählerstand abgelegt ist. Ein Beispiel für das Arbeiten mit Strukturen bringt PRG_STR mit den Funktionsbausteinen SPARAM, SSTRMPX und SLAUFLI in Kapitel 9.

2.4 Beispiel eines Projektes: KAP_02.BG4

Das auf der CD vorliegende PC-WORX-Projekt KAP_02.BG4 dient als Beispiel für das Zusammenspiel von Prozeßdatennamen, globalen Variablen und lokalen Variablen. Das Projekt enthält drei Programme. PRG_TKT erzeugt einen Taktimpuls dadurch, daß es in einer zyklischen Task im Abstand von 1 s aufgerufen wird (s. Bild 2.16). Das Programm invertiert bei jedem Aufruf die globale Variable taktimpuls, die damit in jedem Programm der Ressource verwendbar ist.

```
taktimpuls := NOT taktimpuls;
```

Bild 2.16 Rumpf des Programmes PRG_TKT

Das Programm PRG_1 (s. Bild 2.17) simuliert ein Förderband in Form eines Lauflichtes auf der Basis des Funktionsbausteins SBNDSIM. Für die Ein- und Ausgangssignale greift PRG_1 auf globale Variablen zu, die im Programm als VAR_EXTERNAL deklariert sind (s. Tabelle 2.14).

Das Programm PRG_2 (s. Bild 2.18) wandelt eine Analogeingabe analog_eingabe_0 in den Wertebereich der Variablen a1 von 0.0 ... 10000.0 um und gibt die Werte über die analog_ausgabe_0 wieder aus. Am Ausgang analog_ausgabe_1 erscheint entweder ein Sinussignal oder ein Sägezahnsignal, umschaltbar über den auswahl_eingang. Auch hier sind die verwendeten globalen Variablen als VAR_EXTERNAL angemeldet (s. Tabelle 2.15).

Bild 2.19 zeigt im Zentrum auf der Softwareseite die globalen Variablen. Sie sind dort zuständig für die Datenübergabe zur Hardware. Den globalen Variablen gegenüber stehen die Prozeßdatennamen auf der Hardwareseite. Sie benennen die Speicherplätze im Prozeßabbild und sind zuständig für die Datenübergabe zur Software. Die Busverwaltung sorgt dafür, daß jede Baugruppe im Feld starr mit ihrem privaten Speicherbereich im Prozeßabbild verknüpft ist. Für die Prozeßdatennamen – hier in

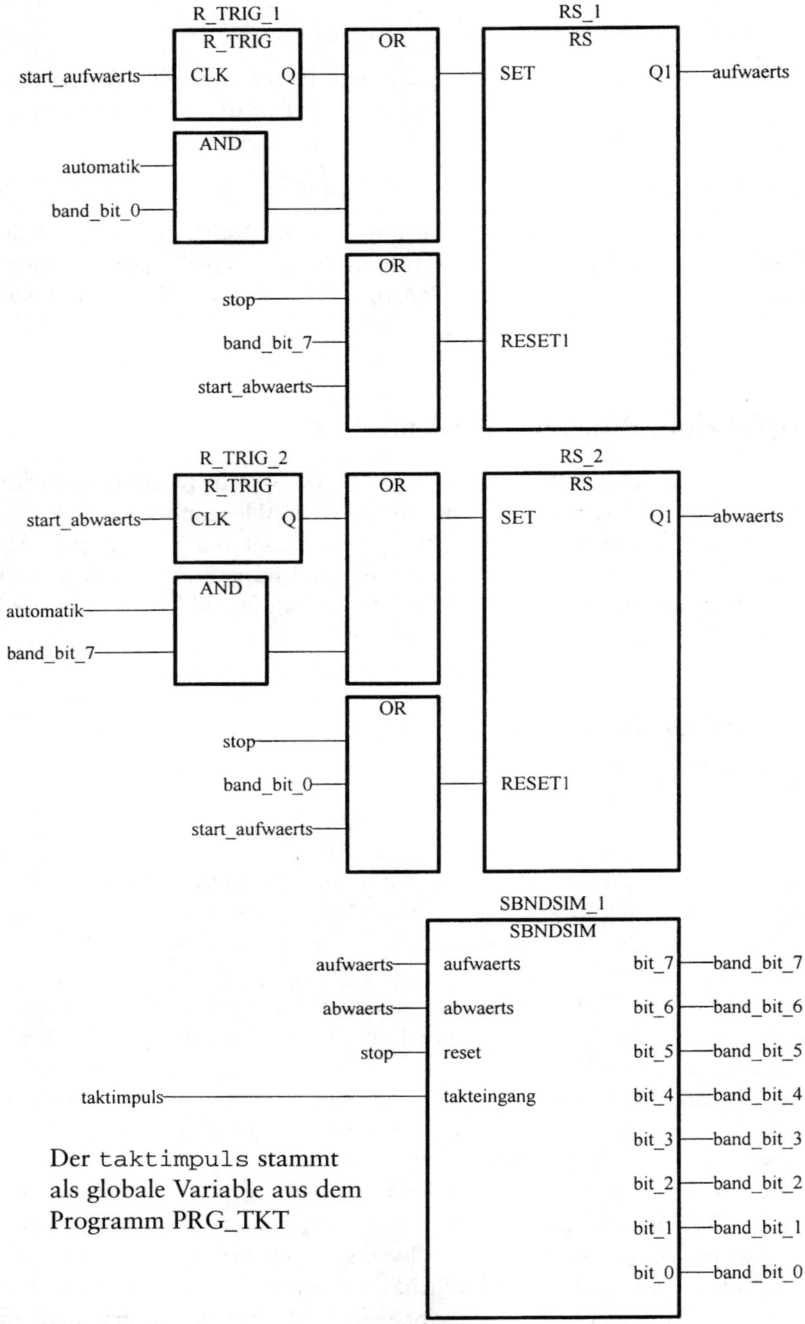

Bild 2.17 Rumpf des Programmes PRG_1

Tabelle 2.14 Variablen des Programmes PRG_1

```
VAR
RS_1, RS_2  :  RS;
R_TRIG_1    :  R_TRIG;
R_TRIG_2    :  R_TRIG;
aufwaerts   :  BOOL;
abwaerts    :  BOOL;
SBNDSIM_1   :  SBNDSIM;
END_VAR

VAR_EXTERNAL
band_bit_0        :  BOOL;
band_bit_1        :  BOOL;
band_bit_2        :  BOOL;
band_bit_3        :  BOOL;
band_bit_4        :  BOOL;
band_bit_5        :  BOOL;
band_bit_6        :  BOOL;
band_bit_7        :  BOOL;
start_abwaerts    :  BOOL;
start_aufwaerts   :  BOOL;
stop              :  BOOL;
automatik         :  BOOL;
taktimpuls        :  BOOL;
END_VAR
```

Tabelle 2.15 Variablen des Programmes PRG_2

```
VAR
a1                 :  REAL;
FSAEGZA_1          :  FSAEGZA;
SSING1_1           :  SSING1;
endwert_hu         :  REAL := 100.0;
endwert_zt         :  REAL := 10000.0;
periodendauer      :  TIME := T#2s;
tastzyklus         :  TIME := T#0.1s;
END_VAR

VAR_EXTERNAL
analog_eingabe_0 :  WORD;
auswahl_eingang  :  BOOL;
analog_ausgabe_0 :  WORD;
analog_ausgabe_1 :  WORD;
END_VAR
```

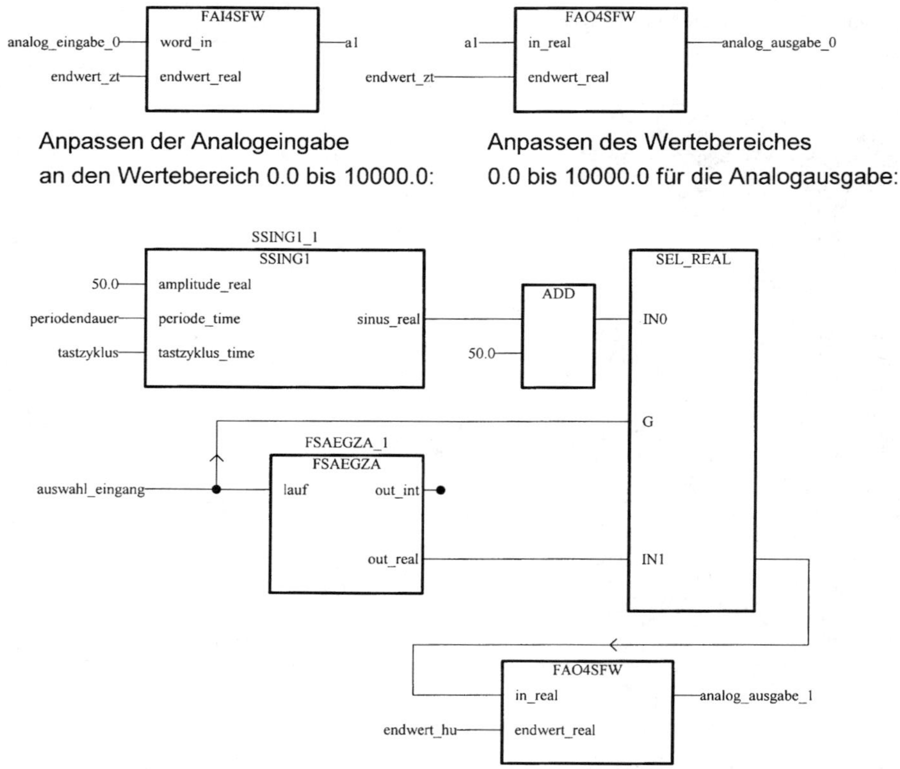

Bild 2.18 Rumpf des Programmes PRG_2

Großbuchstaben – kann man also beliebige Hardwarebezeichner, die Betriebsmittelkennzeichnung o. ä. einsetzen. Wichtig ist vor allem in der Projektierungsphase, daß sowohl die Prozeßdatennamen hardwareseitig als auch die globalen Variablen softwareseitig völlig unabhängig voneinander vergeben werden können.

Bild 2.20 zeigt einen Auszug aus dem Hardwarekonfigurator SYSTEM WORX; und zwar in einem Zustand, in dem die Vergabe der Prozeßdatennamen für den Busteilnehmer 1.1 abgeschlossen ist. Jeder Kanal ist eindeutig durch seine geographische Lage gekennzeichnet, basierend auf den Angaben zur Datenlänge, zur Byte- und zur Bitnummer. Die Spalte Zuordnungen ganz rechts in der Tabelle ist reserviert entweder für direkt zugeordnete Prozeßdaten oder für die globalen Variablen.

Bild 2.21 zeigt einen Auszug aus der Tabelle für die globalen Variablen im Softwareteil PROGRAM WORX. Auch hier sind alle Variablen benannt und mit ihrem Datentyp deklariert. Die Q/I-Spalte nennt die Speicherstellen Input, Output oder Memory für Merker. Aufgrund dieser Angabe kann die Software eine korrekte Zuordnung zu den Prozeßdaten überwachen. Sind die globalen Variablen deklariert, läßt sich bereits die gesamte Software erstellen.

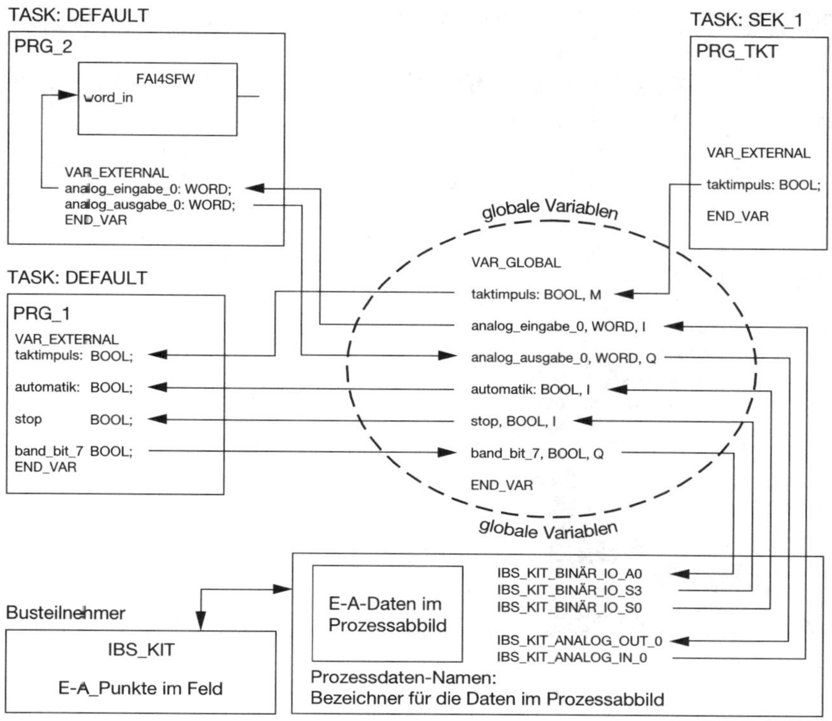

Bild 2.19 Das Zusammenspiel von Prozeßdaten und Variablen

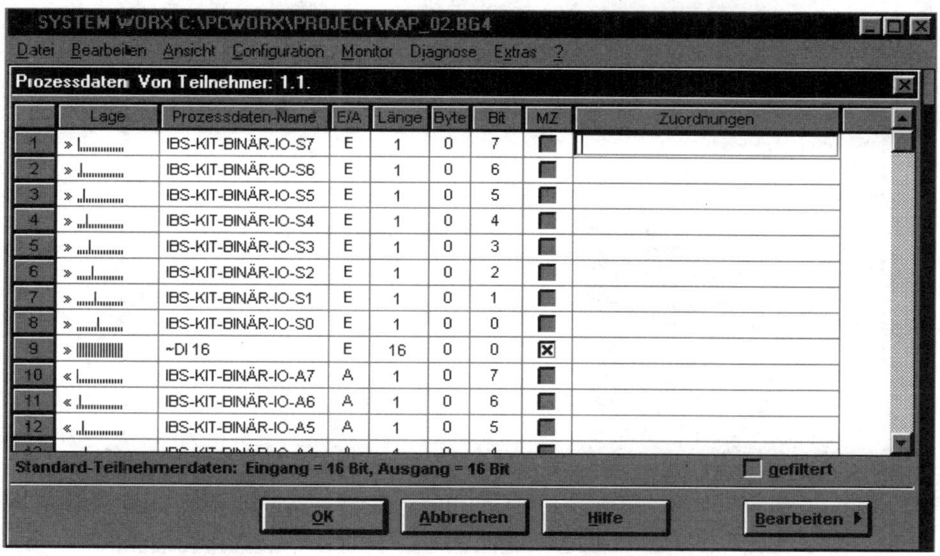

Bild 2.20 Vergabe der Prozeßdatennamen für die Hardware

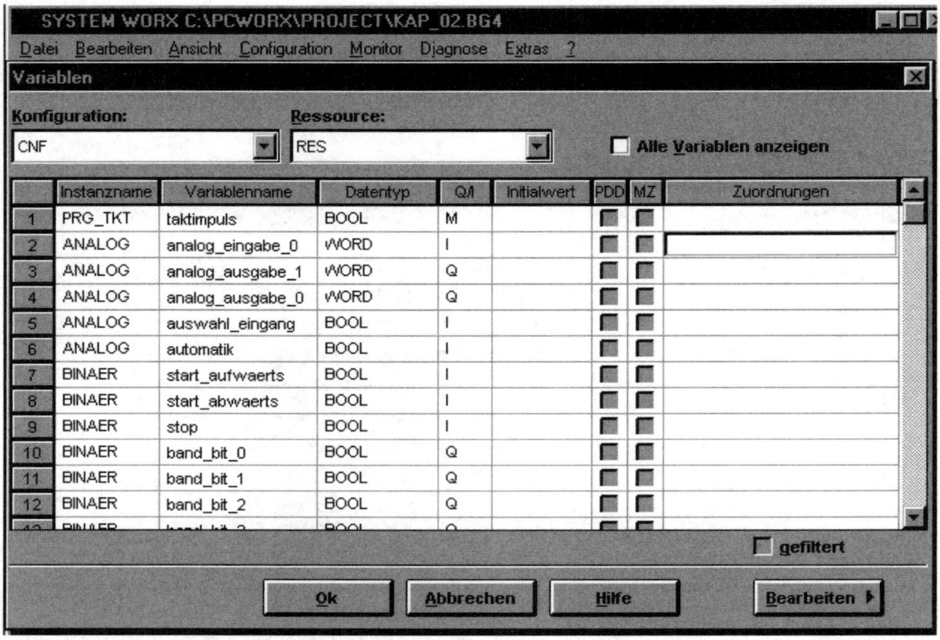

Bild 2.21 Vergabe der globalen Variablen für die Software

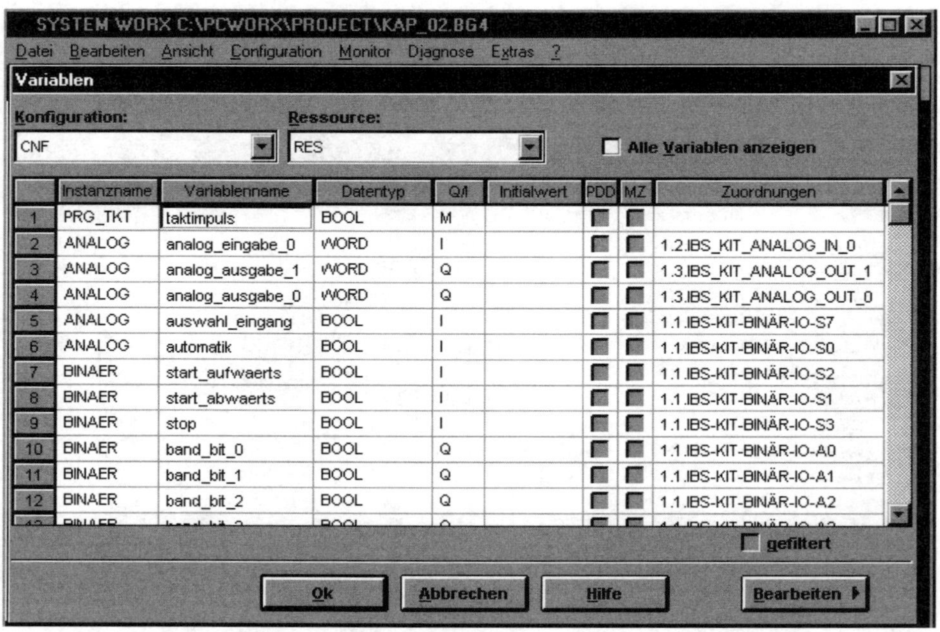

Bild 2.22 Zuordnung der globalen Variablen zu den Prozeßdaten

Ist sowohl die Hardware projektiert als auch die Software, dann sind abschließend die Prozeßdatennamen und die globalen Variablen einander zuzuordnen. Der in Bild 2.22 erstellte Zusammenhang gilt für das gesamte Projekt. Der Programmierer trägt per Mausklick in der Spalte Zuordnungen die Bezeichner der E-/A-Kanäle ein. Spätere Änderungen (Umverdrahten) lassen sich einfach durch Ändern der Zuordnung durchführen.

2.5 Fragen

Die Lösungen finden Sie auf der beiliegenden CD

- ❑ in der Textdatei FRAG_02.TXT und
- ❑ im PCWORX-Projekt KAP_02.BG4 im Textarbeitsblatt des Programmes ANTWO_2.

1. Welche physikalischen Speicherstellen lassen sich in einem SPS-System deklarieren? Woran erkennt man den Bezeichner hierfür?
2. Wodurch macht man bei der Deklaration physikalischer Speicherstellen die Datenbreite (Anzahl der Bits) kenntlich?
3. Ein Merkerwort %MW2 besteht aus 2 Bytes mit jeweils 8 Bit. An welcher Stelle im Wort liegt Byte Nr. 2? An welcher Stelle im Wort liegt das Bit Nr. 2.7?
4. Ein 16-Bit-Analogwert im Bipolarformat belegt das Eingangswort Nr. 4, bestehend aus den Bytes 4 und 5. Unter welcher Byte- und Bitnummer kann man auf das Vorzeichen zugreifen?
5. Um auf eine Ansammlung von 16 Endschaltern in einem Eingangswort zuzugreifen, deklariert man dieses Eingangswort als WORD. Welchen Zahlenwert erhält man bei folgenden Bitmustern, falls man dieses Wort fälschlicherweise als INT-Variable verarbeitet:?

a) 0100 0000 0000 1111
b) 0000 1010 1010 1010
c) 0111 1111 1111 1111
d) 1111 1111 1111 1111
e) 1111 1111 1111 1110
f) 1000 0000 0000 0000

6. Eine 16-Bit-Eingabevariable `analog__in1` ist mit dem Faktor 100 zu multiplizieren. In welchem Datentyp kann man `anaolog_in1` deklarieren?
7. Eine Eingangsvariable `raumtemp` ist mit dem Faktor 1.414 zu multiplizieren. Welcher Datentyp ist für `raumtemp` erforderlich?
8. In einer 16-Bit-Variablen `sollwert` sind die beiden höherwertigen Bit auf 0 zu setzen. Welcher Datentyp ist nötig für `sollwert`?
9. Ein australischer Schäfer hat i. d. R. mehr als 70 000 Schafe. In welchem Datentyp muß er die Variable `schafe_gesamt` deklarieren, damit ihm kein Schaf verlorengeht?
10. Ein Schäfer auf der schwäbischen Alb hat höchstens 200 Schafe. Welchen Datentyp für die Gesamtzahl seiner Schafe schlagen Sie vor?

11. Wie viele Bit belegt ein Datum vom Typ SINT im Speicher der Steuerung? Wie viele Schafe lassen sich damit zählen?
12. Erläutern Sie den Unterschied zwischen einer statischen Variablen und einer dynamischen Variablen.
13. Erläutern Sie den Begriff der UND-Maskierung an folgendem Beispiel:
    `wort_a` : 1111 1100 0011 1001
    `maske` : 0011 1111 1111 1111
14. Kann eine Funktion mehrere Ausgänge haben?
15. Kann man in einer Funktion einen Funktionsbaustein aufrufen?
16. Man kann in einem Funktionsbaustein direkt dargestellte Variablen ansprechen, z. B. den Merker %MX66.6. Welches Problem bekommt man dadurch?

3 Logikverknüpfungen und Codewandler

Logikverknüpfungen realisiert man mit den Funktionen AND, OR, NOT und XOR oder in den Textsprachen mit entsprechenden Operatoren [12]. In Multiprog wt sind diese Funktionen bzw. Operatoren überladbar mit allen Daten vom Typ ANY_BIT, d. h., daß die Funktionen und Operatoren ihre Aufgabe erfüllen mit:

- Booleschen Operanden vom Typ BOOL;
- Byte-Operanden vom Type BYTE;
- Wort-Operanden vom Typ WORD, DWORD und LWORD.

Bild 3.1 verdeutlicht dies; wobei allerdings der Unterschied zwischen den Funktionen links und den Funktionen rechts allein durch die Variablendeklaration in Tabelle 3.1 erkennbar wird.

3.1 Verknüpfungen

3.1.1 UND-Verknüpfung

Für die UND-Verknüpfung stellt die Norm in den Textsprachen AWL und ST den AND- und den &-Operator zur Verfügung. In KOP entsteht die UND-Verknüpfung aus der Anordnung der Kontakte. In den Sprachen FBS und AS setzt man die erweiterbare Standardfunktion AND ein. Die UND-Verknüpfung gestattet es, aus mehreren Eingangssignalen ein Ausgangssignal zu erzeugen, das nur unter bestimmten Bedingungen entstehen darf.

Beispiele

- Ein Motor darf sich nur dann speichernd einschalten lassen, wenn die Taste am Eingang `start` betätigt ist UND wenn die Betriebsart `hand` vorgewählt ist.
- In einer Wendeschaltung ist das Einschalten der Drehrichtung `rechtslauf` nur dann zulässig, wenn der Eingang `start_rechts` Signal 1 erhält UND wenn der Eingang `start_links` NICHT Signal 1 führt.
- Bei einem Roboter darf sich der Automatikbetrieb nur einleiten lassen, wenn alle Schutzeinrichtungen wirken UND wenn sich keine Person im Überwachungsraum befindet.

Tabelle 3.1 Variablen zu Bild 3.1

```
VAR
in_bit_1     :    BOOL    := TRUE;
in_bit_2     :    BOOL    := TRUE;
in_bit_3     :    BOOL;
in_bit_4     :    BOOL    := TRUE;
in_bit_5     :    BOOL;
in_bit_6     :    BOOL;
in_bit_7     :    BOOL;
in_bit_8     :    BOOL;
in_bit_9     :    BOOL    := TRUE;
in_bit_10    :    BOOL;

out_bit_1    :    BOOL;
out_bit_2    :    BOOL;
out_bit_3    :    BOOL;
out_bit_4    :    BOOL;
out_bit_5    :    BOOL;

in_word_1    :    WORD    := 16#F00F;
in_word_2    :    WORD    := 16#00FF;
in_word_3    :    WORD    := 16#F00F;
in_byte_4    :    WORD    := 16#80;
in_byte_5    :    WORD    := 16#08;
in_byte_6    :    WORD    := 16#01;
in_dword_7   :    DWORD   := 16#FF000000;
in_dword_8   :    DWORD   := 16#000FF000;
in_word_9    :    WORD    := 16#FF00;
in_word_10   :    WORD    := 16#0FF0;

out_word_1   :    WORD;
out_word_2   :    WORD;
out_byte_3   :    WORD;
out_dword_4  :    DWORD;
out_word_5   :    WORD;
END_VAR
```

- ❑ Eine Presse läßt sich nur starten, wenn die 2-Hand-Bedingung erfüllt ist: der Eingang `rechte_hand` muß Signal 1 führen UND der Eingang `linke_hand`.
- ❑ Am Ausgang zu einem Motorschütz darf nur dann Signal 1 erscheinen, wenn der Befehl `motor_ein` ansteht UND wenn das Freigabesignal `freigabe` Signal 1 führt.

Bei einer Verknüpfung von BYTE- oder WORD-Variablen erfolgt die UND-Verknüpfung für jedes Bit einzeln. Man nutzt dies, um in einem Bitmuster einige Bit gezielt auf 0 zu bringen. Beispiel: Aus `wortvariable` will man die 4 höchstwertigen Bit löschen, weil sie für die Weiterverarbeitung stören. Nach einer UND-Verknüpfung mit der `UND_maske` sind nur noch die 3 rechten Tetraden im `ergebnis` enthalten, die linke Tetrade ist gelöscht.

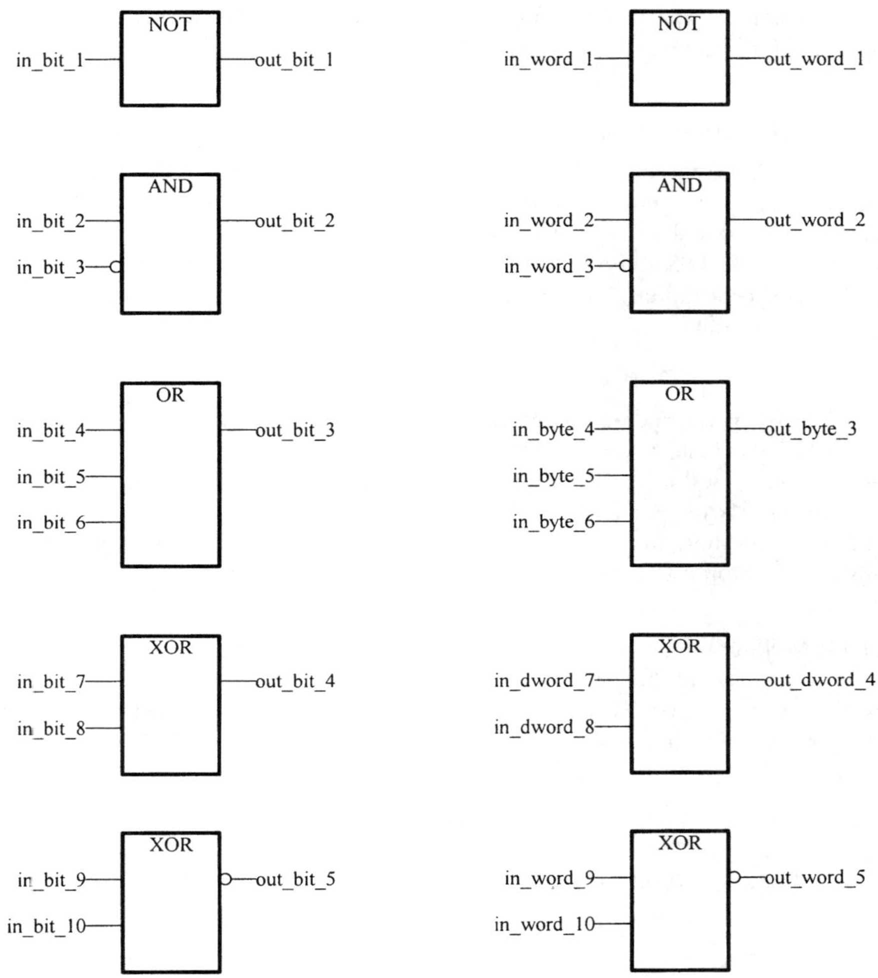

Bild 3.1 Beispiele für die Logikfunktionen nach IEC 1131

```
wortvariable:  1101 1010 0101 1001
UND_maske:     0000 1111 1111 1111
ergebnis:      0000 1010 0101 1001
```

3.1.2 NOT-Funktion

Die NOT-Funktion erhält man in AWL durch den Modifizierer N, mit dem sich die Operatoren AND, OR und XOR ergänzen lassen. Ein eigenständiger NOT-Operator ist hier nicht möglich, im Gegensatz zur Sprache ST und zu den grafischen Sprachen.

Die NOT-Operation angewendet auf eine BYTE- oder WORD-Variable invertiert jedes einzelne Bit und erzeugt damit das 1-Komplement dieser Variablen [12, 13].

3.1.3 ODER-Verknüpfung

Für die ODER-Verknüpfung stellt die Norm in den Textsprachen AWL und ST den OR-Operator zur Verfügung. In KOP entsteht die ODER-Verknüpfung aus der Anordnung der Kontakte, hier ist allerdings auch die grafische Standardfunktion einsetzbar. In den Sprachen FBS und AS setzt man die erweiterbare Standardfunktion OR ein.

Mit der OR-Verknüpfung erzeugt man Signale, die unter verschiedenen Bedingungen entstehen sollen.

Beispiele

- ❑ Ein Motor ist speichernd auszuschalten, wenn entweder die Taste `stop_1` betätigt wird ODER die Taste `stop_2` ODER die Taste `stop_3`;
- ❑ Eine Aufzugtüre soll immer dann öffnen, wenn die Kontrollichtschranke unterbrochen wird ODER die Bedientaste TÜR AUF betätigt wird;
- ❑ Das Rechtslaufschütz für einen Drehstrommotor darf keinen Einschaltbefehl erhalten, wenn die Stoptaste betätigt ist ODER wenn das Linkslaufschütz aktiv ist (Verriegelung).

Die ODER-Verknüpfung von BYTE- oder WORD-Variablen nutzt man, um in einem Bitmuster gezielt einige Stellen auf 1 zu bringen. Das folgende Beispiel zeigt die ODER-Verknüpfung einer Wortvariablen mit der Variablen `maske`. `maske` führt nur in der werthöchsten Stellen eine 1, nur in dieser Stelle unterscheidet sich das `oder_ergebnis` von `wortvariable`.

`wortvariable:`	0000 0110 0101 1010
`maske :`	**1**000 0000 0000 0000
`oder_ergebnis :`	**1**000 0110 0101 1010

3.1.4 XOR-Verknüpfung

XOR steht hier für die EXCLUSIV-ODER-Verknüpfung (Antivalenz). Für die XOR-Verknüpfung stellt die Norm in den Textsprachen AWL und ST den XOR-Operator zur Verfügung. In KOP entsteht die XOR-Verknüpfung aus der Anordnung der Kontakte oder durch Einsatz der Standardfunktion XOR. In den Sprachen FBS und AS setzen wir die erweiterbare Standardfunktion XOR ein. Im Gegensatz zu einer normalen OR-Funktion realisieren wir mit der XOR-Funktion eine echte Entweder-Oder-Auswahl. Der Ausgang liefert nur dann TRUE, wenn ausschließlich einer der Eingänge den Wert TRUE erhält.

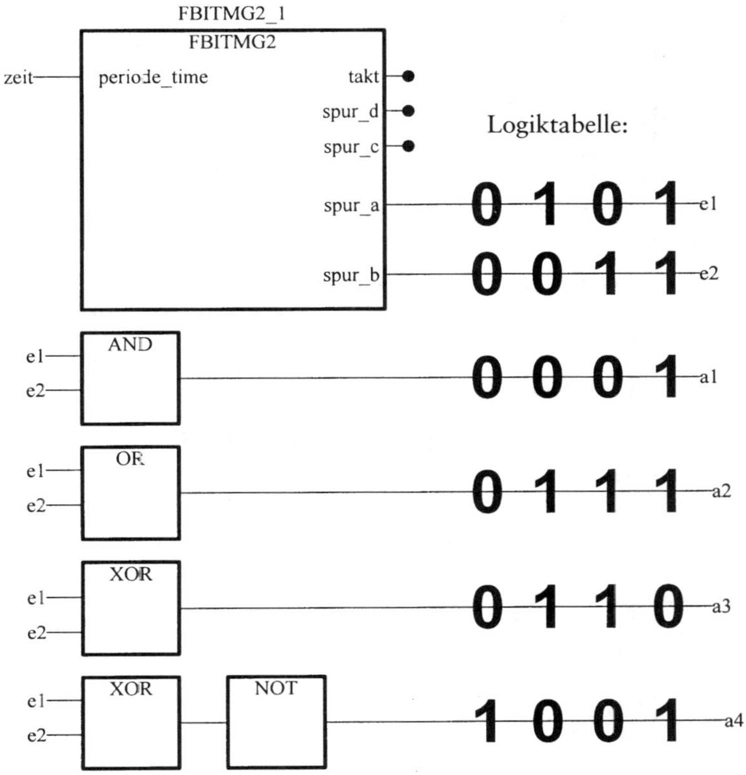

Bild 3.2 Logikfunktionen in einer Testumgebung mit zugehöriger Logiktabelle

Beispiel
Bild 3.2 zeigt alle Verknüpfungsglieder in einer Testumgebung im Programm PRGFBS2. Die Logiktabelle ist hier mit den grafischen Gestaltungsmöglichkeiten des Programmierwerkzeuges Multiprog wt in das grafische Arbeitsblatt eingebaut.

3.1.5 Auswahlfunktionen und Torschaltungen

Die einfachste Torschaltung stellt das UND-Glied mit 2 Eingängen dar (Bild 3.3). Einer der beiden Eingänge arbeitet als Torsteuerung mit der Variablen `tor_auf`, der 2. erhält das Signal als `signalbit_3`. Das Signal geht nur dann an den Ausgang, wenn `tor_auf` den Wert TRUE führt; andernfalls führt der Ausgang Signal 0. Das UND-Glied verhält sich wie ein Multiplizierer für Boolesche Variablen. In der Automatisierungstechnik wickelt man auf diese Art alle Freigabefunktionen ab (Kapitel 4). Ähnlich einfach gestaltet sich ein Tor für INT- oder REAL-Variablen mit Hilfe einer MUL-Funktion (Bild 3.3). Die Multiplikation eines beliebigen Wertes in der Variablen `signalwert_3` mit 0 ergibt als Ergebnis am Ausgang `a7` ebenfalls 0. Nur durch die

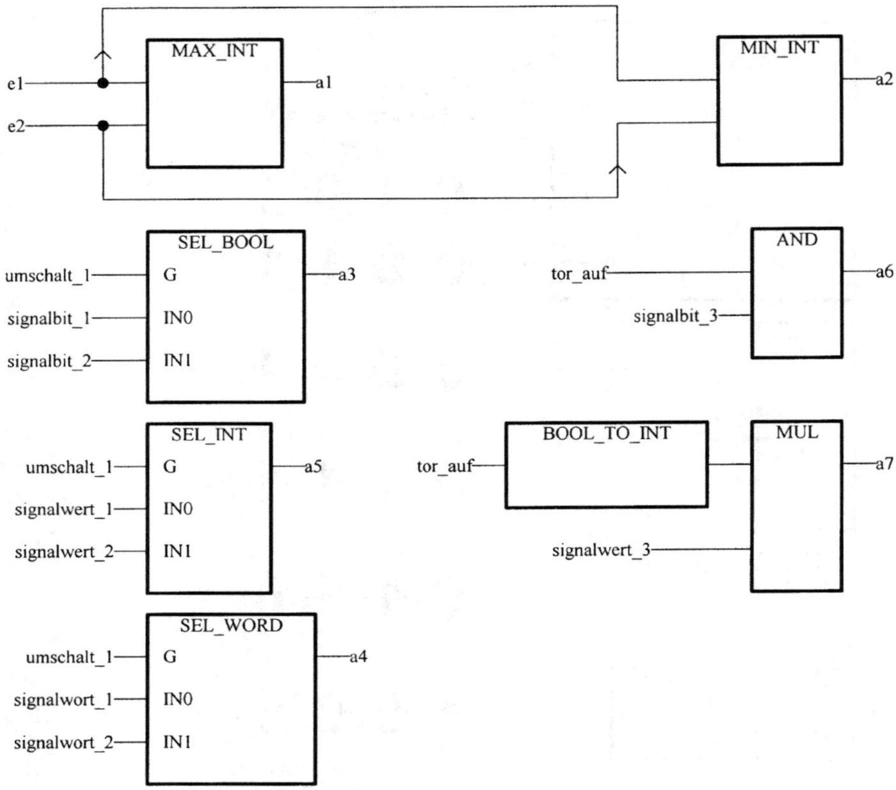

Bild 3.3 Einige Auswahl- und Torfunktionen

Tabelle 3.2 Wahrheitstabelle des BCD-Dezimal-Codewandlers

bcd8 8	bcd4 4	bcd2 2	bcd1 1	Wert	Dezimalausgänge 9 8 7 6 5 4 3 2 1 0
0	0	0	0	0	0 0 0 0 0 0 0 0 0 1
0	0	0	1	1	0 0 0 0 0 0 0 0 1 0
0	0	1	0	2	0 0 0 0 0 0 0 1 0 0
0	0	1	1	3	0 0 0 0 0 0 1 0 0 0
0	1	0	0	4	0 0 0 0 0 1 0 0 0 0
0	1	0	1	5	0 0 0 0 1 0 0 0 0 0
0	1	1	0	6	0 0 0 1 0 0 0 0 0 0
0	1	1	1	7	0 0 1 0 0 0 0 0 0 0
1	0	0	0	8	0 1 0 0 0 0 0 0 0 0
1	0	0	1	9	1 0 0 0 0 0 0 0 0 0

Multiplikation mit 1 gelangt der Wert von `signalwert_3` an den Ausgang. Für die Boolesche Variable `tor_auf` ist allerdings hier eine BOOL_TO_INT-Wandlung nötig.

Stellt das Tor einen Ein-/Aus-Schalter dar, dann handelt es sich bei den SEL-Funktionen um Umschalter. Über den binären Steuereingang wählt man zwischen 2 Eingangsvariablen aus. Mit G = 0 geht der Wert am Eingang IN0 an den Ausgang. Mit G = 1 geht der Wert am Eingang IN1 an den Ausgang. Die MAX- und MIN-Funktionen sind sozusagen Automatikumschalter, die den größten bzw. kleinsten der beiden Eingangswerte an den Ausgang schalten.

3.1.6 Verknüpfungen auf mehreren Ebenen

Nicht immer genügen die einfachen Grundverknüpfungen zur Lösung einer Aufgabe, es sind dann Verknüpfungen über mehrere Ebenen hinweg zu realisieren. Bei einer Verknüpfungstiefe von 2 und mehr Ebenen arbeitet man stets mit 2 Grundstrukturen, nämlich der UND-vor-ODER-Verknüpfung und der ODER-vor-UND-Verknüpfung. Bei der UND-vor-ODER-Reihenfolge hat man auf der 1. Ebene ein ODER-Glied. Die einzelnen Signale, die in das ODER-Glied einlaufen, stammen von UND-Gliedern auf der 2. Ebene. Beispiele hierfür sind die Funktionen ZWAUD und MPXBL1. In einer ODER-vor-UND-Verknüpfung hat man auf der 1. Ebene ein UND-Glied. Dessen Eingangssignale stammen alle oder teilweise von ODER-Gliedern auf der nächsthöheren Ebene. Ein Beispiel für diese Verknüpfung findet man im Funktionsbaustein SELBHA.

3.2 Codewandler BCD-Dezimal: BCDDEZ

Der Funktionsbaustein BCDDEZ geht davon aus, daß die Eingabe von einem 1-stelligen BCD-Ziffernschalter auszuwerten ist [22]. Ein BCD-Ziffernschalter erlaubt es, die Ziffern 0 ... 9 einzustellen. 4 Kontaktspuren im Schalter setzen diese Einstellungen um in einen 4-stelligen Dualcode von 0000 ... 1001 (s. Tabelle 3.2).

BCD steht dabei für binär codierte Dezimalzahl. Der Baustein wandelt das Signal an den 4 BCD-Eingängen so um, daß die 10 binären Ausgängen mit der Gewichtung von 0 ... 9 den jeweilige Dezimalwert anzeigen (1-aus-10-Format). Diese binären Ausgänge lassen sich dann z. B. in einer Logikverknüpfung einsetzen, um verschiedene Betriebsarten einer Anlage auszuwerten. Das Programm für den BCD-Dezimalwandler liegt in FBS als FBCDDEZ und in ST als SBCDDEZ vor.

Bild 3.4 zeigt den Baustein FBCDDEZ, wie ihn die Funktionsbausteinsprache darstellt. Tabelle 3.3 enthält die lokalen Variablen, Bild 3.5 den Rumpf des Bausteins FBCDDEZ und Bild 3.6 den Rumpf des Bausteins SBCDDEZ zum Vergleich.

3.3 Codewandler Dezimal-BCD: DEZBCD

Der Codewandler DEZBCD wertet 10 binäre Eingänge mit der Gewichtung 0 ... 9 aus (1-aus-10-Format) und erzeugt zu jedem Eingang den entsprechenden BCD-Code 0000 ... 1001 an den 4 dualcodierten Ausgängen. Die Zuordnung entspricht der Ta-

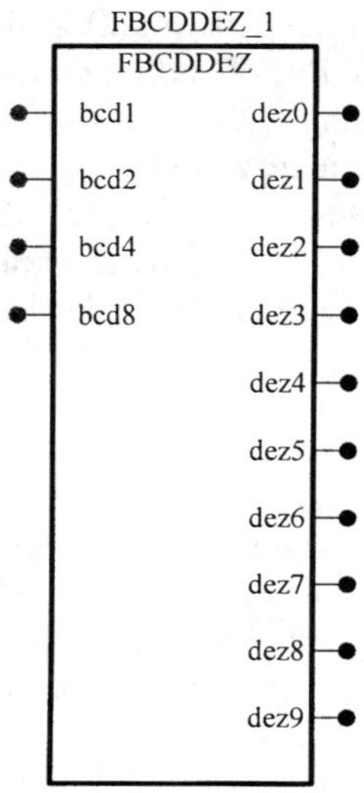

Bild 3.4
Funktionsbaustein FBCDDEZ

Tabelle 3.3 Lokale Variablen der Bausteine FBCDDEZ und SBCDDEZ

```
VAR_INPUT
bcd1     :     BOOL;
bcd2     :     BOOL;
bcd4     :     BOOL;
bcd8     :     BOOL;
END_VAR

VAR_OUTPUT
dez0     :     BOOL;
dez1     :     BOOL;
dez2     :     BOOL;
dez3     :     BOOL;
dez4     :     BOOL;
dez5     :     BOOL;
dez6     :     BOOL;
dez7     :     BOOL;
dez8     :     BOOL;
dez9     :     BOOL;
END_VAR
```

belle 3.2. Das Programm für den Dezimal-BCD-Wandler liegt in FBS als FDEZBCD und in ST als SDEZBCD vor.

Bild 3.7 zeigt den Baustein FDEZBCD, wie ihn die Funktionsbausteinsprache darstellt. Tabelle 3.4 enthält die lokalen Variablen, Bild 3.8 den Rumpf des Bausteins FDEZBCD und Bild 3.9 den Rumpf des Bausteins SDEZBCD zum Vergleich.

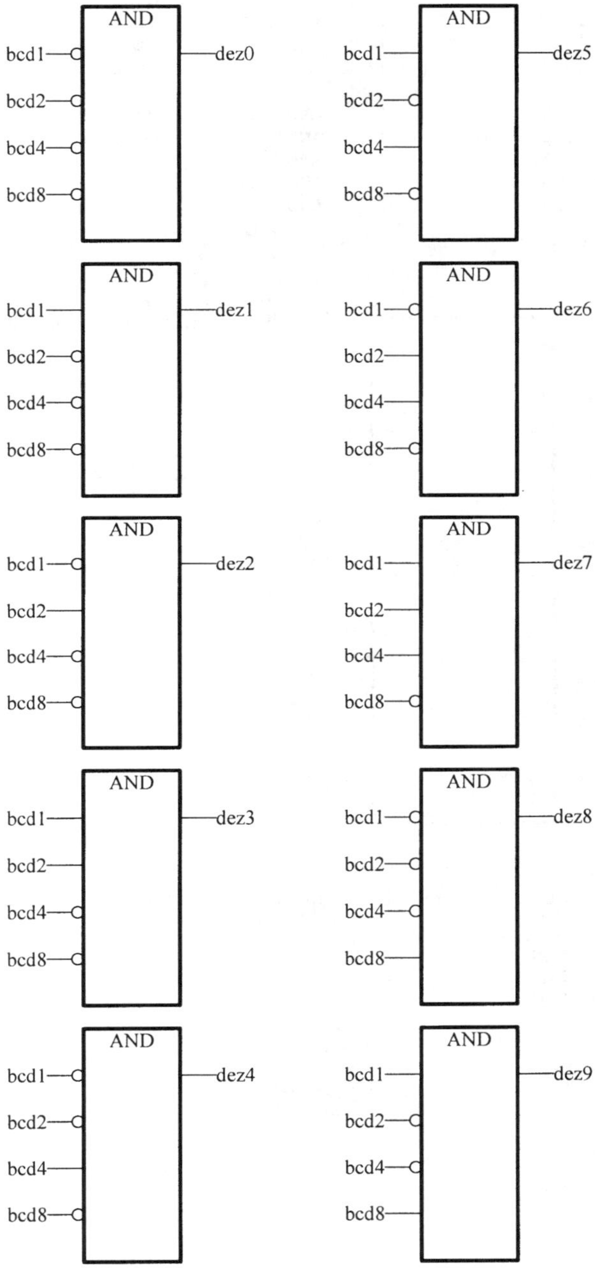

Bild 3.5
Rumpf des Bausteins FBCDDEZ

```
dez0  := NOT   bcd1  AND  NOT   bcd2  AND  NOT   bcd4  AND  NOT   bcd8;
dez1  :=       bcd1  AND  NOT   bcd2  AND  NOT   bcd4  AND  NOT   bcd8;
dez2  := NOT   bcd1  AND        bcd2  AND  NOT   bcd4  AND  NOT   bcd8;
dez3  :=       bcd1  AND        bcd2  AND  NOT   bcd4  AND  NOT   bcd8;
dez4  := NOT   bcd1  AND  NOT   bcd2  AND        bcd4  AND  NOT   bcd8;
dez5  :=       bcd1  AND  NOT   bcd2  AND        bcd4  AND  NOT   bcd8;
dez6  := NOT   bcd1  AND        bcd2  AND        bcd4  AND  NOT   bcd8;
dez7  :=       bcd1  AND        bcd2  AND        bcd4  AND  NOT   bcd8;
dez8  := NOT   bcd1  AND  NOT   bcd2  AND  NOT   bcd4  AND bcd8;
dez9  :=       bcd1  AND  NOT   bcd2  AND  NOT   bcd4  AND bcd8;
```

Bild 3.6 Rumpf des Bausteins SBCDDEZ

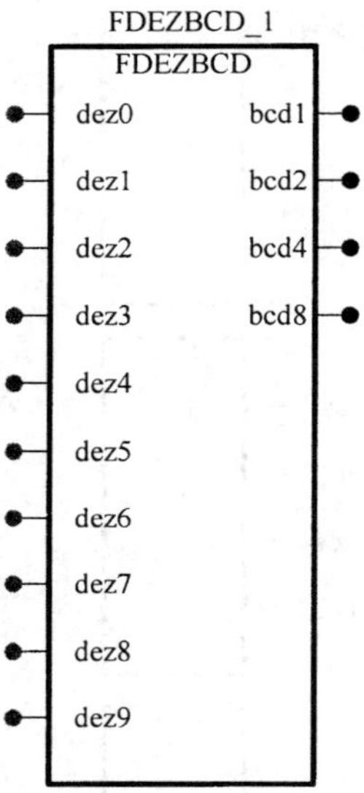

Bild 3.7
Funktionsbaustein FDEZBCD

Tabelle 3.4 Lokale Variablen der Bausteine FDEZBCD und SDEZBCD

```
VAR_INPUT
dez0     :     BOOL;
dez1     :     BOOL;
dez2     :     BOOL;
dez3     :     BOOL;
dez4     :     BOOL;
dez5     :     BOOL;
dez6     :     BOOL;
dez7     :     BOOL;
dez8     :     BOOL;
dez9     :     BOOL;
END_VAR

VAR_OUTPUT
bcd1     :     BOOL;
bcd2     :     BOOL;
bcd4     :     BOOL;
bcd8     :     BOOL;
END_VAR
```

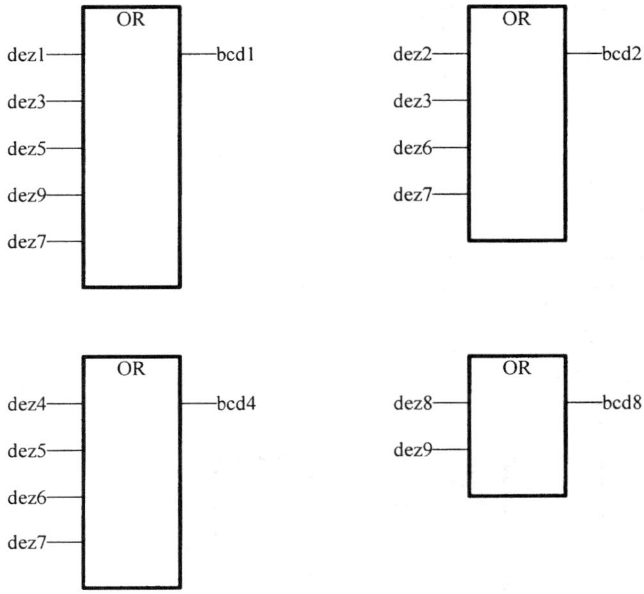

Bild 3.8
Rumpf des Bausteins
FDEZBCD

```
bcd1 := dez1 OR dez3 OR dez5 OR dez7 OR dez9;
bcd2 := dez2 OR dez3 OR dez6 OR dez7;
bcd3 := dez4 OR dez5 OR dez6 OR dez7;
bcd8 := dez8 OR dez9;
```

Bild 3.9 Rumpf des Bausteins SDEZBCD

3.4 Auswahlschaltung 2 aus 3: ZWAUD

Die Auswahlschaltung 2 aus 3 ist ein einfaches Beispiel für die UND-vor-ODER-Verknüpfung [9]. Der Ausgang dieser Verknüpfung geht nur dann auf 1, wenn 2 der 3 Eingänge Signal 1 führen. Da es sich um eine reine Verknüpfung handelt, die nur 1 Ausgang hat und keine statischen Variablen benötigt, ist sowohl das Beispiel FZWAUD in der Funktionsbausteinsprache als auch das Beispiel SZWAUD im strukturierten Text als Funktion ausgeführt. In der grafischen Darstellung der Bausteine (Bild 3.10) erkennt man die Funktion daran, daß der Ausgang keinen Namen hat. Im Programmrumpf erkennt man die Funktion daran, daß das Ergebnis nicht an eine Ausgangsvariable geht, sondern an den Namen der Funktion!

Bild 3.10 zeigt den Baustein FZWAUD, wie ihn die Funktionsbausteinsprache darstellt. Tabelle 3.5 enthält die lokalen Variablen, Bild 3.11 den Rumpf des Bausteins FZWAUD und Bild 3.12 den Rumpf des Bausteins SZWAUD. Da in ST die UND-Verknüpfung eine höhere Priorität aufweist als die ODER-Verknüpfung, kommt man hier ohne Klammern aus.

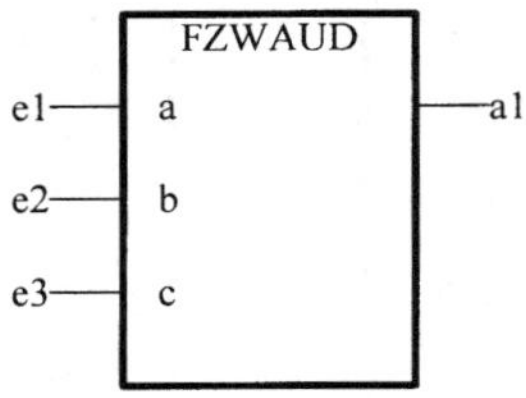

Bild 3.10
Funktion FZWAUD

Tabelle 3.5 Lokale Variablen der Bausteine FZWAUD und SZWAUD

```
VAR_INPUT
a ,b , c  :  BOOL;
END_VAR
```

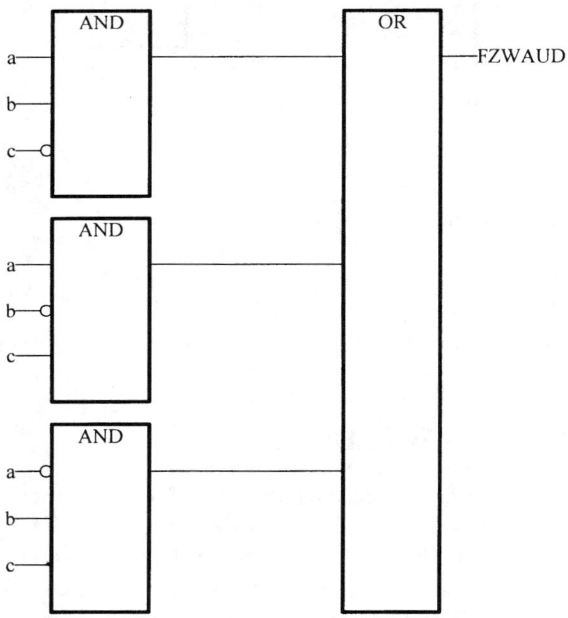

Bild 3.11
Rumpf der Funktion
FZWAUD

Der Ausgang dieser Funktion geht auf 1,
wenn 2 von 3 Eingängen TRUE sind

```
SZWAUD :=      a &       b & NOT  c OR
               a & NOT   b &      c OR
           NOT a &       b &      c;
```

Bild 3.12 Rumpf der Funktion SZWAUD

3.5 Selbsthalteschaltung: SELBHA

Die Selbsthalteschaltung stellt die einfachste Form eines Speichergliedes dar. Man geht davon aus, daß im Ruhezustand der Eingang `stop` Signal 1 führt. Eine 1 an `start` bringt dann den `ausgang` ebenfalls auf 1. Durch die Rückführung tritt jetzt die Selbsthaltung in Aktion, das Signal an `start` kann wieder auf 0 gehen. Mit `stop = 0` unterbricht man den Selbsthaltekreis, der `ausgang` fällt zurück auf 0. Das Programm ist als Funktionsbaustein ausgeführt, als Funktion wäre es nicht lauffähig (s. Bild 3.13 und 3.14). Der Grund ist, daß die Variablen in Funktionen vom Programmiersystem als dynamische Variablen verwaltet werden. Sie besitzen damit keine speichernde Wirkung von einem Programmzyklus zum nächsten. Somit kann die Selbsthaltung nicht funktionieren; zumindest die Variable `ausgang` muß vom Programmiersystem als statische Variable verwaltet werden (Tabelle 3.6).

Bild 3.13
Funktionsbaustein
FSELBHA

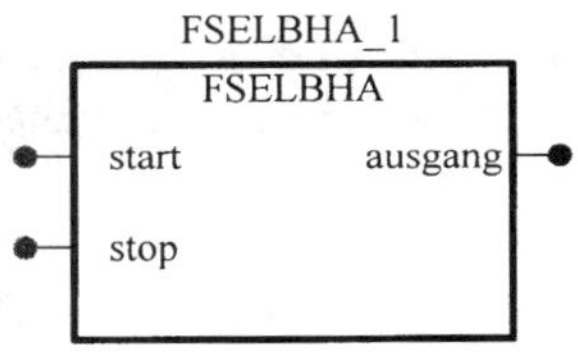

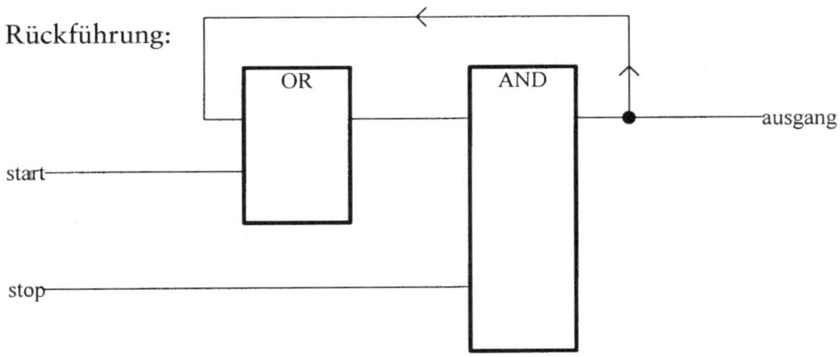

Bild 3.14 Rumpf des Funktionsbausteins FSELBHA

Tabelle 3.6 Lokale Variablen des Bausteins FSELBHA

```
VAR_INPUT
start    :     BOOL;
stop     :     BOOL;
END_VAR

VAR_OUTPUT
ausgang  :     BOOL;
END_VAR
```

3.6 Suchen von Teilen auf einem Rundtisch: TEISU1

Der Funktionsbaustein FTEISU1 wertet 5 Initiatoren aus, die Drehteile auf einem Rundtisch abtasten. Es sind Teile mit 3 unterschiedlichen Höhen und 3 unterschiedlichen Materialien zu suchen. 2 induktive Näherungsschalter ermitteln das Material der Drehteile:

- ❑ bei Stahl liefern beide Initiatoren Signal 1;
- ❑ bei Alu liefert nur einer der Initiatoren Signal 1;
- ❑ bei Kunststoffteilen liefern beide Signal 0.

3 Reflexlichttaster erkennen die Höhe der Drehteile:

- ❑ bei kleinen Teilen liefert nur 1 Initiator Signal 1;
- ❑ bei mittelgroßen Drehteilen liefern 2 Initiatoren Signal 1 und
- ❑ bei großen Teilen liefern alle 3 Initiatoren Signal 1.

Die Teile sind durchnumeriert von 1 ... 9 und lassen sich durch Vorwahl an einem BCD-Ziffernschalter suchen (Tabelle 3.7).

Tabelle 3.7 Codierung der Drehteile

Material		Größe			Beschreibung	
initiator_1	initiator_2	initiator_3	initiator_4	initiator_5	Drehteil	Nr.
1	1	1	0	0	Stahl klein	1
1	1	1	1	0	Stahl mittel	2
1	1	1	1	1	Stahl groß	3
0	1	1	0	0	Alu klein	4
0	1	1	1	0	Alu mittel	5
0	1	1	1	1	Alu groß	6
0	0	1	0	0	Kunststoff klein	7
0	0	1	1	0	Kunststoff mittel	8
0	0	1	1	1	Kunststoff groß	9

Es handelt sich bei der Auswerteschaltung um eine reine Verknüpfungsschaltung mit mehreren Eingängen und einem einzigen Ausgang. Das Programm läßt sich daher als Funktion ausführen, weil auch keine statischen Daten zu speichern sind. Die gesamte Verknüpfungslogik spielt sich auf 2 Ebenen ab (UND-vor-ODER), wobei allerdings der BCD-Schalter der besseren Übersicht wegen mit einer eigenen UND-Verknüpfung abgefragt wurde. Die Funktion ist in der Funktionsbausteinsprache (FTEISU1) und im strukturierten Text (STEISU1) realisiert.

Bild 3.15 zeigt den Baustein FTEISU1, wie ihn die Funktionsbausteinsprache darstellt. Tabelle 3.8 enthält die lokalen Variablen, Bild 3.16 den Rumpf des Bausteins FTEISU1 und Bild 3.17 den Rumpf des Bausteins STEISU1.

Zu jedem Teil gehört eine UND-Verknüpfung zum Auswerten der 5 Sensoren, die Material und Größe der Teile abtasten. Der 6. Eingang dieses UND-Gliedes dient der

Bild 3.15
Funktion FTEISU1

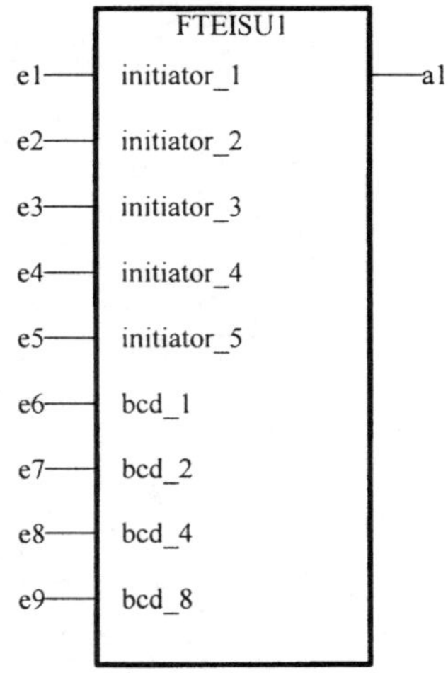

Tabelle 3.8 Lokale Variablen der Bausteine FTEISU1 und STEISU1

```
VAR_INPUT
initiator_1  :    BOOL;
initiator_2  :    BOOL;
initiator_3  :    BOOL;
initiator_4  :    BOOL;
initiator_5  :    BOOL;

bcd_1        :    BOOL;
bcd_2        :    BOOL;
bcd_4        :    BOOL;
bcd_8        :    BOOL;
END_VAR
```

Auswahl durch den Ziffernschalter. Somit kommt eine Meldung am Ausgang des UND-Gliedes nur dann zustande, wenn die richtigen Signale vom Sensorkopf kommen UND der Ziffernschalter entsprechend eingestellt ist. Ein ODER-Glied führt alle Meldungen zusammen und bündelt sie auf den Ausgang FTEILSU. Im Baustein STEISU1 ist genau die gleiche Funktion in ST realisiert.

3.7 Suchen von Teilen auf der Basis einer Tabelle: TEISU2

Das Programm TEISU1 geht davon aus, daß man sowohl die Sensorsignale als auch den BCD-Schalter über Boolesche Variablen abfragt. Die Auswertung erfordert dann einen hohen Verknüpfungsaufwand. Dieser Aufwand läßt sich reduzieren, wenn wir

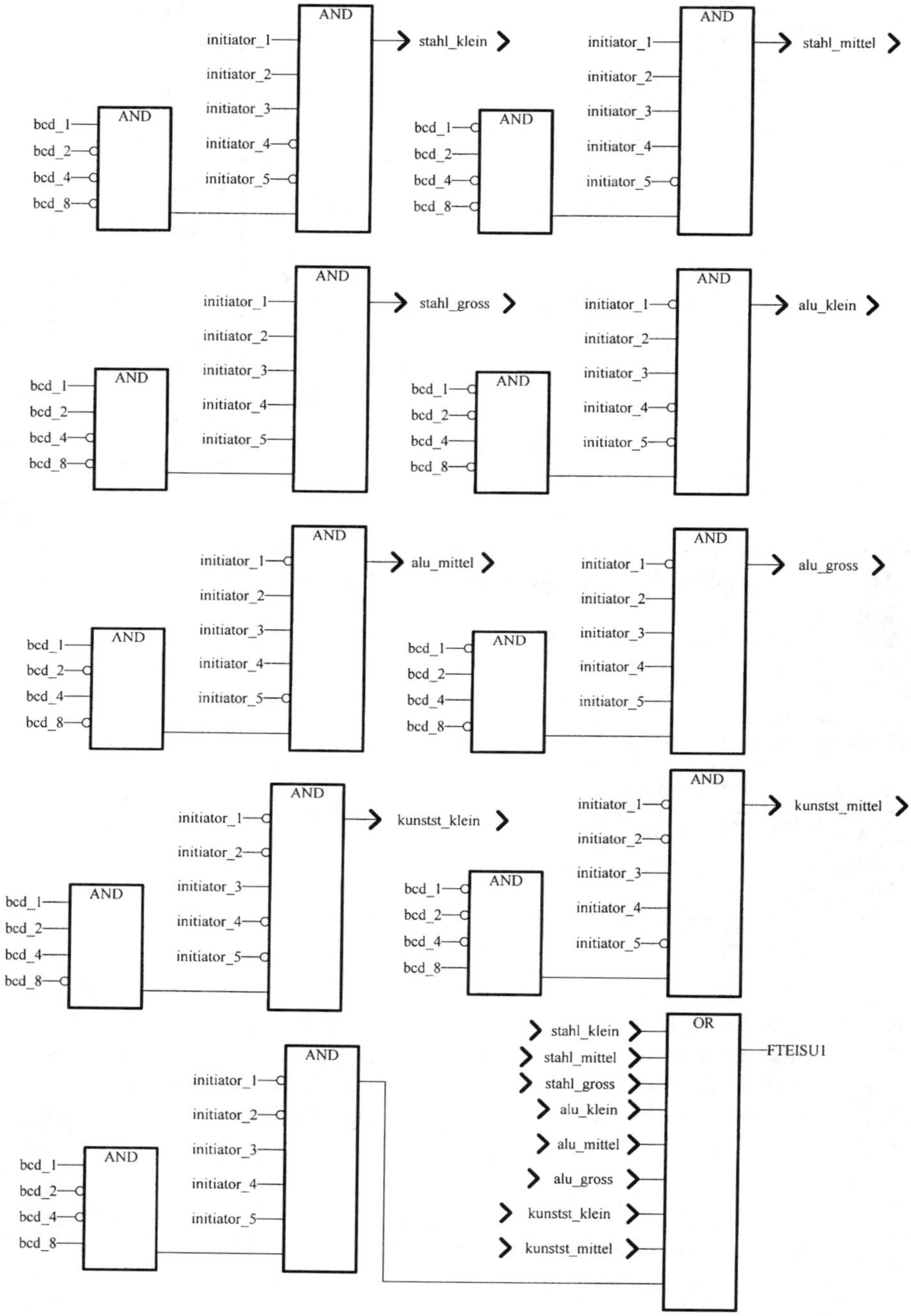

Bild 3.16 Rumpf der Funktion FTEISU1

```
STEISU1 :=
(* stahl_klein suchen: *)
initiator_1 AND initiator_2 AND initiator_3
AND NOT initiator_4 AND NOT initiator_5
AND bcd_1 AND NOT bcd_2 AND NOT bcd_4 AND NOT bcd_8 OR
(* stahl_mittel suchen: *)
initiator_1 AND initiator_2 AND initiator_3 AND initiator_4 AND NOT initia-
tor_5
AND NOT bcd_1 AND bcd_2 AND NOT bcd_4 AND NOT bcd_8 OR
(* stahl_gross suchen: *)
initiator_1 AND initiator_2 AND initiator_3 AND initiator_4 AND initiator_5
AND bcd_1 AND bcd_2 AND NOT bcd_4 AND NOT bcd_8 OR
(* alu_klein suchen: *)
NOT initiator_1 AND initiator_2 AND initiator_3
AND NOT initiator_4 AND NOT initiator_5
AND NOT bcd_1 AND NOT bcd_2 AND bcd_4 AND NOT bcd_8 OR
(* alu_mittel suchen: *)
NOT initiator_1 AND initiator_2 AND initiator_3
AND initiator_4 AND NOT initiator_5
AND bcd_1 AND NOT bcd_2 AND bcd_4 AND NOT bcd_8 OR
(* alu_gross suchen: *)
NOT initiator_1 AND initiator_2 AND initiator_3
AND initiator_4 AND initiator_5
AND NOT bcd_1 AND bcd_2 AND bcd_4 AND NOT bcd_8 OR
(* kunstst_klein suchen: *)
NOT initiator_1 AND NOT initiator_2 AND initiator_3
AND NOT initiator_4 AND NOT initiator_5
AND bcd_1 AND bcd_2 AND bcd_4 AND NOT bcd_8 OR
(* kunstst_mittel suchen: *)
NOT initiator_1 AND NOT initiator_2 AND initiator_3
AND initiator_4 AND NOT initiator_5
AND NOT bcd_1 AND NOT bcd_2 AND NOT bcd_4 AND bcd_8 OR
(* kunstst_gross suchen: *)
NOT initiator_1 AND NOT initiator_2 AND initiator_3
AND initiator_4 AND initiator_5
AND bcd_1 AND NOT bcd_2 AND NOT bcd_4 AND bcd_8;
```

Bild 3.17 Rumpf der Funktion STEISU1

die Sensordaten im BYTE-Format einlesen können -Eingang `sensor_byte`, und wenn wir die Werte des BCD-Schalters in ein INT-Format überführen für den Eingang `teil_nr_int`. Damit ist man in der Lage, die einlaufenden Sensordaten mit dem Inhalt einer Tabelle zu vergleichen, was die Sache erheblich vereinfacht. Der Funktionsbaustein STEISU2 arbeitet auf dieser Basis (s. Bild 3.18, 3.19 und Tabelle 3.9).

Beim ersten Durchlauf des Programmes initialisiert man die Tabelle mit den Bitmustern, die man von der Sensoreinheit für die Teile 1 ... 9 erwartet. Die Variable `lauf` sorgt dafür, daß dies nur ein einziges Mal geschieht. In dem `sensor_byte` sind nur die 5 niederwertigen Bit interessant, den Rest bringt man durch die `maske` auf 0

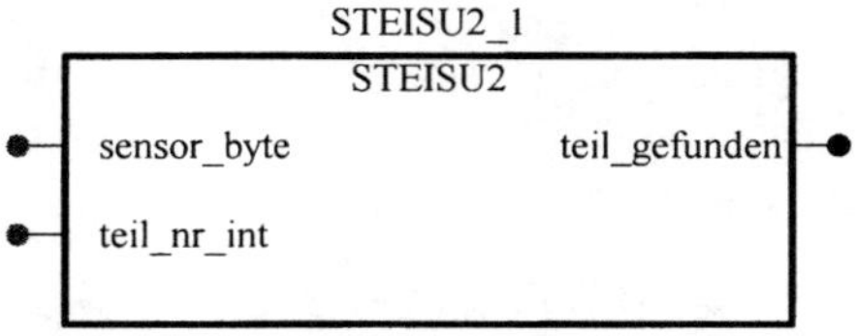

Bild 3.18
Funktionsbaustein STEISU2

Tabelle 3.9 Lokale Variablen der Bausteine STEISU2

```
VAR_INPUT
sensor_byte    :      BYTE;
teil_nr_int    :      INT;
END_VAR

VAR
lauf           :      BOOL;
bitmuster      :      BYTE;
maske          :      BYTE := 16#1F;
teil_nr        :      INT;
teile_tabelle  :      TAB9BYTE;
END_VAR

VAR_OUTPUT
teil_gefunden  :      BOOL;
END_VAR
```

```
(* Tabelle initialisieren: *)
IF NOT lauf
THEN
teile_tabelle[1]  := BYTE#16#07;
teile_tabelle[2]  := BYTE#16#0F;
teile_tabelle[3]  := BYTE#16#1F;
teile_tabelle[4]  := BYTE#16#06;
teile_tabelle[5]  := BYTE#16#0E;
teile_tabelle[6]  := BYTE#16#1E;
teile_tabelle[7]  := BYTE#16#04;
teile_tabelle[8]  := BYTE#16#0C;
teile_tabelle[9]  := BYTE#16#1C;
lauf := TRUE;
END_IF;

(* Das von der Sensoreinheit eingelesene Byte maskieren: *)
bitmuster := sensor_byte AND maske;

(* Wertebereich für den Tabellenzugriff begrenzen: *)
teil_nr := LIMIT_INT(1,teil_nr_int,9);

(* Teil suchen: *)
teil_gefunden := bitmuster = teile_tabelle[teil_nr];
```

Bild 3.19 Rumpf der Funktion STEISU2

(UND-Maskierung)! Der Wert, der über den Eingang `teil_nr_int` einläuft, ist auf den Bereich 1 … 9 zu begrenzen, weil man mit diesem Wert auf die Tabelle zugreift. Ein Zugriff mit einem anderen Wert würde hier zu einer Fehlermeldung führen. Der eigentliche Suchvorgang steht dann in der letzten Zeile. Das Signal `teil_gefunden` kommt genau dann, wenn das `bitmuster` von der Sensoreinheit dem aus der Tabelle aufgerufenen Bitmuster gleicht.

3.8 Multiplexer für 4 Boolesche Eingänge mit Auswahl im Dualcode: MPXBL1

Die Funktion gestattet es, 4 Boolesche Signalpfade `in_0` bis `in_3` auszuwählen und auf den Ausgang durchzuschalten. Die Auswahl erfolgt über 2 Eingänge `select_0` und `select_1` nach dem Dualcode.

Bild 3.20 zeigt die Funktion FMPXBL1 in Verbindung mit dem Demultiplexer FDPXBL1 in einer Testumgebung. Mit den grafischen Mitteln des Programmiersystems ist in das Programm auch die Logiktabelle eingeblendet, nach der die beiden Bausteine arbeiten (s. Bild 3.21 und Tabelle 3.10).

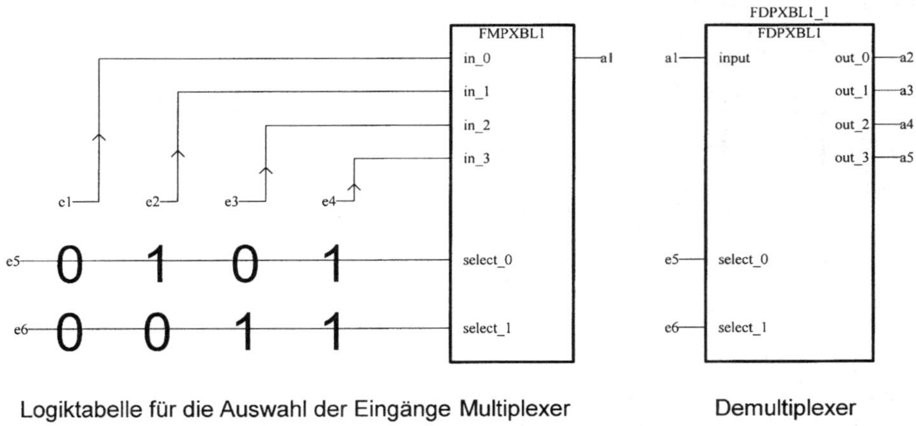

Bild 3.20 FMPXBL1 und FDPXBL1 im Programm PRG_2

Tabelle 3.10 Lokale Variablen des Bausteins FMPXBL1

```
VAR_INPUT
in_0     :   BOOL;
in_1     :   BOOL;
in_2     :   BOOL;
in_3     :   BOOL;
select_0 :   BOOL;
select_1 :   BOOL;
END_VAR
```

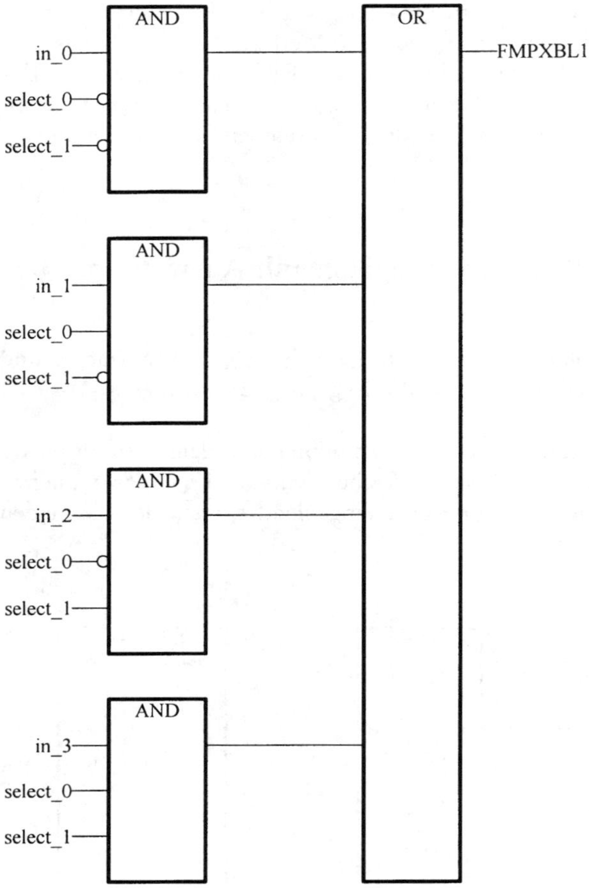

Bild 3.21
Rumpf der Funktion
FMPXBL1

Tabelle 3.11 Lokale Variablen des Bausteins FDPXBL1

```
VAR_INPUT
input     :    BOOL;
select_0 :    BOOL;
select_1 :    BOOL;
END_VAR

VAR_OUTPUT
out_0     :    BOOL;
out_1     :    BOOL;
out_2     :    BOOL;
out_3     :    BOOL;
END_VAR
```

Da sowohl die Information an den Eingängen `in_0` bis `in_3` als auch die Steuerung über die Eingänge `select` im Booleformat vorliegt, läßt sich der Multiplexer einfach als Logikverknüpfung realisieren. Weil auch keine statischen Variablen zu speichern sind und nur 1 Ausgang vorliegt, ist die Ausführung als Funktion möglich.

3.9 Demultiplexer für 4 Boolesche Eingänge mit Auswahl im Dualcode: DPXBL1

Der Demultiplexer in der Funktionsbausteinsprache FDPXBL1 aus Bild 3.20 gestattet es, das Signal an `input` auf die 4 Ausgänge `out_0` bis `out_3` zu verteilen, abhängig vom Wert der `select`-Eingänge. Bild 3.22 zeigt den Programmrumpf, Tabelle 3.11 die lokalen Variablen zu diesem Baustein. Die Auswahl der Eingänge erfolgt über 4 UND-Glieder, die als Tore geschaltet sind.

Bild 3.22
Rumpf des Funktionsbausteins FDPXBL1

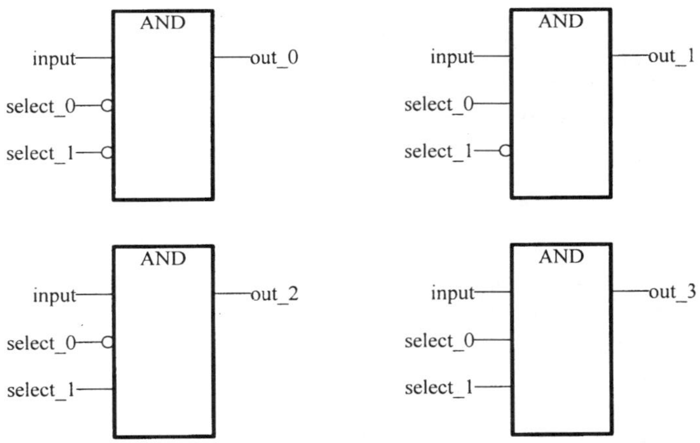

3.10 Multiplexer für 4 INT-Eingänge mit Auswahl durch einen INT-Wert: MPXINT

Die Funktion SMPXINT in Bild 3.23 schaltet 4 INT-Variablen auf den Ausgang, gesteuert vom Eingang `select_int` (s. Tabelle 3.12 und Bild 3.24).

Für das Zusammenführen der 4 Eingänge, gesteuert durch eine INT-Variable, bietet sich hier die CASE-Operation an. Mit dieser fragt man die Variable `select_int` auf bestimmte Werte ab, im Beispiel die Werte 0, 1, 2 und 3. Findet das Programm einen dieser Werte, dann führt es die dem Doppelpunkt folgende Anweisung durch. Findet es keinen der genannten Werte, dann tritt die ELSE-Abteilung in Kraft, der Ausgang SMPXINT erhält den Wert 0 zugewiesen.

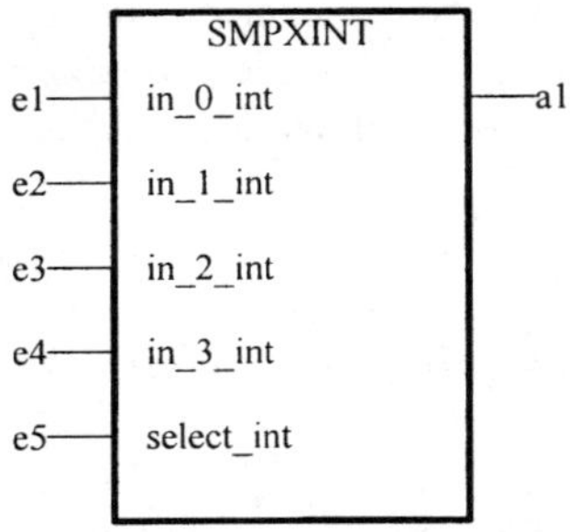

Bild 3.23
Funktion SMPXINT

Tabelle 3.12 Lokale Variablen des Bausteins SMPXINT

```
VAR_INPUT
in_0_int      :    INT;
in_1_int      :    INT;
in_2_int      :    INT;
in_3_int      :    INT;
select_int    :    INT;
END_VAR
```

```
CASE select_int OF

0: SMPXINT := in_0_int;
1: SMPXINT := in_1_int;
2: SMPXINT := in_2_int;
3: SMPXINT := in_3_int;

ELSE SMPXINT := 0;

END_CASE;
```

Bild 3.24 Rumpf der Funktion SMPXINT

3.11 Einbau eines einzelnen Bits in ein Wort: BITBAU1

Die Funktion SBITBAU1 erhält an ihrem Eingang `input_word` ein Wort mit beliebigem Inhalt. Sie baut ein Bit mit dem Wert 0 oder 1 vom Eingang `bit_wert` an der Stelle in das Wort ein, die am Eingang `bit_nr_int` angegeben ist (s. Bild 3.25, 3.26 und Tabelle 3.13).

Der Baustein arbeitet folgendermaßen: In einem 1. Schritt löscht man im Eingangswort `input_word` die Stelle, an der später das Bit vom Eingang `bit_wert` einzubauen ist. Dazu verwendet man eine `loeschmaske`, die im Grundzustand den Wert $1111\ 1111\ 1111\ 1110_B$ hat. Man rotiert diese Löschmaske um so viele Stellen nach

Bild 3.25
Funktionsbaustein SBITBAU1

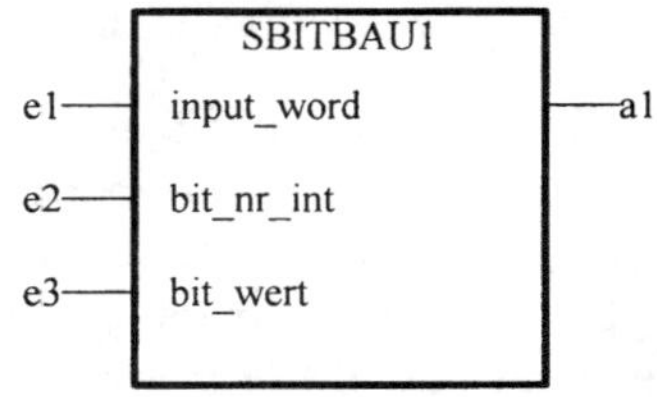

Tabelle 3.13 Lokale Variablen des Bausteins SBITBAU1

```
VAR_INPUT
input_word    :    WORD;
bit_nr_in t   :    INT;
bit_wert      :    BOOL;
END_VAR

VAR
loeschmaske   :    WORD := 16#FFFE;
einbaumaske   :    WORD;
m1            :    WORD;
END_VAR
```

```
(* Die Einbaustelle löschen: *)
m1 := input_word AND ROL_WORD(loeschmaske, bit_nr_int);

einbaumaske := BOOL_TO_WORD(bit_wert);

(* Das eingegebene Bit einbauen: *)
SBITBAU1 := m1 OR ROL_WORD (einbaumaske, bit_nr_int);
```

Bild 3.26 Rumpf des Funktionsbausteins SBITBAU1

links, wie am Eingang `bit_nr_int` angegeben ist. Die 0 in der Löschmaske steht dann genau an der Stelle, an der das Bit einzubauen ist. Mit einer UND-Verknüpfung löscht man diese Stelle. Das Ergebnis liegt in einem Zwischenmerker `m1`. Mit einer BOOL_TO_WORD-Umwandlung erzeugt man dann aus dem eingegebenen `bit_wert` zunächst ein Wort und legt es in der `einbaumaske` ab. Hat `bit_wert` den Wert 1, dann ergibt sich die `einbaumaske` mit $0000\ 0000\ 0000\ 0001_B$. Hat `bit_wert` dagegen 0, dann ist auch das Wort komplett 0.

Auch diese `einbaumaske` rotiert man um die entsprechende Stellenzahl nach links. Das einzubauende Bit, falls es 1 ist, steht dann an der richtigen Stelle und wird durch die ODER-Verknüpfung dort eingebaut. Eine 0 hat an dieser Stelle keine Auswirkung, weil ja das entsprechende Bit bereits gelöscht wurde.

3.12 Test eines einzelnen Bits in einem Wort: BITTST

Die Funktion FBITTST in FBS (Bild 3.27) untersucht ein Wort am Eingang `in_word` auf den Wert eines bestimmten Bits, dessen Nummer an `bit_nr_int` anzugeben ist. Das gesuchte Bit liegt dann am Ausgang (Bild 3.28 und Tabelle 3.14).

Die Funktion löst die gestellte Aufgabe im wesentlichen durch eine Schiebeoperation mit anschließender Maskierung. Das Wort am Eingang `in_word` wird um so viele Stellen nach rechts geschoben, wie die `bit_nr_int` angibt. Das gesuchte Bit steht dann ganz rechts auf der wertniedrigsten Stelle. Nur wenn dieses Bit Signal 1 führt, ist auch das Ergebnis der UND-Maskierung an dieser Stelle 1, andernfalls ist das gesamte Wort 0. Die Typumwandlung WORD_TO_BOOL liefert an ihrem Ausgang 0, wenn das gesamte Eingangswort 0 ist; sie liefert 1 an ihrem Ausgang, wenn das Eingangswort ungleich 0 ist!

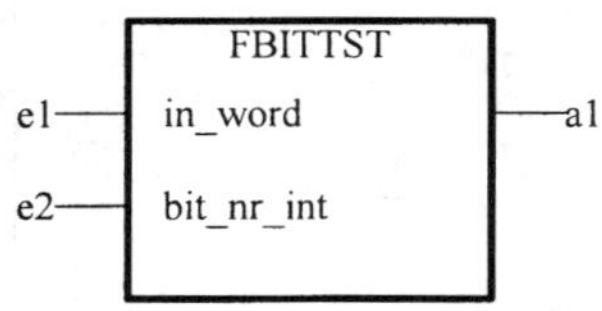

Bild 3.27
Funktion FBITTST

Tabelle 3.14 Lokale Variablen des Bausteins FBITTST

```
VAR_INPUT
in_word       :    WORD;
bit_nr_int    :    INT;
END_VAR

VAR
maske         :    WORD := 16#0001;
END_VAR
```

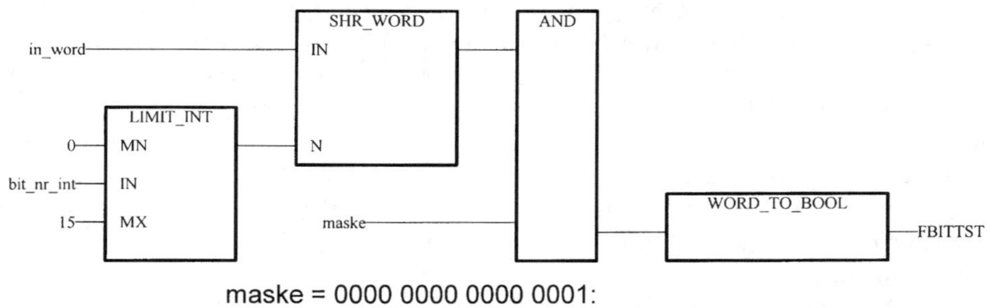

Bild 3.28 Rumpf der Funktion FBITTST

3.13 Simulation eines BCD-Schalters: BCDSIM

Mit dem in der Funktionsbausteinsprache geschriebenen Baustein FBCDSIM (Bild 3.29) läßt sich die Ausgabe eines BCD-Schalters simulieren. Mit der INT-Eingabe an `wert_int` liefert das Programm an den Ausgängen `bcd1` ... `bcd3` die zugehörigen Bitmuster für den Dualcode (s. Bild 3.30 und Tabelle 3.15).

Die INT-Variable am Eingang `wert_int` wird zunächst auf den Bereich 0 ... 9 begrenzt und dann in das WORD-Format gewandelt. Nur durch diese Typumwandlung können wir auf die einzelnen Bit in dem Konnektor `m1` zugreifen. In den 4 folgenden Bit-Test-Funktionen fragt man die Bit 0 ... 3 auf ihren Wert ab und gibt diesen an die Ausgänge.

Bild 3.29
Funktion FBCDSIM

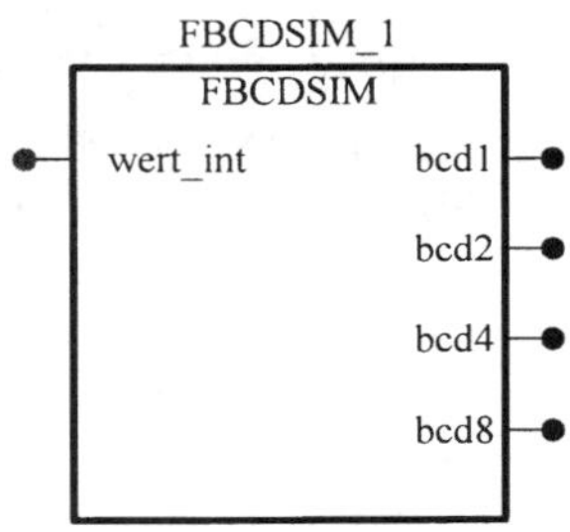

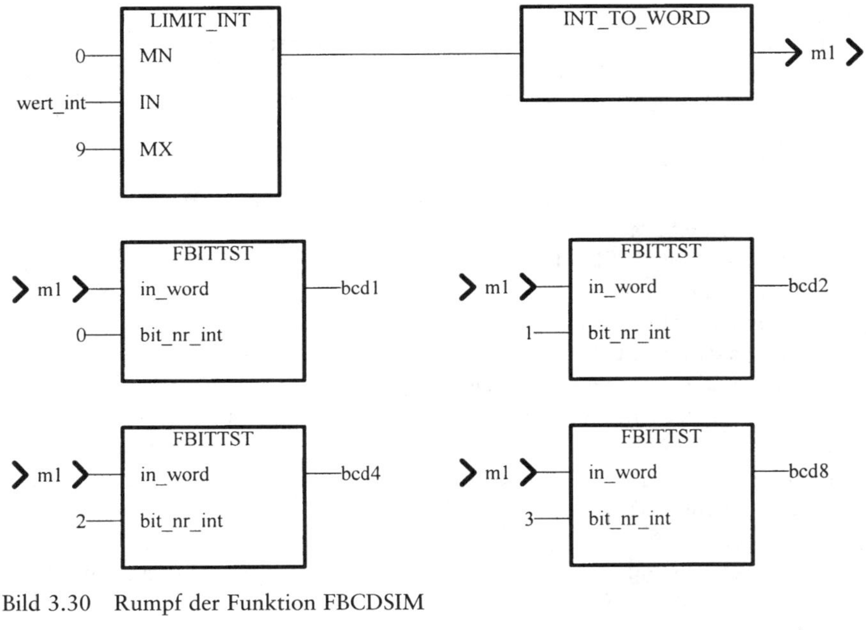

Bild 3.30 Rumpf der Funktion FBCDSIM

Tabelle 3.15 Lokale Variablen des Bausteins FBCDSIM

```
VAR_INPUT
wert_int      :    INT;
END_VAR

VAR_OUTPUT
bcd1 , bcd2   :    BOOL;
bcd4 , bcd8   :    BOOL;
END_VAR
```

3.14 Aufgaben

Die Lösungen finden Sie im Projekt LOE_03.PWT auf der beiliegenden CD.

1. Schreiben Sie das Programm für die Codewandlung DEZBCD in AWL.
   Name des Bausteins: ADEZBCD.
2. Schreiben Sie das Programm für die Codewandlung BCDDEZ in AWL.
   Name des Bausteins: ABCDDEZ.
3. Schreiben Sie die Funktion ZWAUD in der Sprach AWL.
   Name der Funktion: AZWAUD.
4. Schreiben Sie die Funktion ZWAUD in der Sprach KOP.
   Name der Funktion: KZWAUD.
5. Schreiben Sie die Funktion BITTST entsprechend dem Beispiel FBITTST in Bild 3.28 in ST.
   Name des Bausteins: SBITTST.
6. Schreiben Sie die Funktion SBITBAU1 in der Funktionsbausteinsprache.
   Name der Funktion: FBITBAU1.
7. Schreiben Sie die Funktion SBITBAU1 so, daß außer den beiden Eingangsvariablen keine weiteren Variablen nötig sind.
   Name der Funktion: SBITBAU2.
8. Schreiben Sie eine Funktion, die das werthöchste Bit in einem Wort auf 1 bringt. Verwenden Sie die Sprache ST.
   Name der Funktion: SLIBISET.
9. Schreiben Sie eine Funktion, die 8 einzelne Bits von den Eingängen `bit_0` bis `bit_7` zu einem Byte zusammenfügt, und zwar in FBS.
   Name der Funktion: FBITBYT.
10. 3 Füllstandsmelder überwachen einen Tank. `ini_1` meldet einen Füllstand von 25%, `ini_2` meldet einen Füllstand von 50% und `ini_3` meldet den Stand von 75%.
    Abhängig vom Füllstand soll ein Frequenzumrichter unterschiedliche Drehzahlsollwerte (Ausgang `sollwert_int`) erhalten.
    Hat keiner der Initiatoren angesprochen, ist `sollwert` = 0. Spricht `ini_1` an, muß der `sollwert` = 1 000 betragen, mit `ini_2` muß der `sollwert` auf 2 000 gehen und mit `ini_3` auf 6 666.

Schreiben Sie das Programm als Funktionsbaustein in FBS.
Name des Bausteins: FFURSW

11. Im Projekt LOE_03.PWT finden Sie 2 Impulsgeber FTAKTS und FTAKTL. FTAKTS liefert eine schnelle Pulsfolge mit T = 600 ms; FTAKTL liefert eine langsame Pulsfolge mit T = 1200 ms. Entwerfen Sie einen Funktionsbaustein, mit dem wir eine Lampe ansteuern können. Der Baustein hat die 3 Eingänge `dauerlicht`; `blink_langsam` und `blink_schnell` sowie einen Ausgang `lampe`. Mit TRUE am Eingang `blink_schnell` soll die schnelle Pulsfolge an den Ausgang `lampe` und mit TRUE am Eingang `blink_langsam` die langsame Pulsfolge. Führt der Eingang `dauerlicht` 1, dann geht `lampe` ebenfalls auf 1. Führen mehrere Eingänge Signal 1, dann hat `blink_schnell` die höchste und `dauerlicht` die niedrigste Priorität. Schreiben Sie das Programm in der Funktionsbausteinsprache.
Name des Funktionsbausteins: FLAMPAN.
12. Ein Funktionsbaustein mit den beiden Ausgängen `a1` und `a2` und den Eingängen e1 ... e6 realisiert in ST folgende Verknüpfungen:
```
a1 := e6 OR e5 AND e4 OR e3 AND e2 AND e1;
a2 := e6 AND (e5 OR e4) AND (e3 OR e2 OR e1);
```
Schreiben Sie den Funktionsbaustein in AWL. Ordnen Sie den beiden Verknüpfungen die Begriffe UND-vor-ODER und ODER-vor-UND zu.
Name des Bausteins: AUNDOD.

4 Speicher- und Zählerschaltungen

Die Beispiele zu diesem Kapitel befinden sich im Projekt KAP_04.PWT auf der beiliegenden CD-ROM. Zusätzlich enthält das Projekt noch folgende Programme:

- PRG_FBS enthält die Standardfunktionsbausteine RS, SR, CTU, CTD und CTUD in einer einfachen Testumgebung in FBS;
- PRG_AWL zeigt den Einsatz dieser Standardbausteine als AWL;
- PRG_KOP zeigt die Bausteine in KOP;
- PRG_ST1 verwirklicht ebenfalls das Speichern und Zählen durch Aufruf der entsprechenden Funktionsbausteine in ST;
- PRG_ST2 dagegen realisiert die gleichen Aufgaben durch die originären Anweisungen ST.

4.1 Programme mit Speichergliedern

Speicherglieder, bistabile Funktionsbausteine oder kurz Flipflops dienen als Meldespeicher oder Befehlsspeicher. Sie lassen sich nach den Regeln dieser Norm auf dreierlei Weise bilden:

- in allen Sprachen durch Aufruf eines Standardfunktionsbausteins vom Typ RS bzw. SR;
- speziell in AWL durch Einsatz der Operatoren S und R mit einem Booleschen Operanden;
- in ST durch den Einsatz der IF-Anweisung, in denen ein Boolescher Operand den Wert TRUE oder FALSE erhält.

Das rücksetzdominante RS-Flipflop ist der typische Befehlsspeicher für alle Aktoren, Antriebe, Ventile, Motoren usw. Hier gilt in der Regel, daß die Rücksetzsignale Vorrang haben müssen vor den Setzsignalen (Bild 4.1). Das setzdominante SR-Speicherglied dagegen ist z.B. eingesetzt für Fehlermeldungen oder Warnungen. Ist es einmal durch einen Fehler gesetzt, darf es nur dann zurückfallen, wenn der Fehler verschwunden ist (Bild 4.7).

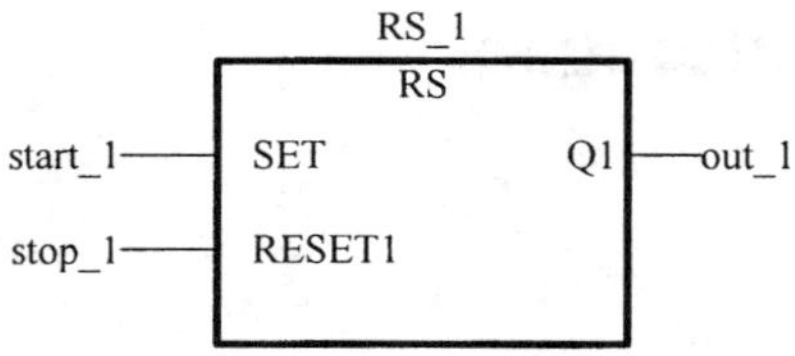

Bild 4.1
Rücksetzdominantes Speicherglied RS in FBS

4.2 Programme mit Zählern

Mit Zählern erfassen wir Stückzahlen oder die Anzahl von Ereignissen. Beim Füllen von Sprudelkisten mit 12 Flaschen läßt sich z. B. ein Vorwärtszähler mit dem Voreinstellwert PV = 12 einsetzen. Mit dem Einlaufen einer leeren Kiste in die Abfüllstation erhält der Zähler ein RESET-Signal. Ein Ultraschallsensor liefert mit jeder eingesetzten Flasche einen Impuls an den Eingang CU. Sind 12 Flaschen in der Kiste versammelt, geht der Ausgang Q des Zählers auf 1 und veranlaßt damit den Weitertransport der Kisten.

Bei einem Transportschlitten, den ein Schrittmotor antreibt, hängt der zurückgelegte Weg des Schlittens von der Anzahl der Motortaktimpulse ab. Da Schrittmotorachsen in der Regel keine Lageerkennung haben, sind die ausgegebenen Taktimpulse in der Steuerung zu zählen. Hier wäre der Einsatz eines Auf-/Abwärtszählers denkbar, dessen Zählerstand dann ein Maß ist für die aktuelle Position des Schlittens. Fährt der Schlitten nach rechts, muß der Zähler hochzählen; bei einer Bewegung nach links ist abwärts zu zählen.

Der Zählerstand ist vom Datentyp INT, wobei allerdings nur positive Werte möglich sind. Die Zählerstandsgrenzen liegen damit bei 0 und 32 767. Die Zähleingänge CU bzw. CD sind flankengesteuerte Eingänge. Die Zähler arbeiten nur dann, wenn die Eingänge RESET und LOAD Signal 0 führen!

4.3 Rücksetzdominantes Speicherglied: RS

Die Bilder 4.1 bis 4.4 zeigen den Einsatz des RS-Flipflops als Standardfunktionsbaustein in den Sprachen FBS, KOP, AWL und ST. Tabelle 4.1 enthält die zugehörigen Variablen. Vergleichend zum Einsatz des Standardfunktionsbausteins zeigt das Bild 4.5 auch noch eine Möglichkeit, die Aufgabe eines Speichergliedes direkt mit den Anweisungen in ST zu realisieren.

RS_1 ist der Instanzenname, der Bezeichner oder einfach die Nummer des Flipflops. RS_1 ist in der Variablenliste als Kopie des Standard-FBs RS deklariert. Damit kann der Compiler den nötigen Speicherplatz für die Formaloperanden SET, RESET1 und Q1 reservieren.

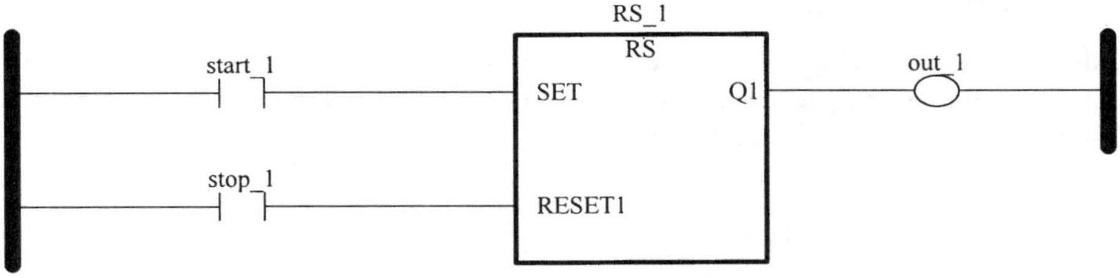

Bild 4.2 Rücksetzdominantes Speicherglied RS in KOP

```
LD     start_1
ST     RS_1.SET
LD     stop_1
ST     RS_1.RESET1

CAL    RS_1
LD     RS_1.Q1
ST     out_1
```

Bild 4.3 Rücksetzdominantes Speicherglied RS in AWL

```
RS_1(SET := start_1, RESET1 := stop_1);
out_1 := RS_1.Q1;
```

Bild 4.4 Rücksetzdominantes Speicherglied RS in ST

Tabelle 4.1 Variablen zum RS-Glied

```
VAR
RS_1      :   RS;
start_1   :   BOOL;
stop_1    :   BOOL;
out_1     :   BOOL;
END_VAR
```

```
IF   start_1
     THEN out_1 := TRUE;
END_IF;
IF   stop_1
     THEN out_1 := FALSE;
END_IF;
```

Bild 4.5 Rücksetzdominantes Speicherglied mit den Mitteln von ST

4.3.1 RS-Glied in FBS und KOP

In den grafischen Sprachen FBS und KOP ist die Verbindung zwischen den äußeren Aktualoperanden und den inneren Formaloperanden durch Linien dargestellt, der Signalfluß erklärt sich weitgehend selbst.

4.3.2 RS-Glied in AWL

In der Anweisungsliste lassen sich die Formaloperanden SET und RESET1 an unterschiedlichen Stellen im Programmablauf durch LD-ST-Folgen mit aktuellen Operanden versorgen. Dann erfolgt durch CAL RS_1 der Aufruf des Programmes, das diese Operanden nach den Vorschriften für ein RS-Flipflop verarbeitet. Das Ergebnis steht dann im Formaloperanden Q1 und läßt sich durch eine LD-ST-Sequenz weiterverarbeiten. Dabei ist folgendes zu beachten:

Die Reihenfolge, in der wir die Fipflop-Eingänge SET und RESET1 mit aktuellen Werten versorgen, hat keinen Einfluß auf die Dominanz dieser Signale! Der Unterschied zwischen den setz- und den rücksetzdominanten Flipflop kommt nur durch das Programm zustande, welches mit dem CAL-Befehl aufgerufen wird (s. Bild 4.3).

4.3.3 RS-Glied in ST

Im Strukturierten Text ruft man Funktionsbausteine unmittelbar auf und übergibt dann in Klammern die nötigen Variablen an die genannten Formaloperanden. Auch hier ist die Reihenfolge in der Klammer beliebig, es müssen auch nicht alle Operanden versorgt werden. Die Zeile ist mit einem Semikolon zu beenden. Damit kann das Programm den Wert des Ausgangs Q1 nach den Vorschriften des RS-Flipflops ermitteln und in der Speicherstelle RS_1.Q1 ablegen (s. Bild 4.4).

4.3.4 RS-Glied mit den Mitteln der Sprache ST

Das Bild zeigt, wie sich die Aufgabe eines RS-Gliedes auch ohne Standardfunktionsbaustein mit der Anweisungsfolge IF-END_IF realisieren läßt. Mit `IF start_1` fragt das Programm, ob die Variable `start_1` Signal 1 führt. Nur dann, wenn diese Frage zum Ergebnis Ja führt, geht's mit `THEN out_1 := TRUE` weiter. Führt dagegen `start_1` Signal 0, geschieht mit der Variablen `out_1` an dieser Stelle nichts! Erst wenn in der nächsten IF-END_IF-Folge die Variable `stop_1` mit TRUE erkannt wird, erhält `out_1` den Wert FALSE, wird also zurückgesetzt. Dominant ist bei dieser Art des Speichergliedes immer die zuletzt durchgeführte Aktion (s. Bild 4.5).

Bild 4.6 erläutert die Arbeitsweise des RS-Flipflops am Beispiel eines Impulsdiagrammes. Ein kurzer Wischimpuls am Eingang SET des Flipflops bringt den Ausgang Q1 auf 1, ein Impuls an RESET1 setzt das RS-Glied zurück. Rücksetzdominant bedeutet, daß der Ausgang Q1 auf 0 geht, wenn beide Eingänge Signal 1 führen! Die Eingänge wirken statisch. Ein wirkliches Löschen des Speichergliedes über den Eingang RESET1 ist nicht möglich, solange der Eingang SET aktiv ist.

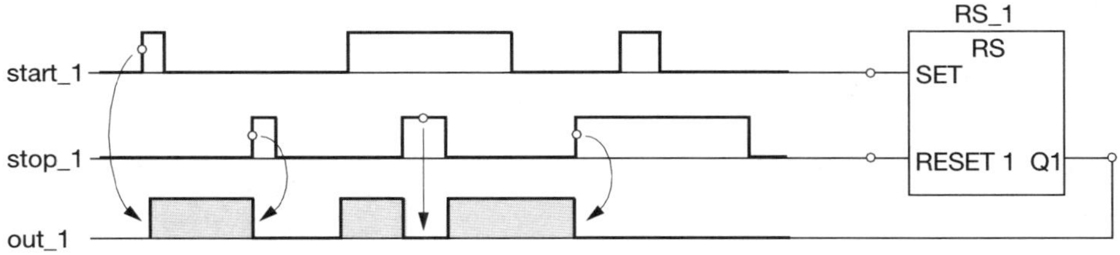

Bild 4.6 Arbeitsweise des RS-Speichergliedes

4.4 Setzdominantes Speicherglied: SR

Tabelle 4.2 enthält die Variablenliste für die folgenden Beispiele. Bild 4.7 und 4.8 zeigen den Einsatz des SR-Flipflops als Standardfunktionsbaustein in den grafischen Sprachen FBS und KOP, die Bilder 4.9 und 4.10 in den Textsprachen.

Tabelle 4.2 Variablen zum SR-Glied

```
VAR
SR_1      :    SR;
start_2   :    BOOL;
stop_2    :    BOOL;
out_2     :    BOOL;
END_VAR
```

Bild 4.7
Setzdominantes Speicherglied SR in FBS

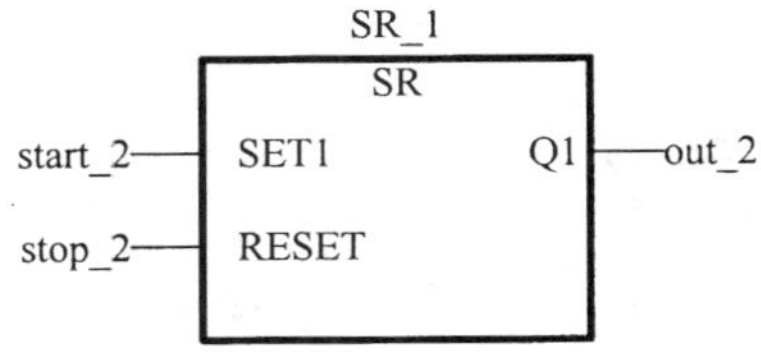

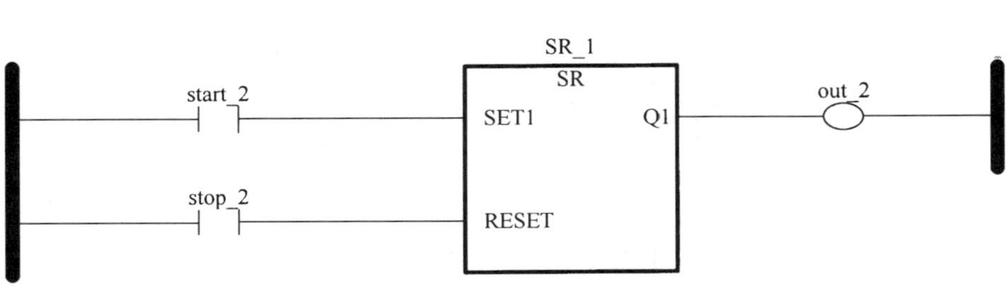

Bild 4.8 Setzdominantes Speicherglied SR in KOP

```
LD    start_2
ST    SR_1.SET1
LD    stop_2
ST    SR_1.RESET

CAL   SR_1
LD    SR_1.Q1
ST    out_2
```

Bild 4.9 Setzdominantes Speicherglied SR in AWL

```
SR_1(SET1 := start_2, RESET := stop_2);
out_2 := SR_1.Q1;
```

Bild 4.10 Setzdominantes Speicherglied SR in ST

Was den Einsatz des Flipflops als Standard-FB in den einzelnen Sprachen betrifft, gelten die gleichen Überlegungen wie beim RS-Flipflop. Auch hier ist zu beachten, daß es in den Textsprachen keine Rolle spielt, in welcher Reihenfolge wir die Eingangsoperanden zuweisen.

Realisiert man die setzdominante Speicherfunktion dagegen mit den Mitteln der Sprache ST (Bild 4.11), dann ist die Setzoperation zuletzt auszuführen. Bild 4.12 erläutert das Verhalten des SR-Gliedes am Beispiel eines Impulsdiagrammes. Auch hier gilt, daß ein Puls am Eingang SET1 das Flipflop setzt und der Puls am Eingang RESET das Flipflop wieder löscht. Der RESET-Eingang hat allerdings keinen Einfluß, solange der SET-Eingang auf 1 liegt. Setzdominant bedeutet, daß der Ausgang Q1 auf 1 geht, wenn beide Eingänge Signal 1 führen!

```
IF   stop_2
     THEN     out_2 := FALSE;
END_IF;
IF   start_2
     THEN     out_2 := TRUE;
END_IF;
```

Bild 4.11 Setzdominantes Speicherglied SR mit den Mitteln von ST

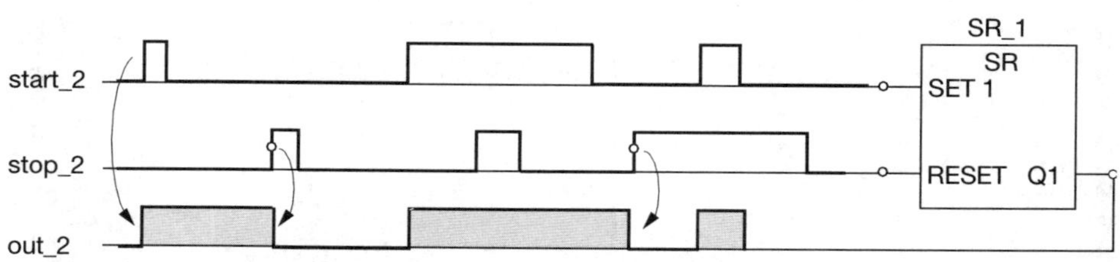

Bild 4.12 Arbeitsweise des setzdominanten Speichergliedes SR

4.5 Rücksetzdominantes Speicherglied mit dynamischem Setzeingang

Bild 4.6 zeigt, daß sich ein RS-Glied nicht eindeutig zurücksetzen läßt, solange der Eingang SET Signal 1 führt: Ein Dauersignal an SET blockiert das Flipflop. Dies kann erwünscht sein, kann aber auch stören. In diesem Falle ist dann auf der Setzseite des Flipflops eine Flankenauswertung nötig, die hier mit folgenden Bildern als Anwendungsbeispiel dient: Bild 4.13 zeigt das Programm in FBS, Bild 4.14 enthält das zugehörige Impulsdiagramm und Tabelle 4.3 die Variablen.

Grundgedanke der Flankenauswertung ist, daß das Flipflop am SET-Eingang nur einen kurzen Puls mit der Dauer eines Programmzyklus benötigt. Danach ist eine 1 am SET-Eingang nicht mehr nötig, der Puls bleibt ja gespeichert.

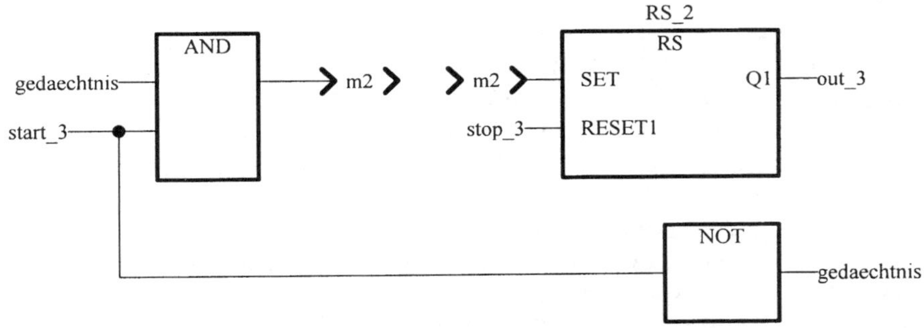

Bild 4.13 RS-Speicherglied mit Flankenauswertung in FBS

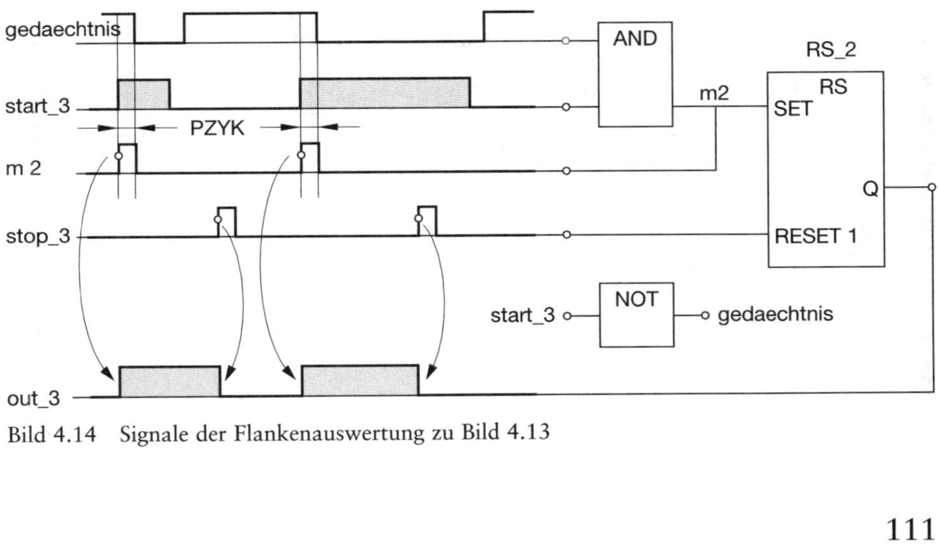

Bild 4.14 Signale der Flankenauswertung zu Bild 4.13

Tabelle 4.3 Variablen für die Flankenauswertung

```
VAR
RS_2          :    RS;
start_3       :    BOOL;
gedaechtnis   :    BOOL;
stop_3        :    BOOL;
out_3         :    BOOL;
END_VAR
```

Für diese Flankenauswertung des Signals `start_3` muß das Programm in jedem Durchlauf untersuchen, ob `start_3` im aktuellen Programmzyklus Signal 1 führt UND im vorherigen Programmzyklus noch Signal 0 geführt hat. Das dazu nötige Gedächtnis wird hier durch die Variable `gedaechtnis` gebildet. Der Konnektor `m2` ist das eigentliche Setzsignal des Flipflops. Er entsteht durch UND-Verknüpfung von `start_3` mit dem `gedaechtnis`. Die Gedächtniswirkung kommt dadurch zustande, daß die Variable `gedaechtnis` erst am Ende der kompletten Programmsequenz aktualisiert wird. In der UND-Verknüpfung hat `gedaechtnis` dann noch den Zustand aus dem vorherigen Programmzyklus. Das heißt:
Geht die Variable `start_3` von 0 nach 1, dann hat in dem nachfolgenden Programmzyklus das `gedaechtnis` (`NOT start_3`) noch den Zustand 1, die UND-Bedingung für den Konnektor `m2` ist erfüllt und das Flipflop erhält einen Setzimpuls. Erst danach folgt `gedaechtnis` dem Zustand von `start_3` und geht auf 0.

Der Konnektor `m2` wurde im FBS-Programm nur der Übersicht halber eingefügt, er taucht in den weiteren Beispielen nicht auf.

Die Programme in den Sprachen KOP, AWL und ST folgen alle dem gleichen Muster wie oben beschrieben. Entscheidend für das Erkennen des Signalwechsels von 0 nach 1 ist dabei immer, daß die Variable `gedaechtnis` erst nach der Auswertung aktualisiert wird. Dies gilt auch für den Fall, daß wir das Flipflop mit der IF-Anweisung bilden (s. Bild 4.15, 4.16, 4.17 und 4.18).

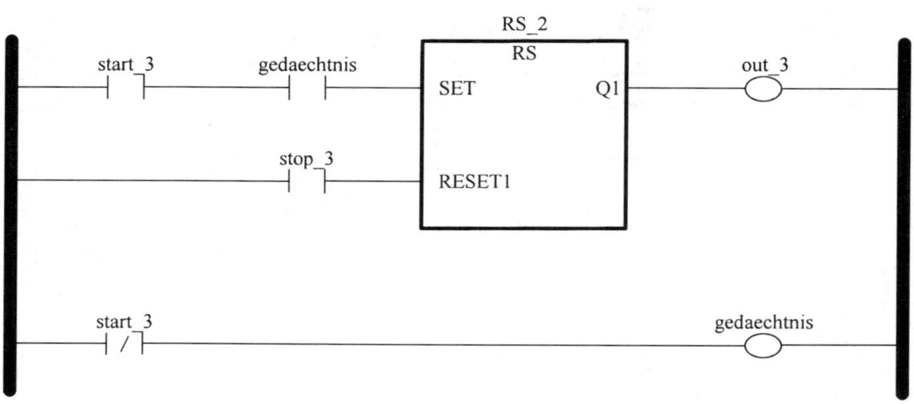

Bild 4.15 Flipflop mit Flankenauswertung in KOP

```
LD      gedaechtnis
AND     start_3
ST      RS_2.SET
LD      stop_3
ST      RS_2.RESET1

CAL     RS_2
LD      RS_2.Q1
ST      out_3

LDN     start_3
ST      gedaechtnis
```

Bild 4.16 Flipflop mit Flankenauswertung in AWL

```
RS_2(SET := start_3 AND gedaechtnis, RESET1 := stop_3);
out_3 := RS_2.Q1;
gedaechtnis := NOT start_3;
```

Bild 4.17 Flipflop mit Flankenauswertung in ST

```
IF  start_3 AND gedaechtnis
    THEN  out_3 := TRUE;
END_IF;
IF  stop_3
    THEN  out_3 := FALSE;
END_IF;

gedaechtnis := NOT start_3;
```

Bild 4.18 Flipflop mit Flankenauswertung mit den Mitteln von ST

4.6 Vorwärtszähler: CTU

Auch der Vorwärtszähler ist hier in 5 Programmvarianten erläutert, Tabelle 4.4 enthält die Variablen (s. a. Bild 4.19 bis 4.22).

Tabelle 4.4 Variablen zum Vorwärtszähler CTU

```
VAR
CTU_1            :   CTU;
puls_1           :   BOOL;
reset_1          :   BOOL;
preset_value_1   :   INT;
counter_full_1   :   BOOL;
current_value_1  :   INT;
END_VAR
```

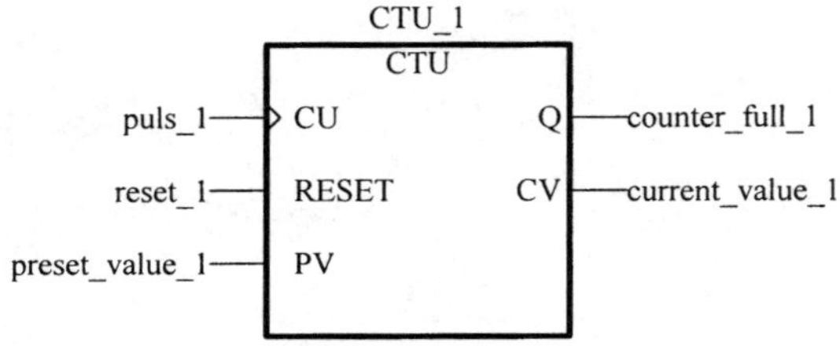

Bild 4.19
Vorwärtszähler CTU als Standard-Funktionsbaustein in FBS

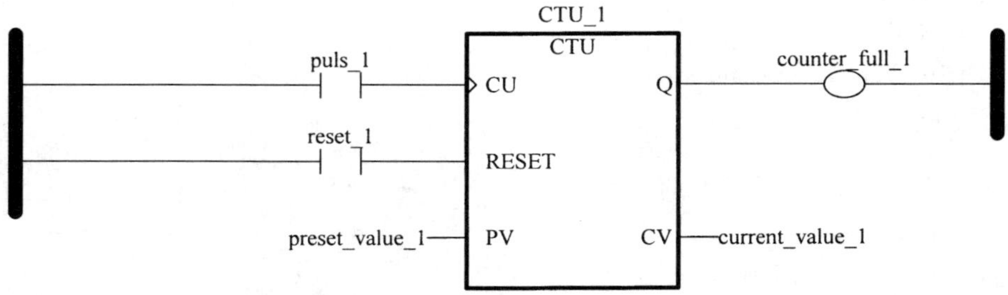

Bild 4.20 Vorwärtszähler CTU als Standard-Funktionsbaustein in KOP

```
LD      puls_1
ST      CTU_1.CU
LD      reset_1
ST      CTU_1.RESET
LD      preset_value_1
ST      CTU_1.PV

CAL     CTU_1
LD      CTU_1.Q
ST      counter_full_1
LD      CTU_1.CV
ST      current_value_1
```

Bild 4.21 Vorwärtszähler CTU als Standard-Funktionsbaustein in AWL

```
CTU_1(CU := puls_1, RESET := reset_1,
        PV := preset_value_1);
counter_full_1 := CTU_1.Q;
current_value_1 := CTU_1.CV;
```

Bild 4.22 Vorwärtszähler als Standard-Funktionsbaustein in ST

4.6.1 Vorwärtszähler in FBS und KOP

Einzig in den Bildern der grafischen Sprachen läßt sich erkennen, daß es sich bei dem Zähleingang CU (Count Up) um einen dynamischen Eingang handelt. Zähler erfassen grundsätzlich nur die Signalflanken. Ist der Eingang nicht invertiert, dann werden die Signalwechsel von 0 nach 1 gezählt, bei invertiertem Eingang dagegen die fallenden Flanken von 1 nach 0. Der RESET-Eingang dagegen hat statisches Verhalten. Solange er Signal 1 führt, bleibt der Zählerstand auf 0 liegen, der Zählvorgang ist blockiert. Der Zähler ist ebenfalls blockiert, wenn am Eingang PV (Preset Value) der Wert 0 liegt; hier ist also generell ein Wert >0 vorzugeben.

Am Ausgang CV (Current Value) läßt sich der Zählerstand verfolgen. Hat der Zählerstand den Wert am Eingang PV erreicht, dann geht der Ausgang Q auf 1 und der Zähler bleibt auf diesem Wert liegen. Ein erneuter Zählvorgang ist erst nach einem RESET möglich.

4.6.2 Vorwärtszähler in AWL

Da es sich bei dem Zähler um einen Funktionsbaustein handelt (s. Bild 4.21), erhält dieser zunächst durch LD-ST-Sequenzen seine Eingangsvariablen zugewiesen, erst dann erfolgt mit CAL CTU_1 der Aufruf des zugehörigen Programmes. Danach lassen sich ebenfalls wieder durch LD-ST-Sequenzen die Ausgangsvariablen weiterverarbeiten.

4.6.3 Vorwärtszähler in ST

Mit CTU_1 ruft man den Standardfunktionsbaustein CTU auf (s. Bild 4.22). In der Klammer erhält das zugehörige Programm seine Aktualparameter.

Im Gegensatz zum Aufruf des Standardfunktionsbausteins CTU ist der Zählvorgang in Bild 4.23 mit den Mitteln der Sprache ST realisiert. Die 1. IF-Abfrage stellt fest, ob der laufende Zählerstand kleiner ist als der voreingestellte Wert `preset_value_1`. Nur wenn dies der Fall ist, darf überhaupt gezählt werden. Es geht dann weiter mit THEN, wo nochmal eine IF-Abfrage erfolgt, und zwar zur Flankenauswertung des Signals `puls_1`. Die Variable `m3` arbeitet dabei als Gedächtnis, das nach der vollständigen IF-Anweisung mit `m3 := puls_1` nachgeführt wird. Der Zählerstand selbst geht mit `current_value_1 := current_value_1 + 1` nur dann um 1 hoch, wenn `puls_1` Signal 1 führt und im Gedächtnis noch die 0 aus dem vorherigen Zyklus steht. Damit ist der Zählvorgang abgeschlossen; die Anweisungen hinter ELSIF kommen nur zum Zuge, wenn der Zähler voll ist. Eine abschließende IF-Anweisung ermöglicht das Löschen des Zählers.

4.7 Rückwärtszähler: CTD

Die Ausführungen in Kapitel 4.6 zum Vorwärtszähler gelten sinngemäß auch für den Rückwärtszähler CTD. Bild 4.24 zeigt ihn in FBS, Bild 4.25 in KOP. Die zugehörigen Variablen enhält Tabelle 4.5. Bild 4.26 erläutert den Einsatz des Funktionsbausteins CTD in AWL, Bild 4.27 zeigt den Einsatz in ST. Ohne Standardfunktionsbaustein, nur mit den Mitteln von ST ist die Aufgabe des Rückwärtszählens in Bild 4.28 gelöst.

```
IF  current_value_1 < preset_value_1
    THEN
        IF  puls_1 AND NOT m3
            THEN  current_value_1 :=
                  current_value_1 + 1;
        END_IF;
        m3 := puls_1;

ELSIF   current_value_1 = preset_value_1
        THEN  counter_full_1 := TRUE;
END_IF;
IF  reset_1
    THEN  current_value_1 := 0;
END_IF;
```

Bild 4.23 Vorwärtszählfunktion mit den Mitteln von ST

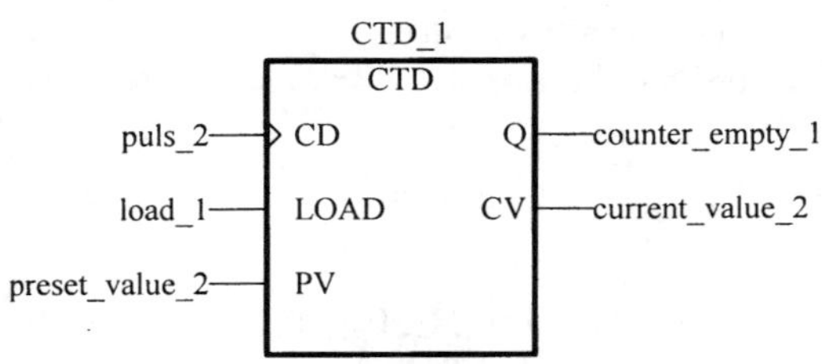

Bild 4.24
Rückwärtszähler CTD als Standard-Funktionsbaustein in FBS

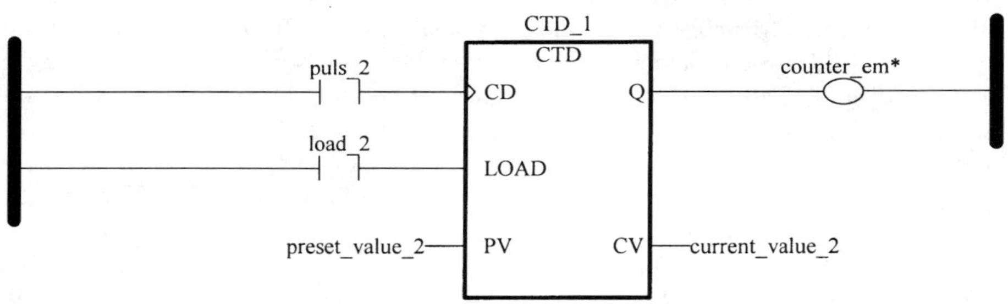

Bild 4.25 Rückwärtszähler CTD als Standard-Funktionsbaustein in KOP

Tabelle 4.5 Variablen zum Rückwärtszähler CTD

```
VAR
CTD_1             :   CTD;
puls_2            :   BOOL;
load_1            :   BOOL;
preset_value_2    :   INT;
counter_empty_1   :   BOOL;
current_value_2   :   INT;
END_VAR
```

```
LD     puls_2
ST     CTD_1.CD
LD     load_1
ST     CTD_1.LOAD
LD     preset_value_2
ST     CTD_1.PV

CAL    CTD_1

LD     CTD_1.Q
ST     counter_empty_1
LD     CTD_1.CV
ST     current_value_2
```

Bild 4.26 Rückwärtszähler CTD als Standard-Funktionsbaustein in AWL

```
CTD_1(CD := puls_2, LOAD := load_1,
      PV := preset_value_2);
counter_empty_1 := CTD_1.Q;
current_value_2 := CTD_1.CV;
```

Bild 4.27 Rückwärtszähler als Standard-Funktionsbaustein in ST

```
IF   current_value_2 > 0
     THEN
          IF  puls_2 AND NOT m4
              THEN  current_value_2 :=
                    current_value_2 - 1;
          END_IF;
          m4 := puls_2;
ELSIF     current_value_2 = 0
          THEN   counter_empty_1 := TRUE;
END_IF;
IF   load_1
     THEN  current_value_2 := preset_value_2;
END_IF;
```

Bild 4.28 Rückwärtszählfunktion mit den Mitteln von ST

4.8 Vorwärts-/Rückwärtszähler: CTUD

Den Einsatz des Standardfunktionsbausteins CTUD in FBS zeigt Bild 4.29 mit den Variablen aus Tabelle 4.6. Die entsprechende Grafik in KOP enthält Bild 4.30. In AWL (Bild 4.31) erhalten zunächst alle Zählereingänge ihre Aktualoperanden, dann erfolgt mit CAL CTUD_1 der Aufruf des Funktionsbausteins. Im Anschluß daran gehen die aktuellen Zählerausgangswerte an die zugehörigen Variablen. Nach dem gleichen Muster wird der Zähler in ST bearbeitet (Bild 4.32).

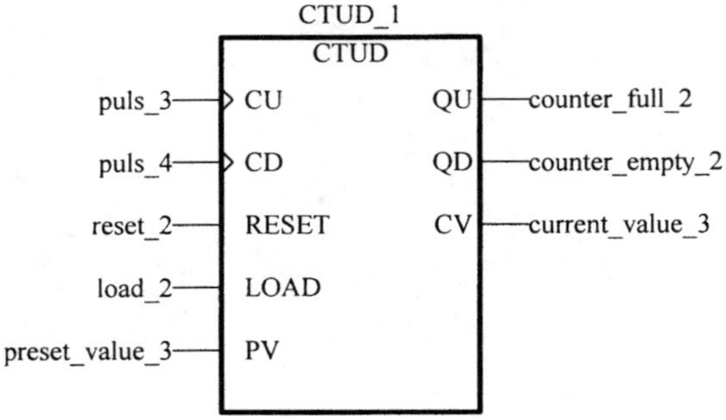

Bild 4.29
Vorwärts-/Rückwärtszähler CTUD als Standard-Funktionsbaustein in FBS

Tabelle 4.6 Variablen zum Vorwärts-/Rückwärtszähler CTUD

```
VAR
CTUD_1            :   CTUD;
puls_3            :   BOOL;
puls_4            :   BOOL;
load_2            :   BOOL;
reset_2           :   BOOL;
preset_value_3    :   INT;
counter_full_2    :   BOOL;
counter_empty_2   :   BOOL;
current_value_3   :   INT;
END_VAR
```

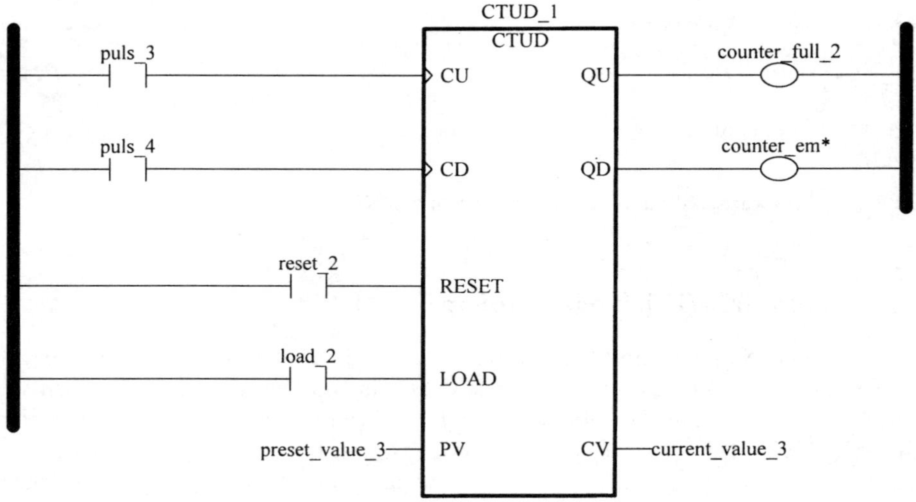

Bild 4.30 Vorwärts-/Rückwärtszähler CTUD als Standard-Funktionsbaustein in KOP

```
LD    puls_3
ST    CTUD_1.CU
LD    puls_4
ST    CTUD_1.CD
LD    reset_2
ST    CTUD_1.RESET
LD    load_2
ST    CTUD_1.LOAD
LD    preset_value_3
ST    CTUD_1.PV

CAL   CTUD_1
LD    CTUD_1.QU
ST    counter_full_2
LD    CTUD_1.QD
ST    counter_empty_2
LD    CTUD_1.CV
ST    current_value_3
```

Bild 4.31 Vorwärts-/Rückwärtszähler CTUD als Standard-Funktionsbaustein in AWL

```
CTUD_1(CU := puls_3, CD := puls_4,
        RESET := reset_2, LOAD := load_2,
        PV := preset_value_3);
counter_full_2 := CTUD_1.QU;
counter_empty_2 := CTUD_1.QD;
current_value_3 := CTUD_1.CV;
```

Bild 4.32 Vorwärts-/Rückwärtszähler CTUD als Standard-Funktionsbaustein in ST

4.9 Befehlsspeicher mit RS-Glied: BEFL

Der Funktionsbaustein liegt in 3 Varianten vor, und zwar in FBS als FBEFL, in ST als SBEFL1 und als SBEFL2 ebenfalls in ST, allerdings hier mit den originären ST-Anweisungen.

Der Funktionsbaustein BEFL enthält alle Funktionen, die prinzipiell für einen Befehlsspeicher nötig sind. Er gestattet es, einen Befehl über den Eingang `start` speichernd einzuschalten und über den Eingang `stop` wieder speichernd auszuschalten. Für das Starten ist ein Freigabeeingang `start_freigabe` vorhanden. Signal 1 am Eingang `verriegelung` verhindert das Entstehen des Befehls. Über den Eingang `befehls_freigabe` läßt sich die Ausgabe des bereits gebildeten Befehls unterdrücken.

Bild 4.33 zeigt den Baustein FBEFL (s. a. Bild 4.34), wie ihn FBS darstellt, Tabelle 4.7 enthält die lokalen Variablen. Diese gelten mit Ausnahme der Variablen `m1` für alle 3 Programmvarianten.

UND-verknüpft mit dem `start`-Eingang ist die `start-freigabe`. Mit diesem Eingang läßt sich das Einschalten des Befehls verhindern, z. B. von einem übergeordneten Programmteil.

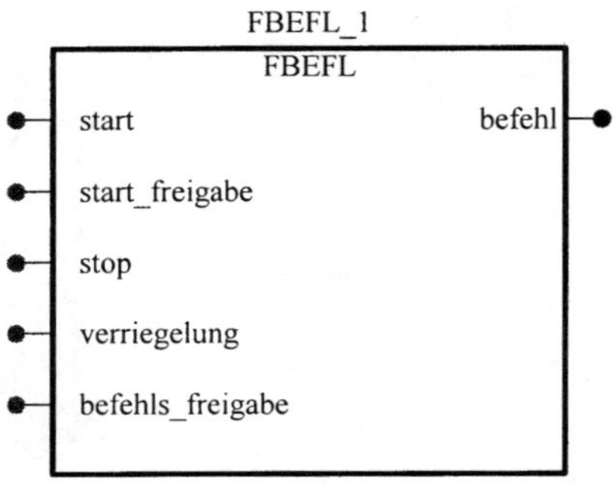

Bild 4.33
Funktionsbaustein FBEFL

Funktionsbaustein FBEFL:

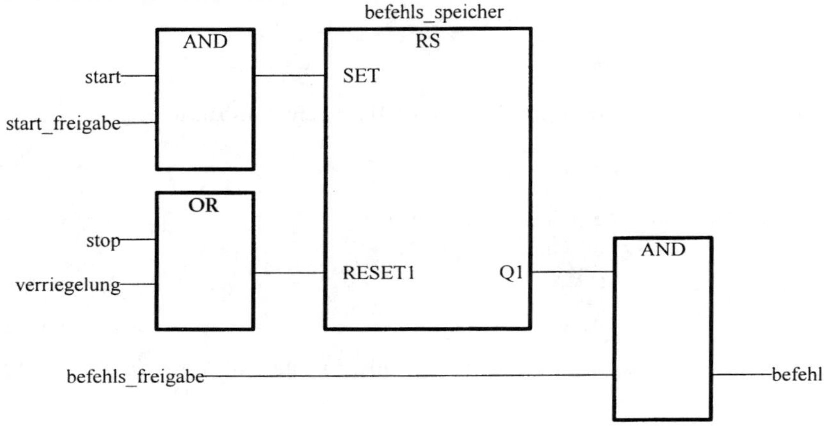

Bild 4.34 Rumpf des Funktionsbausteins FBEFL

Tabelle 4.7 Lokale Variablen für die Bausteine BEFL

```
VAR_INPUT
start             :   BOOL; (* Starteingang *)
start_freigabe    :   BOOL; (* Startfreigabe *)
stop              :   BOOL; (* Stoppeingang *)
verriegelung      :   BOOL; (* Verriegelungseingang *)
befehls_freigabe :   BOOL; (* Befehlsfreigabe *)
END_VAR

VAR
befehls_speicher :   RS;
(* m1             :   BOOL; Zwischenmerker für SBEFL2 *)
END_VAR

VAR_OUTPUT
befehl            :   BOOL; (* Befehlsausgabe *)
END_VAR
```

Die ODER-Verknüpfung des stop-Eingangs mit dem Eingang verriegelung gestattet, den Befehl zu unterdrücken. Solange verriegelung Signal 1 führt, läßt sich der Befehl auf gar keinen Fall aktivieren. Dies ist die einzige Möglichkeit, den Befehl sicher zu verhindern.

Auch wenn der befehls_speicher bereits gesetzt ist, kann man den Befehl noch vom Ausgang fernhalten; und zwar über die UND-Verknüpfung mit dem Eingang befehls_freigabe. Er gelangt nur mit befehls_freigabe = 1 an den Ausgang. Das Programm zeigt deutlich den Unterschied zwischen einer Verriegelung und einer Freigabe:

- Verriegelung bedeutet, daß man ein Signal oder einen Befehl blockiert. Diese Blockade wirkt, solange mindestens noch eines der Verriegelungssignale ansteht. Bei rücksetzdominanten Speichergliedern gehen die Verriegelungssignale stets an den R-Eingang. Sind mehrere Verriegelungssignale vorhanden, ist eine ODER-Verknüpfung nötig.
- Freigabe bedeutet, daß wir die Weitergabe eines Signals oder die Ausführung eines Befehls zulassen, wenn die Freigabesignale anstehen. Typisches Freigabeelement für binäre Signale ist ein UND-Glied als Tor. Es hat einen Signaleingang, einen Freigabeeingang und einen Signalausgang. Nur wenn der Freigabeeingang Signal 1 führt, geht das Signal mit 0 oder 1 an den Ausgang.

Bild 4.35 und Bild 4.36 stellen zwei Varianten der Sprache ST gegenüber. In Bild 4.35 setzt man als befehls_speicher einen Standardfunktionsbaustein RS ein. Das Beispiel zeigt, daß die Kopien der Standard-FBs beliebige Namen haben können, man muß sie nicht unbedingt durchnumerieren.

In Bild 4.36 erreicht man den gleichen Effekt *ohne* den Einsatz eines Standardfunktionsbausteins. Man nutzt hier die Tatsache, daß der Ausdruck innerhalb einer IF-Anweisung nur dann zum Zuge kommt, wenn die IF-Abfrage als wahr oder TRUE erkannt wird. Dies hat zur Folge, daß die Zuweisungen m1 := TRUE bzw. m1 := FALSE speichernde Wirkung haben.

```
befehls_speicher(SET := start AND start_freigabe,
RESET1 := stop OR verriegelung);
befehl := befehls_speicher.Q1 AND befehls_freigabe;
```

Bild 4.35 Rumpf des Funktionsbausteins SBEFL1

```
IF  start AND start_freigabe
    THEN  m1 := TRUE;
END_IF;

IF  stop OR verriegelung
    THEN  m1 := FALSE;
END_IF;

befehl := m1 AND befehls_freigabe;
```

Bild 4.36 Rumpf des Funktionsbausteins SBEFL2

4.10 Impulsschalter: IMPFF

Der Impulsschalter, das Toggle-Flipflop oder Trigger-Flipflop ist eine bistabile Kippschaltung, die mit jedem Impuls am Eingang `clock` ihren Zustand am Ausgang `output` ändert. Diese Tätigkeit läßt sich z. B. einsetzen als Frequenzteiler oder als Nachbildung eines Stromstoßschalters. 3 Varianten für diese Tätigkeit werden hier betrachtet: 2 Beispiele in FBS mit FIMPFF1 (s. Bild 4.37 sowie Tabelle 4.8) und FIMPFF2 sowie SIMPFF in ST.

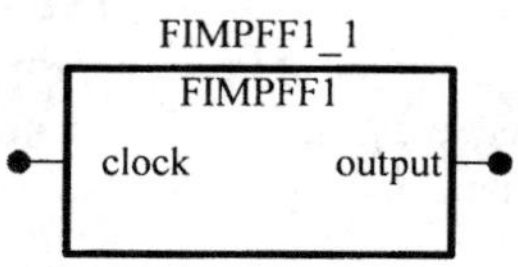

Bild 4.37
Impulsschalter FIMPFF1

Tabelle 4.8 Lokale Variablen des Bausteins FIMPFF1

```
VAR_INPUT
clock               :    BOOL;
END_VAR

VAR
haupt_speicher      :    RS;
hilfs_speicher      :    RS;
END_VAR

VAR_OUTPUT
output              :    BOOL;
END_VAR
```

Das Programm FIMPFF1 in Bild 4.38 realisiert diese Impulsschaltung durch statische Verknüpfungen. Dies funktioniert jedoch nur, wenn wir ein zweites Speicherglied zur Hilfe nehmen. Das Flipflop `haupt_speicher` mit dem Ausgang `output` schaltet immer mit Signal 1 am Eingang `clock`, der `hilfs_speicher` dagegen immer mit Signal 0 am Eingang `clock`. Vor jedem Speicher sorgt eine Torschaltung aus 2 UND-Gliedern dafür, daß das `clock`-Signal jeweils richtig auf den SET- oder RESET-Eingang gelangt (Bild 4.39). Wenn im Startzustand sowohl `output` als auch der Konnektor `m1` Signal 0 führen, dann existiert für den `clock`-Impuls nur der Weg zum SET-Eingang des `haupt_speicher`-Fliflops: `output` geht auf 1. Mit `output = 1` gibt es für das 0-Signal am Eingang `clock` auch wieder nur einen Weg, und zwar zum SET-Eingang des `hilfs_speicher`-Flipflops, dies geht also in der nächsten Impulspause an `clock` auf 1. Der Konnektor `m1` schaltet damit den Pfad für den folgenden `clock`-Impuls auf den RESET-Eingang des `haupt_speichers` usw.

Impulsschalter FIMPFF1:

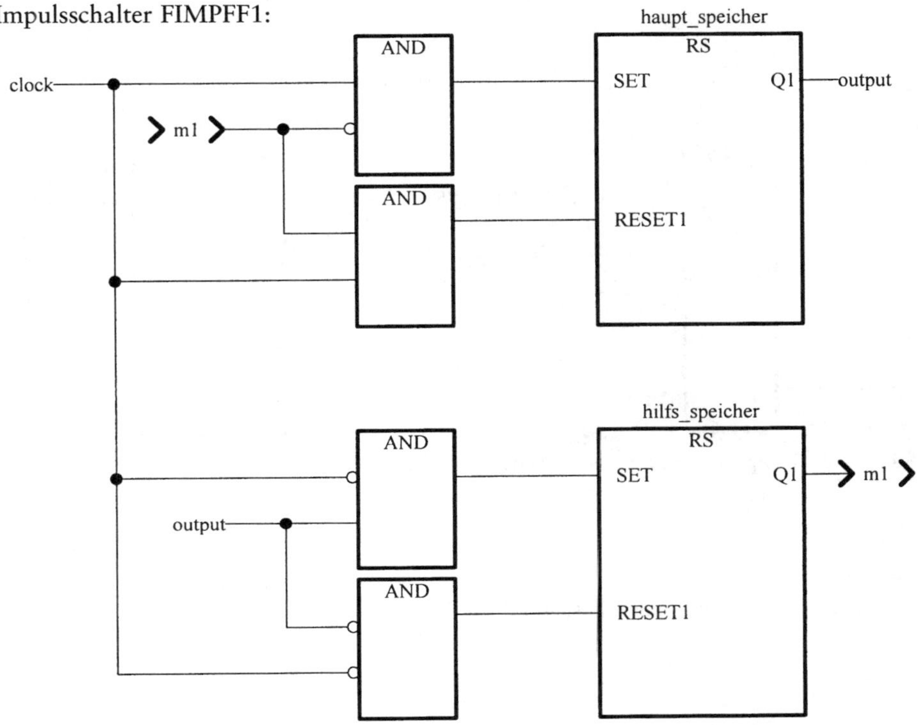

Bild 4.38 Rumpf des Bausteins FIMPFF1

Bild 4.39
Impulsdiagramm zum
Baustein FIMPFF1

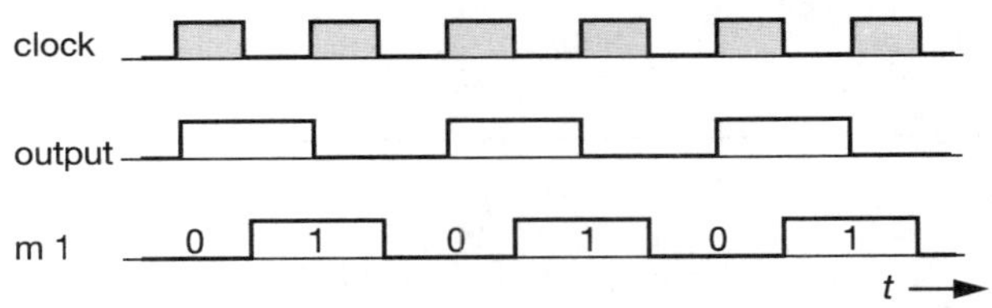

Einfacher läßt sich das Trigger-Flipflop in FBS realisieren, wenn man die steigende Flanke des `clock`-Signals auswertet (Bild 4.40 und Tabelle 4.9). Der Konnektor `m2` kommt hier nur für die Dauer von einem einzigen Programmzyklus, was den Umleitungsmechanismus an den Eingängen des Speichergliedes erheblich vereinfacht. Zum SET-Eingang darf `m2` nur dann, wenn `output` = 0 (UND-Verknüpfung). Der Konnektor `m1`, der den eigentlichen Setzimpuls weiterleitet, muß für die Dauer des aktuellen Programmzyklus allerdings verhindern, daß `m2` das Flipflop gleich wieder zurücksetzt: UND-Verknüpfung von `m2` und `NICHT m1`.

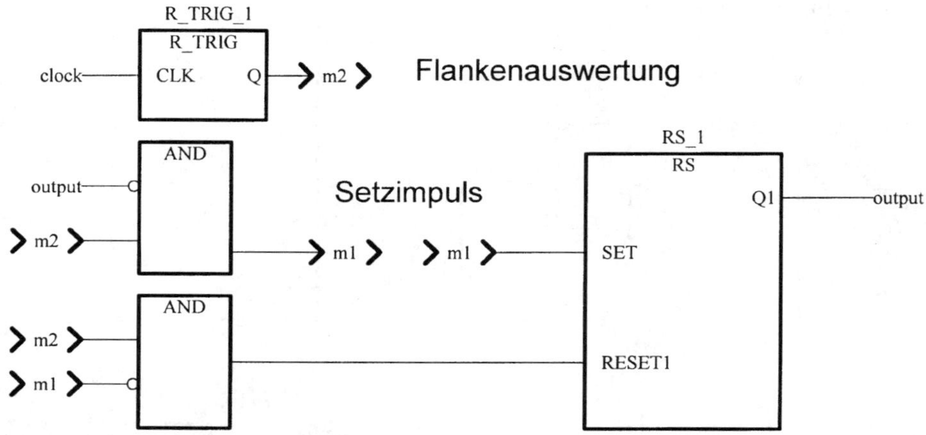

Bild 4.40 Rumpf des Funktionsbausteins FIMPFF2

Tabelle 4.9 Variablen zum Baustein FIMPFF2

```
VAR_INPUT
clock        :    BOOL;
END_VAR

VAR
RS_1         :    RS;
R_TRIG_1     :    R_TRIG;
END_VAR

VAR_OUTPUT
output       :    BOOL;
END_VAR
```

Der Strukturierter Text ermöglicht die einfachste Variante des Impulsschalters im Baustein SIMPFF (Bild 4.41 und Tabelle 4.10). Auch hier ist eine Flankenauswertung realisiert, und zwar mit Hilfe der Variablen `gedaechtnis`: Nur im ersten Programmzyklus nach der steigenden Flanke an `clock` haben `clock` und das `gedaechtnis` unterschiedlichen Signalzustand; im `gedaechtnis` steht dann nämlich noch der Signalzustand 0 aus dem vorherigen Programmzyklus. Die IF-Anweisung `THEN output := NOT output` wird also nur in einem einzigen Programmzyklus ausgeführt. Das Programm nimmt dann den Inhalt der Variablen `output`, invertiert ihn und speichert ihn wieder unter dem Bezeichner `output` ab.

```
IF   clock AND NOT gedaechtnis
     THEN   output := NOT output;
END_IF;

gedaechtnis := clock;
```

Bild 4.41 Impulsschalter SIMPFF in ST

Tabelle 4.10 Lokale Variablen zum Baustein SIMPFF

```
VAR_INPUT
clock          :    BOOL;
END_VAR

VAR
gedaechtnis    :    BOOL;
END_VAR

VAR_OUTPUT
output         :    BOOL;
END_VAR
```

4.11 Hand-Automatik-Umschaltung: HAAUT

Die Hand-Automatik-Umschaltung ist hier mit dem Baustein FHAAUT in FBS (Bild 4.42, 4.43 und Tabelle 4.11) und mit dem Baustein SHAAUT in ST (s. Bild 4.44) realisiert. Das Programm geht davon aus, daß für eine Anlage zwei Betriebsarten gewünscht sind: Automatikbetrieb `automatic_mode` und Handbetrieb `manual_mode`. Die Vorwahl der Betriebsart erfolgt durch einen Umschalter am Eingang `automatic`. Nach dem Einschalten der Anlage und nach jedem Umschalten des Vorwahlschalters gehen beide Betriebsarten auf 0. Die am Betriebsartenumschalter vorgewählte Betriebsart muß immer über den Eingang `mode_accept` bestätigt (quittiert) werden. Erst dann geht die gewählte Variable `automatic_mode` oder `manual_mode` auf 1, die Betriebsart ist gültig. Über einen `reset`-Eingang lassen sich beide Betriebsarten zurücknehmen.

Bild 4.42
Baustein FHAAUT

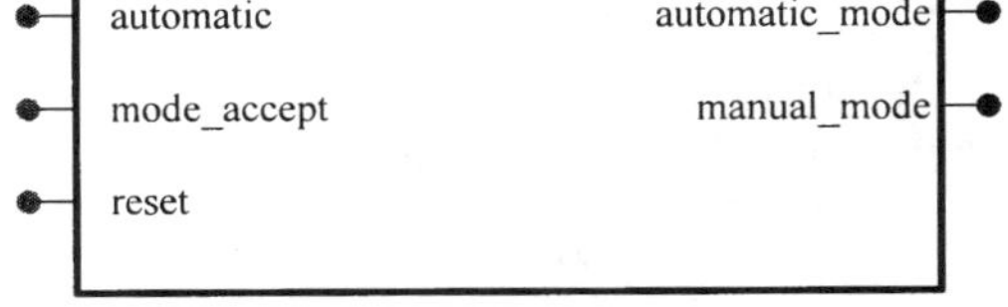

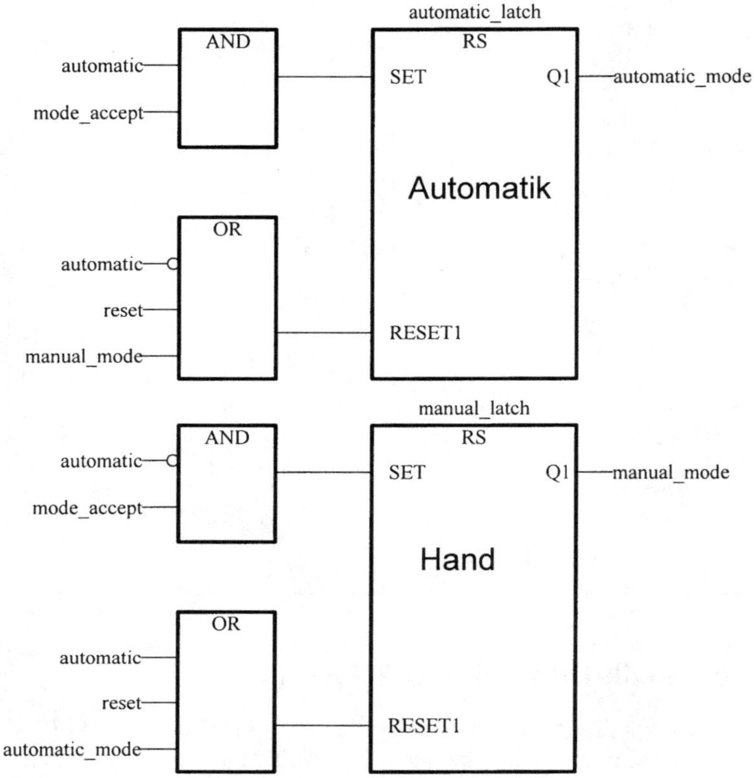

Bild 4.43 Rumpf des Funktionsbausteins FHAAUT

Tabelle 4.11 Lokale Variablen des Bausteins FHAAUT

```
VAR_INPUT
automatic         :   BOOL; (* Hand-Automatik-Umschalter *)
mode_accept       :   BOOL; (* Betriebsart übernehmen *)
reset             :   BOOL; (* Alles abschalten *)
END_VAR

VAR
automatic_latch   :   RS;
manual_latch      :   RS;
END_VAR

VAR_OUTPUT
automatic_mode    :   BOOL; (* Betriebsart Automatik *)
manual_mode       :   BOOL; (* Betriebsart Hand *)
END_VAR
```

```
(* Betriebsart Automatik: *)
automatic_latch(SET := automatic AND mode_accept,
                RESET1 := NOT automatic OR reset OR manual_mode);
automatic_mode := automatic_latch.Q1;

(* Betriebsart Hand: *)
manual_latch(SET := NOT automatic AND mode_accept,
             RESET1 := automatic OR reset OR automatic_mode);
manual_mode := manual_latch.Q1;
```

Bild 4.44 Rumpf des Funktionsbausteins SHAAUT in ST

In beiden Bausteinen ist die gleiche Programmstruktur verwirklicht. Das Speichern der gewählten und quittierten Betriebsart erfolgt in 2 RS-Speichern unter einem passenden Bezeichner. Die Programme haben folgende Arbeitsweise: Man geht davon aus, daß für die Automatikbetriebsart der Vorwahlschalter am Eingang `automatic` Signal 1 liefert. Damit läßt sich, UND-verknüpft mit `mode_accept`, das `automatic_latch` setzen, das `manual_latch` wird auf jeden Fall zurückgesetzt.

Umgekehrt liefert der Vorwahlschalter Signal 0 für Handbetriebsart. Damit läßt sich das `manual_latch` setzen, ebenfalls verknüpft mit der Quittierung. Das `automatic_latch` wird auf jeden Fall zurückgesetzt.

Über die ODER-Verknüpfung vor den RESET-Eingängen sind die Betriebsarten gegeneinander verriegelt. Mit dem Eingang `reset` läßt sich jede Betriebsart abwählen.

4.12 Wendeschaltung für einen Drehstrommotor: WENDE

Die Wendeschaltung liegt in 2 Beispielen vor, in FBS als FWENDE1 (Bild 4.45, 4.46 sowie Tabelle 4.12) und in KOP als KWENDE (s. a. Tabelle 4.12).

Das Programm gestattet es, einen Drehstrommotor in der Drehrichtung umzusteuern. Es liefert die Signale zum Ansteuern der beiden Schütze für Rechtslauf und Linkslauf. Der Wendevorgang ist hier so gestaltet, daß ein Umschalten von einer Drehrichtung in die Andere nur über `stop` möglich ist. Intern sind die Ausgänge gegeneinander verriegelt.

Bild 4.45
Baustein FWENDE1

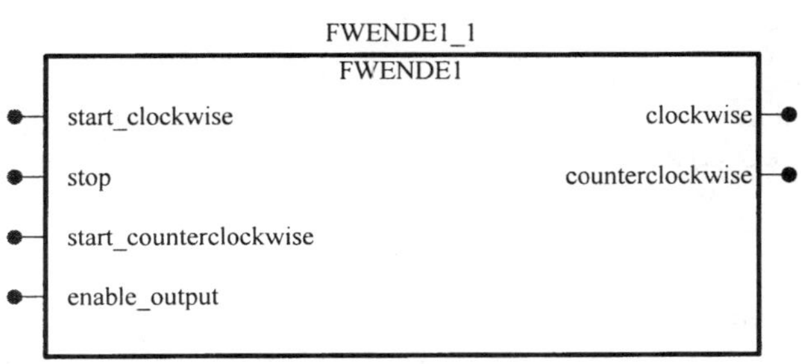

Wendeschaltung:

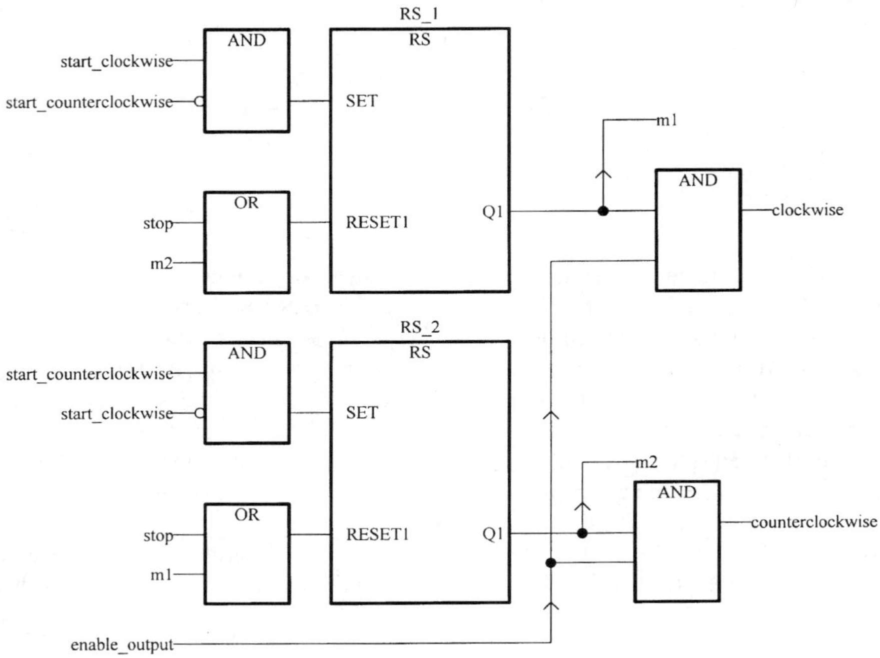

Bild 4.46 Rumpf des Funktionsbausteins FWENDE1

Tabelle 4.12 Lokale Variablen der Bausteine FWENDE und KWENDE

```
VAR_INPUT
start_clockwise          :   BOOL; (* Start: Rechtslauf *)
stop                     :   BOOL;
start_counterclockwise :     BOOL; (* Start: Linkslauf *)
enable_output            :   BOOL; (* Freigabe der Ausgänge *)
END_VAR

VAR
RS_1, RS_2               :   RS; (* Deklaration der Funktionsbausteine
*)
m1                       :   BOOL;
m2                       :   BOOL; (* Merkervariablen *)
END_VAR

VAR_OUTPUT
clockwise                :   BOOL; (* Rechtslauf *)
counterclockwise         :   BOOL; (* Linkslauf*)
END_VAR
```

Der Baustein arbeitet folgendermaßen: Für die Eingänge `start_clockwise` (Rechtslauf) und `start_counterclockwise` (Linkslauf) ist zunächst eine sog. Tastenverriegelung vorhanden. Signal 0 an einem Eingang gibt das Startsignal am anderen Eingang frei. Diese Maßnahme verhindert, daß ein gleichzeitiges Betätigen beider Eingänge beide Speicherglieder kurz einschaltet. Selbstverständlich sind beide Kanäle über die Merkervariablen `m1` und `m2` gegeneinander verriegelt. Als Verriegelungssignal dient damit der direkte Ausgang der beiden Speicherglieder. Eine Verriegelung ist folglich auch dann gegeben, wenn die Ausgangssignale `clockwise` oder `counterclockwise` über den Eingang `enable_output` gesperrt sind. Auch hier gehen, wie im Beispiel FBEFL, die Verriegelungssignale auf die RESET-Eingänge der Speicherglieder; nur dies verhindert eindeutig, daß der verriegelte Speicher einzuschalten ist. Ein Umschalten von einer Drehrichtung in die Andere ist nur möglich, wenn vorher der gerade aktive Ausgang abgeschaltet wurde.

Das Programm in dem Baustein KWENDE (s. Bild 4.47) erfüllt exakt die gleiche Funktion, wie oben beschrieben. Zu beachten ist dabei, daß die Variablen `m1` und `m2` hier als Ausgänge dargestellt sind.

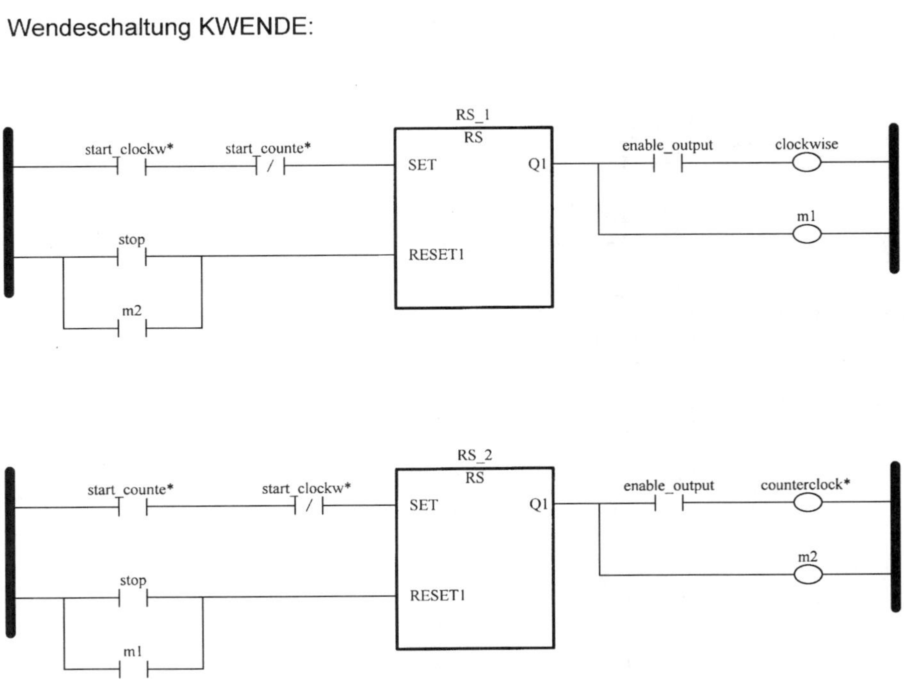

Bild 4.47 Rumpf des Funktionsbausteins KWENDE

4.13 Einschaltreihenfolge von 3 Verbrauchern: EINRF1

Dieser Funktionsbaustein gestattet es, 3 Motoren nacheinander mit einer einzigen Taste am Eingang `einschalten` zu starten. Über den Eingang `alles_aus` läßt sich jederzeit alles abschalten (s. Bild 4.48, 4.49 und Tabelle 4.13).

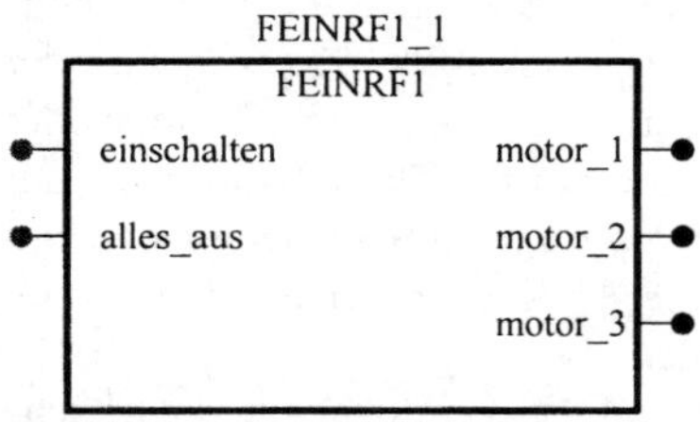

Bild 4.48
Baustein FEINRF1

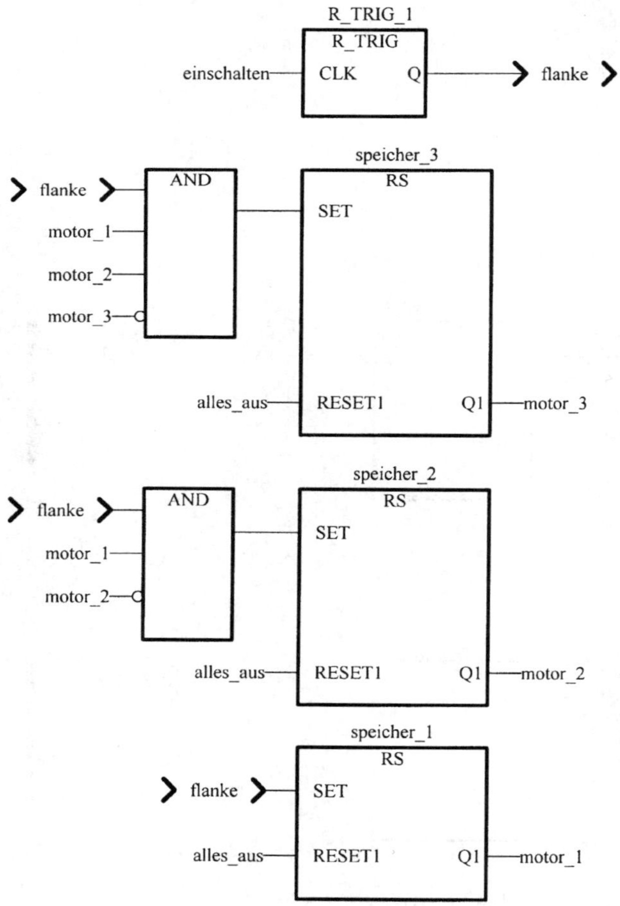

Bild 4.49
Rumpf des Funktionsbausteins FEINRF1

Tabelle 4.13 Lokale Variablen des Bausteins FEINRF1

```
VAR_INPUT
einschalten   :    BOOL;
alles_aus     :    BOOL;
END_VAR

VAR
R_TRIG_1      :    R_TRIG;
speicher_1    :    RS;
speicher_2    :    RS;
speicher_3    :    RS;
END_VAR

VAR_OUTPUT
motor_1       :    BOOL;
motor_2       :    BOOL;
motor_3       :    BOOL;
END_VAR
```

Die Flankenauswertung mit R_TRIG_1 sorgt zunächst dafür, daß der Eingang `einschalten` ein dynamischer Eingang ist. Der Konnektor `flanke` führt folglich nur für die Dauer von 1 Programmzyklus Signal 1. Die Wirkung des Programmes ergibt sich aus der Reihenfolge, in der die 3 `speicher` im Programm aufgeführt sind. `speicher_3`, der als letzter zu setzen ist, wird im Programm als 1. bearbeitet. Da seine Setzbedingung aus dem Zustand der nachfolgend behandelten Speicher resultiert, kann er nur als letzter gesetzt werden. Auch bei `speicher_2` wirkt die einmalig anstehende `flanke` nur dann, wenn bereits `speicher_1` gesetzt ist.

4.14 Auswertung eines Inkrementalgebers: IGAUW

Inkrementalgeber dienen in der Automatisierungstechnik der Winkel- oder Wegmessung. In ihrer einfachsten Ausführung liefern Inkrementalgeber 2 Rechteckimpulsfolgen A und B, die um 1/4 Periode oder 90° gegeneinander versetzt sind (s. auch Bild 4.52). Dieser Versatz gestattet ein Erkennen der Drehrichtung. Ein Maß für den zurückgelegten Weg oder Winkel ist die Anzahl der Impulse, die in die Steuerung einlaufen.

Beispiel
Der Inkrementalgeber ist auf der Welle eines Motors befestigt, der eine Linearachse antreibt. Die Getriebeübersetzung und die Pulszahl des Gebers sind so aufeinander abgestimmt, daß eine volle Periode der Pulsfolge einem Weg von 100 µm entspricht. Das Programm in diesem Baustein wertet die Signale eines Inkrementalgebers aus, und zwar als sog. Einfachauswertung. Als Weginformation zählt es nur die Vorderflanken der Impulse auf Spur A, so daß sich Weginkremente von 100 µm messen lassen. Es ist eine 2-fach-Auswertung denkbar, die auch noch die Rückflanken dieser Impulse

erfaßt. Damit wäre eine Auflösung in der Wegmessung von 50 µm möglich. Eine Auflösung von 25 µm letztendlich brächte die 4-fach-Auswertung, die zusätzlich die Vorder- und Rückflanken der Spur B erfaßt. Das Programm geht davon aus, daß bei Rechtslauf des Inkrementalgebers die Pulsfolge am Eingang chanal_b gegen chanal_a um 90° später kommt, bei Linkslauf dagegen um 90° früher. Daraus leitet es die Drehrichtung ab (Bild 4.50, 4.51 und Tabelle 4.14).

In der ersten Programmsequenz bildet das Programm den flankenpuls aus der Vorderflanke von chanal_a. Die folgende IF-Anweisung prüft, ob Rechtslauf vorliegt. Immer dann, wenn dieser flankenpuls mit einer 0 auf chanal_b zusammenfällt, ist ein Rechtslaufinkrement zurückgelegt: der Wegzähler counter_int geht um 1 höher. Der Richtungsausgang direction_cw erhält Signal TRUE. Bei Linkslauf des Gebers fallen flankenpuls und Signal 1 auf chanal_b zusammen, counter_int muß zurückzählen. Bild 4.52 zeigt den Zählerstand von counter_int und das Signal direction_cw.

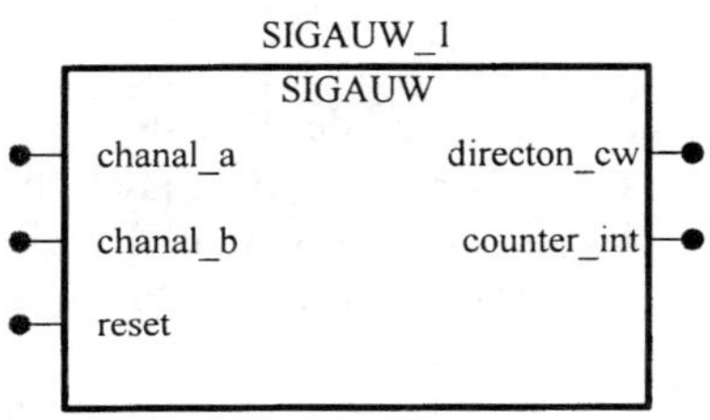

Bild 4.50
Baustein SIGAUW

```
(* Flankenauswertung und Gedächtnis nachführen: *)
IF   chanal_a AND NOT gedaechtnis
     THEN     flankenpuls := TRUE;
     ELSE     flankenpuls := FALSE;
END_IF;
gedaechtnis := chanal_a;

(* Flankenimpulse zählen: *)
IF   flankenpuls AND NOT chanal_b
     THEN     counter_int := counter_int + 1;
              directon_cw := TRUE;
END_IF;
IF   flankenpuls AND chanal_b
     THEN     counter_int := counter_int-1;
              directon_cw := FALSE;
END_IF;

(* Zähler löschen: *)
IF   reset
     THEN     counter_int := 0;
END_IF;
```

Bild 4.51 Rumpf des Funktionsbausteins SIGAUW

Tabelle 4.14 Lokale Variablen des Bausteins SIGAUW

```
VAR_INPUT
chanal_a       :    BOOL;
chanal_b       :    BOOL;
reset          :    BOOL;
END_VAR

VAR
gedaechtnis    :    BOOL;
flankenpuls    :    BOOL;
END_VAR

VAR_OUTPUT
directon_cw    :    BOOL;
counter_int    :    INT;
END_VAR
```

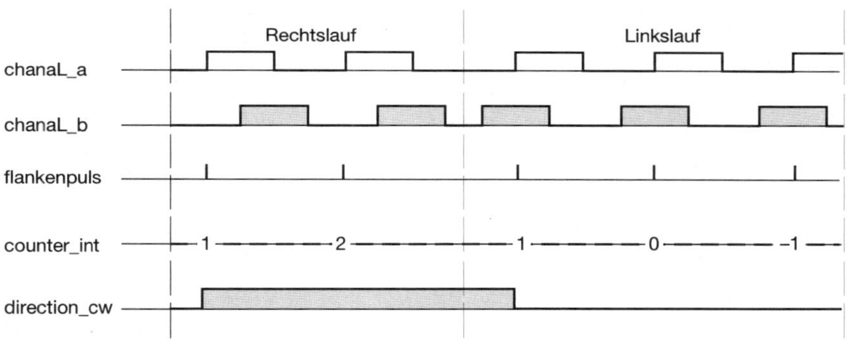

Bild 4.52 Impulsdiagramm zum Funktionsbausteins SIGAUW

4.15 Simulation eines Inkrementalgebers: IGSIM

Der Baustein FIGSIM (s. Bild 4.53, 4.54 und Tabelle 4.15) dient zum Testen der Inkrementalgeberauswertung SIGAUW. Er liefert zu diesem Zweck an den Ausgängen `spur_a` und `spur_b` 2 um 1/4 Periode gegeneinander versetzte Impulsfolgen mit einstellbarer Periodendauer. Die beiden Signalspuren entsprechen dem Verlauf in Bild 4.52.

Bild 4.53
Baustein FIGSIM

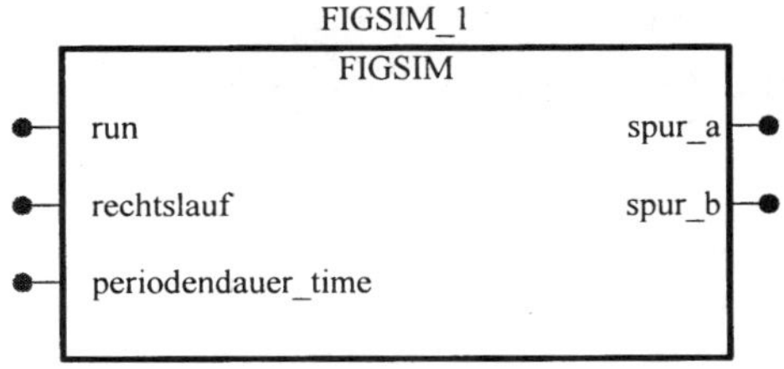

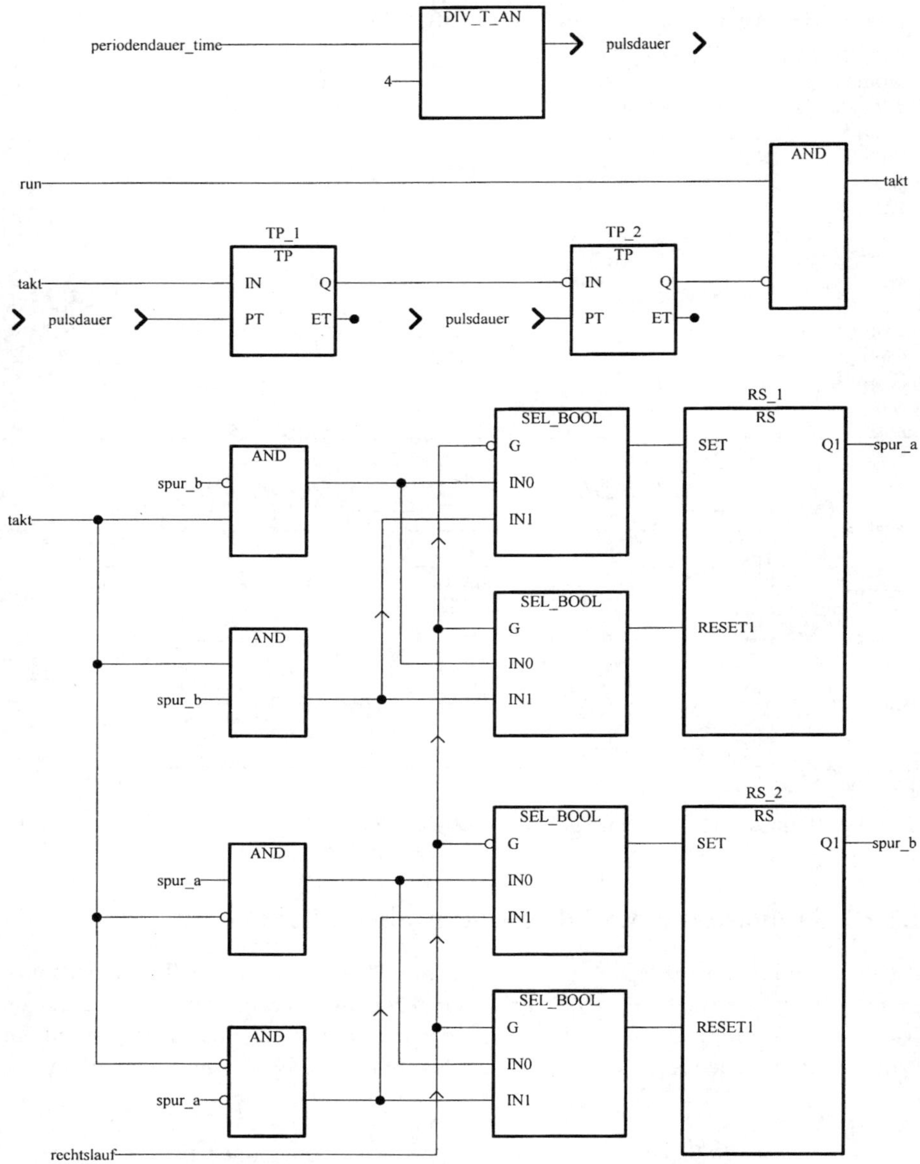

Bild 4.54 Rumpf des Funktionsbausteins FIGSIM

Tabelle 4.15 Lokale Variablen des Bausteins FIGSIM

```
VAR_INPUT
run                  :  BOOL;
rechtslauf           :  BOOL;
periodendauer_time   :  TIME;
END_VAR

VAR
RS_1, RS_2           :  RS;
TP_1, TP_2           :  TP;
takt                 :  BOOL;
END_VAR

VAR_OUTPUT
spur_a               :  BOOL;
spur_b               :  BOOL;
END_VAR
```

Tabelle 4.16 Lokale Variablen des Bausteins WORROT

```
VAR_INPUT
in_word          :   WORD;
right_rotate     :   BOOL;
left_rotate      :   BOOL;
cycle_time       :   TIME;
END_VAR

VAR
bit_tabelle      :   TAB16BIT;
in_word_old      :   WORD;
maske            :   WORD;
timer            :   TP;
puls             :   BOOL;
rotate_word      :   WORD;
bitnummer        :   INT;
m1               :   WORD;
m2               :   BOOL;
END_VAR

VAR_OUTPUT
bit_0, bit_1, bit_2, bit_3,
bit_4, bit_5, bit_6, bit_7,
bit_8, bit_9, bit_10, bit_11,
bit_12, bit_13,
bit_14, bit_15 :   BOOL;
END_VAR
```

Wenn man sich das Innenleben des Bausteins genauer ansieht, dann erkennt man eine ähnliche Struktur wie im Impulsschalter FIMPFF1 in Bild 4.38. Ein Vergleich der Diagramme in den Bildern 4.39 und 4.52 zeigt, daß im Impulsschalter die gleichen Signalfolgen entstehen wie sie ein Inkrementalgeber ausgibt.

Der Programmrumpf FIGSIM erzeugt zunächst einen internen Takt. Der Zeitwert am Eingang `periodendauer_time`, dividiert durch 4 ergibt die Kippdauer der beiden Pulstimer. Die Periodendauer des internen `takt` beträgt das Doppelte der `pulsdauer`. Die Periodendauer an den Ausgängen `spur_a` und `spur_b` ist ebenfalls doppelt so groß wie die von `takt`. Damit gibt man an `periodendauer_time` genau die Periodendauer der Ausgänge vor.

Der gegenseitige Versatz der beiden Ausgänge entsteht durch die Logikverknüpfung in den 4 UND-Gliedern auf die gleiche Weise wie im Impulsschalter. Die Richtungsumkehr über den Eingang `rechtslauf` erfordert einen weiteren Umschaltmechanismus, der hier über SEL_BOOL-Funktionen realisiert ist. Bei der SEL-Funktion handelt es sich um einen kleinen Multiplexer, der mit G = 0 den Eingang IN0 auf den Ausgang gibt und mit G = 1 den Eingang IN1.

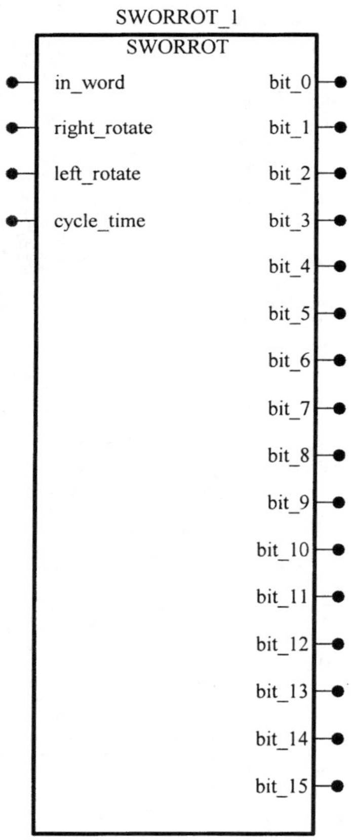

Bild 4.55
Baustein SWORROT

4.16 Schieberegister mit 16 Ausgängen als Taktverteiler: WORROT

Das Schieberegister als Taktverteiler kann als Grundlage für einfache Ablaufsteuerungen dienen oder zum Erzeugen eines Lauflichts (s. Bild 4.55, 4.56 und Tabelle 4.16). Ebenso lassen sich damit ein Aufzug oder ein Förderband simulieren. Das an `in_word` übergebene Eingangswort wird vom Programm übernommen, sobald es

```
timer (IN := puls,PT := cycle_time);
puls := NOT timer.Q;

IF  in_word <> in_word_old
    THEN rotate_word := in_word;
         in_word_old := in_word;
END_IF;

IF  puls AND right_rotate
    THEN rotate_word := ROR_WORD(rotate_word,1);
ELSIF puls AND left_rotate AND NOT right_rotate
    THEN rotate_word := ROL_WORD(rotate_word,1);
END_IF;

maske := WORD#16#0001;

FOR      bitnummer := 0 TO 15
    DO   m1 := rotate_word AND maske;
         m2 := WORD_TO_BOOL(m1);
         bit_tabelle[bitnummer]:= m2;
         maske := SHL_WORD(maske,1);
END_FOR;

bit_0 := bit_tabelle[0];
bit_1 := bit_tabelle[1];
bit_2 := bit_tabelle[2];
bit_3 := bit_tabelle[3];
bit_4 := bit_tabelle[4];
bit_5 := bit_tabelle[5];
bit_6 := bit_tabelle[6];
bit_7 := bit_tabelle[7];

bit_8 := bit_tabelle[8];
bit_9 := bit_tabelle[9];
bit_10 := bit_tabelle[10];
bit_11 := bit_tabelle[11];
bit_12 := bit_tabelle[12];
bit_13 := bit_tabelle[13];
bit_14 := bit_tabelle[14];
bit_15 := bit_tabelle[15];
```

Bild 4.56 Rumpf des Funktionsbausteins SWORROT

sich ändert! Der Baustein rotiert dieses Wort nach rechts oder links mit der Taktrate, die an `cycle_time` eingestellt ist. An den Ausgängen `bit_0` bis `bit_15` stehen die einzelnen Bits des Wortes zur Verfügung.

Ein Zeitglied `timer` auf der Basis eines Pulstimers TP erzeugt zunächst den Schiebe-Impuls `puls`. Eine IF-Anweisung prüft dann, ob sich das `in_word` geändert hat; wenn ja, wird es über die Variable `rotate_word` in den Schiebekreislauf übernommen. Die zentrale IF-ELSIF-Abfrage steuert das Rotieren durch Aufruf der entsprechenden Funktion ROR_WORD oder ROL_WORD. Für den Fall, daß beide Eingänge `right_rotate` und `left_rotate` Signal 1 führen, ist `right_rotate` dominant.

Abschließend erfolgt das Umbauen des Wortes in seine 16 einzelnen Bits. Diese Programmsequenz stammt aus dem Funktionsbaustein SWORBIT im Kapitel 9 (Bild 9.7 und Bild 9.8). Der Umbau erfolgt mit Hilfe einer Tabelle `bit_tabelle`, die als Datentyp im Katalog Datentypen des Projekts definiert wurde.

4.17 Aufgaben

Die Lösungen finden Sie im Projekt LOE_04.MWT auf der beiliegenden CD.

1. Befehlsausgabe BEFL
   Realisieren Sie den Funktionsbaustein BEFL in AWL. Verwenden Sie dabei kein RS-Glied, sondern setzen Sie die AWL-Operatoren S und R ein.
   Name des Bausteins: ABEFL
2. Wendeschaltung für direktes Umschalten WENDE
   Die Funktionsbausteine für die Wendeschaltung FWENDE und KWENDE gestatten das Umschalten der Drehrichtung nur aus dem Stillstand heraus. Ändern Sie das Programm so ab, daß ein direktes Umschalten zwischen den Drehrichtungen möglich ist. Schreiben Sie das Programm in ST.
   Name des Bausteins: SWENDE1.
3. Wendeschaltung mit wählbarem Umschaltmodus WENDE
   Ergänzen Sie den Baustein FWENDE1 für einen weiteren Eingang `direkt_um`. Über diese Eingänge soll der Umschaltmodus vorgegeben werden. Führt der Eingang Signal 0, dann soll ein Umschalten nur über `stop` möglich sein. Mit einer 1 an `direkt_um` ist direktes Umschalten möglich.
   Name des Bausteins: FWENDE2.
4. Einschaltreihenfolge EINRF
   Schreiben Sie das Programm aus dem Funktionsbaustein FEINRF in ST.
   Name des Bausteins: SEINRF.
5. Stern-Dreieck-Umschaltung für einen Drehstrommotor STEDR
   Für einen Drehstrommotor in Stern-Dreieck-Schaltung ist der Steuerbaustein zu schreiben, und zwar in FBS.
   Eingänge: `start`, `stop`, `netz_ein`
   Ausgänge: `netzschuetz`, `sternschuetz`, `dreieckschuetz`
   Mit einer 1 am Eingang `start` erhält `netzschuetz` Signal. Der Eingang

netz_ein dient zur Überwachung. Erst wenn hier mit Signal 1 die Rückmeldung kommt, daß das Netzschütz angezogen hat, geht der Ausgang sternschuetz auf 1. Nach einer Anlaufzeit von 8 s geht sternschuetz auf 0, der Ausgang dreieckschuetz erhält Signal 1. Alle Ausgänge lassen sich jederzeit über den Eingang stop abschalten.
Name des Bausteins: FSTEDR.

5 Steuerungen mit Zeitverhalten

Alle Ebenen eines Steuerungssystems konfrontieren den Programmierer mit zeitabhängigen Funktionen, auf die er keinen Einfluß hat. Auf der Ebene der Aktoren und Sensoren sind physikalisch bedingte Zeiten zu berücksichtigen, z. B. die Anzugs- oder Abfallzeit eines Schützes. Für den Fall, daß die Steuerung auf ihre E-/A-Daten über einen Feldbus zugreift, ist die Dauer des Buszyklus eine interessante Größe. Mit der Kopplung von 2 Feldbussystemen über ein Gateway z. B. sind, mit Profibus-DP und ASI-Bus, u. U. 2 Buszykluszeiten zu beachten. Ähnliches gilt für den Fall, daß ein Host-PC-System auf den Prozeß über unterschiedliche Feldbusanschaltungen zugreift, z. B. eine CAN-, eine Interbus-S- und eine Profibus-DP-Anschaltung. Auf der Softwareebene entsteht die Zeitabhängigkeit der Steuerung durch die Laufzeit der Programme. Abhängig vom Umfang der Tätigkeiten, die ein Programm auszuführen hat, benötigt es für einen kompletten Durchlauf eine bestimmte Zeit.

Diese systembedingten Zeiten spielen in den meisten Steuerungen keine Rolle. Sie werden allerdings dann interessant, wenn eine Anlage bis an ihre Leistungsgrenze ausgelastet ist oder wenn zeitkritische Daten zu verknüpfen sind.

Im Gegensatz zur systembedingten Zeitabhängigkeit hat der Programmierer 3 Möglichkeiten, Einfluß auf das Zeitverhalten der Steuerung zu nehmen:

- durch den Einsatz von Standard-Funktionsbausteinen,
- durch Zuordnen von Programmen zu zeitgesteuerten Tasks,
- durch Ausnutzen von Programmzykluszeiten.

Steht dem Prozessor eine Echtzeituhr zur Verfügung, läßt sich diese ebenfalls für die Prozeßsteuerung einsetzen.

5.1 Zeitsteuerungen mit Standardfunktionsbausteinen

Die Norm legt 3 Standardfunktionsbausteine für Zeitfunktionen fest; und zwar den Pulstimer TP, die Einschaltverzögerung TON und die Ausschaltverzögerung TOF. Alle 3 Timer arbeiten mit den gleichen Formaloperanden.

- IN: Starteingang des Zeitgliedes, Datentyp BOOL; der Eingang läßt sich invertieren,
- PT: PRESET-Time, Eingang für die Laufzeitvariable, Datentyp TIME,

- ❑ Q: Ausgang des Zeitgliedes, Datentyp BOOL; der Ausgang läßt sich invertieren,
- ❑ ET: ELAPSED-Time, Monitorausgang für die ablaufende Zeit, Datentyp TIME.

Über einen RESET-Eingang verfügen die Standardfunktionsbausteine nicht. Die Vorgabe eines Zeitwertes von T#0s am Eingang PT schaltet allerdings das Zeitglied ab.

Die Standardfunktionsbausteine arbeiten auf der Basis des Prozessortaktes mit einer Grundeinheit von 1 ms. Der Prozessortakt ist aus einem Quarz abgeleitet und somit sehr stabil und genau.

5.2 Zeitsteuerungen mit zeitabhängigen Tasks

Auch die Taskverwaltung basiert, sofern es sich um das Aufrufen von zyklisch zeitgesteuerten Tasks handelt, auf dem Prozessortakt mit der entsprechenden Genauigkeit. Beim Zuordnen eines Programmes zu einer zyklischen Task müssen wir die Intervallzeit festlegen, mit der die Taskverwaltung dieses Programm startet. Feste Aufrufintervalle sind für ein Programm z. B. dann wichtig, wenn dieses Bestandteil eines Regelkreises ist; hier hat das Aufrufintervall Einfluß auf die Reglerkenngrößen. Auch eine Taktsteuerung, die mit einem konstanten und genauen Takt arbeiten soll, läßt sich auf der Basis einer zeitgesteuerten Task aufbauen.

5.3 Zeitsteuerungen mit Programmzyklen

Auch auf der Basis des Programmzyklus lassen sich Ereignisse zeitlich steuern. Der Programmzyklus allerdings hat keine konstante Dauer; die Zykluszeit eines Programmes ist grundsätzlich abhängig vom Umfang der Aufgaben, die gerade zu bearbeiten sind. So kann der Programmzyklus im Ruhezustand einer Maschine, wenn keine Bearbeitung erfolgt und keine Bedienerwünsche anstehen, sehr kurz sein. Läuft aber eine Werkstückbearbeitung mit vielen Meßvorgängen und umfangreichen Berechnungen, dann sind die Programmzyklen entsprechend länger. Auch die Taskorganisation hat einen Einfluß auf den Programmzyklus.

2 Standardfunktionsbausteine stehen zur Verfügung, deren Ausgangssignal exakt für die Dauer von 1 Programmzyklus ansteht: die Flankenauswertungen R_TRIG und F_TRIG.

5.4 Pulstimer: TP

Die Bilder 5.1 und 5.2 zeigen den Einsatz des Pulstimers in den grafischen Sprachen FBS und KOP. Tabelle 5.1 enthält die zugehörigen Variablen. Die Bilder 5.3 und 5.4 zeigen den Pulstimer in den Textsprachen AWL und ST.

Der Pulstimer TP (Bild 5.5) erzeugt einen zeitlich begrenzten Impuls am Ausgang Q. Der Impuls beginnt mit der ausgewählten Flanke des Signals am Eingang IN. Bei nichtinvertiertem Eingang startet `puls_1` am Ausgang Q mit der steigenden Flanke von

Bild 5.1
Pulstimer TP in FBS

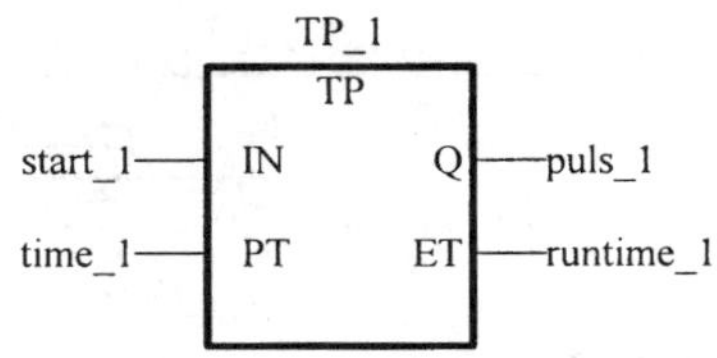

Bild 5.2
Pulstimer TP in KOP

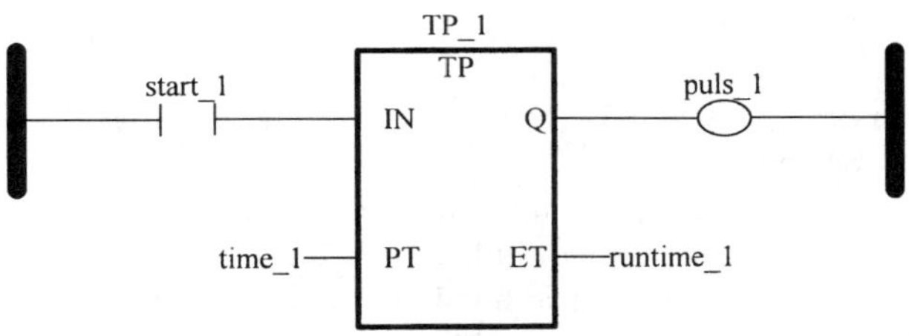

Tabelle 5.1 Variablen zum Pulstimer

```
VAR
TP_1        :   TP;
start_1     :   BOOL;
time_1      :   TIME    := T#5000ms;
puls_1      :   BOOL;
runtime_1   :   TIME;
END_VAR
```

```
LD      start_1
ST      TP_1.IN
LD      time_1
ST      TP_1.PT

CAL     TP_1

LD      TP_1.Q
ST      puls_1
LD      TP_1.ET
ST      runtime_1
```

Bild 5.3 Pulstimer TP in AWL

```
TP_1(IN := start_1, PT := time_1);
puls_1      := TP_1.Q;
runtime_1   := TP_1.ET;
```

Bild 5.4 Pulstimer TP in ST

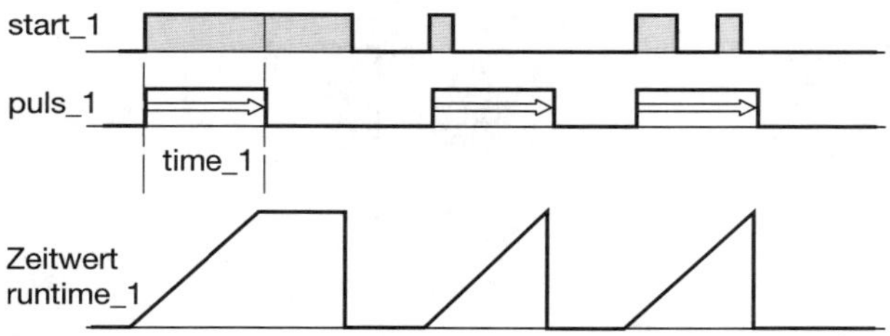

Bild 5.5
Signale des Pulstimers

`start_1`. Ist der Eingang invertiert, dann startet `puls_1` mit der fallenden Flanke von `start_1`.

Auch der Ausgang läßt sich invertieren. Nichtinvertiert gilt für den Ruhezustand am Ausgang Signal 0, dem Puls ist der Signalzustand 1 zugeordnet. Der invertierte Ausgang führt im Ruhezustand Signal 1, der Puls erscheint mit Signalzustand 0. Die Pulslänge am Ausgang ist unabhängig von der Signaldauer am Eingang. So genügt z. B. ein kurzer Wischimpuls mit der Dauer eines Programmzyklus, um den Puls zu starten. Erscheint während der Timerlaufzeit eine weitere Flanke am Eingang IN, so hat diese keinen Einfluß auf das Zeitglied. Der Ausgang ET stellt den laufenden Zeitwert in ms mit dem Datentyp TIME zur Verfügung. Mit der startenden Flanke am Eingang IN beginnt der Zeitwert hochzulaufen. Steht der Eingang länger an als die eingestellte Pulsdauer, dann bleibt ET so lange auf dem Endwert liegen, bis der Eingang IN wieder verschwindet. Die hochlaufende Rampe an ET läßt sich z. B. für Zeitfolgesteuerungen nutzen.

5.5 Einschaltverzögerung: TON

Die Bilder 5.6 und 5.7 zeigen den Einsatz der Einschaltverzögerung TON in den grafischen Sprachen FBS und KOP. Tabelle 5.2 enthält die zugehörigen Variablen. Die Bilder 5.8 und 5.9 zeigen den Pulstimer in den Textsprachen AWL und ST.

Der Timer TON gibt die gewählte Flanke des Signals am Eingang IN verzögert an den Ausgang Q weiter. Das Abschalten mit der nachfolgenden Flanke erfolgt unverzögert. Auch hier lassen sich der Eingang IN und der Ausgang Q invertieren.

Bei nichtinvertiertem Eingang startet die Verzögerungszeit mit der steigenden Flanke. Nach Ablauf der Verzögerungszeit geht Q auf 1 und fällt mit dem Eingangssignal wieder zurück. Bild 5.10 zeigt den Verlauf des Zeitwertes `runtime_2` für diese Betriebsart. Ist IN dagegen invertiert, dann startet die Verzögerungszeit mit der negativen Flanke am Eingang, nach Ablauf der Zeit kommt der Ausgang auf 1. Eingangsimpulse, die kürzer sind als die eingestellte Zeit am Eingang PT, haben keinen Einfluß auf den Ausgang OUT. Damit ist TON das typische Zeitglied zum Unterdrücken von beliebig langen Störimpulsen. Wie beim Timer TP bleibt auch hier der Ausgang ET auf dem Endwert so lange liegen, wie das Eingangssignal ansteht.

Bild 5.6
Einschaltverzögerung TON in FBS

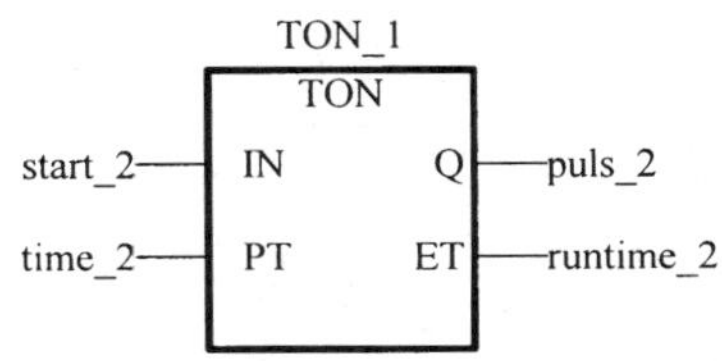

Bild 5.7
Einschaltverzögerung TON in KOP

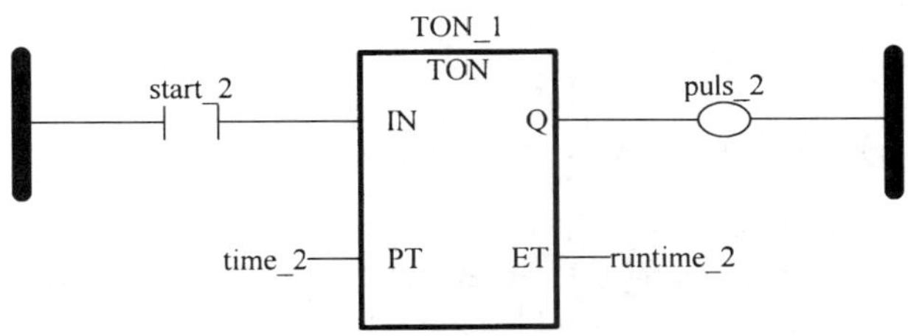

Tabelle 5.2 Variablen zum Timer TON

```
VAR
TON_1       :   TON;
start_2     :   BOOL;
time_2      :   TIME    := T#2000ms;
puls_2      :   BOOL;
runtime_2   :   TIME;
END_VAR
```

```
LD      start_2
ST      TON_1.IN
LD      time_2
ST      TON_1.PT

CAL     TON_1

LD      TON_1.Q
ST      puls_2
LD      TON_1.ET
ST      runtime_2
```

Bild 5.8 Einschaltverzögerung TON in AWL

```
TON_1(IN := start_2, PT := time_2);
puls_2       := TON_1.Q;
runtime_2    := TON_1.ET;
```

Bild 5.9 Einschaltverzögerung TON in ST

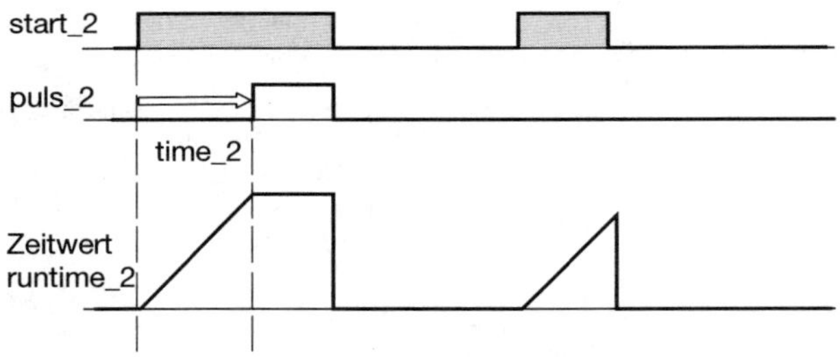

Bild 5.10
Signale der Einschaltverzögerung TON

5.6 Ausschaltverzögerung: TOF

Die Ausschaltverzögerung TOF verzögert das Abschalten des ausgewählten Signalpegels am Eingang IN. Die Bilder 5.11 und 5.12 zeigen die Grundschaltungen in FBS und KOP mit den Variablen aus Tabelle 5.3. In der Grundschaltung bei nichtinvertiertem Eingang IN geht die Variable `puls_3` unmittelbar mit dem Eingang `start_3` auf 1 (s. Bild 5.15), bleibt jedoch nach dem Verschwinden des Eingangs noch für die Verzögerungszeit in der Variablen `time_3` auf 1 liegen. Laufen am Eingang kurze Pulse ein, deren Abstand nicht größer ist als die Verzögerungszeit, dann bleibt der Ausgang Q ständig auf 1 liegen. Dies läßt sich z. B. nutzen, um eine Taktrate oder eine Drehzahl zu überwachen: so lange die Impulse am Eingang nicht weiter auseinanderliegen als die Verzögerungszeit, fällt der Ausgang des Zeitgliedes nie auf 0 zurück. Fällt der Ausgang jedoch auf 0 zurück (negative Flanke an Q), ist dies ein Zeichen dafür, daß die Eingangsimpulse zu weit auseinanderliegen oder ausgeblieben sind. Den Einsatz von TOF als AWL-Sequenz zeigt Bild 5.13. Bild 5.14 erlaubt einen Vergleich mit ST.

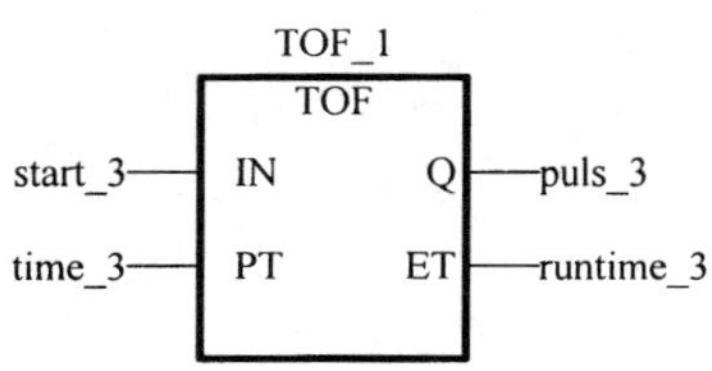

Bild 5.11
Ausschaltverzögerung TOF in FBS

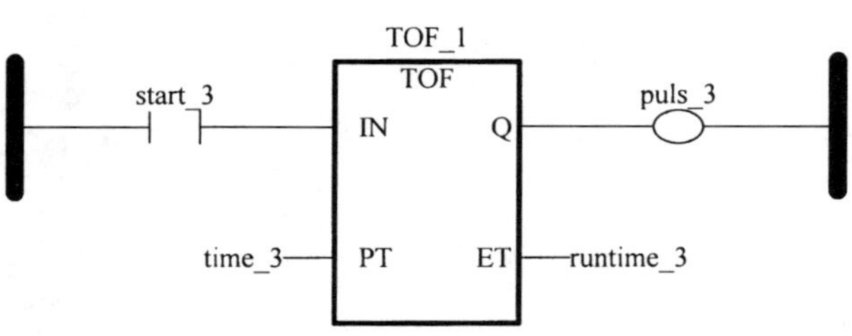

Bild 5.12
Ausschaltverzögerung TOF in KOP

Tabelle 5.3 Variablen zum Timer TOF

```
VAR
TOF_1         :  TOF;
start_3       :  BOOL;
time_3        :  TIME    := T#2000ms;
puls_3        :  BOOL;
runtime_3     :  TIME;
END_VAR
```

```
LD      start_3
ST      TOF_1.IN
LD      time_3
ST      TOF_1.PT

CAL     TOF_1

LD      TOF_1.Q
ST      puls_3
LD      TOF_1.ET
ST      runtime_3
```

Bild 5.13 Ausschaltverzögerung TOF in AWL

```
TOF_1(IN := start_3, PT := time_3);
puls_3        := TOF_1.Q;
runtime_3     := TOF_1.ET;
```

Bild 5.14 Ausschaltverzögerung TOF in ST

Bild 5.15
Ausschaltverzögerung
TOF in ST

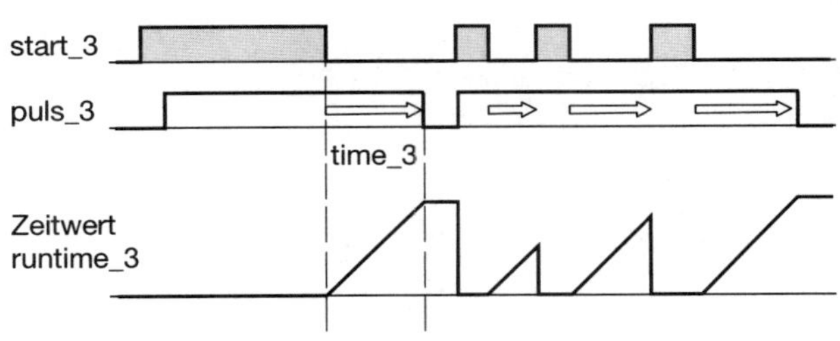

5.7 Flankenerkennung: positive Flanke R_TRIG und negative Flanke F_TRIG

Für die Flankenauswertung schlägt die Norm die beiden Standardfunktionsbausteine R_TRIG und F_TRIG vor. R_TRIG steht dabei für Rising Trigger, F_TRIG für Falling Trigger.

Bild 5.16 zeigt den Baustein R_TRIG in FBS, Bild 5.17 in KOP, Bild 5.18 in AWL und Bild 5.19 in ST mit den Variablen aus Tabelle 5.4. In allen Bildern dient jeweils 1 Zähler als Monitor für die erzeugten Flankenimpulse, weil diese in der Simulation oder im realen Betrieb nur schwer zu erkennen sind. Entsprechendes gilt für F_TRIG mit den Variablen aus Tabelle 5.5. Bild 5.20 zeigt F_TRIG in FBS, Bild 5.21 in KOP, Bild 5.22 als AWL-Sequenz und Bild 5.23 in ST.

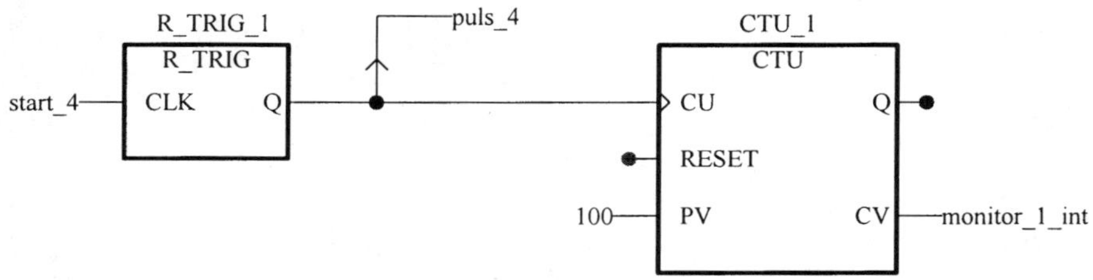

Bild 5.16 Flankenerkennung R_TRIG in FBS

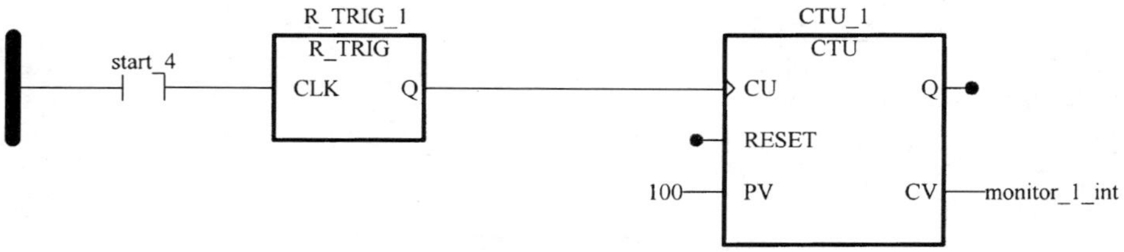

Bild 5.17 Flankenerkennung R_TRIG in KOP

```
LD      start_4
ST      R_TRIG_1.CLK
CAL     R_TRIG_1
ST      puls_4
ST      CTU_1.CU
LD      100
ST      CTU_1.PV
CAL     CTU_1
LD      CTU_1.CV
ST      monitor_1_int
```

Bild 5.18 Flankenerkennung R_TRIG in AWL

```
R_TRIG_1(CLK := start_4);
puls_4 := R_TRIG_1.Q;

CTU_1(CU := R_TRI G_1.Q, PV := 100);
monitor_1_int := CTU_1.CV;
```

Bild 5.19 Flankenerkennung R_TRIG in ST

Tabelle 5.4 Variablen zur Flankenerkennung R_TRIG

```
VAR
R_TRIG_1       :  R_TRIG;
CTU_1          :  CTU;
start_4        :  BOOL;
puls_4         :  BOOL;
monitor_1_int  :  INT;
END_VAR
```

Tabelle 5.5 Variablen zur Flankenerkennung F_TRIG

```
VAR
F_TRIG_1       :  F_TRIG;
CTU_2          :  CTU;
start_5        :  BOOL;
puls_5         :  BOOL;
monitor_2_int  :  INT;
END_VAR
```

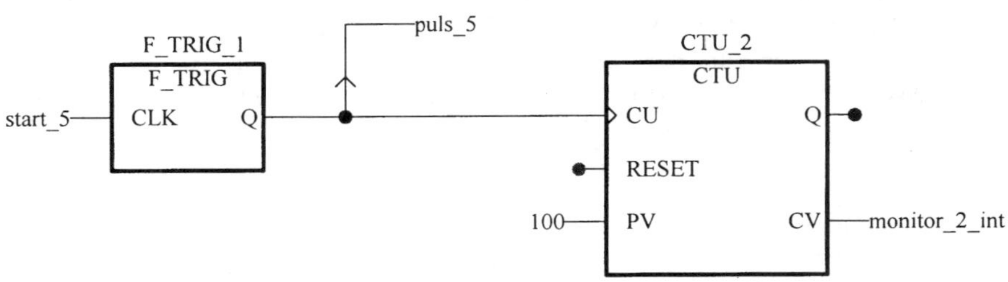

Bild 5.20 Flankenerkennung F_TRIG in FBS

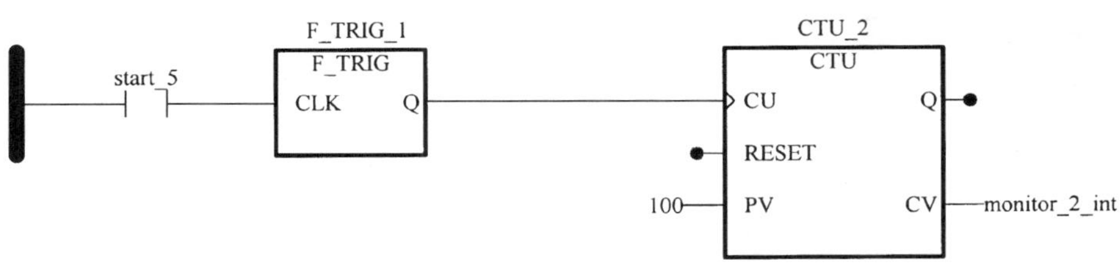

Bild 5.21 Flankenerkennung F_TRIG in KOP

```
LD      start_5
ST      F_TRIG_1.CLK
CAL     F_TRIG_1
ST      puls_5
ST      CTU_2.CU
LD      100
ST      CTU_2.PV
CAL     CTU_2
LD      CTU_2.CV
ST      monitor_2_int
```

Bild 5.22 Flankenerkennung F_TRIG in AWL

```
F_TRIG_1(CLK := start_5);
puls_5 := F_TRIG_1.Q;

CTU_2(CU := F_TRIG_1.Q, PV := 100);
monitor_2_int := CTU_2.CV;
```

Bild 5.23 Flankenerkennung F_TRIG in ST

Es handelt sich bei R-TRIG und F_TRIG um Funktionsbausteine, weil sie statischen Speicherplatz belegen. Hier ist zumindest 1 Bit für eine Gedächtnisvariable nötig. Diese muß den Zustand am Eingang CLK über einen Programmzyklus PZ hinweg speichern. Ein Vergleich des aktuellen Zustandes mit dem aus dem vorhergehenden Programmzyklus gestattet dann das Erkennen eines Signalwechsels. Bild 5.24 erläutert die Zusammenhänge, wobei die Zeitachse stark gedehnt ist. Man geht davon aus, daß die interne Gedächtnisvariable den gleichen Signalzustand hat, wie der Eingang CLK und die Flankenerkennung zu Beginn eines Programmzyklus aufgerufen wird. Den Signalwechsel an CLK erkennt dann das Programm im folgenden Programmzyklus PZ, es bildet das Ausgangssignal Q und führt das interne Gedächtnis nach. Die Arbeitsweise von R_TRIG_1 und F_TRIG_1 ist dabei identisch.

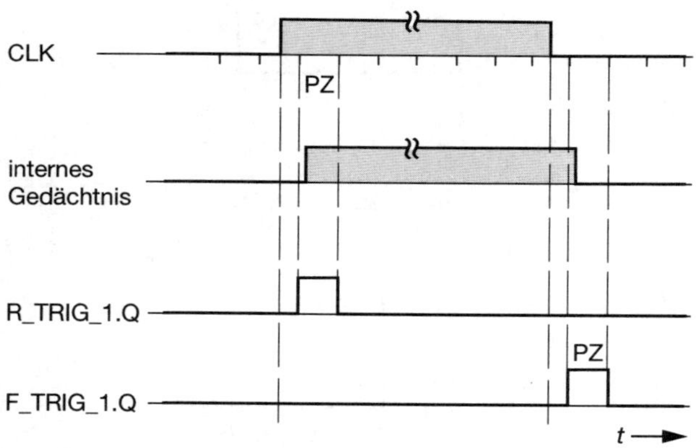

Bild 5.24
Signale zur Flanken-
auswertung

5.8 Taktgenerator mit Freigabeeingang und einstellbarer Periodendauer: TKTRN

Der Baustein erzeugt eine symmetrische Impulsfolge an seinem Ausgang `puls`, solange der Eingang `run` Signal 1 führt. Der Zeitwert am Eingang `periodendauer_time` legt die Frequenz fest. Die Variable für diesen Aktualoperanden ist mit einem Anfangswert ungleich 0 zu deklarieren, damit die Division durch 2 nicht zu einer Fehlermeldung führt (s. Bild 5.25, 5.26 und Tabelle 5.6).

Bild 5.25
Baustein FTKTRN

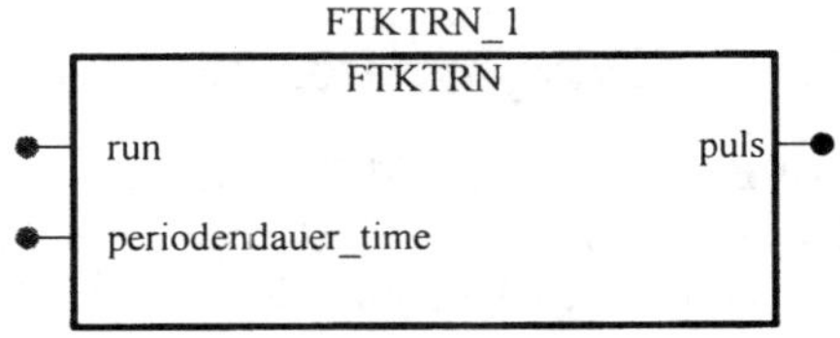

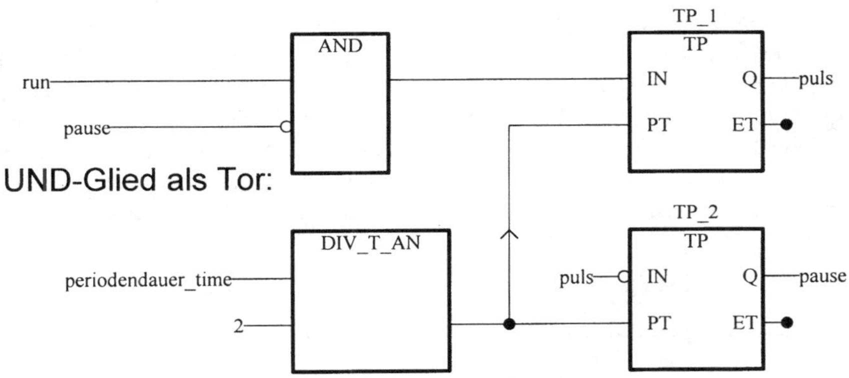

Bild 5.26 Rumpf des Funktionsbausteins FTKTRN

Tabelle 5.6 Lokale Variablen des Bausteins FTKTRN

```
VAR_INPUT
run                 :    BOOL;
periodendauer_time  :    TIME;
END_VAR

VAR
TP_1 , TP_2         :    TP;
pause               :    BOOL;
END_VAR

VAR_OUTPUT
puls                :    BOOL;
END_VAR
```

Den Kern des Generators bilden 2 Pulstimer, die als astabile Kippschaltung arbeiten. Sobald der Freigabeeingang `run` Signal 1 führt, ist das AND-Tor geöffnet. Aus der Ruhelage der beiden Timer heraus führt die Variable `pause` noch Signal 0, der Eingang von TP_1 erhält folglich Startsignal 1. Damit startet der `puls` für die halbe Zeit der eingestellten Periodendauer. Die Rückflanke von `puls` aktiviert den Timer TP_2, die Variable `pause` geht auf 1. Deren Rückflanke wiederum aktiviert TP_2 usw.

Die Laufzeit der Timer entsteht aus der Eingangsvariablen `periodendauer_time` nach einer Division durch 2.

5.9 Taktgenerator mit Start-/Stop-Eingängen: TKTSS1

Der Baustein FTKTSS1 (s. Bild 5.27, 5.28 und Tabelle 5.7) erzeugt eine symmetrische Pulsfolge am Ausgang `puls`, die sich über die beiden Eingänge `start` und `stop` steuern läßt. Auch hier gilt, daß ein Aktualparameter am Eingang `periodendauer_time` einen Anfangswert ungleich 0 haben sollte.

Kern dieses Generators ist der selbstgeschriebene Funktionsbaustein FTKTRN (s. Abschnitt 5.8). Das Flipflop RS_1 steuert den Freigabeeingang `run`. Ein Impuls am Eingang `start` schaltet den Pulsgenerator speichernd ein. Ein Impuls am Eingang `stop` schaltet den Pulsgenerator ab. Der Zeitwert am Eingang `periodendauer_time` legt die Periodendauer der Pulsfolge fest. Das Beispiel zeigt: Der selbstgeschriebene Funktionsbaustein FTKTRN ist hier als abgekapselte Einheit eingesetzt. Die in FTKTRN verwendeten Variablen sind nur in diesem Baustein bekannt, außerhalb lassen sich die gleichen Variablennamen erneut verwenden (Beispiel: `periodendauer_time` und `puls`).

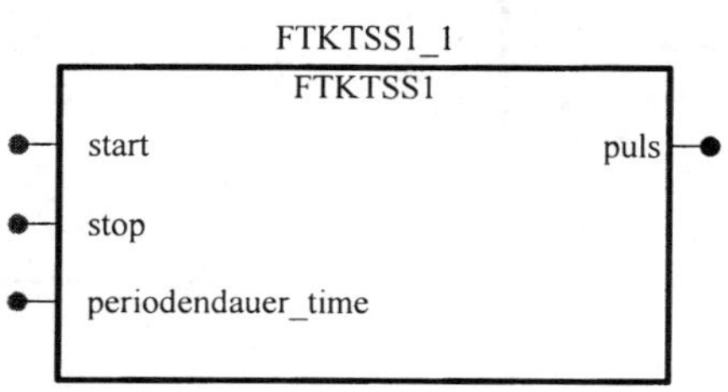

Bild 5.27
Baustein FTKTSS1

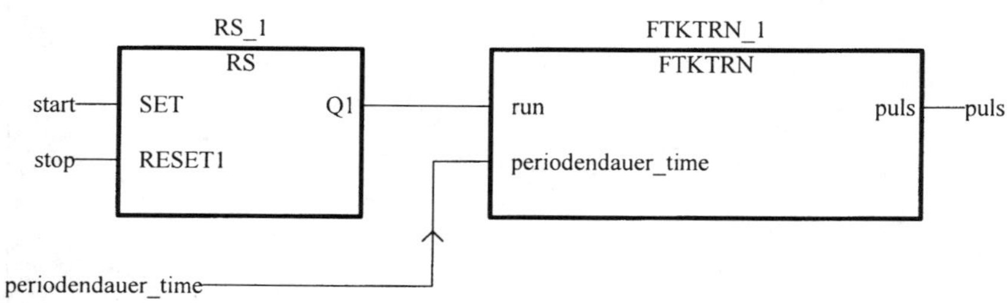

Bild 5.28 Rumpf des Funktionsbausteins FTKTSS1

Tabelle 5.7 Lokale Variablen des Bausteins TKTSS1

```
VAR_INPUT
start                 :   BOOL;
stop                  :   BOOL;
periodendauer_time    :   TIME;
END_VAR

VAR
RS_1                  :   RS;
FTKTRN_1              :   FTKTRN;
END_VAR

VAR_OUTPUT
puls                  :   BOOL;
END_VAR
```

5.10 Taktgenerator mit wählbarer Pulszahl: TKTAN

Auch dieses Programm ist ein Beispiel für gekapselte Datenbereiche von Funktionsbausteinen. Der Baustein gestattet es, eine vorgegebene Anzahl von Pulsen mit wählbarer Periodendauer abzuschicken. Eine positive Flanke am Eingang `start` startet das Pulspaket, das Abschalten erfolgt automatisch mit dem letzten Impuls (s. Bild 5.29, 5.30 und Tabelle 5.8).

Als Generatorkern dient hier ebenso wie im vorhergehenden Beispiel ein selbstgeschriebener Funktionsbaustein, der Baustein FTKTSS1. Durchgängig lassen sich in einem übergeordneten Baustein die gleichen Variablennamen verwenden wie in dem aufgerufenen Baustein (Beispiel: `start`, `puls` und `periodendauer`).

Mit einem Impuls am Eingang `start` übernimmt der Vorwärtszähler den am Eingang `pulszahl` anliegenden Wert und der Taktgeber FTKTSS1 beginnt zu pulsen. Der Ausgang Q des Zählers geht auf 1, sobald der Zählerstand der Pulszahl entspricht. Über die Variable `endwert_erreicht` erhält der Taktgeber sein Stoppsignal. Die Flankenauswertung vor dem RESET-Eingang des Zählers ist nötig, weil dieser nur dann zählt, wenn RESET auf 0 liegt!!

Bild 5.29
Baustein FTKTAN

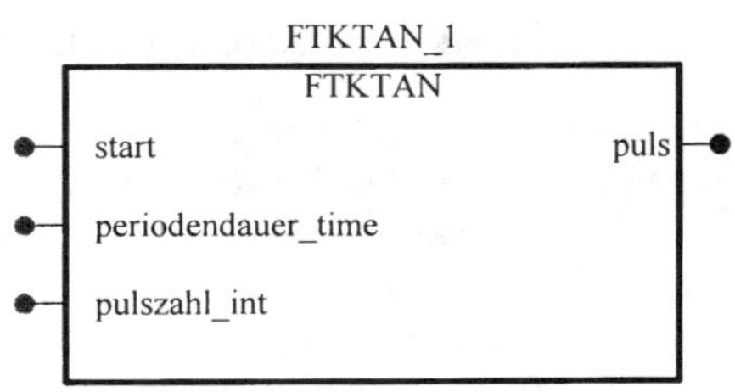

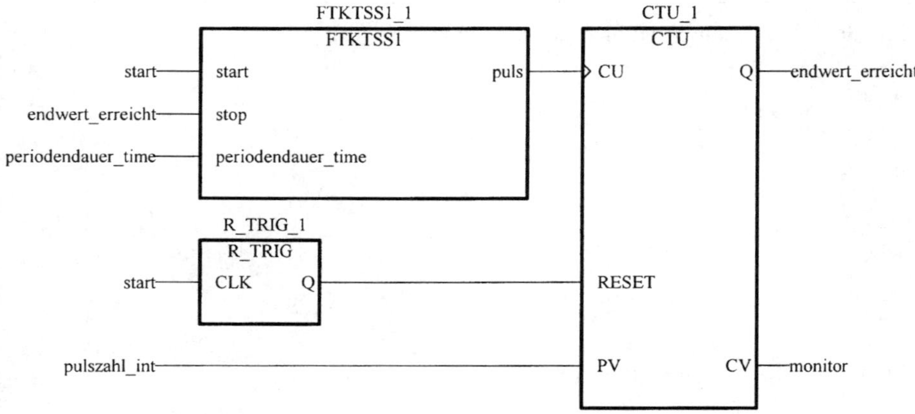

Bild 5.30 Rumpf des Funktionsbausteins FTKTAN

Tabelle 5.8 Lokale Variablen des Bausteins FTKTAN

```
VAR_INPUT
start               :   BOOL;
periodendauer_time  :   TIME;
pulszahl_int        :   INT;
END_VAR

VAR
R_TRIG_1            :   R_TRIG;
CTU_1               :   CTU;
FTKTSS1_1           :   FTKTSS1;
endwert_erreicht    :   BOOL;
monitor             :   INT;
END_VAR

VAR_OUTPUT
puls                :   BOOL;
END_VAR
```

5.11 Pulsdauermodulation einer Rechteckimpulsfolge: TKTMD

Die Pulsdauermodulation PDM bzw. Pulsweitenmodulation PWM gestattet es, einen kontinuierlichen Energiestrom mit Hilfe eines binär arbeitenden Stellgliedes zu steuern. Voraussetzung sind allerdings ein hinreichend großes Speichervermögen der Regelstrecke und eine darauf abgestimmte Schaltfrequenz. Der Baustein FTKTMD erzeugt eine Rechteckimpulsfolge mit einstellbarer Periodendauer T. Die Dauer t_i des

Impulses läßt sich über den Eingang `pulsdauer_prozent_real` steuern bzw. modulieren. Eine interne Begrenzung sorgt dafür, daß die Pulsdauer nicht kleiner als 5 % und nicht größer als 95 % von T werden kann (s. Bild 5.31, 5.32, 5.33 und Tabelle 5.9).

Der Puls am Ausgang entsteht auf klassische Art durch Vergleich des Modulationssignals mit einem sägezahnförmigen Signal (Bild 5.33). Das Modulationssignal kommt bei uns vom Eingang `pulsdauer_prozent_real`, das Sägezahnsignal liefert ein Pulstimer. Dieser ist so geschaltet, daß er sich am Ende eines Pulses immer wieder selbst anstößt. Damit läuft der Zeitwert am Ausgang ET periodisch in 1-ms-Schritten von 0 bis auf den Endwert hoch, der durch die Variable `periodendauer_time` vor-

Bild 5.31
Baustein FTKTMD

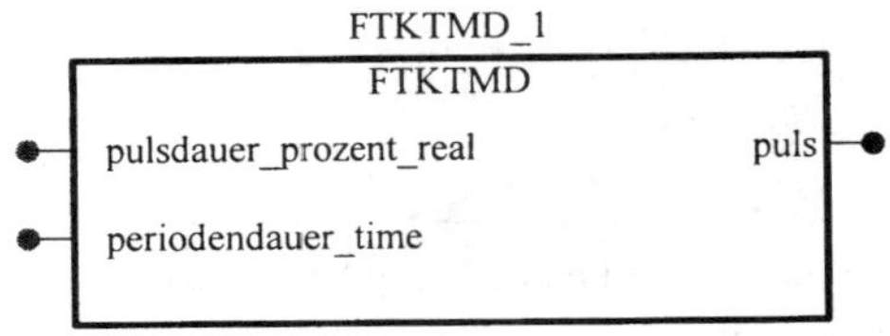

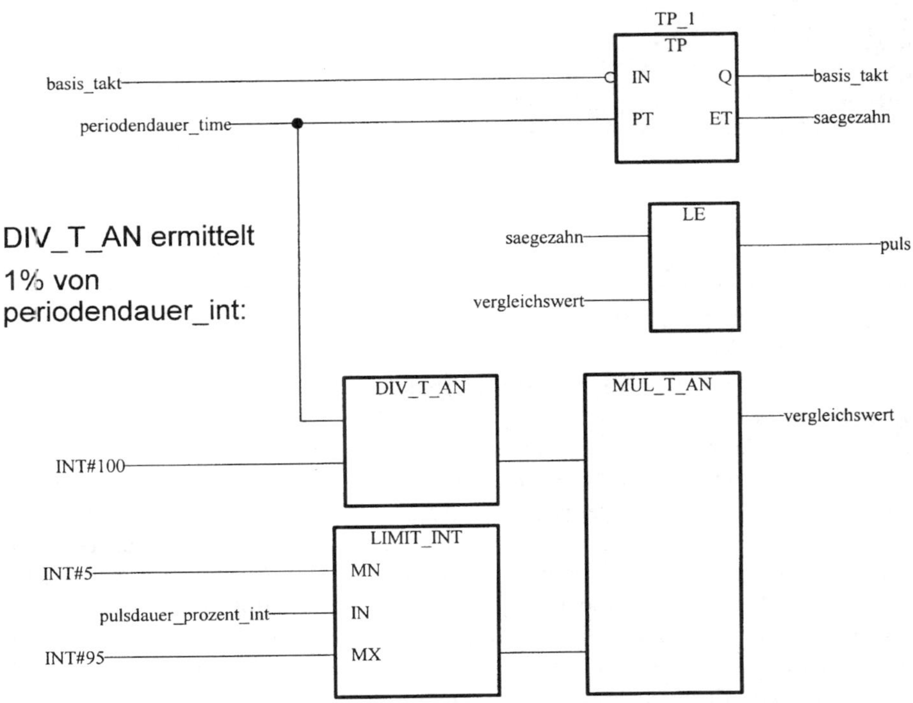

Bild 5.32 Rumpf des Funktionsbausteins FTKTMD

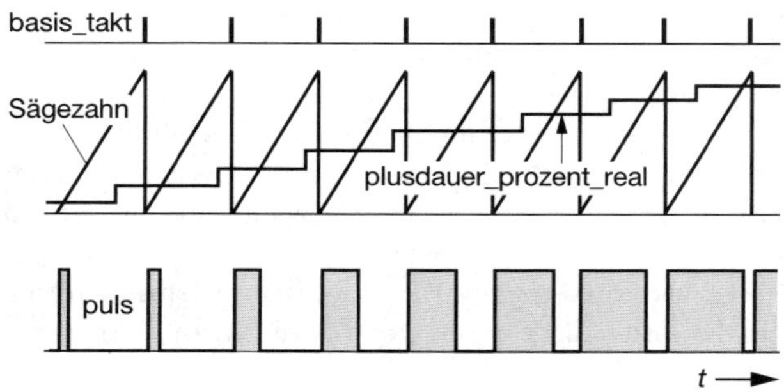

Bild 5.33
Signale im Baustein FTKTMD

Tabelle 5.9 Lokale Variablen des Bausteins FTKTMD

```
VAR_INPUT
pulsdauer_prozent_real  :    REAL;
periodendauer_time      :    TIME;
END_VAR

VAR
TP_1                    :    TP;
basis_takt              :    BOOL;
puls_dauer              :    TIME;
saegezahn               :    TIME;
vergleichswert          :    TIME;
END_VAR

VAR_OUTPUT
puls                    :    BOOL;
END_VAR
```

gegeben ist. Die Variable saegezahn enthält folglich einen sägezahnförmig verlaufenden Zeitwert.

Für das Modulationssignal am Eingang pulsdauer_prozent_real ist zunächst eine Begrenzung nötig, gewählt wurden hier 5 % und 95 %. Die Division durch 100 bildet zunächst den Wert 1 % der periodendauer_time. Durch Multiplikation dieses Wertes mit pulsdauer_prozent_int entsteht der Vergleichswert. Ein abschließender Vergleich der Variablen saegezahn mit der Variablen vergleichswert erbringt dann die gewünschte Impulsbreite. So lange nämlich saegezahn kleiner ist als vergleichswert, ist der Vergleich LE positiv und der Impuls steht an. Für den Einsatz des Vergleichers ist hier wichtig, daß seine Eingänge überladbar sind; sie sind vom Typ Elementary, womit ein Vergleich von BOOL-, INT-, REAL- und TIME-Variablen möglich ist.

5.12 Taktgeber auf der Basis des Programmzyklus: SYSTKT

Die Zykluszeit des Programmes in einer Steuerung ist nicht konstant. Sie ist abhängig vom Umfang der Aufgaben, die innerhalb des Programmes zu bearbeiten sind. Solange eine Anlage z. B. im Stand-by-Betrieb arbeitet, gibt es wenig zu tun, der Programmzyklus ist kurz. Im vollen Betrieb dagegen sind wesentlich mehr Programmsequenzen im Einsatz, die Zykluszeit steigt. Trotzdem kann es interessant sein, Taktsignale direkt aus der Zykluszeit des Programmes abzuleiten. Der Funktionsbaustein SSYSTKT stellt 3 symmetrische Pulsfolgen zur Verfügung, die direkt mit der Programmzykluszeit zusammenhängen (s. Bild 5.34, 5.35 und Tabelle 5.10).

Dieser Baustein ist ein einfaches Beispiel für den Einsatz von IF-Anweisungen und die Verwendung der MOD-Anweisung. In der 1. Zeile zählt man die Programmzyklen. In jedem Programmzyklus wird diese Anweisung einmal bearbeitet: Die Maschine nimmt den Inhalt der Variablen `zykzahl`, zählt 1 hinzu und speichert das Ergebnis wieder mit `zykzahl` ab.

Mit der Anweisung MOD erhält man als Ergebnis nur den Rest einer Division. Immer dann, wenn die Division von `zykzahl` ohne Rest aufgeht (bei 25, 50, 75, 100, 125) liefert der Vergleich `zykzahl MOD 25 = 0` als Ergebnis TRUE. Die Maschine

Bild 5.34
Baustein SSYSTKT

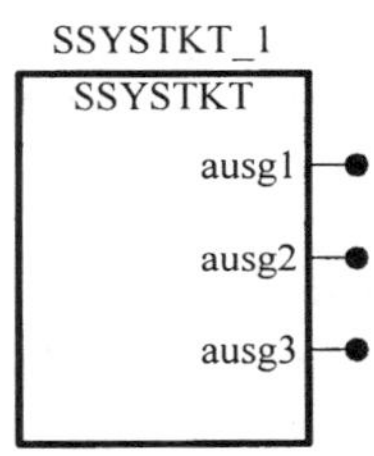


```
zykzahl := zykzahl + 1;

(* Alle 25 Zyklen schaltet ausg1 um *)
IF   zykzahl MOD 25 = 0
     THEN     ausg1 := NOT ausg1;
END_IF;

(* Alle 50 Zyklen schaltet ausg2 um *)
IF   zykzahl MOD 50 = 0
     THEN     ausg2 := NOT ausg2;
END_IF;

(* Alle 100 Zyklen schaltet ausg3 um *)
IF   zykzahl MOD 100 = 0
     THEN     ausg3 := NOT ausg3;
END_IF;
```

Bild 5.35 Rumpf des Funktionsbausteins SSYSTKT

Tabelle 5.10 Lokale Variablen des Bausteins SSYSTKT

```
VAR
zykzahl     :    INT;
END_VAR

VAR_OUTPUT
ausg1       :    BOOL;
ausg2       :    BOOL;
ausg3       :    BOOL;
END_VAR
```

nimmt dann den Wert aus der Variablen `ausg1`, invertiert ihn und legt ihn wieder unter `ausg1` ab: Alle 25 Zyklen schaltet somit `ausg1` um. Die Ausgangsvariablen `ausg2` und `ausg3` schalten dementsprechend alle 50 bzw. 100 Programmzyklen um.

5.13 Zeitfolgesteuerung für 3 Motoren: ZEITFO

Ausgelöst von einem Einschaltsignal `einschalten` sollen 4 Verbraucher zeitlich nacheinander anlaufen. Der 1. Verbraucher kommt unmittelbar mit dem Eingang `einschalten`. Die weiteren Verbraucher schalten im Abstand von 2 s ein, der 3. kommt also nach 6 s. Mit Betätigen des Eingangs `stop` schalten alle 3 Antriebe unmittelbar ab (s. Bild 5.36, 5,37 und Tabelle 5.11).

Tabelle 5.11 Lokale Variablen des Bausteins FZEITFO

```
VAR_INPUT
einschalten  :    BOOL;
stop         :    BOOL;
END_VAR

VAR
TP_1              :    TP;
RS_1,RS_2,RS_3    :    RS;
RS_4              :    RS;
laufzeit_time     :    TIME := T#7000ms;
delay_1           :    TIME := T#1000ms;
delay_2           :    TIME := T#2200ms;
delay_3           :    TIME := T#3700ms;
END_VAR

VAR_OUTPUT
run          :    BOOL;
verbraucher_1     :    BOOL;
verbraucher_2     :    BOOL;
verbraucher_3     :    BOOL;
verbraucher_4     :    BOOL;
END_VAR
```

Bild 5.36
Baustein FZEITFO

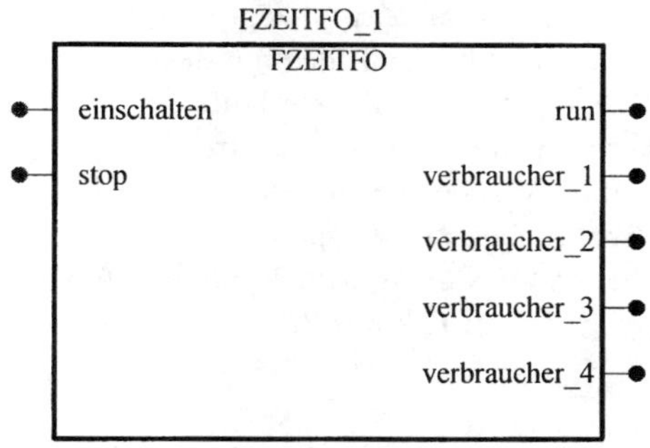

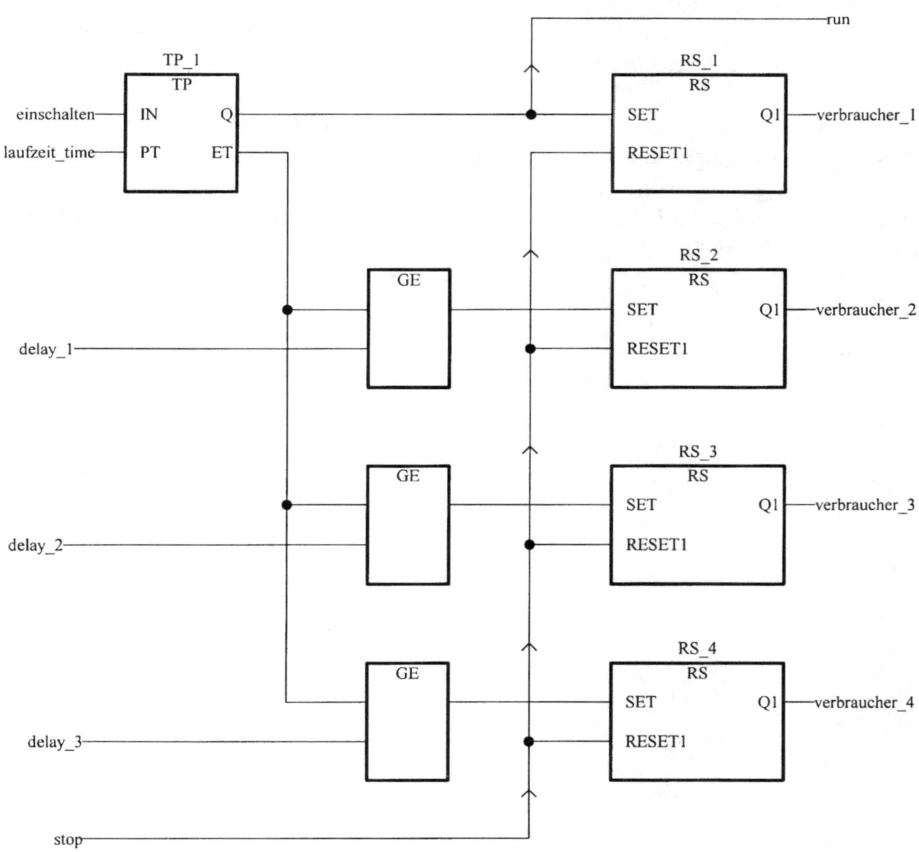

Bild 5.37 Rumpf des Funktionsbausteins FZEITFO

Die Basis der Zeitverzögerung ist hier ein Pulstimer, dessen Laufzeit auf 7 s eingestellt ist. Mit dem Beginn des Signals `einschalten` startet der Timer und am Ausgang ET des Timers läuft der Zeitwert in 1-ms-Schritten hoch bis auf 7000 ms. Verbraucher 1 schaltet sofort ein. 3 Vergleicher überprüfen die ablaufende Zeit daraufhin, ob sie gleich oder größer ist als die Verzögerungszeiten für die restlichen Verbraucher. Die Ausgänge der Vergleicher setzen dann die entsprechenden Speicherglieder für `verbraucher_2` bis `verbraucher_3`. Der Eingang `stop` nimmt alle Ausgänge zurück auf 0.

5.14 Speichernde Einschaltverzögerung: SEINVZ

Der Standardfunktionsbaustein TON als Einschaltverzögerung liefert kein Ausgangssignal, wenn der Puls am Eingang kürzer ist als die Verzögerungszeit. Die speichernde Einschaltverzögerung dagegen liefert auch dann noch ein Signal am Ausgang `out_puls`, wenn der Eingang `start` bereits wieder verschwunden ist. Der Ausgang bleibt dann so lange auf 1, bis das Zeitglied über `reset_1` zurückgesetzt wird. Über den Eingang `auswahl` sind 2 unterschiedliche Laufzeiten wählbar. Liegt `auswahl` auf 0, dann ist `time_1` wirksam; mit `auswahl = 1` gilt `time_2` (s. Bild 5.38, 5.39 und Tabelle 5.12).

Der Eingang `start` setzt ein RS-Glied, womit das Eingangssignal gespeichert ist. Mit dem Flipflop startet die Einschaltverzögerung TON_1. Damit ist die speichernde Einschaltverzögerung realisiert. `reset_1` nimmt das Flipflop zurück, womit auch der Timerausgang auf 0 fällt. Eine SEL_TIME-Funktion ermöglicht das Umschalten der Zeit. Mit G = 0 geht der Eingang IN0 an den Ausgang, mit G = 1 geht IN1 an den Ausgang.

Tabelle 5.12 Lokale Variablen des Bausteins FSEINVZ

```
VAR_INPUT
start        :    BOOL;
reset_1      :    BOOL;
auswahl      :    BOOL;
time_1       :    TIME;
time_2       :    TIME;
END_VAR

VAR
RS_1         :    RS;
TON_1        :    TON;
F_TRIG_1     :    F_TRIG;
END_VAR

VAR_OUTPUT
out_puls     :    BOOL;
runtime      :    TIME;
END_VAR
```

Bild 5.38
Baustein FSEINVZ

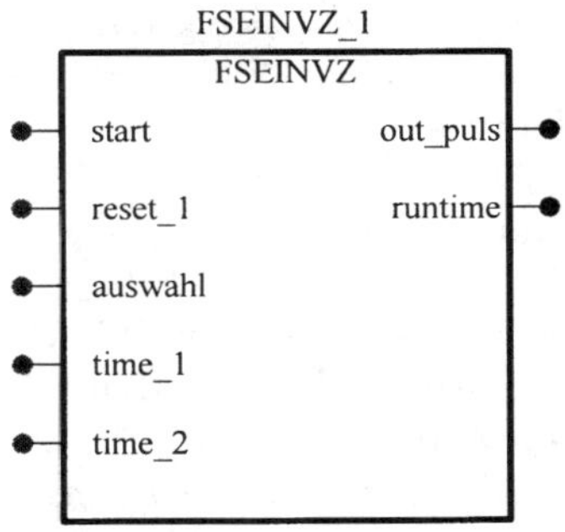

Speichernde Einschaltverzögerung mit umschaltbarer Zeit:

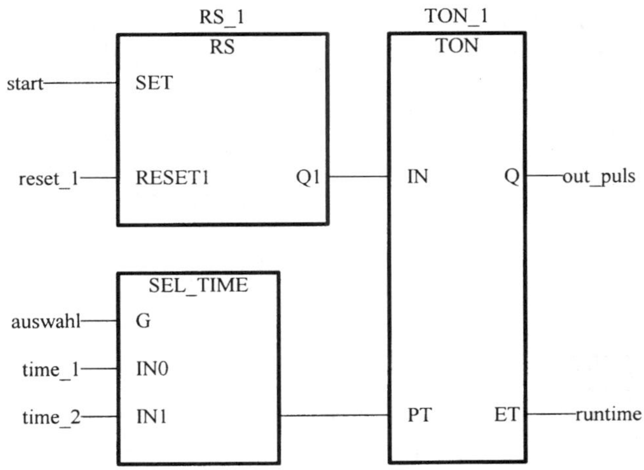

Bild 5.39 Rumpf des Funktionsbausteins FSEINVZ

5.15 Frequenzverdoppelung: FDOPPL

Der Baustein FDOPPL liefert an den beiden Ausgängen `output_1` und `output_2` mit jedem Signalwechsel am Eingang `input` einen Puls. Erhält `input` eine Impulsfolge mit einer bestimmten Frequenz, dann haben die Signale an den Ausgängen folglich die doppelte Frequenz. An `output_1` erscheint mit jeder Flanke an `input` ein Wischimpuls mit der Dauer eines Programmzyklus. Die Impulse an `output_2` dagegen sind beliebig verlängerbar. Das Programm liegt in 2 Varianten vor, und zwar in FBS als FFDOPPL (s. Bild 5.40, 5.41 und Tabelle 5.13) und in ST als SFDOPPL (s. Bild 5.42).

Das Programm FFDOPPL arbeitet folgendermaßen. Zunächst bildet eine OR-Verknüpfung das Ausgangssignal `output_1` aus den beiden Flankenauswertungen mit R_TRIG_1 und F_TRIG_1. `output_1` setzt auch den Ausgang `output_2`. `output_2` steuert den SEL_INT-Umschalter so, daß er über den Addierer eine Zählschleife freigibt. Damit kann die Variable `zaehler` in jedem Programmzyklus um 1 hochgehen. Ein Vergleicher überwacht den Zählerstand und setzt bei dem Vergleichswert von 100 das Flipflop für `output_2` zurück. Damit steht bei jedem Signalwechsel an `input` am Ausgang `output_2` ein Impuls zur Verfügung, dessen Dauer als Vielfaches der Programmzykluszeit wählbar ist.

Der Programmaufbau im strukturierten Text (Bild 5.42) ist ähnlich, hat aber den Unterschied, daß für die Variable `output_2` hier kein RS-Speicherglied eingesetzt ist. Das Setzen und Rücksetzen dieser Variablen erfolgt innerhalb der beiden IF-Anweisungen.

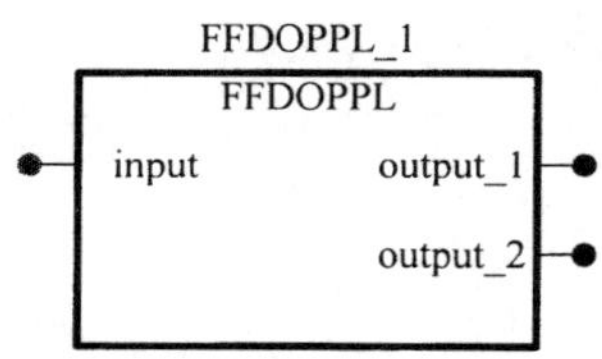

Bild 5.40
Baustein FFDOPPL

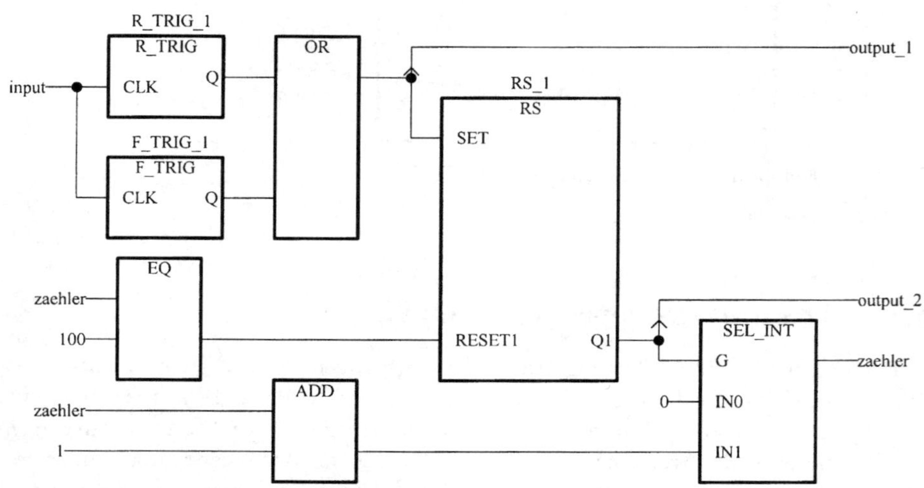

Bild 5.41 Rumpf des Funktionsbausteins FFDOPPL

```
R_TRIG_1(CLK := input);
F_TRIG_1(CLK := input);

output_1 := R_TRIG_1.Q OR F_TRIG_1.Q;

IF   output_1
     THEN  output_2 := TRUE;
END_IF;

IF   output_2
     THEN  zaehler := zaehler +1;
         IF   zaehler = 120
         THEN output_2 := FALSE;
              zaehler := 0;
         END_IF;
END_IF;
```

Bild 5.42 Rumpf des Funktionsbausteins SFDOPPL

Tabelle 5.13 Lokale Variablen des Bausteins FSDOPPL

```
VAR_INPUT
input        :    BOOL;
END_VAR

VAR
R_TRIG_1     :    R_TRIG;
F_TRIG_1     :    F_TRIG;
RS_1         :    RS;
zaehler      :    INT;
END_VAR

VAR_OUTPUT
output_1     :    BOOL;
output_2     :    BOOL;
END_VAR
```

5.16 Taktgeber mit zyklischer Task: PRG_TKT

Für das Programm PRG_TKT dient das Aufrufintervall einer zeitgesteuerten Task als Zeitbasis. PRG_TKT als Baustein vom Typ Programm läßt sich nicht wie Funktionen oder Funktionsbausteine als Block in ein weiteres Programm einbinden, es läßt sich folglich auch nicht als Block mit Eingangs- und Ausgangsparametern darstellen. Programme kommunizieren über globale Variablen mit dem Prozeß. Für die Simulation im Projekt KAP_05.MWT in Verbindung mit der ProConOS-Steuerung zeigt Tabelle 5.14 die globalen Variablen, von denen für PRG_TKT einige benutzt wurden. Die eigentliche Variablenliste für das Programm liegt in Tabelle 5.15. Im Sektor VAR_EXTERNAL ist hier zu erkennen, auf welche globalen Variablen das Programm zugreift.

Das Programm erzeugt an den Ausgängen A00, A01 und A02 der Simulationssteuerung ProConOS Taktimpulse mit unterschiedlicher Frequenz. Voraussetzung ist, daß PRG_TKT (s. Bild 5.43 und Tabelle 5.14 und 5.15) in eine zyklische Task mit einem Aufrufintervall im Sekundenbereich eingebunden ist. Am Ausgangswort AW2 läßt sich die Anzahl der Takte ablesen; über den Eingang E00 kann man den Taktgeber abschalten.

Das Programm arbeitet folgendermaßen: Taktbasis ist der Ausgang A00, der mit jedem Aufruf des Programmes invertiert wird, sofern der Eingang E00 Signal 1 liefert. A00 zählt einen Zähler hoch, der hier mit seinem Maximalwert von 32 767 initialisiert ist. Über eine INT_TO_WORD-Wandlung steuert der Zähler das Ausgangswort AW2 an. Die MOD-Operation des Zählerstandes mit dem Wert 2 bewirkt, daß die Variable `monitor` bei jedem ohne Rest durch 2 dividierbaren Wert auf 0 geht. Über den

Tabelle 5.14 Globale Variablen für das Projekt KAP_05

```
VAR_GLOBAL
EB0         AT    %IB0     :  BYTE;
E00         AT    %IX0.0   :  BOOL;
E01         AT    %IX0.1   :  BOOL;
E02         AT    %IX0.2   :  BOOL;
E03         AT    %IX0.3   :  BOOL;

AB0         AT    %QB0     :  BYTE;
A00         AT    %QX0.0   :  BOOL;
A01         AT    %QX0.1   :  BOOL;
A02         AT    %QX0.2   :  BOOL;
A03         AT    %QX0.3   :  BOOL;

AW2         AT    %QW2     :  WORD;
END_VAR
```

Tabelle 5.15 Lokale Variablen für das Programm PRG_TKT

```
VAR_EXTERNAL
E00          :    BOOL;
A00          :    BOOL;
A01          :    BOOL;
A02          :    BOOL;
AW2          :    WORD;
END_VAR

VAR
RS_1         :    RS;
CTU_1        :    CTU;
R_TRIG_1     :    R_TRIG;
monitor      :    INT;
END_VAR
```

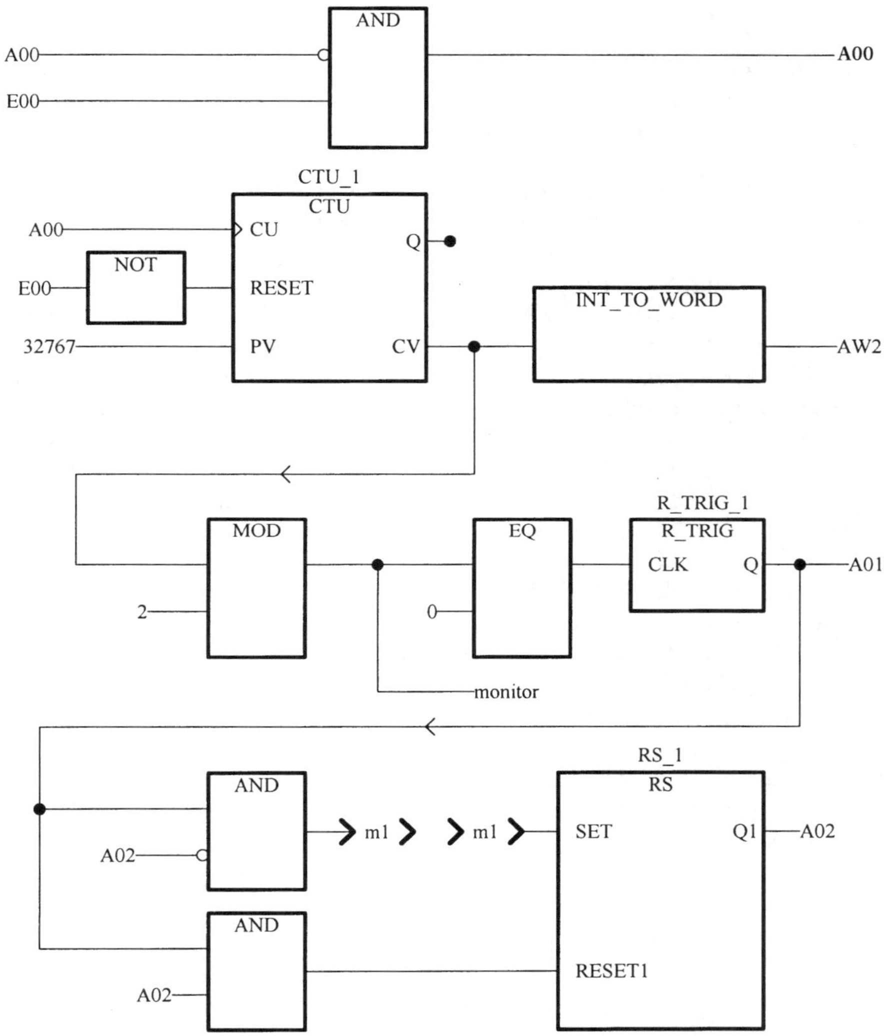

Bild 5.43 Rumpf des Programmes PRG_TKT

Vergleicher erhält dann die Flankenauswertung R_TRIG_1 ein Triggersignal. A01 geht dann auf 1 und bleibt für die Dauer einer kompletten Taskperiode auf 1. Der Ausgang A01 wiederum steuert ein Trigger-Flipflop an, das mit jedem Puls von A01 in eine andere Lage kippt. Beide Konstruktionen gestatten, die Signalsituationen im Programm sozusagen in Zeitlupe zu betrachten; vorausgesetzt, die Taskintervalle sind lang genug. Wir erkennen deutlich, daß das Programm in jedem Intervall nur ein einziges Mal durchlaufen wird, dann bleiben alle inneren Signalzustände bestehen bis zum nächsten Programmzyklus.

5.17 Aufgaben

Die Lösungen finden Sie im Projekt LOE_05.PWT auf der beiliegenden CD.

1. Wandeln Sie den Baustein FTKTRN ab. Die Laufzeit von TP_1 soll 300 ms betragen und die Laufzeit von TP_2 700 ms.
   Name des Bausteins: FTKTRN1.
2. Schreiben Sie das Programm für den Baustein TKTRN in ST. Ergänzen Sie das Programm dergestalt, daß der Wertebereich am Eingang `periodendauer` begrenzt wird auf 50 ms … 2 s.
   Name des Bausteins: STKTRN2.
3. Entwerfen Sie einen Taktgenerator auf der Basis eines TON-Zeitgliedes und eines TOF-Zeitgliedes. Der Generator soll eine symmetrische Impulsfolge am Ausgang `puls` liefern; Periodendauer $T = 2$ s. Am Ausgang `wischimpuls` sollen Pulse mit der Dauer von einem Programmzyklus anstehen. Die Pulse am Ausgang `wischimpuls` lassen sich in der Simulation schlecht nachweisen, da sie nur sehr kurz anstehen. Überlegen Sie sich eine Möglichkeit, das Vorhandensein dieser Impulse trotzdem zu überprüfen. Beschreiben Sie die Arbeitsweise des Programmes im Textarbeitsblatt der POE.
   Name des Funktionsbausteins: TAKT1.
4. Die automatische Spülung für ein Urinalbecken basiert auf einem Reflexlichttaster. Er meldet der Steuerung, daß sich eine Person vor dem Becken aufhält. Verläßt die Person den Wirkungsbereich des Lichttasters wieder, dann kommt sofort ein Spülimpuls von 3 s. Voraussetzung für den Spülimpuls ist jedoch, daß die Person für eine Mindestzeit vom 10 s erfaßt wurde. Entwerfen Sie die Steuerung als Funktionsbaustein mit einem Eingang `lichttaster` und einem Ausgang `spuelimpuls`.
   Name des Bausteins: FSPLPLS.
5. Schreiben Sie den Baustein FDOPPL in AWL.
   Name des Bausteins: AFDOPPL

6 Signalgeneratoren

Bei den hier dargestellten Funktionsbausteinen handelt es sich um Generatoren, die binäre oder digitale Signale liefern. Generell entscheidend für die Qualität eines Softwaregenerators ist die Konstanz der verwendeten Zeitbasis. Bei den Generatoren, die digitale Signale liefern, diskrete Werte also, kommt als weiteres Qualitätsmerkmal die Auflösung hinzu. Die Auflösung gibt an, in wie viele diskrete Werte das Ausgangssignal zerlegt ist. Ein Signal ist um so besser modelliert, je höher die Auflösung ist. Die Anzahl der diskreten Werte jedoch, in die wir ein Signal innerhalb einer Periode zerlegen können, hängt von der möglichen Taktrate und der gewünschten Periodendauer ab.

Zum Erzeugen der Taktrate eines Generators können wir im einfachsten Falle den Programmzyklus verwenden. Allerdings ist die Zykluszeit eines Programmes in der Regel nicht konstant, wir müssen mit kurzen zeitlichen Schwankungen (Jitter) im Signal rechnen. Eine andere Möglichkeit ist der Einsatz von Zeitgliedern. Zeitglieder arbeiten auf dem Systemtakt des Prozessors, sind also sehr genau. Die einzelnen Zeitgliedzyklen verlaufen allerdings asynchron zum Programmzyklus. Damit ist jeder einzelne Abtastwert auch mit einem geringen Jitter versehen, weil das Programm nicht unbedingt den Timer genau dann abfragt, wenn dessen Zeit abgelaufen ist.

6.1 Einfacher Rampengenerator: RAMPE1

Der Funktionsbaustein RAMPE1 liefert an seinem Ausgang `out_real` ein rampenförmig ansteigendes Signal. Der Maximalwert ist am Eingang `endwert_int` anzugeben. Zeitbasis für diese Rampe ist die Zykluszeit des Programmes. Das Programm liegt in ST als SRAMPE1 vor (Bild 6.1, 6.2 und Tabelle 6.1).

Die Arbeitsweise des Programmes ist einfach. Die lokale Variable `int_wert` geht in jedem Zyklus um 1 hoch. Durch die folgende Modulooperation ist gewährleistet, daß

Bild 6.1
Baustein SRAMPE1

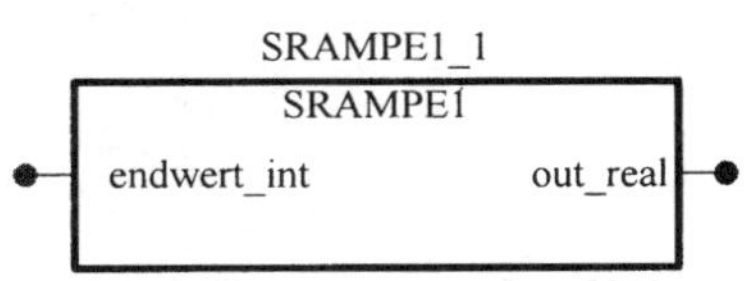

```
int_wert := (int_wert + 1) MOD endwert_int;
out_real := INT_TO_REAL (int_wert);
```

Bild 6.2 Rumpf des Bausteins SRAMPE1

Tabelle 6.1 Lokale Variablen des Bausteins SRAMPE1

```
VAR_INPUT
endwert_int    :    INT;
END_VAR

VAR
int_wert       :    INT := 0;
END_VAR

VAR_OUTPUT
out_real       :    REAL;
END_VAR
```

int_wert nie größer wird als der vorgegebene endwert_int. Abschließend erzeugt die Funktion INT_TO_REAL den Ausgangswert out_real im REAL-Format.

6.2 Rampengenerator mit Start – Halt – Stop: RAMPE2

Der Funktionsbaustein RAMPE2 liefert ebenso wie RAMPE1 ein rampenförmig ansteigendes Ausgangssignal, der Maximalwert läßt sich im Bereich einer INT-Variablen am Eingang endwert_int vorgeben. Die Rampe startet mit einem Signalwechsel von FALSE nach TRUE am Eingang start. Die laufende Rampe läßt sich mit TRUE am Eingang halt anhalten. Über den Eingang stop brechen wir den Generatorvorgang ab. Der Ausgang run liefert so lange 1, wie der Baustein freigegeben ist. Der Baustein liegt in 2 Varianten vor, und zwar als SRAMPE2 in ST (s. Bild 6.3, 6.4 und Tabelle 6.2) und als FRAMPE2 in FBS.

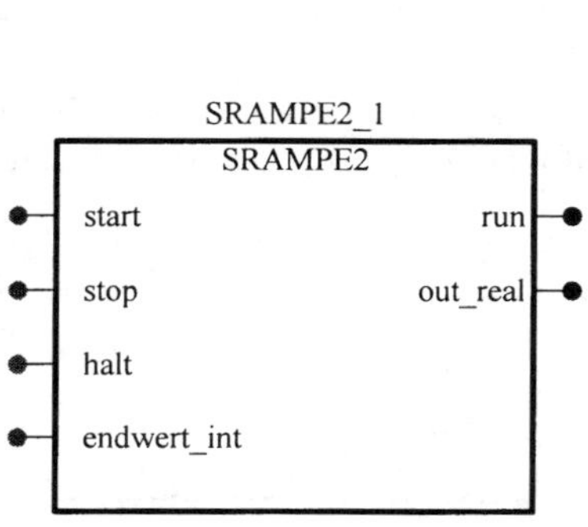

Bild 6.3
Baustein SRAMPE2

```
IF NOT stop
     THEN   IF   start AND NOT run
                 THEN int_wert := 0;
                      run := TRUE;
            END_IF;

            IF   run
                 THEN IF    NOT halt THEN
                            int_wert := (int_wert + 1) MOD endwert_int;
                            out_real := INT_TO_REAL(int_wert);
                      END_IF;
            END_IF;

ELSE run := FALSE;
     out_real := 0.0;
     int_wert := 0;
END_IF;
```

Bild 6.4 Rumpf des Bausteins SRAMPE2

Tabelle 6.2 Lokale Variablen des Bausteins SRAMPE2

```
VAR_INPUT
start        :   BOOL;
stop         :   BOOL;
halt         :   BOOL;
endwert_int  :   INT;
END_VAR

VAR
int_wert     :   INT := 0;
END_VAR

VAR_OUTPUT
run          :   BOOL;
out_real     :   REAL;
END_VAR
```

Das Programm in ST hat folgende Arbeitsweise. Zunächst erhält der Eingang `stop` höchste Priorität. Wir gehen im Programm nämlich nur dann weiter, wenn das Stoppsignal FALSE führt (`IF NOT stop`). Liegt `stop` auf TRUE, kommt die abschließende Programmsequenz hinter ELSE zum Zuge: Alle Variablen werden zurückgesetzt.

Mit `stop = FALSE` ist eine Bedienung des Generators möglich. Für den Eingang `start` erfolgt eine Flankenauswertung. Den eigentlichen Generatorkern gibt man über die Variable `run` frei, die nur bei einem Signalwechsel von FALSE nach TRUE am Eingang `start` gesetzt wird. Für den einmal gestarteten Generator spielt dann der Eingang `start` keine Rolle mehr. Die letzte Entscheidung, ob die Generatorfunktion läuft oder nicht, hat der Eingang `halt`. Mit TRUE an diesem Eingang wird der Zählvorgang übersprungen, `out_real` behält den letzen Wert.

Das Programm in FBS arbeitet folgendermaßen (s. Bild 6.5 und Tabelle 6.3). Die Start-Stop-Logik sorgt auch hier dafür, daß der Baustein nur dann zu starten ist, wenn `stop` Signal 0 führt. Ein positiver Flankenwechsel an `start` setzt den Generator in Gange. Der Umschalter SEL_INT steuert dabei den eigentlichen Generator. Mit `run = FALSE` geht der Wert 0 am Eingang IN0 an die Variable `int_wert`. Mit `run = TRUE` schließt SEL_INT den Kreis über die ADD- und MOD-Funktion. In diesem Kreis erfolgt das Inkrementieren der Generatorvariablen `int_wert`. Mit dem Funktionsbaustein STORHLD läßt sich dieser Kreis unterbrechen. Solange hier der Eingang `control` Signal 1 führt, ist `in_int` auf `out_int` durchgeschaltet. Mit `control = 0` ist diese Verbindung geöffnet, der Generatorkreis unterbrochen.

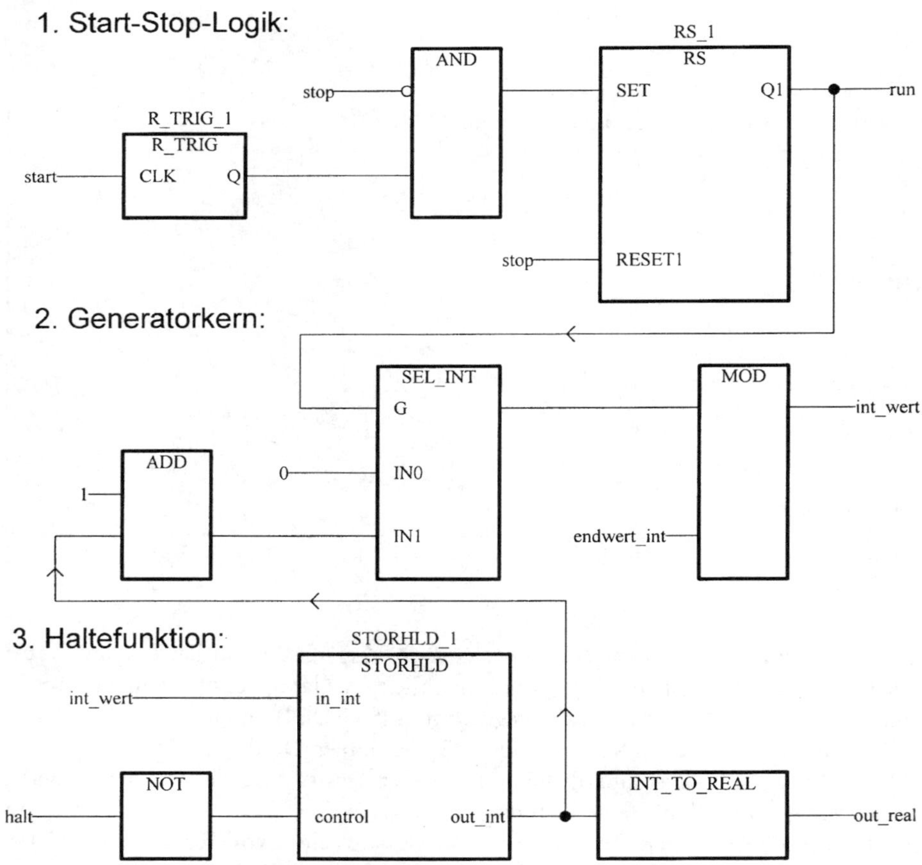

Bild 6.5 Rumpf des Bausteins FRAMPE2

Tabelle 6.3 Lokale Variablen des Bausteins FRAMPE2

```
VAR_INPUT
start        :  BOOL;
stop         :  BOOL;
halt         :  BOOL;
endwert_int  :  INT;
END_VAR

VAR
int_wert     :  INT :=0;
RS_1         :  RS;
R_TRIG_1     :  R_TRIG;
STORHLD_1    :  STORHLD;
END_VAR

VAR_OUTPUT
run          :  BOOL;
out_real     :  REAL;
END_VAR
```

Der Funktionsbaustein STORHLD bildet ein Tor bzw. eine Sample-and-Hold-Schaltung für Real-Variablen. Solange wie der Eingang `control` Signal 1 führt, folgt der Ausgang `out_real` unmittelbar dem Eingang `in_real`. Mit `control = FALSE` ist die Verbindung zwischen `in_real` und `out_real` unterbrochen, an `out_real` bleibt der zuletzt ausgegebene Wert stehen. Die zugehörige Programmsequenz in ST ist recht einfach:

```
IF control
  THEN out_int := in_int;
END_IF
```

6.3 Sägezahngenerator auf Zählerbasis: SAEGZA

Der Funktionsbaustein SAEGZA liefert an seinen beiden Ausgängen ein sägezahnförmiges Signal mit einem langsamen Anstieg und schnellem Abfall. Der durchlaufene Wertebereich liegt zwischen 0 und 100 am Ausgang `out_int` und zwischen 0.0 und 100.0 am Ausgang `out_real`. Die Freigabe des Generators erfolgt mit Signal TRUE am Eingang `lauf`. Das Programm liegt in FBS als FSAEGZA (s. Bild 6.6, 6.7 und Tabelle 6.4) und in ST als SSAEGZA vor.

Bild 6.6
Baustein FSAEGZA

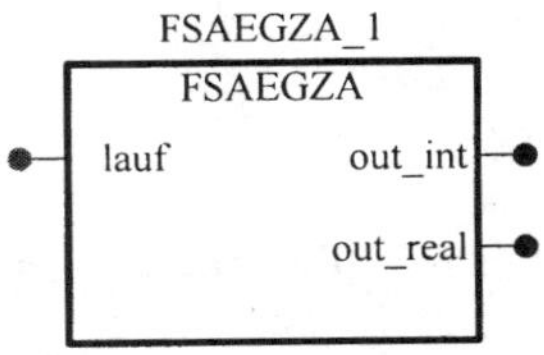

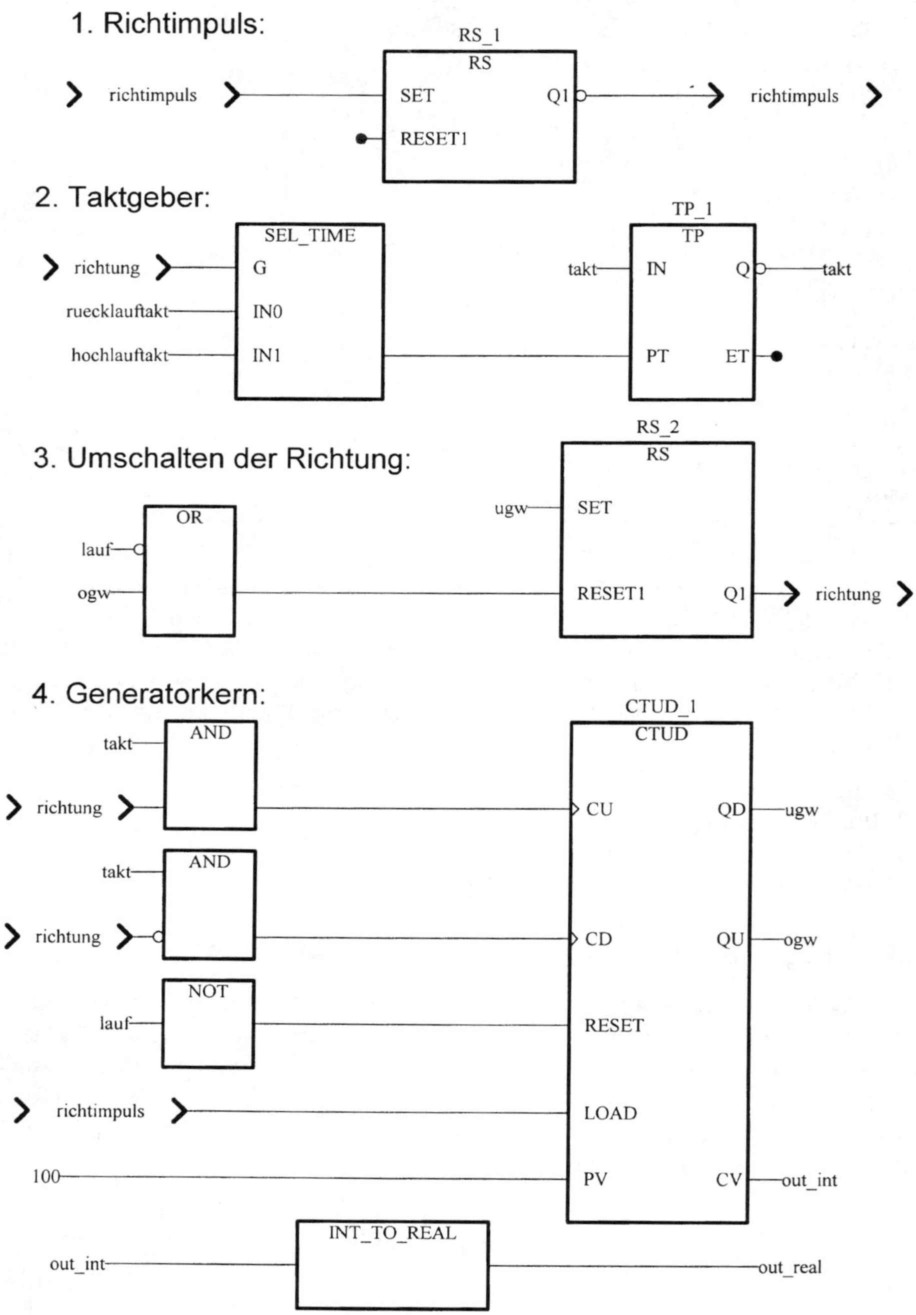

Bild 6.7 Rumpf des Bausteins FSAEGZA

Tabelle 6.4 Lokale Variablen des Bausteins FSAEGZA

```
VAR_INPUT
lauf           :  BOOL;
END_VAR

VAR
ogw            :  BOOL;
ugw            :  BOOL;
ruecklauftakt  :  TIME := T#50ms;
hochlauftakt   :  TIME := T#200ms;
takt           :  BOOL;
TP_1           :  TP;
RS_1           :  RS;
RS_2           :  RS;
CTUD_1         :  CTUD;
END_VAR

VAR_OUTPUT
out_int        :  INT;
out_real       :  REAL;
END_VAR
```

Der Funktionsbaustein FSAEGZA arbeitet folgendermaßen: Generatorkern ist ein Vorwärts-/Rückwärtszähler, der im periodischen Betrieb zwischen 0 und dem Maximalwert von 100 hin- und herzählt. Dieser Maximalwert ist beim erstmaligen Start des Bausteins in den Zähler zu laden. Zuständig dafür ist ein Richtimpuls, er versorgt den Zähler CTUD_1 über den LOAD-Eingang mit seinem Endwert. Im laufenden Betrieb des Zählers müssen die Eingänge RESET und LOAD Signal 0 führen. Der folgende Taktgeber auf der Basis des Pulstimers TP_1 erhält 2 unterschiedliche Zeitwerte, abhängig von der Zählrichtung des Zählers. Die Auswahl von `ruecklauftakt` oder `hochlauftakt` erfolgt über eine SEL_TIME-Funktion. Mit `richtung = 0` geht `ruecklauftakt` an den Ausgang der Funktion, andernfalls `hochlauftakt`. Das Umschalten der Richtung übernimmt ein RS-Glied, gesteuert von den beiden Zählerzuständen ugw und ogw. Der Zähler selbst erhält das invertierte Laufsignal am Eingang RESET und ist damit so lange blockiert, wie `lauf` Signal 0 führt. Signal `lauf = 1` gibt den Generator frei, ugw führt zunächst Signal 1 und schaltet den Richtungsspeicher RS_2 auf Vorwärtszählen. Mit dem Zählerstand 100 geht der Ausgang QU des Zählers auf TRUE, ogw setzt RS_2 zurück und die Zählrichtung wechselt auf Rückwärtszählen.

Der Zählerstand läßt sich direkt als INT-Variable am Ausgang CTUD_1.CV abgreifen, für den REAL-Ausgang ist noch eine Typumwandlung nötig.

Das Programm im strukturierten Text (s. Bild 6.8) ist im wesentlichen identisch mit dem Rumpf des FBS-Programmes. Abweichungen sind nur an den Stellen vorhanden, wo in der grafischen Sprache ein Konnektor eingesetzt ist (`richtimpuls` und `richtung`). Hier verlangt der strukturierte Text den Einsatz von Variablen.

```
(* Richtimpuls erzeugen: *)
richtimpuls := NOT RS_1.Q1;
RS_1 (SET := richtimpuls);

(* Hier kommt der Taktgenerator mit Umschalten der Flankendauer: *)
TP_1(IN := takt,PT := SEL_TIME (richtung,ruecklauftakt,hochlauftakt));
takt := NOT TP_1.Q;

(* Hier erfolgt das Umschalten der Zählrichtung: *)
RS_2(SET := ugw, RESET1 := NOT lauf OR ogw);
richtung := RS_2.Q1;

(* Und hier der eigentliche Zähler: *)
CTUD_1(CU := takt AND richtung, CD := takt AND NOT richtung,
      RESET := NOT lauf, LOAD := richtimpuls, PV := 100);

(* Auswerten des Zählerstandes: *)
ugw := CTUD_1.QD;
ogw := CTUD_1.QU;
out_int := CTUD_1.CV;                (* Sägezahnausgang INT *)
out_real := INT_TO_REAL(out_int);    (* Sägezahnausgang REAL *)
```

Bild 6.8 Rumpf des Bausteins SSAEGZA

6.4 Dreieckgenerator auf der Basis des Programmzyklus: TRIAG1

TRIAG1 liefert an seinen Ausgängen ein Dreieckwechselsignal, und zwar im INT- und im REAL-Format. Der Ausgang `square` liefert ein synchrones Binärsignal mit TRUE bei steigender Dreieckflanke. Die Amplitude im Wertebereich einer INT-Variablen ist über den Eingang `amplitude_int` einzustellen. Am Eingang `offset_int` läßt sich ein Offset einstellen. Da der Generatorkern als Zeitbasis den Programmzyklus verwendet, ist die Periodendauer fest und abhängig von der Programmzykluszeit. Der Funktionsbaustein liegt in ST als STRIAG1 vor (s. Bild 6.9, 6.10 und Tabelle 6.5).

Die erste Programmsequenz stellt beim erstmaligen Aufruf des Bausteins definierte Anfangsbedingungen her. Die Variable `run` hat dann nämlich den Wert FALSE, die IF-Anweisungen werden bearbeitet. Abschließend geht `run` auf TRUE, womit in allen

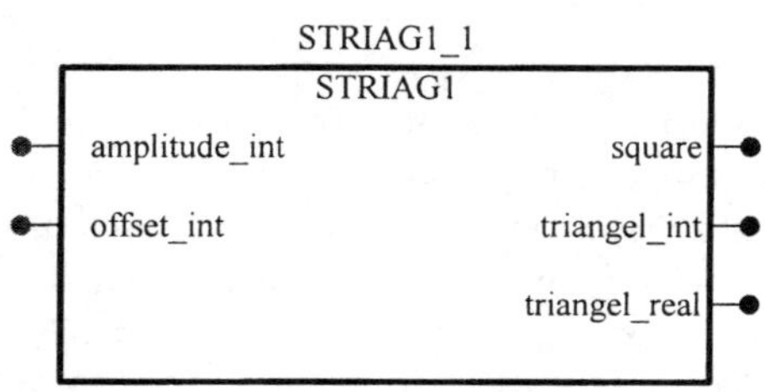

Bild 6.9
Baustein STRIAG1

```
(* Erzeugen definierter Startbedingungen: *)
IF   NOT run
     THEN    m1 := -amplitude_int;
             inkrement := 1;
             square := TRUE;
             run := TRUE;
END_IF;

(* Generatorkern: *)
IF   amplitude_int <> 0
     THEN    m2 := m2 + inkrement;
     IF      m2 > amplitude_int
             THEN inkrement := -1;
                  square := FALSE;
     ELSIF   m2 < -amplitude_int
             THEN inkrement := 1;
                  square := TRUE;
     END_IF;
END_IF;

(* Erzeugen der beiden Ausgangssignale: *)
triangel_int := offset_int + m2;
triangel_real := INT_TO_REAL (triangel_int);
```

Bild 6.10 Rumpf des Bausteins STRIAG1

Tabelle 6.5 Lokale Variablen des Bausteins STRIAG1

```
VAR_INPUT
amplitude_int  :   INT;
offset_int     :   INT;
END_VAR

VAR
inkrement      :   INT:= 1;
run            :   BOOL;
m1,m2          :   INT;
END_VAR

VAR_OUTPUT
square         :   BOOL;
triangel_int   :   INT;
triangel_real  :   REAL;
END_VAR
```

folgenden Programmzyklen die IF-Abfrage negativ ist. Der eigentliche Generatorkern besteht aus dem Inkrementieren der Variablen m2. Die innere IF-Sequenz ändert das Vorzeichen der Inkremente und betätigt den Ausgang square. Für die ansteigende

Dreieckflanke ist `inkrement` positiv, für die abfallende Flanke dagegen negativ. So wie die Abfrage hier mit `m2 > amplitude_int` bzw. `m2 < -amplitude_int` realisiert ist, liegt der Dreieckspitzenwert stets um ein Inkrement über dem Wert `amplitude_int`.

Für die beiden Ausgangssignale erfolgt zuletzt noch das Addieren des Offsetwertes und die Typwandlung von INT nach REAL.

6.5 Dreieckgenerator auf Timerbasis: TRIAG2

Auch der Funktionsbaustein TRIAG2 erzeugt ein Dreiecksignal an seinen beiden Ausgängen. Anstelle der Amplitude und eines Offset können wir hier jedoch den oberen und unteren Spitzenwert an den Eingängen `upper_limit_int` und `lower_limit_int` vorgeben. Ein Timer bildet in diesem Programm die Zeitbasis, womit sich die Periodendauer am Eingang `period_time` einstellen läßt. Der Baustein liegt in ST als STRIAG2 vor (s. Bild 6.11, 6.12 und Tabelle 6.6).

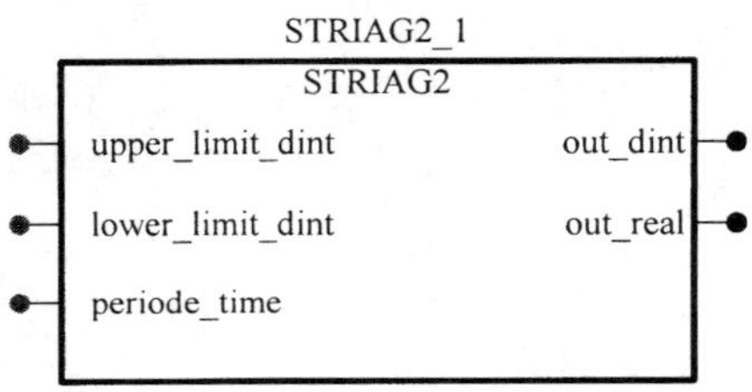

Bild 6.11
Baustein STRIAG2

Tabelle 6.6 Lokale Variablen des Bausteins STRIAG2

```
VAR_INPUT
upper_limit_dint     :   DINT;
lower_limit_dint     :   DINT;
periode_time         :   TIME;
END_VAR

VAR
abtastrate           :   INT := 400;
TP_1                 :   TP;
puls,run,hochlauf    :   BOOL;
abtastzeit           :   TIME;
inkrement            :   DINT;
generatorwert        :   DINT;
teiler               :   DINT  := 200;
null                 :   DINT  := 0;
END_VAR

VAR_OUTPUT
out_dint             :   DINT;
out_real             :   REAL;
END_VAR
```

```
(* Startbedingungen: *)
IF  NOT run
   THEN hochlauf := TRUE;
        run := TRUE;
END_IF;
(* Freigabe des Generators: *)
IF  periode_time >= T#2000ms AND
   upper_limit_dint > lower_limit_dint

(* Berechnung der Abtastzeit und der Signalinkremente: *)
   THEN abtastzeit := DIV_T_AN (periode_time,abtastrate);
        inkrement := (upper_limit_dint - lower_limit_dint) / teiler;
(* Taktgenerator: *)
            TP_1(IN := puls,PT := abtastzeit);
            puls := NOT TP_1.Q;
(* Generatorkern: *)
        IF   puls AND hochlauf
            THEN   generatorwert := generatorwert + inkrement;
                   IF  generatorwert > (upper_limit_dint - inkrement)
                      THEN hochlauf := FALSE;
                   END_IF;
        ELSIF   puls AND NOT hochlauf
                THEN   generatorwert := generatorwert - inkrement;
                   IF  generatorwert < (lower_limit_dint + inkrement)
                      THEN   hochlauf := TRUE;
                   END_IF;
        END_IF;
ELSE    generatorwert := null; hochlauf := TRUE;
END_IF;

(* Erzeugen der Ausgangssignale: *)
out_dint := generatorwert;
out_real := DINT_TO_REAL(generatorwert);
```

Bild 6.12 Rumpf des Bausteins STRIAG2

Das Programm STRIAG2 arbeitet folgendermaßen: Nach dem 1. Aufruf des Bausteins sorgt die Startbedingung dafür, daß der Generator auf jeden Fall mit der positiven Flanke des Dreiecks beginnt. Die Freigabe des Generators erfolgt nur dann, wenn die gewählte Periodendauer größer ist als 2 s und die Vorgabe für den positiven Spitzenwert größer ist als für den negativen Spitzenwert. Aus der Periodendauer berechnet man dann die `abtastzeit` für eine `abtastrate` von 400 Werten pro Signalperiode. In jeder Periode ist für das Dreiecksignal der volle Wertebereich zwischen `lower_limit_dint` und `upper_limit_dint` 2-mal zu durchlaufen. Bei einer Abtastrate von 400 entsteht folglich jede Flanke aus 200 Inkrementen. Den entsprechenden Wert für die Variable `inkrement` erhält man mit der Division des Wertebereiches durch `teiler` = 200.

Der Taktgenerator TP_1 liefert eine Pulsfolge `puls` mit dem zeitlichen Abstand der `abtastzeit`. Im Generatorkern erfolgt dann das Inkrementieren oder Dekrementieren der Variablen generatorwert, abhängig von der jeweiligen Flanke. Die Abfrage für das Umschalten der Richtungsvariablen hochlauf geschieht durch Vergleich von generatorwert mit dem oberen oder unteren Spitzenwert. Dieser Vergleich erfolgt jeweils mit dem GRÖSSER- (>) bzw. KLEINER-Operator (<) und nicht mit dem GLEICH-Operator. Der Grund ist, daß nicht sicher ist, ob man mit dem GLEICH-Operator (=) auch tatsächlich einen generatorwert erfaßt, der genau dem upper_limit_dint bzw. lower_limit_dint entspricht. Rundungsfehler beim Berechnen der Variablen inkrement bewirken z. B. eine solche Unsicherheit. Damit der generatorwert nicht über die Grenzwerte hinaus ansteigt, vergleicht man auf einen Wert, der um ein inkrement unter dem Grenzwert liegt.

Sind die Freigabebedingungen für den Generator nicht erfüllt, wird generatorwert auf 0 gesetzt, abschließend entstehen die Ausgangssignale durch Zuweisung bzw. Typumwandlung.

6.6 Sinusgenerator: SINGN1

Der Funktionsbaustein SINGN1 erzeugt auf der Basis eines Timers eine sinusförmig verlaufende Ausgangsgröße am Ausgang sinus_real. Der Wert am Eingang amplitude bestimmt den Spitzenwert am Ausgang. Die Zeit am Eingang periode_time gibt die Periodendauer an, die Zeit am Eingang tastzyklus_time bestimmt, wie oft ein neuer Sinuswert berechnet wird. Das Programm liegt in ST als SSING1 vor (s. Bild 6.13, 6.14 und Tabelle 6.7).

Grundlage für das Programm ist die Gleichung für eine sinusförmige Funktion [22], wie sie z.B. in der Elektrotechnik die sinusförmig verlaufende Spannung darstellt (Bild 6.15).

Tabelle 6.7 Lokale Variablen des Bausteins SSING1

```
VAR_INPUT
amplitude         :    REAL;
periode_time      :    TIME;
tastzyklus_time   :    TIME;
END_VAR

VAR
m1                :    DINT;
schritte          :    REAL;
winkel_schritt    :    REAL;
winkel            :    REAL;
TP_1              :    TP;
takt              :    BOOL;
END_VAR

VAR_OUTPUT
sinus_real        :    REAL;
END_VAR
```

Bild 6.13
Baustein SSING1

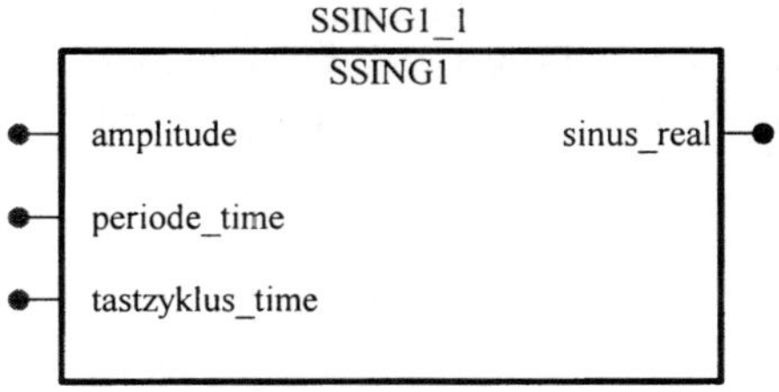


```
(* Abtastrate (Schritte je Periode) berechnen: *)
m1 := TIME_TO_DINT(periode_time) / TIME_TO_DINT(tastzyklus_time);
schritte := DINT_TO_REAL (m1);

(* Taktgenerator: *)
TP_1(IN := takt, PT := tastzyklus_time);
takt := NOT TP_1.Q;

(* Berechnen der Winkelschritte im Bogenmaß: *)
winkel_schritt := 6.2831 / schritte;

(* Mit jedem Takt entsteht eine neuer Winkel: *)
IF  takt
    THEN  winkel := winkel + winkel_schritt;
          IF  winkel >= 6.2831
              THEN  winkel := 0.0;
          END_IF;
END_IF;

(* Den Wert der Ausgangsgröße berechnen: *)
sinus_real := SIN(winkel) * amplitude;
```

Bild 6.14 Rumpf des Bausteins SSING1

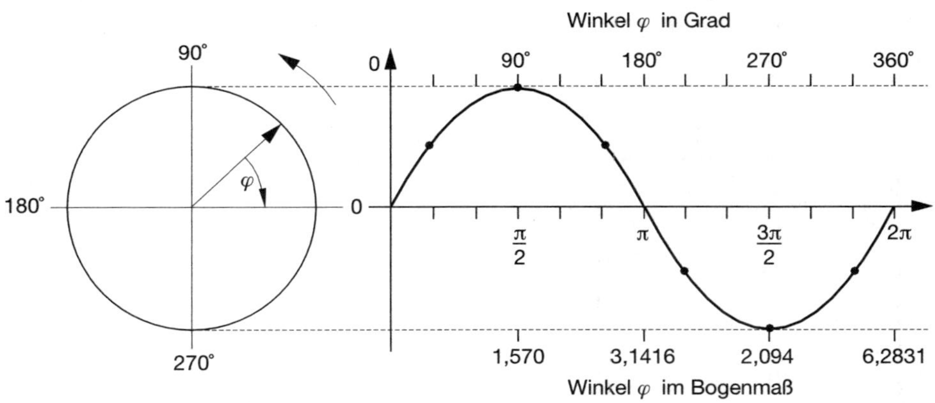

Bild 6.15 Ableitung einer sinusförmigen Spannung aus dem rotierenden Zeiger

Man sieht dabei einen rotierenden Zeiger, der innerhalb der Periodendauer T den gesamten Winkel von 0 … 360° durchläuft. In jedem Augenblick ergibt sich der Momentanwert u für die Spannung mit

$u = U_S \cdot \sin \varphi$
mit:
u Momentanwert der Spannung
U_S Spitzenwert der Spannung (Amplitude)
φ Augenblickswert des Winkels

Die Winkelfunktionen SIN, COS usw. in den hier verwendeten Programmiersprachen verarbeiten die Winkelangaben nur im Bogenmaß. Hier entspricht dem vollen Winkel von 0 … 360° dem Wertebereich von 0 … 2π bzw. 0 … 6,2831.

Auf dieser Basis arbeitet das Programm SSING1. Anstelle einer beliebigen physikalischen Größe berechnet es hier den digitalen Wert der Variablen `sinus_real`. Aufgrund der taktgesteuerten Arbeitsweise ändert sich der Winkel hier nicht kontinuierlich, sondern schrittweise, jeweils um den Betrag `winkel_schritt`.

Das Programm ermittelt zunächst aus der Periodendauer und dem vorgegebenen `tastzyklus_time` die Anzahl der Schritte, mit der eine Sinusperiode aufzubauen ist. Das Ergebnis liegt dann als REAL-Variable `schritte` vor. TP_1 bildet den Taktgenerator, mit dem man – bildlich gesprochen – den Zeiger um jeweils einen `winkel_schritt` weiterschaltet. Diese Winkelschritte erhält man durch Division des Vollwinkels 0 … 6,2831 durch die Anzahl `schritte`. Der endgültige Sinuswert am Ausgang `sinus_real` entsteht dann als Produkt aus dem Sinuswert der aktuellen Winkel mit der `amplitude`.

6.7 Bitmustergenerator für 4 Bit: BITMG

Die beiden Bausteine FBITMG1 (s. Bild 6.16, 6.17 und Tabelle 6.8) und FBITMG2 in FBS liefern an ihren Ausgängen `spur_a`, `spur_b`, `spur_c` und `spur_d` ein 4-Kanal-Bitmuster entsprechend den Ausgängen eines 4-stufigen Dualzählers. Ein weiterer Ausgang liefert den internen Takt. Die Ablaufgeschwindigkeit ist am Eingang `period_time` einzustellen.

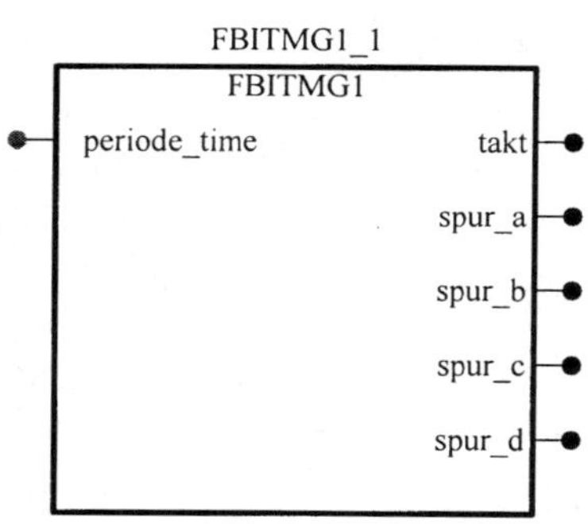

Bild 6.16
Baustein FBITMG1

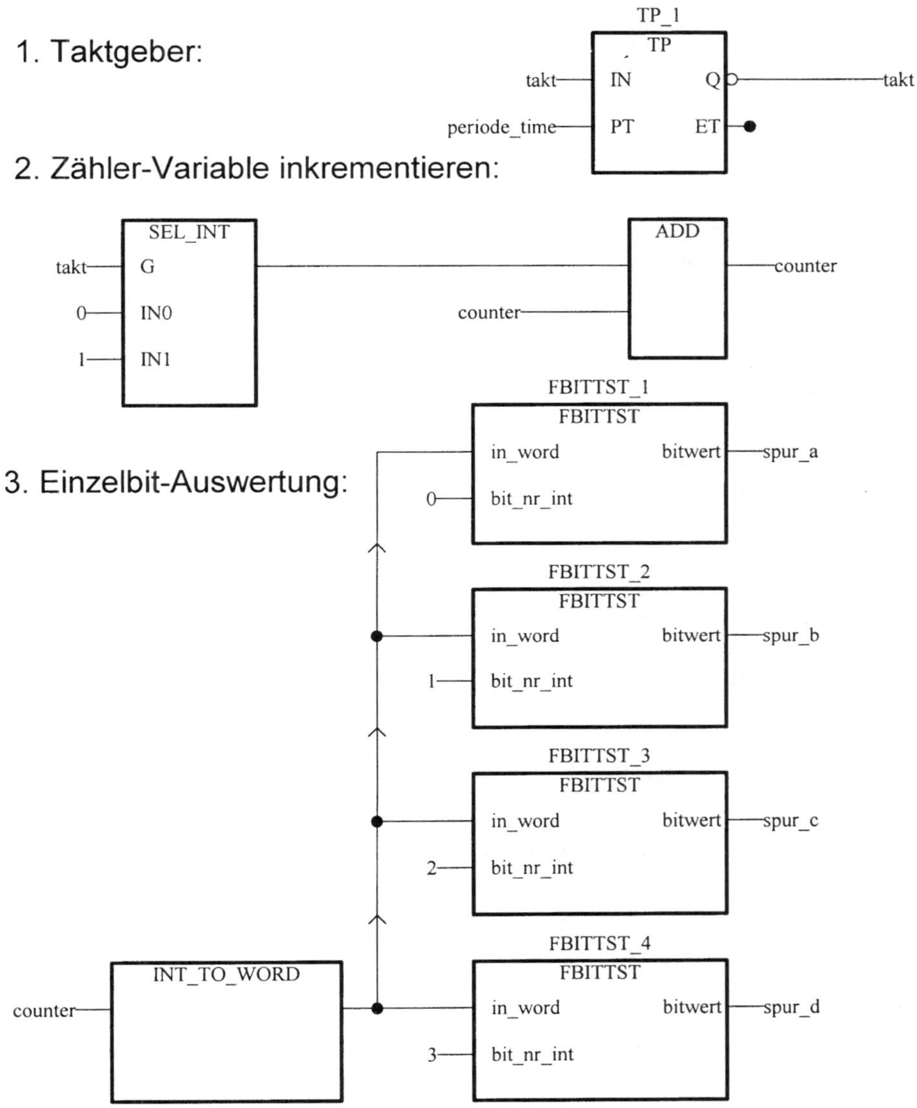

Bild 6.17 Rumpf des Bausteins FBITMG1

Kern des Bitmustergenerators FBITMG1 ist die INT-Variable `counter`, die taktgesteuert inkrementiert wird. Dafür sorgt der Auswahlschalter SEL_INT. In den Programmzyklen, in denen `takt` Signal 0 führt, geht der Wert 0 am Eingang IN0 auf die ADD-Funktion, ändert sich `counter` also nicht. Nur im Programmzyklus, in dem `takt` auf 1 liegt, geht die 1 vom Eingang IN1 auf das ADD-Glied, `counter` geht um

Tabelle 6.8 Lokale Variablen des Bausteins FBITMG1

```
VAR_INPUT
periode_time :   TIME;
END_VAR

VAR
counter       :   INT := 0;
TP_1          :   TP;
FBITTST_1     :   FBITTST;
FBITTST_2     :   FBITTST;
FBITTST_3     :   FBITTST;
FBITTST_4     :   FBITTST;
END_VAR

VAR_OUTPUT
takt          :   BOOL;
spur_a        :   BOOL;
spur_b        :   BOOL;
spur_c        :   BOOL;
spur_d        :   BOOL;
END_VAR
```

1 hoch. Um einen Zugang zu den einzelnen Bits in der Variablen `counter` zu erhalten, ist eine Typwandlung INT_TO_WORD erforderlich. Über den Funktionsbaustein FBITTST aus Kapitel 3 können wir dann auf die 4 ersten Bits zugreifen, die das periodische Zählerbitmuster ergeben.

Der Generator FBITMG2 (Bild 6.18 und Tabelle 6.9) ist auf gänzlich andere Art realisiert. Hier ist mit dem Funktionsbaustein FJK_FF aus Kapitel 4 ein Asynchron-

Tabelle 6.9 Lokale Variablen des Bausteins FBITMG2

```
VAR_INPUT
periode_time :   TIME;
END_VAR

VAR
TP_1          :   TP;
FJK_FF_1      :   FJK_FF;
FJK_FF_2      :   FJK_FF;
FJK_FF_3      :   FJK_FF;
FJK_FF_4      :   FJK_FF;
END_VAR

VAR_OUTPUT
takt          :   BOOL;
spur_a        :   BOOL;
spur_b        :   BOOL;
spur_c        :   BOOL;
spur_d        :   BOOL;
END_VAR
```

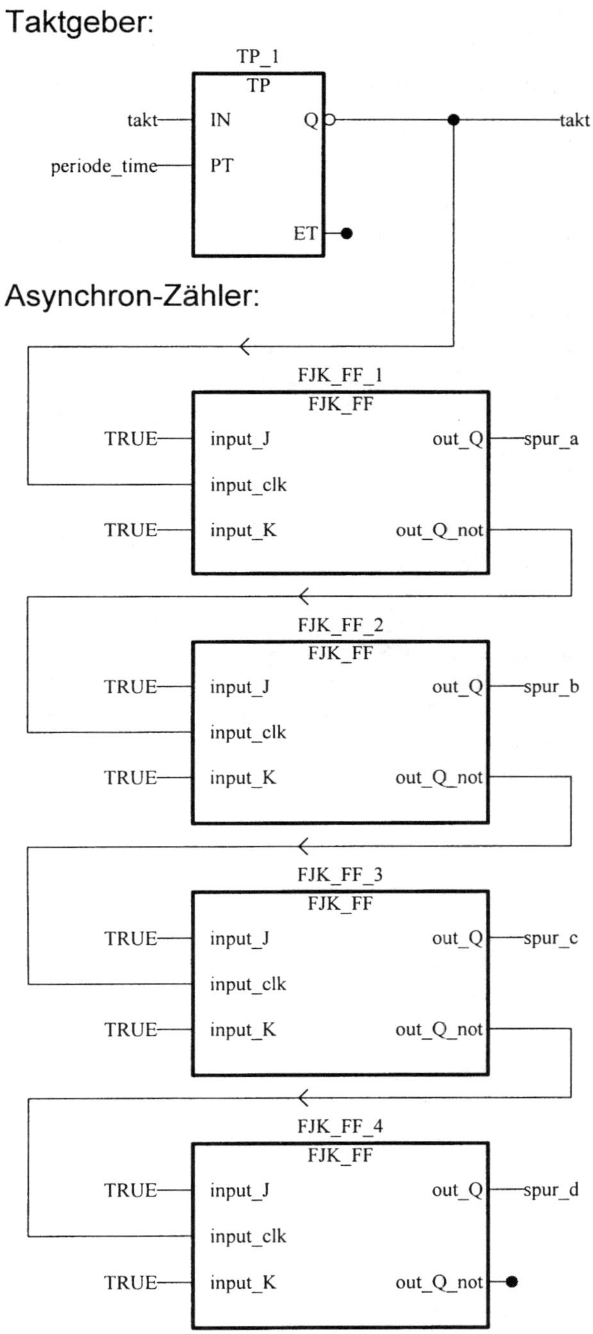

Bild 6.18 Rumpf des Bausteins FBITMG2

zähler nachgebildet. Ein J-K-Flipflop mit TRUE an beiden Steuereingängen wechselt mit jeder Taktflanke am Eingang `input_clk` seinen Ausgangszustand. Damit erhält man die 4 Signalspuren direkt an den Ausgängen `out_Q` der Flipflops.

6.8 Aufgaben

Die Lösungen finden Sie im Projekt LOE_06.PWT auf der beiliegenden CD.

1. Schreiben Sie das Programm des Funktionsbausteins RAMPE1 in FBS.
   Name des Bausteins: FRAMPE1.
2. Ergänzen Sie den Funktionsbaustein STRIAG2 dergestalt, daß eine Begrenzung der Eingangssignale `amplitude_int` und `offset_int` erfolgt. Die Amplitude ist dabei auf den Wert 20 000 zu begrenzen. Der wirksame Offset soll nicht größer werden als 40 % der Amplitude.
   Name des Bausteins: STRIAG3.
3. Ändern Sie den Funktionsbaustein STRIAG1 folgendermaßen ab. Die Offseteingabe soll entfallen. Die Ausgänge sollen statt dessen zusätzlich ein trapezförmiges Wechselsignal liefern. Das Trapezdach soll stets bei 70 % der vorgegebenen Dreieckamplitude liegen.
   Name des Bausteins: STRAPZ.
4. Wandeln Sie den Baustein SSING1 so ab, daß die wirksame Periodendauer nicht kleiner werden kann als `20*tastzyklus_time`.
   Die wirksame Zeit für den Tastzyklus ist ebenfalls zu begrenzen, und zwar auf minimal 50 ms und maximal 1 s.
   Name des Bausteins: SSING2.

7 Analogwertverarbeitung

Analogwertverarbeitung in einer Steuerung bedeutet zunächst einmal, die vielfältigen Wertebereiche analoger Sensoren und Aktoren an den digitalen Wertebereich der Steuerungs-CPU anzupassen. Mittler zwischen der Analogwelt und der Digitalwelt sind die Analog-Digital-Umsetzer ADU und die Digital-Analog-Umsetzer DAU. Finden wir in einer Meßkette oder einem Regelkreis auf der Analogseite beliebig viele Größen und Einheiten, so arbeiten wir im Anwenderprogramm nur noch mit digitalen Signalen ohne Einheiten. In Analogschaltungen sorgen wir für Übersicht, indem wir sinnvolle Größenbezeichnungen vergeben wie z. B. Eingangsspannung U_e oder Ausgangsstrom I_a. In unserem Anwenderprogramm stellt man diese Übersicht her, indem praktische Bezeichner für die Variablen verwendet werden, z. B. `sollwertspannung_real` oder `motorstrom_real`. In dieser Form stellt der Name der Variablen eine Beziehung zur ursprünglichen physikalischen Größe her und gibt einen Hinweis auf den Datentyp. Auch die Wahl eines passenden Wertebereiches erleichtert die Übersicht im Programm.

7.1 Analog-Digital- und Digital-Analog-Umsetzer

Analog-Digital-Umsetzer wandeln analoge Größen mit einem definierten Wertebereich in Digitalwerte um mit einer festgelegten Stellenzahl [20]. Einfache A/D-Umsetzer liefern Digitalwerte mit einer Breite von 8 Bit, weit häufiger jedoch sind 10-Bit- oder 12-Bit-Wandler. Auf der Seite der Digital-Analog-Umsetzer findet man auch 16-Bit-Wandler. Tabelle 7.1 enthält die wichtigsten Eckwerte der gebräuchlichen Wandler.

Die Auflösung benennt die kleinste Änderung des Analogwertes, die der Wandler noch erfassen kann; sie entspricht folglich dem Wert des niederwertigsten Bits, dem LSB (engl.: Least Significant Bit). Für das höchstwertige Bit steht entsprechend MSB (engl.: Most Significant Bit). Der Wert des MSB entspricht genau dem halben Nennwert des Analogbereiches FS (engl.: Full Scale). Unipolare Wandler verarbeiten nur Meßgrößen mit einer Polarität, bipolare Wandler dagegen verarbeiten positive und negative Meßwerte. Neben dem Wertebereich der Analoggröße und der Auflösung ist für den Programmierer der Digitalcode wichtig, in dem der Wandler seine Werte ausgibt. Der Code nämlich bestimmt die Art und Weise, wie die Digitalwerte vom Programm zu behandeln sind. Wir wollen hier 3 der gebräuchlichsten Codes betrachten; und zwar

Tabelle 7.1 Eckwerte der gebräuchlichen ADU-Baugruppen

Datenbreite	8 Bit	10 Bit	12 Bit	16 Bit
Quantisierungs-stufen	$2^8 = 256$	$2^{10} = 1024$	$2^{12} = 4\,096$	$2^{16} = 65\,536$
Wertebereich Analogeingang	Auflösung			
0 ... +10 V	39,06 mV	9,76 mV	2,44 mV	0,152 mV
−10 V ... 0 ... +10 V	78,12 mV	19,53 mV	4,88 mV	0.305 mV
0 ... 20 mA	78,12 µA	19,53 µA	4,88 µA	0,305 µA
4 ... 20 mA	62,5 µA	15,62 µA	3,90 µA	0,244 µA

- den natürlichen Binärcode für unipolare Wandler am Beispiel eines 8-Bit-ADU nach Tabelle 7.2 und eines 12-bit-Wandlers nach Tabelle 7.3,
- den Offsetbinärcode am Beispiel eines unipolaren 8-Bit-ADU in Tabelle 7.4,
- und den Zweierkomplementcode für bipolare Wandler mit Tabelle 7.5.

Die Digitalwerte, so wie sie der Wandler an die Steuerung übergibt, sind im allgemeinen noch aufzubereiten. Deutlich sieht man dies bei den bipolaren Wandlern, wo der Programmierer dafür sorgen muß, daß das Programm die negativen Werte richtig erkennt. Hinzu kommt, daß der Wertebereich, auch wenn er vorzeichenrichtig vorliegt, keine Beziehung zum Analogbereich am Wandlereingang hat: Im Programm ist eine Bereichsanpassung nötig. So wäre es denkbar, z. B. dem Analogspannungsbereich von 0 ... 10 V den Wertebereich im Programm von 0 ... 10 000 zuzuordnen. Ist der Analogbereich mit 0 ... 10 V dagegen Ergebnis eines Temperaturfühlers für den Temperaturbereich von 0.0 ... 400.0 °C, dann ist es sicherlich sinnvoller, im Programm ebenfalls mit einem Wertebereich von 0.0 ... 400.0 zu arbeiten.

Einfache, unipolare 8-Bit-Wandler (Tabelle 7.2) liefern der Steuerung Werte zwischen $0000\ 0000_B$ und $1111\ 1111_B$ entsprechend Hexadezimal 00_H bis FF_H bzw. Dezimal 0 bis 255. Ein direktes Umwandeln BYTE_TO_INT oder BYTE_TO_REAL würde hier für den Bereich größer als $7F_H$ zu negativen Werten führen, weil diese Typwandler das werthöchste Bit als Vorzeichen interpretieren (s. auch Kapitel 8). Eine BYTE_TO_WORD-Wandlung muß zunächst die 8 höherwertigen Stellen mit Nullen auffüllen, die folgende Wandlung WORD_TO_INT liefert damit den Wertebereich 0 ... 255, mit dem im Programm dann weitergearbeitet werden kann.

Die weitverbreiteten 12-Bit-Wandler liefern als Unipolarwandler ihre Daten im natürlichen Binärcode, den Tabelle 7.3 zeigt. In der Regel sind die 12 signifikanten Bits in einem 16-Bit-Wort untergebracht; häufig rechtsbündig als Normalform, manchmal aber auch linksbündig. Ist letzteres der Fall, benötigt man eine Schiebeoperation um 4 Stellen nach rechts, um die Normalform herzustellen. Eine WORD_TO_REAL-Wandlung führt dann auf einfache Weise zum REAL-Wertebereich von 0.0 ... 4095.0.

Tabelle 7.2 Wertebereiche eines unipolaren 8-Bit-ADU mit dem Wandlungsergebnis im natürlichen Binärcode

Anteil vom Endwert FS	Wert in Volt bei einem Endwert FS von 10 V	Wandlungsergebnis als Binärwert im BYTE-Format	Hex-Wert im WORD-Format	Dezimalwert nach einer WORD_TO_INT Wandlung
FS – 1 LSB	9.961	1111 1111	00 FF	255
1/2 FS + 1 LSB	5.039	1000 0001	00 81	129
1/2 FS	5.000	1000 0000	00 80	128
1/2 FS – 1 LSB	4.961	0111 1111	00 7F	127
1/4 FS	2.500	0100 0000	00 40	64
1/4 FS – 1 LSB	2.461	0011 1111	00 3F	63
1 LSB	0.039	0000 0001	00 01	01
0	0.000	0000 0000	00 00	0

Tabelle 7.3 Wertebereich eines unipolaren 12-Bit-ADU mit dem Wandlungsergebnis im natürlichen Binärcode

Anteil vom Endwert FS	Wert in Volt bei einem Endwert FS von 10 V	Wandlungsergebnis als Binärwert im WORD-Format	Hex-Wert im WORD-Format	Dezimalwert nach einer WORD_TO_INT-Wandlung
FS – 1 LSB	9.9976	0000 1111 1111 1111	0FFF	4095
1/2 FS + 1 LSB	5.0024	0000 1000 0000 0001	0801	2049
1/2 FS	5.0000	0000 1000 0000 0000	0800	2048
1/2 FS – 1 LSB	2.5024	0000 0111 1111 1111	07FF	2047
1/4 FS	2.5000	0000 0100 0000 0000	0400	1024
1/4 FS – 1 LSB	2.4976	0000 0011 1111 1111	03FF	1023
1 LSB	0.00244	0000 0000 0000 0001	0001	1
0	0.0000	0000 0000 0000 0000	0000	0

Tabelle 7.4 Wertebereich eines bipolaren 8-Bit-ADU mit dem Wandlungsergebnis im Offsetbinärcode

Anteil vom Endwert FS	Wert in Volt bei einem Endwert FS von 10 V	Wandlungsergebnis als Binärwert im BYTE-Format	Hex-Wert im WORD-Format	Dezimalwert nach einer WORD_TO_REAL-Wandlung	Gewünschter Dezimalwert zum Weiterverarbeiten
+FS – 1 LSB	9.9218	1111 1111	00 FF	255.0	+127.0
1/2 FS + 1 LSB	5.0781	1100 0001	00 C1	254.0	+126.0
+1/2 FS	5.000	1100 0000	00 C0	192.0	+64.0
1/2 FS – 1 LSB	4.9218	1011 1111	00 BF	191.0	+63.0
+1 LSB	0.078125	1000 0001	00 81	129.0	+1.0
0	0.000000	1000 0000	00 80	128.0	0
–1 LSB	–0.078125	0111 1111	00 7F	127.0	–1.0
–2 LSB	–0.15625	0111 1110	00 7E	126.0	–2.0
–1/2 FS	–5.000	0100 0000	00 40	64.0	–64.0
–1/2 FS – 1 LSB	–4.913	0011 1111	00 3F	63.0	–65.0
–FS + 1 LSB	–9.9218	0000 0001	00 01	1.0	–127.0
– FS	–10.000	0000 0000	00 00	0.0	–128.0

Tabelle 7.5 Wertebereich eines bipolaren 12-Bit-ADU mit dem Wandlungsergebnis im Zweierkomplementcode

Anteil vom Endwert FS	Wert in Volt bei einem Endwert FS von 10 V	Wandlungsergebnis als Binärwert im BYTE-Format	Hex-Wert im WORD-Format	Dezimalwert nach einer WORD_TO_REAL-Wandlung	Gewünschter Dezimalwert zum Weiterverarbeiten
+FS – 1 LSB	9.9951	0000 0111 1111 1111	07FF	2047.0	2047.0
+1/2 FS + 1 LSB	+5.00488	0000 0100 0000 0001	0401	1025.0	1025.0
+1/2 FS	+5.0000	0000 0100 0000 0000	0400	1024.0	1024.0
1/2 LSB – 1	4.9951	0000 0011 1111 1111	03FF	1023.0	1023.0
+1 LSB	0.00488	0000 0000 0000 0001	0001	1.0	1.0
0	0.00000	0000 0000 0000 0000	0000	0.0	0.0
–1 LSB	–0.00488	0000 1111 1111 1111	0FFF	4095.0	–1.0
–2 LSB	–0.00976	0000 1111 1111 1110	0FFE	4094.0	–2.0
–3 LSB	–0.01464	0000 1111 1111 1101	0FFD	4093.0	–3.0
–1/2 FS	–5.0000	0000 1100 0000 0000	0C00	3072.0	–1024.0
–1/2 FS – 1 LSB	–5.00488	0000 1011 1111 1111	0BFF	3071.0	–1025.0
–FS + 1 LSB	–9.9951	0000 1000 0000 0001	0801	2049.0	–2047.0
– FS	–10.000	0000 100 0000 0000	0800	2048.0	–2048.0

Der bipolare 8-Bit-Wandler (Tabelle 7.4) liefert der Steuerung die gleichen Binärwerte wie die Unipolarausführung; allerdings ist den negativen Eingangsspannungen der Binärbereich kleiner als $1000\ 0000_B$, den positiven Eingangsspannungen der Binärbereich größer als $1000\ 0000_B$ zugeordnet. Ein Vergleich der beiden letzten Spalten in Tabelle 7.4 erklärt die Bezeichnung Offsetbinärcode. Zwischen den Analogwert 0 und dem Wert 0 des Wandlungsergebnisses ist ein Offset vorhanden: Die unmittelbare WORD_TO_REAL-Umwandlung der ADU-Daten führt hier zum Wertebereich 0.0 ... 255.0, gewünscht ist jedoch der Bereich von –128.0 ... +127.0. Eine Subtraktion von 128.0 ist erforderlich, um diesen Offset zu eliminieren.

Tabelle 7.5 letztendlich erläutert diese Zusammenhänge für den bipolaren 12-Bit-ADU. Wenn dieser das Wandlungsergebnis im Zweierkomplementcode liefert, dann stehen für den eigentlichen Wert nur 11 Bit zur Verfügung, das werthöchste Bit ist für das Vorzeichen reserviert; eine 1 signalisiert negative Werte der Eingangsspannung. Die Anpassung der Wertebereiche gestaltet sich einfach, wie Abschnitt 7.4 und 7.5 zeigen.

Digital-Analog-Umsetzer wandeln die im Programm gebildeten Werte in Spannungs- oder Stromwerte am Ausgang der Steuerung um. Für die gebräuchlichen Wandlertypen gelten Analogwertebereiche und eine Auflösung entsprechend Tabelle 7.1.

7.2 Anpassen von Analogwerten 8-Bit-bipolar: AI8BIW

Der Baustein AI8BIW wandelt die Daten eines bipolaren 8-Bit-ADU in den Wertebereich der Steuerung um. Die Grundlagen für diese Wandlung zeigt Tabelle 7.4. Er gestattet darüber hinaus eine Normierung des Wertebereiches an seinem Ausgang zwischen 0 und einem vom Anwender festgelegten Endwert. FAI8BIW (s. Bild 7.1 und Tabelle 7.6) realisiert diese Tätigkeit in FBS, SAI8BIW im strukturierten Text.

Der Funktionsbaustein FAI8BIW in FBS (Bild 7.2) hat folgende Arbeitsweise. Nach dem Umwandeln des Eingangsbytes in ein Wort liefert die WORD_TO_REAL-Wandlung den Wertebereich 0.0 ... 255.0. Das Übersetzen in den bipolaren Wertebereich von –128.0 ... +127.0 ist jetzt einfach durch die Subtraktion von 128 zu bewerkstelligen. Die folgende Division durch den Maximalwert von 128.0 reduziert den Endwert zunächst auf maximal 1.0, eine Multiplikation mit dem Anwenderendwert `endwert_real` legt dann den Wertebereich am Ausgang fest.

Der Baustein SAI8BIW in ST (Bild 7.3) arbeitet nach einem ähnlichen Muster. Hier dienen die Beobachtungsvariablen `monitor0` bis `monitor4` als Speicher für Zwischenergebnisse.

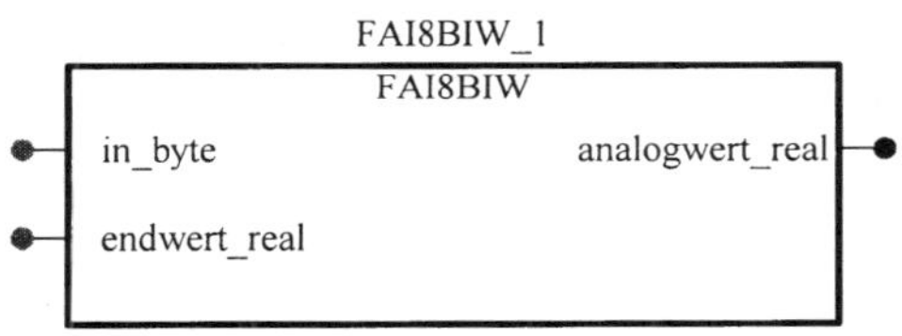

Bild 7.1
Baustein FAI8BIW

Tabelle 7.6 Lokale Variablen der Bausteine FAI8BIW und SAI8BIW

```
VAR_INPUT
in_byte            :    BYTE;
endwert_real       :    REAL;
END_VAR

VAR
monitor1           :    REAL;
monitor2           :    REAL;
monitor3           :    REAL;
monitor4           :    REAL;
monitor0           :    WORD;
END_VAR

VAR_OUTPUT
analogwert_real    :    REAL;
END_VAR
```

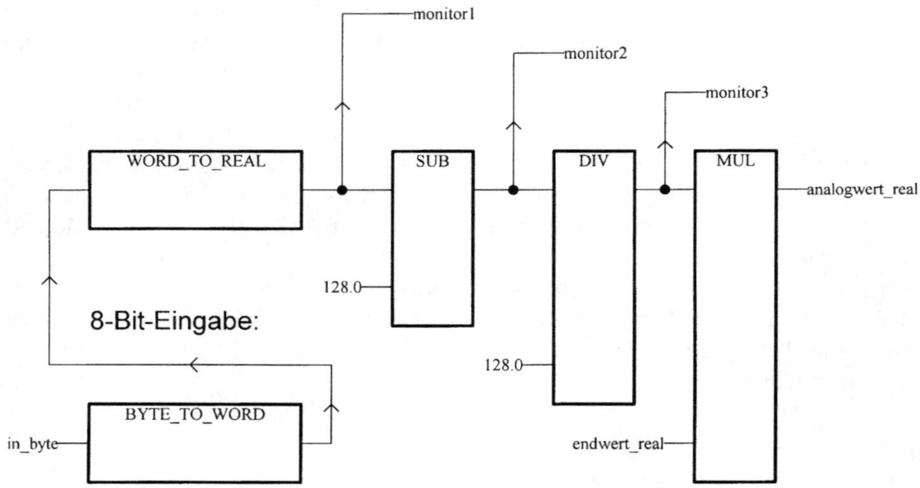

Bild 7.2 Rumpf des Funktionsbausteins FAI8BIW

```
(* Funktionsbaustein SAI8BIW: *)

monitor0 := BYTE_TO_WORD (in_byte);
monitor1 := WORD_TO_REAL (monitor0);
monitor2 := monitor1 - 128.0;
monitor3 := monitor2 / 128.0;
analogwert_real := monitor3 * endwert_real;
```

Bild 7.3 Rumpf des Funktionsbausteins SAI8BIW

7.3 Anpassen von Analogwerten 12-Bit-unipolar und Transformation des Wertebereiches: AI12UW

Der Baustein AI12UW (s. Bild 7.4) transformiert die Daten eines unipolaren 12-Bit-ADU entsprechend Tabelle 7.3 in einen vom Anwender vorzugebenden Bereich. Diesen Bereich begrenzen die beiden Eingangsvariablen `obergrenze_real` und `untergrenze_real`. Das Programm liegt in 2 Varianten vor, und zwar in FBS als FAI12UW (s. Bild 7.5 und Tabelle 7.7) und in ST als SAI12UW.

Der Funktionsbaustein FAI12UW in der Sprache FBS hat folgende Arbeitsweise. Das Programm geht davon aus, daß die signifikanten 12 Bit in der Eingangsvariablen `in_word` rechtsbündig angeordnet sind und löscht zunächst die 4 werthöchsten Bit. Die Typumwandlung WORD_TO_REAL führt dann zum Wertebereich von 0.0 … 4095.0. Nach der Division durch die Anzahl der Quantisierungsstufen liegt in `monitor2` der aktuelle Wert als Bruchteil vom Maximalwert vor. Den gewünschten Wertebereich am Ausgang ergibt die Multiplikation dieser Bruchteile mit der Differenz

Bild 7.4
Baustein FAI12UW

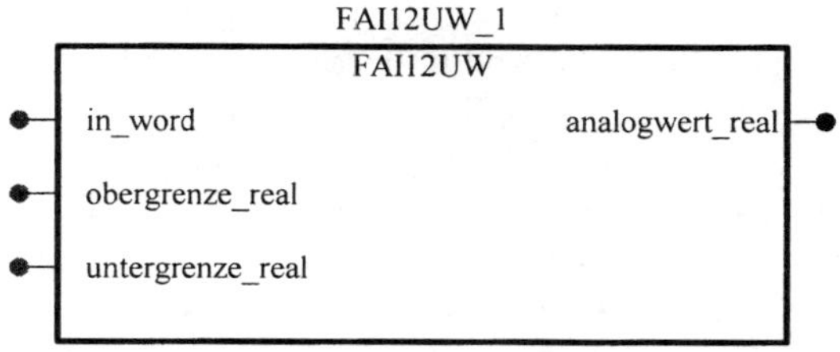

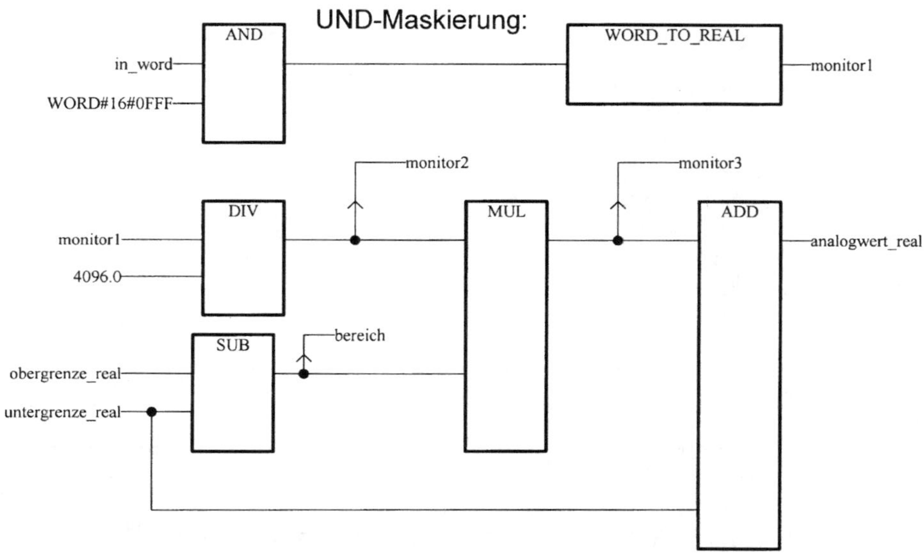

Bild 7.5 Rumpf des Funktionsbausteins FAI12UW

Tabelle 7.7 Lokale Variablen des Bausteins FAI12UW

```
VAR_INPUT
in_word             :    WORD;
obergrenze_real     :    REAL;
untergrenze_real    :    REAL;
END_VAR

VAR
monitor1            :    REAL;
monitor2            :    REAL;
monitor3            :    REAL;
bereich             :    REAL;
END_VAR

VAR_OUTPUT
analogwert_real     :    REAL;
END_VAR
```

`obergrenze_real - untergrenze_real`. Das untere Bereichsende schließlich kommt durch die Addition `monitor3` mit `untergrenze_real` zustande.

Im Strukturierten Text ist der Baustein SAI8BUW als Funktion realisiert (Bild 7.6); die komplette Programmsequenz läßt sich ohne zusätzliche Variablen schreiben. Klammern sorgen dafür, daß die einzelnen Ausdrücke in der richtigen Reihenfolge zum Zuge kommen. Da es sich hier um eine Funktion handelt, gibt es keine Ausgangsvariable (Tabelle 7.8). Grundsätzlich haben Funktionen nur einen einzigen Ausgang, der den Namen der Funktion trägt. Diesem Namen wird das Ergebnis der internen Berechnungen zugewiesen.

```
sai12uw := untergrenze_real
        +((obergrenze_real - untergrenze_real)
        *((WORD_TO_REAL (in_word AND WORD#16#0FFF)) / 4096.0));
```

Bild 7.6 Rumpf der Funktion SAI12UW

Tabelle 7.8 Lokale Variablen zur Funktion SAI12UW

```
VAR_INPUT
in_word           :    WORD;
obergrenze_real   :    REAL;
untergrenze_real  :    REAL;
END_VAR
```

7.4 Anpassen von Analogwerten 12-Bit-bipolar: AI12BI

Der Baustein AI12BI wandelt die bipolaren Daten eines 12-Bit-ADU in den Wertebereich der Steuerung um. Die Eingangsdaten sind am Eingang `analog_in_word` in einem Wort so zu übergeben, daß die 12 signifikanten Bits rechtsbündig liegen. Die Ausgangsvariable ist vom Typ REAL. Der Wertebereich am Ausgang `analogwert_real` liegt zwischen –2048 und +2074, entsprechend der Tabelle 7.5. AI12BI (s. Bild 7.7 und Tabelle 7.9) liegt in 2 Varianten vor; als FAI12BI in FBS und als SAI12BI in ST.

Bild 7.8 zeigt das Innenleben des Bausteins FAI12BI in FBS. Grundlage für das Programm ist die Tabelle 7.5 in der Einleitung. Sie zeigt, daß eine unmittelbare Umwandlung des Eingangswortes WORD_TO_REAL für den negativen Wertebereich des ADU zu falschen Ergebnissen führt. Für diesen Bereich ist nämlich die Zweierkomplementdarstellung der Daten entscheidend, der Baustein muß seine Eingangsdaten für den positiven und für den negativen Wertebereich unterschiedlich behandeln. Dies geschieht hier durch eine ODER-Verknüpfung der `ursprungs_daten` im WORD-Format mit der Konstanten $F000_H$ für den Fall, daß diese Daten im Bereich $0800_H \dots 0FFF_H$ liegen. In der Zweierkomplementdarstellung ist ein Auffüllen der höherwertigen Stellen durch 1en für den Wert unschädlich, entscheidend ist, daß hierdurch das Vorzeichen-

Bild 7.7
Baustein FAI12BI

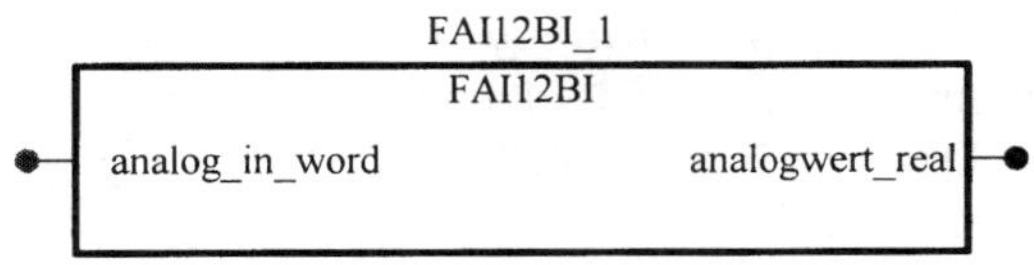

Tabelle 7.9 Lokale Variablen der Bausteine FAI12BI und SAI12BI

```
VAR_INPUT
analog_in_word                : WORD;
END_VAR

VAR
maske                         : WORD := 16#0FFF;
monitor1                      : WORD;
wert_negativ                  : BOOL;
zweierkomplement_ergaenzung   : WORD;
ursprungs_daten               : WORD;
END_VAR

VAR_OUTPUT
analogwert_real               : REAL;
END_VAR
```

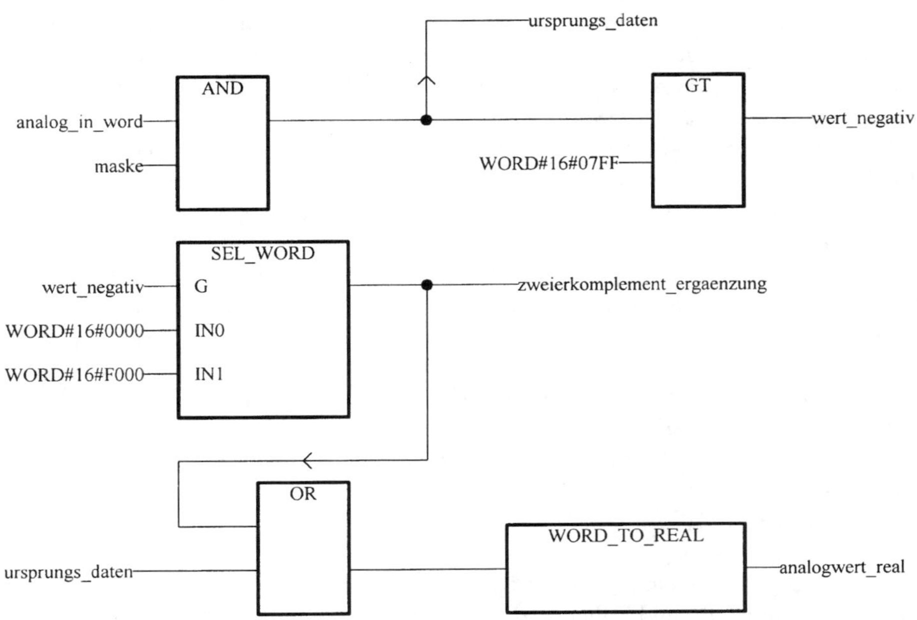

Bild 7.8 Rumpf des Funktionsbausteins FAI12BI

bit entsteht! Der monitor1 zeigt das Ergebnis dieser Verknüpfung, das typgewandelt dann am Ausgang des Bausteins erscheint.

Das Programm in ST (Bild 7.9) unterscheidet sich in seinem Aufbau nicht vom Programm in FBS.

```
ursprungs_daten := analog_in_word AND maske;

wert_negativ :=    ursprungs_daten > WORD#16#07FF;

zweierkomplement_ergaenzung :=
                   SEL_WORD(wert_negativ, WORD#16#0000, WORD#16#F000);

analogwert_real :=
            WORD_TO_REAL(ursprungs_daten OR zweierkomplement_ergaenzung);
```

Bild 7.9 Rumpf des Funktionsbausteins SAI12BI

7.5 Anpassen von Analogwerten 12-Bit-unipolar oder -bipolar: AI12UB

Der Baustein AI12UB paßt die Daten von unipolaren und von bipolaren 12-Bit-Wandlern an den Wertebereich der Steuerung an. Die Ausgangsdaten des Wandlers sind am Eingang word_in so zu übergeben, daß die signifikanten Bits rechtsbündig stehen. Mit TRUE am Eingang bipolar interpretiert der Baustein diese Daten als Ergebnis eines bipolaren Wandlers (s. Bild 7.10 und Tabelle 7.10). Der Wertebereich am Ausgang analog_out_real liegt im Unipolarbetrieb zwischen 0 ... 4095 und im Bipolarbetrieb zwischen –2048 ... +2047.

Der Funktionsbaustein FAI12UB in Bild 7.11 arbeitet auf ähnliche Weise wie FAI12BI von Bild 7.8 mit dem Unterschied, daß hier der Vorzeichenwechsel für die bipolar_daten anders realisiert ist. Auf das Maskieren der 4 höherwertigen Bits folgt zunächst ein Typumwandler in die Variable unipolar_daten vom Typ REAL. Für einen unipolaren ADU ist dies in Ordnung. Bei einem bipolaren ADU dagegen existiert der positive Wertebereich zwischen 2048.0 ... 4095.0 nicht. Dieser ist entsprechend Tabelle 7.5 in den Bereich –2048.0 ... –1.0 zu verschieben. Ein Vergleicher stellt dazu fest, ob die unipolar-daten größer sind als 2047.0. Wenn ja, dann schaltet er über die Funktion SEL_REAL den Wert von 4096.0 auf den folgenden Subtrahierer. Diese Subtraktion bewerkstelligt dann das Verschieben des Wertebereiches. Gesteuert von der Eingangsvariablen bipolar erfolgt nun die Auswahl der Daten über eine weitere SEL_REAL-Funktion. Im Falle bipolar = 0 gehen die unipolar_daten an den Ausgang analog_out_real, im Falle bipolar = 1 gehen die bipolar_daten an den Ausgang.

Gänzlich anders realisiert ist das Programm im Funktionsbaustein SAI12UB in der Sprache ST (Bild 7.12 und Tabelle 7.11). Auch hier entstehen zunächst die unipolar_daten durch Typumwandlung der maskierten Eingangsvariablen word_in. Die

Bild 7.10
Baustein FAI12UB

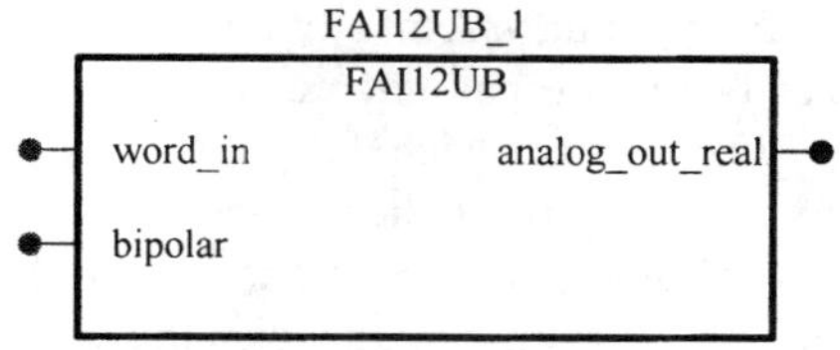

Tabelle 7.10 Lokale Variablen des Bausteins FAI12UB

```
VAR_INPUT
word_in          :    WORD;
bipolar          :    BOOL;
END_VAR

VAR
real_wert        :    REAL;
maske            :    WORD := 16#0FFF;
unipolar_daten   :    REAL;
bipolar_daten    :    REAL;
END_VAR

VAR_OUTPUT
analog_out_real  :    REAL;
END_VAR
```

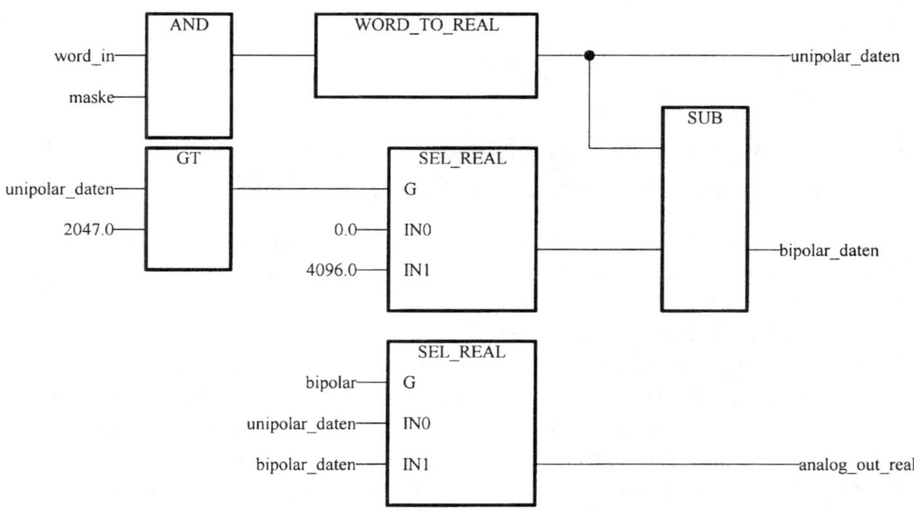

Bild 7.11 Rumpf des Funktionsbausteins FAI12UB

IF-Anweisung vereinfacht aber die restliche Prozedur, und zwar erfolgt die Subtraktion zur Bereichsanpassung nur dann, wenn die `unipolar_daten` größer als 2047.0 sind und `bipolar` gleich TRUE ist. Das Ergebnis geht dann unmittelbar an den Ausgang. In allen anderen Fällen gehen die `unipolar_daten` direkt an den Ausgang. Für die IF-Abfrage ist zu beachten, daß die Vergleichsoperation eine höhere Priorität hat als die AND-Bedingung, ansonsten müßte hier mit Klammern operiert werden.

```
unipolar_daten := WORD_TO_REAL(word_in AND maske);

IF   unipolar_daten > 2047.0 AND bipolar
     THEN   analog_out_real := unipolar_daten - 4096.0;
ELSE        analog_out_real := unipolar_daten;
END_IF;
```

Bild 7.12 Rumpf der Funktion SAI12UB

Tabelle 7.11 Lokale Variablen zur Funktion SAI12UB

```
VAR_INPUT
word_in          :    WORD;
bipolar          :    BOOL;
END_VAR

VAR
maske            :    WORD := 16#0FFF;
unipolar_daten   :    REAL;
END_VAR

VAR_OUTPUT
analog_out_real  :    REAL;
END_VAR
```

7.6 Automatische Meßbereichsanpassung für einen 12-Bit-ADU mit unterschiedlicher Verstärkung: AMESBE

In Feldbussystemen sind Analogeingabebaugruppen mit einstellbarer Verstärkung im Einsatz, z. B. die Baugruppen AI 3, AI3/16 oder RT 24 AIO 4/2-T der Firma PHOENIX CONTACT für das Interbus-S-System. Die folgenden Überlegungen gelten für die Baugruppe IBS-AI3 (s. Tabelle 7.12). Deren Verstärkung V läßt sich auf V = 1, 10 oder 100 einstellen, und zwar für jeden der 4 Kanäle getrennt. Für die 4 Kanäle belegt die Baugruppe 4 Worte im Prozeßdatenbereich des Interbus-S. Das Eingangswort eines jeden Kanals enthält rechtsbündig das 12 Bit breite Wandlungsergebnis im natürlichen Dualcode und linksbündig in den beiden werthöchsten Bits die eingestellte Verstärkung. Zu jedem Kanal gehört ein Ausgangswort, über das – ebenfalls in den beiden werthöchsten Stellen – die Kanalverstärkung vorgegeben wird.

Tabelle 7.12 Wertebereiche eines ADU mit einstellbarer Verstärkung am Beispiel der Baugruppe IBS AI3 der Firma PHOENIX CONTACT

Verstärkung in V	100	10	1
Ausgangswort zum Einstellen der Verstärkung V	$1000\ 0000\ 0000\ 0000_B$ 8000_H	$0100\ 0000\ 0000\ 0000_B$ 4000_H	$0000\ 0000\ 0000\ 0000_B$ 0000_H
Spannungsbereich am Eingang des ADU	0 ... 100 mV	0 ... 1 000 mV	0 ... 10 000 mV
Wertebereich am Ausgang des ADU	0 ... 4095	0 ... 4095	0 ... 4095
Auflösung	24,414 µV	244,14 µV	2,4414 mV
Eingangswort für eine Eingangsspannung von 1/2 FS	$1000\ 0111\ 1111\ 1111_B$ $87FF_H$	$0100\ 0111\ 1111\ 1111_B$ $47FF_H$	$0000\ 0111\ 1111\ 1111_B$ $07FF_H$
gewünschter Wertebereich im Programm	0 ... 100	0 ... 1000	0 ... 10000

Tabelle 7.13 Lokale Variablen des Bausteins SAMESBE

```
VAR_INPUT
analog_in_word          :   WORD;
END_VAR

VAR
run_bit                 :   BOOL   := FALSE;
verstaerkung_1          :   WORD   := WORD#2#0000000000000000;
verstaerkung_10         :   WORD   := WORD#2#0100000000000000;
verstaerkung_100        :   WORD   := WORD#2#1000000000000000;
endwert                 :   REAL   := 10000.0;
aktuelle_verstaerkung   :   WORD;
m1                      :   WORD;
m2                      :   WORD;
messwert_real           :   REAL;
END_VAR

VAR_OUTPUT
messwert_out_real       :   REAL;
verstaerkung_word       :   WORD   := WORD#16#8000;
END_VAR
```

Bild 7.13
Baustein SAMESBE

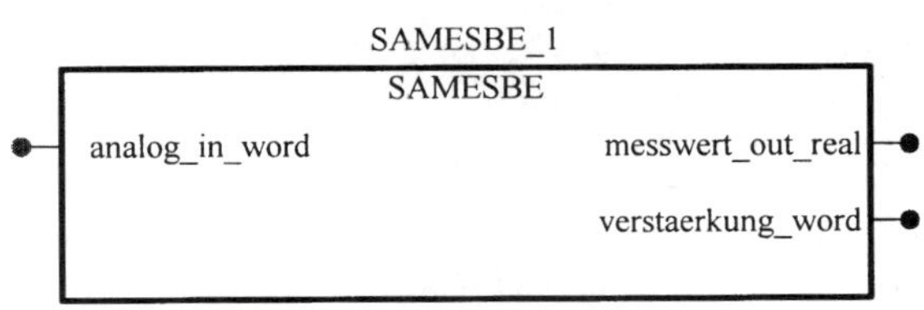

Tabelle 7.12 zeigt die Wertebereiche, die dabei in Betracht zu ziehen sind. Wir gehen davon aus, daß die Werte für das Programm den Werten der Eingangsspannung in mV entsprechen sollen. Der Funktionsbaustein AMESBE sorgt dafür, daß für jede Eingangsspannung des ADU die optimale Verstärkung gilt. Er stellt dazu an seinem Ausgang `verstaerkung_word` das jeweils passende Bitmuster zur Verfügung. Der Ausgang `messwert_out_real` stellt dem folgenden Programm die Analogwerte aufbereitet zur Verfügung (s. Bild 7.13 und Tabelle 7.13).

```
(* Programmstart mit höchster Verstärkung: *)
IF   NOT run_bit
     THEN    verstaerkung_word := verstaerkung_100;
             run_bit := TRUE;
END_IF;

(* Die aktuelle Verstärkung der Eingabebaugruppe erfassen: *)
aktuelle_verstaerkung := analog_in_word AND WORD#16#C000;

(* Die Digitalausgabe der ADU-Baugruppe in einen REAL-Wert wandeln: *)
m1 := analog_in_word AND WORD#16#0FFF;
messwert_real := WORD_TO_REAL(m1);    (*Wertebereich 000 bis 4095*)

(*** Ausgabe des gewandelten Meßwertes im Bereich 000 bis endwert: *)
messwert_out_real := endwert * (messwert_real / 4096.0);


(****************** Meßbereichsumschaltung *********************)
IF   aktuelle_verstaerkung = verstaerkung_100
     AND messwert_real > 4090.0
     THEN    verstaerkung_word := verstaerkung_10;
             endwert:= 1000.0;
END_IF;

IF   aktuelle_verstaerkung = verstaerkung_10
     AND messwert_real > 4090.0
     THEN    verstaerkung_word := verstaerkung_1;
             endwert := 10000.0;
END_IF;

IF   aktuelle_verstaerkung = verstaerkung_10
     AND messwert_real < 400.0
     THEN    verstaerkung_word := verstaerkung_100;
             endwert    := 100.0;
END_IF;

IF   aktuelle_verstaerkung = verstaerkung_1
     AND messwert_real < 400.0
     THEN    verstaerkung_word :=     verstaerkung_10;
             endwert := 1000.0;
END_IF;
```

Bild 7.14 Rumpf des Funktionsbausteins SAMESBE

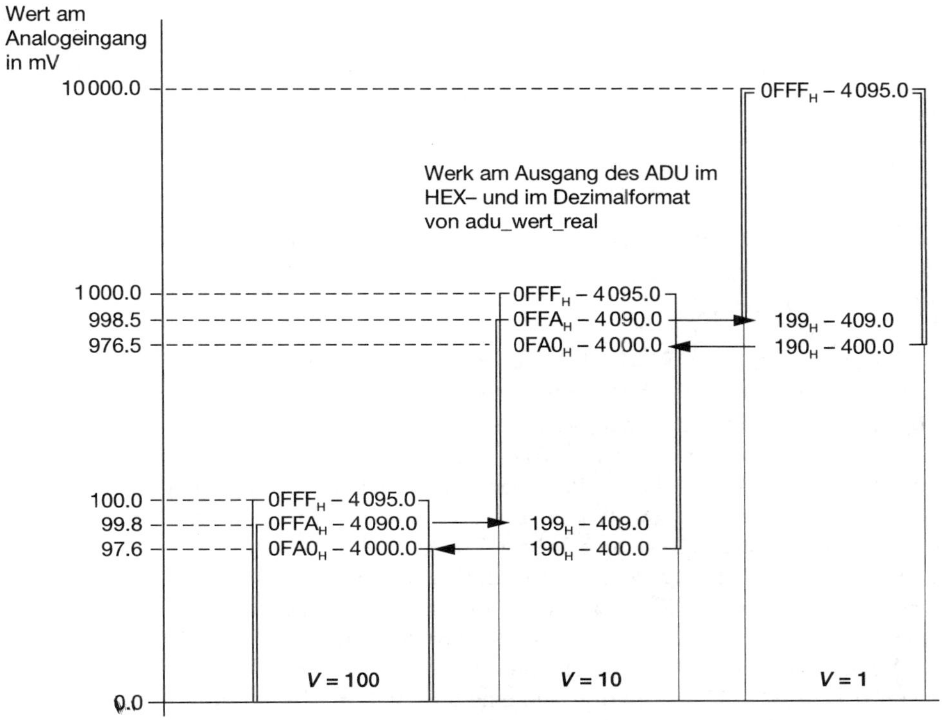

Bild 7.15 Schaltschwellen für die Bereichsumschaltung

Das Umschaltverfahren des Programmes SAMESBE aus Bild 7.14 erklärt Bild 7.15 für den Fall, daß die Eingangsspannung von 0 ... 10 000 mV ansteigt und dann wieder auf 0 geht. Das Programm startet beim 1. Durchlauf mit der maximalen Verstärkung von 100. Im zyklischen Teil fragt es dann zuerst die `aktuelle_verstärkung` des Kanals ab, wandelt das im WORD-Format vorliegende ADU-Signal in die Variable `adu_wert_real` um, paßt den Bereich an und versorgt damit den Ausgang `mess-wert_ out_real`.

Die folgenden IF-END_IF-Sequenzen analysieren jeden einzelnen der 4 Umschaltpunkte für die Verstärkung, steuern die Ausgangsvariable `verstaerkung_word` und ändern den Bereichsendwert mit der Variablen `bereich`. Der erste Umschaltpunkt ist erreicht, wenn `adu_wert_real` von 0 kommend den Betrag von 4090.0 überschreitet. Nach dem Anpassen der Verstärkung im Wandler läuft in der Steuerung dann ein Wert >409.0 ein. Wegen der Schaltsicherheit für den Fall, daß die Eingangsspannung des Wandlers von Störungen überlagert ist, muß der Umschaltpunkt für den Rückweg etwas niedriger liegen, im Beispiel bei 400.0. Steigt im Verstärkungsbereich 10 die Eingangsspannung dann weiter an, klettert `adu_wert_real` wiederum in Richtung 4095.0 und bei 4090.0 wird umgeschaltet. Nach dem Umschalten auf V = 1 entsteht nun für den gleichen Analogwert im Programm der adu_wert_real mit 409.0. Das Zurückschalten erfolgt mit der gleichen Umschalthysterese bei 400.0.

In der Variablendeklaration Tabelle 7.13 sind die Verstärkungswerte im WORD-Format mit binärer Darstellung des Anfangswertes deklariert, dies zeigt deutlich die Lage der Verstärkungsbits.

7.7 Simulation einer Analogeingabebaugruppe als Testumgebung für den Funktionsbaustein AMESBE: ADTEST

Der Funktionsbaustein SAMESBE läßt sich alleine nicht testen, weil er auf seine Testumgebung zurückwirkt. Deshalb folgt hier ein Testbaustein SADTEST, der die Analogbaugruppe nachbildet. Wie bei einem realen ADU mit dem Eingangsbereich von 0.0 ... 10 000.0 mV verlangt auch SADTEST am Eingang spannung_real die Werte im REAL-Format und liefert das Wandlungsergebnis im WORD-Format an den Ausgang. Über den Eingang verstaerkung_word läßt sich das Wandlungsergebnis entsprechend gewichten (s. auch Tabelle 7.12).

Bild 7.16 zeigt das Zusammenspiel der beiden Baugruppen, wie sie als Testumgebung im Programm PRG_2 angeordnet sind. Tabelle 7.14 enthält die inneren Variablen von SADTEST und Bild 7.17 den Rumpf des Bausteins SADTEST.

Am Eingang spannung_real von ADUTEST kann man den gesamten Analogbereich von 0.0 ... 10000.0 vorgeben, eine interne Begrenzung erfolgt nicht. Entsprechend dem Wert am Eingang verstärkung erhält der merker1 die Eingangs-

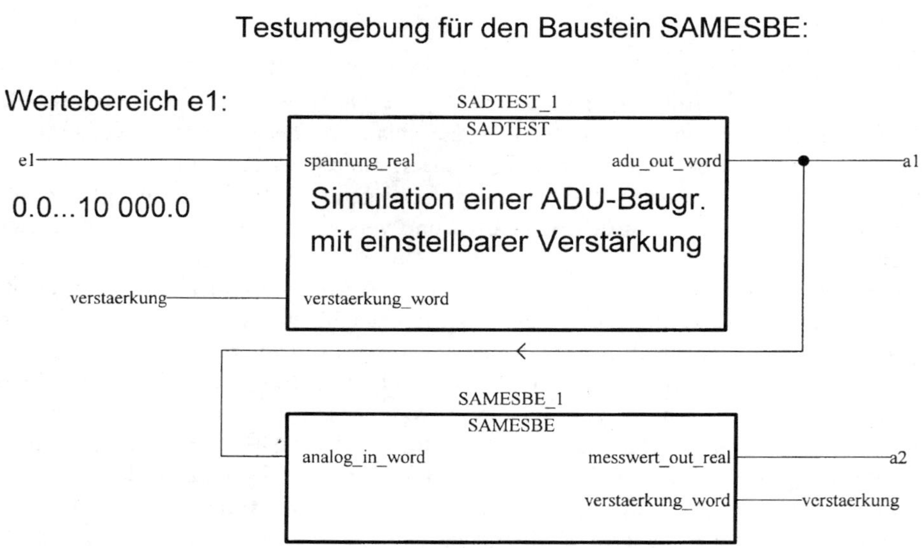

Bild 7.16 Testumgebung für SAMESBE im Programm PRG_2

Tabelle 7.14 Lokale Variablen des Bausteins SADTEST

```
VAR_INPUT
spannung_real          :    REAL;
verstaerkung_word      :    WORD;
END_VAR

VAR
verstaerkungsfaktor    :    REAL;
merker1                :    WORD;
END_VAR

VAR_OUTPUT
adu_out_word           :    WORD;
END_VAR
```

```
(* Funktionsbaustein SADTEST: *)

IF   verstaerkung_word = WORD#16#0000 (* Verstärkung 1 *)
     THEN   verstaerkungsfaktor := 0.4096;
END_IF;

IF   verstaerkung_word = WORD#16#4000 (* Verstärkung 10 *)
     THEN   verstaerkungsfaktor := 4.096;
END_IF;

IF   verstaerkung_word = WORD#16#8000 (* Verstärkung 100 *)
     THEN   verstaerkungsfaktor := 40.96;
END_IF;

merker1:= REAL_TO_WORD(spannung_real * verstaerkungsfaktor);

IF   merker1 > WORD#16#0FFF
     THEN   adu_out_word := WORD#16#0FFF OR verstaerkung_word;
     ELSE   adu_out_word := merker1 OR verstaerkung_word;
END_IF;
```

Bild 7.17 Rumpf des Funktionsbausteins SADTEST

spannung im WORD-Format mit unterschiedlicher Gewichtung. Die IF-END_IF-Sequenz sorgt entweder für eine Begrenzung des ADU-Ausgangs auf den Maximalwert von FFF_H oder gibt den gewandelten Wert direkt aus. In beiden Fällen werden durch eine OR-Verknüpfung noch die Verstärkungsbits in das Ausgangswort eingebaut.

7.8 Datenausgabe an einen bipolaren 12-Bit-DAU: AOBIW

Der Baustein FAOBIW wandelt Eingangsdaten im Wertebereich von –10 000 über 0 ... +10 000 in ein WORD-Format um, so daß sich diese Werte über einen bipolaren

12-Bit-DA-Wandler ausgeben lassen. Die Ausgabe des 12-Bit-Wortes erfolgt linksbündig.

Als Beispiel betrachtet man hier das Analogausgabemodul IB ST 24 AO für den Interbus-S. Es enthält 4 Kanäle mit 12-Bit-Auflösung für eine bipolare Spannungsausgabe im Bereich –10 V ... 0 V ... +10 V.

Tabelle 7.15 zeigt die Wertebereiche für die Funktion FAO12BIW (s. Bild 7.18, 7.19 und Tabelle 7.16) und die DAU-Baugruppe.

Für die DAU-Baugruppe muß das Programm ein Ausgangswort liefern, in dem die signifikanten 12 Bits linksbündig im Zweierkomplementcode vorliegen (s. Tabelle 7.15). Das heißt, der Wertebereich von –10000 ... +10000 am Eingang `in_real` des Bausteins ist auf den Wertebereich von $0 \ldots 2^{12} = 0 \ldots 4096$ bzw. –2048 ... +2047 abzubilden. Hier ist also zunächst zu komprimieren, wofür die DIV-Funktion zuständig ist; `basiswert_real` hat damit den passenden Wertebereich. Die Typumwandlung

Tabelle 7.15 Wertebereiche einer bipolaren 12-Bit-Analogausgabe

Werte in der Funktion FAO12BIW				E-A-Daten der DAU-Baugruppe	
Werte am Eingang `in_real`	`basiswert_real`	`basiswert_real` im WORD-Format	Daten am Ausgang im WORD-Format	Ausgabewort an die Baugruppe im Bitformat	Ausgangsspannung des DAU in V
+10000.0	nicht darstellbar	nicht darstellbar	nicht darstellbar	nicht darstellbar	nicht darstellbar
+9995.1	+2047.0	$07FF_H$	$7FF0_H$	$0111\ 1111\ 1111\ 0000_B$	+9.9951
+5000.0	+1024.0	0400_H	4000_H	$0100\ 0000\ 0000\ 0000_B$	+5.0000
+4.88	+1.0	0100_H	0010_H	$0000\ 0000\ 0001\ 0000_B$	+0.00488
0	4096.0	0000_H	0000_H	$0000\ 0000\ 0000\ 0000_B$	0
–4.88	–1.0	$0FFF_H$	$FFFF_H$	$1111\ 1111\ 1111\ 1111_B$	–0.00488
–5000.0	–1024.0	$0C00_H$	$C000_H$	$1100\ 0000\ 0000\ 0000_B$	–5.0000
–9995.1	–2047.0	0801_H	8010_H	$1000\ 0000\ 0001\ 0000_B$	–9.9951
–10000.0	–2048.0	0800_H	8000_H	$1000\ 0000\ 0000\ 0000_B$	–10

Tabelle 7.16 Lokale Variablen des Bausteins FAO12BIW

```
VAR_INPUT
in_real          :    REAL;
END_VAR

VAR
basiswert_real   :    REAL;
END_VAR
```

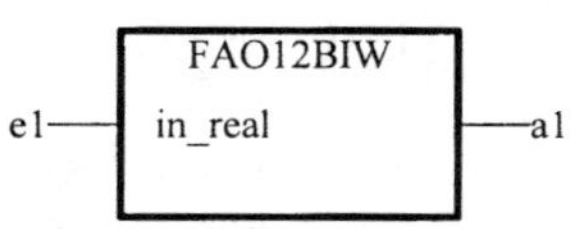

Bild 7.18
Baustein FAO12BIW

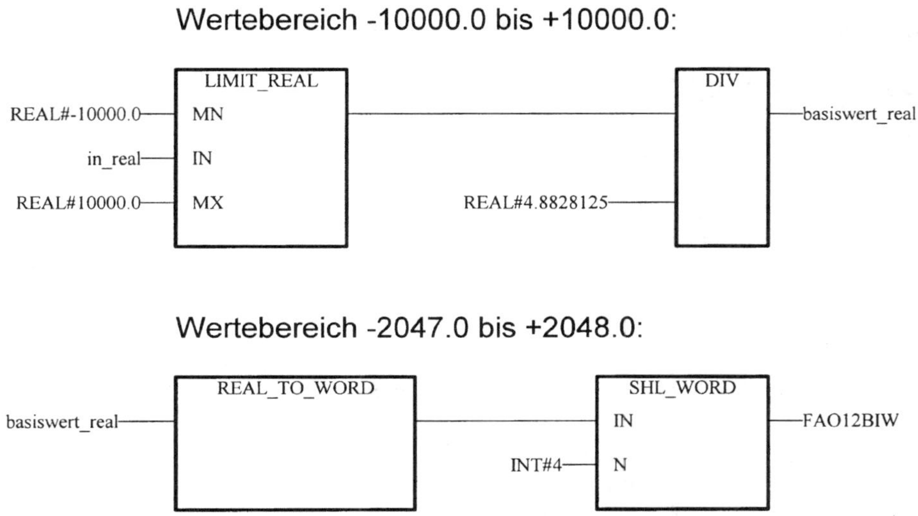

Bild 7.19 Rumpf des Funktionsbausteins FAO12BIW

bringt dann eine WORD-Variable, die man um 4 Stellen nach links schieben kann, um den Rückgabewert der Funktion FAO12BIW zu erhalten.

7.9 Analogwerte aus Multiplexkanälen laden: MPXLES

Im Interbus-S-Feldbussystem sind ADU-Baugruppen mit 16 Eingabekanälen im Einsatz, die jedoch nur ein Wort im Bereich der Prozeßdaten belegen (Beispiel: AI 3/16, unipolar mit einstellbarer Verstärkung). Sind alle Kanäle zyklisch einzulesen, dann müssen wir dies im Multiplexverfahren tun. Im Ausgabebereich der Prozeßdaten steht hierfür ein `control_word` zur Verfügung, über das wir die Nummer des gewünschten Kanals 0 ... 15 ausgeben. Die dualcodierte Kanaladresse K0 ... K3 muß dabei folgendermaßen in dem `control_word` angeordnet sein:

`control_word: 0 0 0 0` **`K3 K2 K1 K0`** `0 0 0 0   0 0 0 0`

Der Funktionsbaustein SMPXLES erzeugt zyklisch diese Variable für die Kanäle 0 ... 15 und liest dann die zugehörigen Analogwerte in eine Tabelle ein. Die Tabelle steht am Ausgang `tab_analogwerte` zur Verfügung. Ein zusätzlicher Funktionsbaustein STABWOR fächert die Tabelle auf in die 16 Ausgänge `analog_ch_0` bis `analog_ch_15`. Dort stehen die Werte der Analogkanäle dann im WORD-Format mit dem Wertebereich 0 ... 4096 zur Verfügung. Bild 7.20 zeigt die beiden Bausteine in ihrer Testumgebung im Programm PRG_3.

Das Programm SMPXLES (s. Bild 7.21 und Tabelle 7.17) erzeugt zunächst 2 Impulsfolgen `zykpuls` und `spur_a`, die den Multiplexvorgang steuern. `zykpuls`

Dieses Programm dient zum Einlesen der Analog-Kanäle von der Baugruppe IBS AI 3/16:

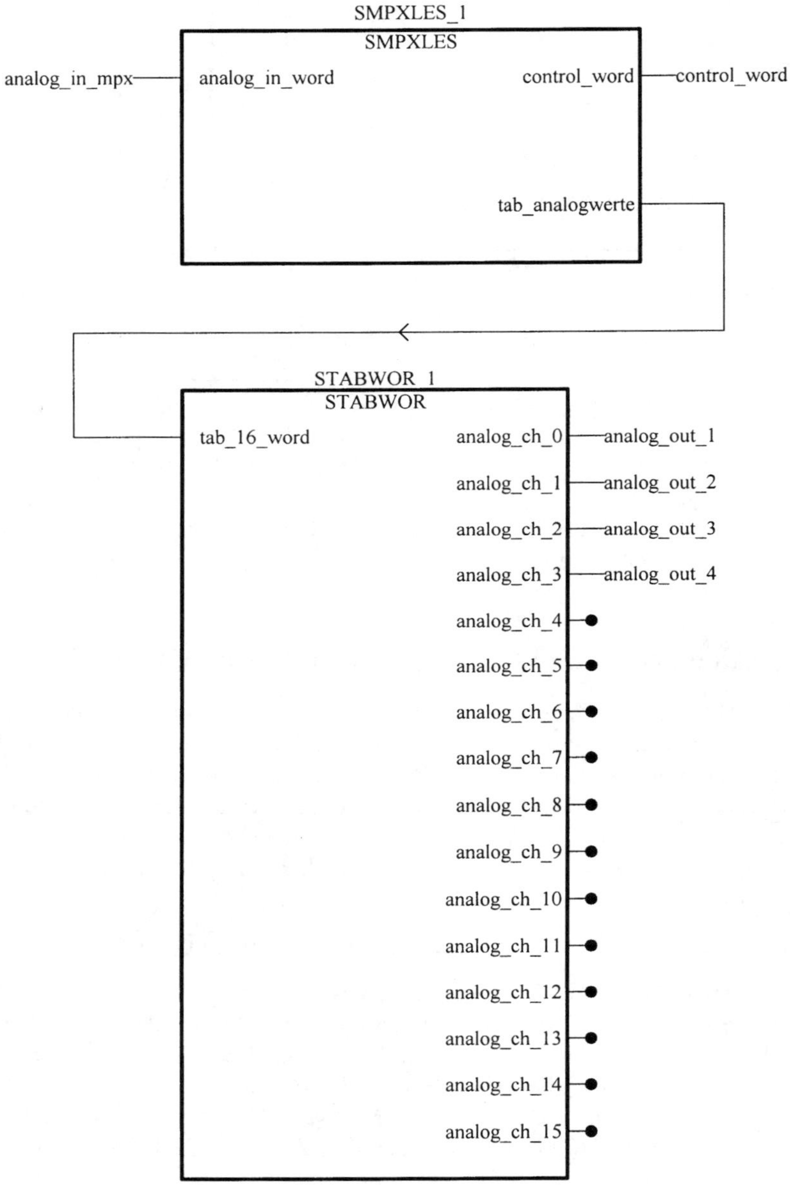

Bild 7.20 Der Baustein SMPXLES in seiner Testumgebung im Programm PRG_3

wechselt in jedem Programmzyklus seinen Wert, spur_a wechselt den Wert nach jedem 2. Programmzyklus (Bild 7.22).

Sind zykpuls und spur_a vorhanden, dann wird die kanal_nr – die gleichzeitig als Tabellenzeiger dient – um 1 erhöht; aufgrund der MOD-Verknüpfung bewegt sich zaehler stets im Bereich 0 ... 15. Für control_word ist der Wert der Variablen zaehler in das WORD-Format umzuwandeln und um 8 Stellen nach links zu schieben. 2 Programmzyklen später, wenn spur_a den Wert 0 führt, lesen wir den Analogwert des ausgewählten Kanals in die Tabelle ein. Alle 4 Programmzyklen erhalten wir also einen neuen Analogwert, alle 64 Programmzyklen wird der gleiche Kanal erneut eingelesen.

```
(* Steuertakte erzeugen: *)
zykpuls := NOT zykpuls;
IF   zykpuls
     THEN   spur_a := NOT spur_a;
END_IF;

(* Kanalnummer + Tabellenzeiger bilden: *)
IF   zykpuls AND spur_a
     THEN   zaehler := (zaehler + 1) MOD 16;
END_IF;

(* Kanal auswählen: *)
kanal_nr := INT_TO_WORD(zaehler);
control_word := SHL(kanal_nr, 8);

(* Analogwert aus Kanal laden: *)
IF   NOT spur_a
     THEN   tab_analogwerte[zaehler]
            := analog_in_word;
END_IF;
```

Bild 7.21 Rumpf des Funktionsbausteins SMPXLES

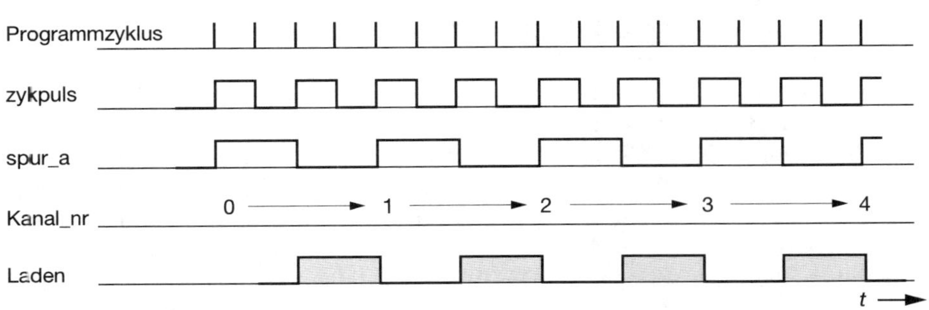

Bild 7.22 Zeitlicher Ablauf des Multiplexvorganges

Tabelle 7.17 Lokale Variablen des Bausteins SMPXLES

```
VAR_INPUT
analog_in_word      :     WORD;
END_VAR

VAR
zykpuls             :     BOOL;
spur_a              :     BOOL;
zaehler             :     INT;
zeiger              :     INT := INT#-1;
kanal_nr            :     WORD;
END_VAR

VAR_OUTPUT
control_word        :     WORD;
tab_analogwert      :     TAB16WORD;
END_VAR
```

7.10 Analog-Ein-/Ausgabe mit 12-Bit-unipolar-Baugruppen: AI4SFW und AO4SFW

Die in FBS geschriebene Funktion FAI4SFW verarbeitet Analogwerte von einer unipolaren 12-Bit-ADU-Baugruppe, z. B. dem Interbus-S-Eingabemodul IB ST 24 AI 4/SF der Firma PHOENIX CONTACT. Die Baugruppe verarbeitet entweder Spannungen im Bereich 0 ... +10 V oder Ströme im Bereich 0 ... +20 mA. Das zugehörige Prozeßdatenwort enthält die 12 signifikanten Bit inkl. Vorzeichenbit linksbündig. Wegen der ausschließlich positiven Werte ist das Vorzeichenbit stets 0. Die Funktion FAI4SFW gestattet über den Eingang `endwert_real` eine Bereichsanpassung. Komplementär zum unipolaren Analogeingabemodul steht ein unipolares Ausgabemodul IB ST 24 AO 4/SF zur Verfügung. Seine 4 Ausgangskanäle können wahlweise als Spannungsausgang 0 ... +10 V oder als Stromausgang 0 ... 20 mA arbeiten. Zur Anpassung der programminternen Werte an dieses Modul steht hier die Funktion FAO4SFW zur Verfügung. Hier ist ebenfalls über den Eingang `endwert_real` eine Bereichsanpassung möglich. Bild 7.23 zeigt beide Bausteine in ihrer Testumgebung im Programm PRG_4.

Die Funktion FAI4SFW (s. Bild 7.24 und Tabelle 7.18) übernimmt an ihrem Eingang `word_in` das ausgewählte Prozeßdatenwort der ADU-Baugruppe. Nach dem Maskieren der signifikanten Bits schiebt man sie nach rechts in ihre Grundstellung. Von dort aus ist eine WORD_TO_REAL-Wandlung möglich. Die folgende DIV-Operation normiert die einlaufenden Werte zunächst auf den Wertebereich 0.0 ... 1.0, so daß die abschließende Multiplikation diesen wieder auf den Bereich 0.0 bis `endwert_real` expandieren kann.

Die Funktion FAO4SFW (s. Bild 7.25 und Tabelle 7.19) erhält ihre Daten über den Eingang `in_real`. Der Wertebereich dieser Daten ist an den Bereich der Ausgabebaugruppe anzupassen. Der dazu notwendige Faktor entsteht aus der Division des Ausgabeendwertes 4095.0 durch den Eingabeendwert `endwert_real`. Der Merker `m1` enthält dann die angepaßten Werte. Die Typumwandlung mit abschließender Schiebeoperation bringen die 12 signifikanten Bits in ihre Arbeitsposition im Rückgabewert FAO4SFW.

Bild 7.23
Die Bausteine FAI4SFW und FAO4SFW in ihrer Testumgebung

Wertebereich für e1: 16#0000 bis 16#7FF8:

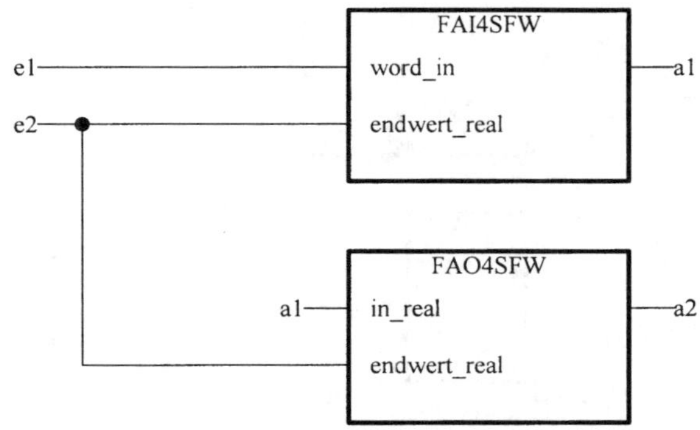

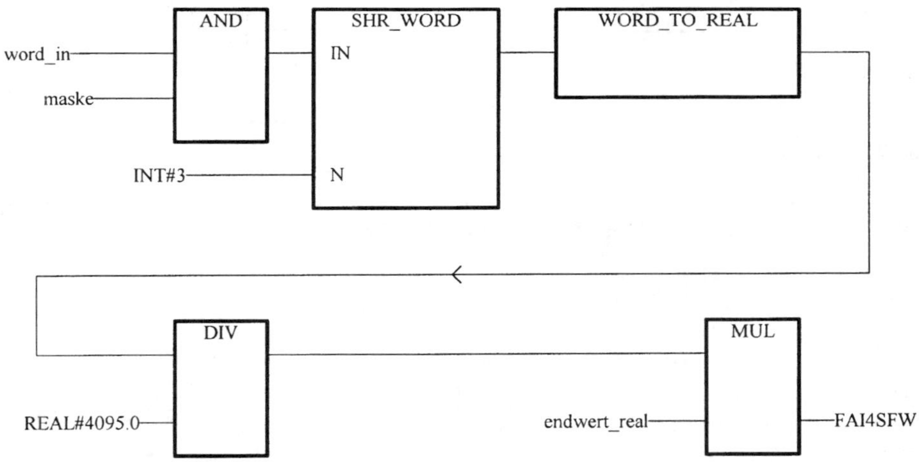

Bild 7.24 Rumpf der Funktion FAI4SFW

Tabelle 7.18 Lokale Variablen des Bausteins FAI4SFW

```
VAR_INPUT
word_in       :    WORD;
endwert_real  :    REAL;
END_VAR

VAR
maske         :    WORD := 16#7FF8;
END_VAR
```

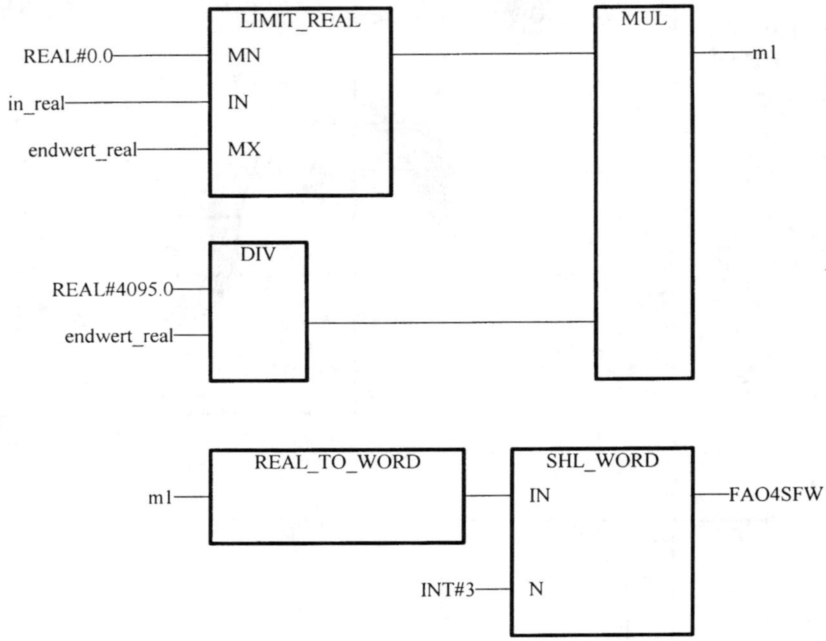

Bild 7.25 Rumpf des Funktionsbausteins FAO4SFW

Tabelle 7.19 Lokale Variablen des Bausteins FAO4SFW

```
VAR_INPUT
in_real        :    REAL;
endwert_real   :    REAL;
END_VAR

VAR
m1             :    REAL;
END_VAR
```

7.11 Schwellwertschalter mit Hysterese: GT_HY1 und GT_HY2

Jede IEC-1131-Software stellt einige Standardfunktionen für Vergleichsaufgaben zur Verfügung. Die Vergleicherfunktionen GT, EQ, LT usw. lassen sich aus der Sicht der Analogwertverarbeitung als Analog-Binär-Umsetzer betrachten. Einfachstes Beispiel ist ein Dämmerungsschalter für die Straßenbeleuchtung. Ein Lichtsensor liefert eine Gleichspannung, deren Höhe von der Beleuchtungsstärke abhängt. Unterschreitet die Helligkeit einen bestimmten Wert, dann soll die Straßenbeleuchtung einschalten. Je nach dem Zusammenhang zwischen Helligkeit und Spannung würde man hier einen Vergleicher vom Typ GT (Greather Then) oder LT (Lower Then) einsetzen. Das Einschalten der Beleuchtung soll jedoch unabhängig sein von kurzzeitigen Störungen.

Wenn z. B. in der Dämmerung ein Vogel über den Lichtaufnehmer fliegt und kurzzeitig die Helligkeit die Schaltschwelle überschreitet, soll die Beleuchtung nicht kurz Ein- und wieder Ausschalten. Der Vergleicher ist folglich mit einer Umschalthysterese zu versehen. Diese Hysterese sorgt dafür, daß das Ein- und Ausschalten des Vergleichers bei unterschiedlichen Werten geschieht.

Bild 7.26 zeigt das Übertragungsverhalten einer GT-Funktion. Die Funktion fragt, ob das Signal am oberen Eingang größer ist als der Vergleichswert am unteren Eingang. Ist das Ergebnis der Frage JA, dann geht der Ausgang der Funktion auf TRUE, andernfalls geht er auf FALSE. Mit einem Vergleichswert von z. B. 40 liegt bei ansteigendem Signal der Umschaltpunkt bei 41. Geht der Signalwert zurück, erfolgt das Umschalten mit dem Wert 40, so daß eine geringe Schalthysterese vorhanden ist. Jedoch, wenn das Signal um den Wert von 40 leicht hin- und herpendelt, z. B. aufgrund von Störungen, schaltet der Ausgang im gleichen Maße hin und her. Wie sich dies durch eine größere Hysterese verhindern läßt, ist im Bild durch einen Umschalter angedeutet. Bei sehr kleinem Signal liegt der Ausgang des Vergleichers auf 0 und der Umschalter gibt einen Vergleichswert von 50 vor. Sobald das Signal diesen Wert überschreitet, geht der Ausgang auf 1, der Vergleichswert springt auf 30 zurück. Das Signal muß jetzt mindestens um den Betrag von 20 zurückgehen, um den Ausgang wieder auf 0 zu bringen.

Bild 7.27 zeigt 2 Hysteresebausteine, die als FGT_HY1 und FGT_HY2 in FBS vorliegen, in ihrer Testumgebung im Programm PRG_5 (s. Bild 7.28, 7.29 und Tabelle 7.20).

Die Arbeitsweise des Bausteins FGT_HY1 geht bereits aus Bild 7.26 hervor. Für die Auswahl der beiden Schwellwerte ist eine SEL_INT-Funktion zuständig. Solange der Ausgang des Vergleichers Signal 0 führt, dient die obere Schwelle als Vergleichswert. Sobald das ansteigende Signal `input_int` den oberen Schwellwert von 50 überschreitet, geht der Ausgang `gt_output` auf 1 und schaltet damit auch den Auswahlschalter um. Dieser legt jetzt die untere Schwelle mit dem Wert 30 auf den Vergleichs-

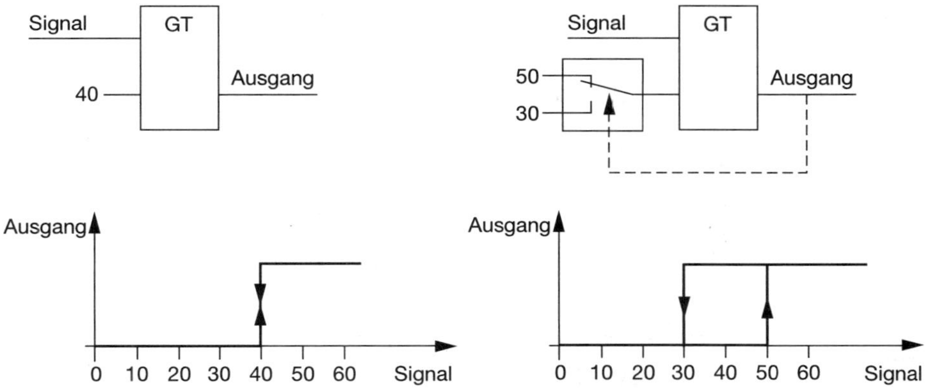

Bild 7.26 Vergleichsfunktion GT und ihr Übertragungsverhalten ohne und mit Hysterese

Wertebereich von a1: 0 bis 100
mit dreieckförmigem Verlauf:

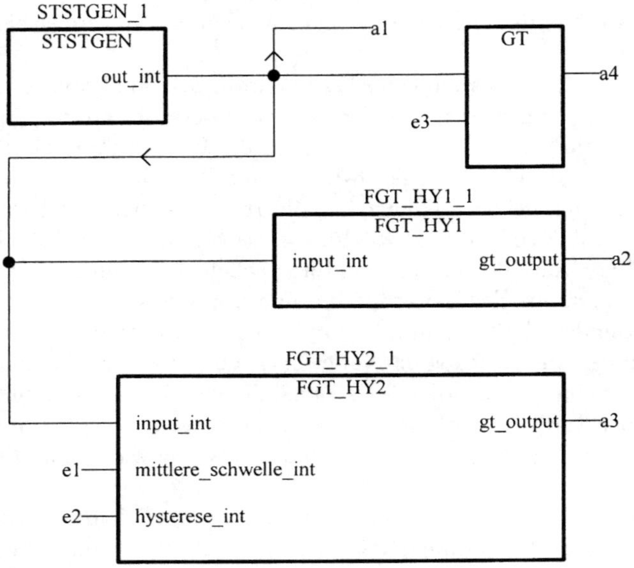

Bild 7.27
Die Hysteresebausteine in ihrer Testumgebung PRG_5

Der Eingangswert ist auf den Bereich 0 bis 100 begrenzt:

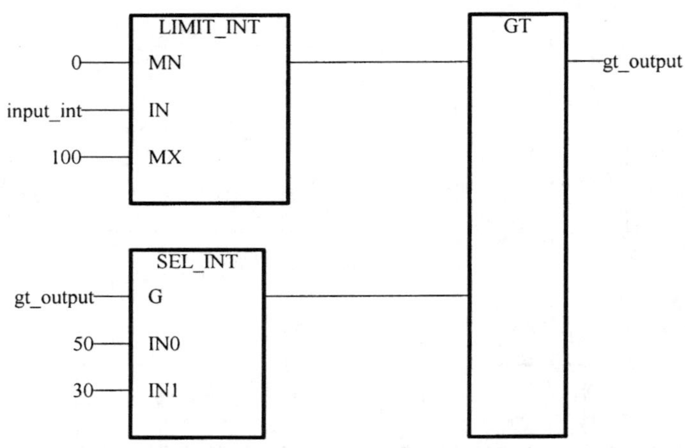

Die Schaltschwellen sind durch Literale festgelegt:

Bild 7.28 Rumpf des Bausteins FGT_HY1

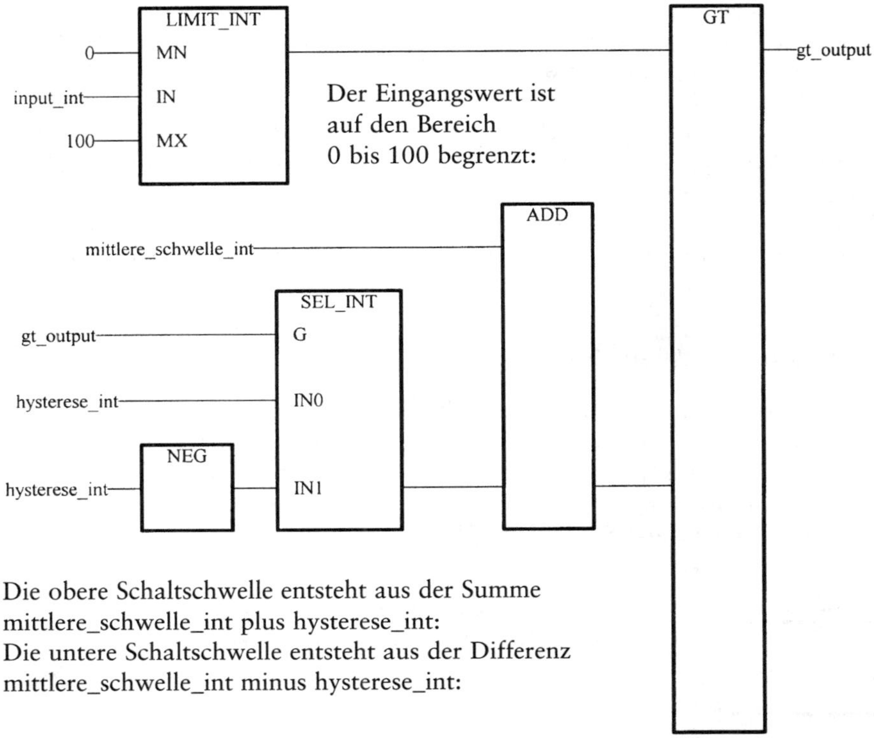

Bild 7.29 Rumpf des Bausteins FGT_HY2

Tabelle 7.20 Lokale Variablen des Bausteins FGT_HY2

```
VAR_INPUT
input_int              :    INT;
mittlere_schwelle_int :    INT;
hysterese_int          :    INT;
END_VAR

VAR_OUTPUT
gt_output              :    BOOL;
END_VAR
```

wert. Folglich schaltet der Ausgang des Vergleichers erst dann zurück, wenn das abfallende Signal den Wert 31 unterschreitet.

Der Funktionsbaustein GT_HY2 erfüllt im Prinzip die gleiche Aufgabe wie GT_HY1 mit dem Unterschied, daß hier von außen eine mittlere Schaltschwelle und die Hysterese getrennt vorgegeben werden kann. Der Baustein arbeitet folgendermaßen (Bild 7.29): Das Eingangssignal am Eingang `input_int` wird auch hier zunächst auf den Wertebereich 0 ... 100 begrenzt und gelangt dann auf den Vergleicher. Den Vergleichswert berechnet ein Addierer aus der Variablen mittlere_schwelle_int und dem Wert hysterese_int. Solange input_int kleiner ist als die obere Schaltschwelle, gelangt hysterese_int direkt auf den Addierer; die obere Schaltschwelle entsteht aus mittlere_schwelle_int plus hysterese_int. Wenn input_int diese obere Schwelle überschritten hat, schaltet SEL_INT den invertierten Wert von hysterese_int auf den Addierer und die untere Schaltschwelle ergibt sich aus mittlere_schwelle_int minus hysterese_int. Das Signal an input_int muß also um den doppelten Betrag der Hysterese wieder unter die obere Schwelle zurückgehen, damit gt_output auf FALSE zurückschaltet.

7.12 Sample-and-Hold-Schalter: SA_HLD

Der Funktionsbaustein SA_HLD arbeitet ähnlich wie eine Sample-and-Hold-Schaltung für Spannungen. Mit der positiven Flanke des Signals am Eingang control übernimmt der Ausgang out_real den Eingangswert an in_real. Dieser Wert bleibt so lange am Ausgang stehen, bis an control die nächste positive Flanke einläuft. Der Baustein liegt als SSA_HLD in ST vor.

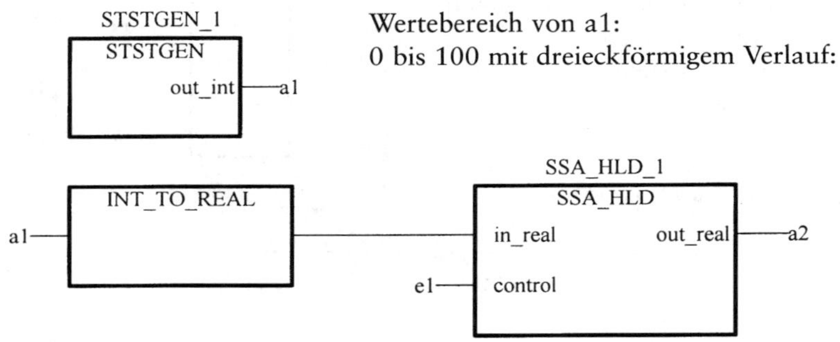

Bild 7.30 Baustein SSA_HLD in einer Testumgebung PRG_6

Tabelle 7.21 Lokale Variablen des Bausteins SSA_HLD

```
VAR_INPUT
in_real      :    REAL;
control      :    BOOL;
END_VAR

VAR
m1           :    BOOL;
END_VAR

VAR_OUTPUT
out_real     :    REAL;
END_VAR
```

```
IF   control AND NOT m1
     THEN  out_real := in_real;
           m1 := TRUE;
END_IF;

IF   NOT control
     THEN  m1 := FALSE;
END_IF;
```

Bild 7.31 Rumpf des Funktionsbausteins SSA_HLD

Bild 7.30 zeigt den Baustein SSA_HLD in einer einfachen Testumgebung im Programm PRG_6. Tabelle 7.21 enthält die Variablen und Bild 7.31 den Rumpf des Bausteins SSA_HLD.

7.13 Aufgaben

Die Lösungen finden Sie im Projekt LOE_07.PWT auf der beiliegenden CD.

1. Schreiben Sie das Programm AI8BIW in der Sprache AWL als Funktion.
   Name der Funktion: AAI8BIW.
2. Schreiben Sie das Programm AI12UW als Funktion in der Sprache AWL. Verwenden Sie so wenig wie möglich Zwischenspeichervariablen.
   Name der Funktion: AAI12UW.
3. Wandeln Sie das Programm in SAMESBE so ab, daß der Baustein 3 weitere Boolesche Ausgänge erhält, die den gerade aktuellen Verstärkungsbereich signalisieren.
   Name des Funktionsbausteins: SAMES1.
4. Schreiben Sie die Funktion AO12BIW in der Sprache ST.
   Name der Funktion: SAO=12BIW.
5. Wandeln Sie den Funktionsbaustein FGT_HY2 ab. Die Obergrenze für `input_int` soll nicht fest bei 100 liegen, sondern von der oberen Schaltschwelle abhängig sein: Der Wert am Eingang MX der LIMIT_INT-Funktion soll um 10 größer sein als die obere Schaltschwelle.
   Sprache: FBS.
   Name des Funktionsbausteins: FGT_HY3.
6. Schreiben Sie einen Funktionsbaustein in Anlehnung an SSA_HLD; allerdings mit einem statisch wirkenden `control`-Eingang. Solange `control` Signal 1 führt, soll der Ausgang dem Eingang folgen. Mit `control = 0` soll der Ausgang den letzten Wert halten.
   Sprache: ST.
   Name des Funktionsbausteins: SHOLD.
7. Sehen Sie sich den Baustein FGT_HY1 an. Hier arbeitet die Funktion GT mit einer Schalthysterese. Entwerfen Sie in der gleichen Art eine hysteresebehaftete LT-Funktion.
   Sprache: FBS.
   Name des Funktionsbausteins: FLT_HY1.

8 Numerische und arithmetische Aufgaben

8.1 Typumwandlung: PRG_1

Das Programm PRG_1 enthält 3 Funktionsbausteine, die wichtige Typumwandlungen erläutern (s. Bild 8.1). Zum Testen muß das Programm der Default-Task zugeordnet werden. Dazu steuert man im Projektbaum unter Task den Zweig TESTPROG an, öffnet ihn mit der rechten Maustaste und wählt das Programm aus der Liste aus.

8.2 Typumwandlung von WORD-Variablen: FWORDWA

Die WORD_TO_BOOL-Wandlung bringt den Booleschen Wert 1, wenn die WORD-Variable ungleich 0 ist (s. Bild 8.2 und Tabelle 8.1). Nur mit der Eingangsvariablen 16#0000 erhält man den Booleschen Ausgangswert 0. Die Wandlung WORD_TO_BYTE liefert als Ergebnis das niederwertige Byte aus dem Eingangswort. Interessant ist die Wandlung von WORD nach INT. Man sieht, daß die Funktion WORD_TO_INT das Bitmuster in der WORD-Variablen als Zweierkomplementformat interpretiert. Der WORD-Wert 16#7FFF führt dann zum INT-Wert 32 767; der um 1 größere WORD-Wert 16#8000 ergibt den negativen INT-Wert –32 768. Damit ist auch der Wertebereich einer 16-Bit-INT-Variablen abgesteckt: Er liegt zwischen –32 768 ... 0 ... +32 767. Für den negativen Wertebereich ist das werthöchste Bit in dem Wort zuständig, es führt dann 1. In der Zweierkomplementdarstellung stehen alle WORD-Werte größer als 16#8000 bis 16#FFFF für negative Werte. Das Wissen um diese Zusammenhänge ist dann interessant, wenn man mit Analog-Digital-Umsetzern ADU bzw. Digital-Analog-Umsetzer DAU arbeitet (s. Kapitel 7). Sieht man von leichten Rundungsfehlern ab, dann entsprechen die REAL-Ergebnisse genau den INT-Werten.

8.3 Typumwandlung von INT-Variablen: FINTWA

Für das Umwandeln einer INT-Variablen in eine Boolesche Variable gilt auch hier, daß der Boolesche Wert nur dann 0 ist, wenn die INT-Variable ebenfalls 0 ist; in allen anderen Fällen führt die Boolesche Variable den Wert 1 (s. Bild 8.3 und Tabelle 8.2).

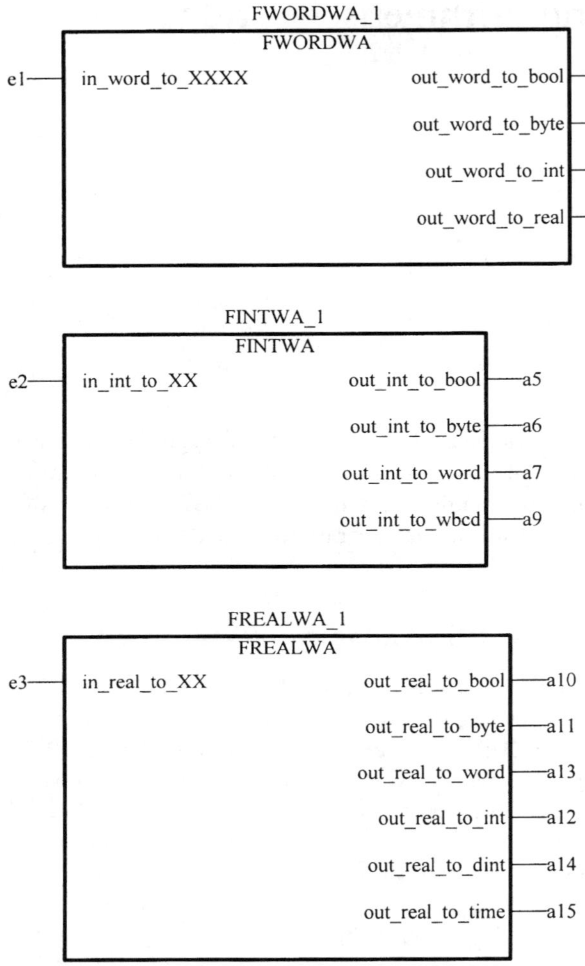

Bild 8.1
Programm PRG_1 zur Typumwandlung

Eine INT-Variable belegt 16 Bit, also 1 Wort. Die Wandlung INT_TO_WORD erfolgt nach den Regeln der Zweierkomplementdarstellung, der negative Wertebereich belegt in der HEX-Darstellung den Bereich 16#8000 bis 16#FFFF. Für die INT_TO_BYTE-Wandlung gilt, daß hier aus dem Wortbereich nur das niederwertige Byte übernommen wird; aus der INT-Variablen läßt sich somit nur der Wertebereich 0...255 nutzen. Auch die Wandlung einer INT-Variablen in das W_BCD-Format ist nur eingeschränkt möglich. BCD steht für binär codierte Dezimalzahl. Für jede Dezimalziffer sind also 4 Binärstellen reserviert, in einem Wort lassen sich also max. 4 BCD-Stellen unterbringen. Das ergibt einen INT-Wertebereich von 0000...9999. Für größere Werte steht die Wandlungsfunktion INT_TO_D_BCD zur Verfügung, die 32 Bit belegt.

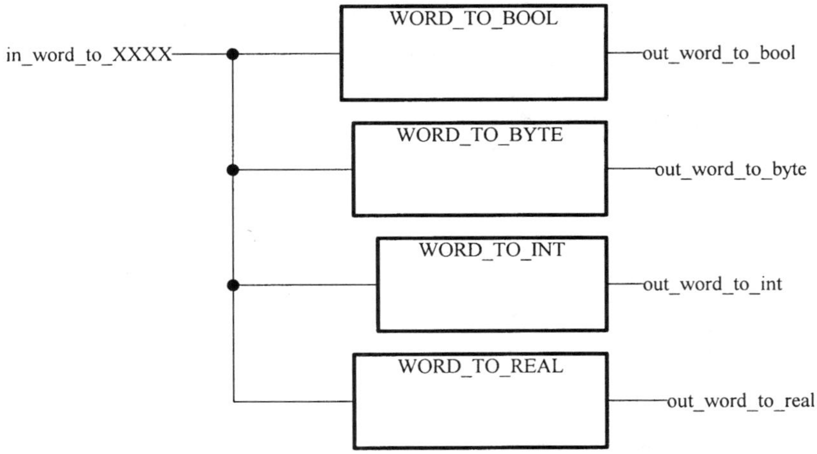

Bild 8.2 Rumpf des Funktionsbausteins FWORDWA

Tabelle 8.1 Ergebnisse der Typumwandlung von WORD-Variablen

WORD_TO_	BOOL	BYTE	INT	REAL
16#FFFF	1	FF	–1	–1.000E+00
16#FFFE	1	FE	–2	–2.000E+00
16#FFF0	1	F0	–16	–1.600E+01
16#8001	1	01	–32767	3.277E+04
16#8000	1	00	–32768	3.277E+04
16#7FFF	1	FF	32767	3.277E+04
16#7FFE	1	FE	32766	3.277E+03
16#0FFF	1	FF	4095	4.095E+03
16#00FF	1	FF	255	2.559E+02
16#000F	1	0F	15	1.500E+01
16#0001	1	01	1	1.000E+00
16#0000	0	00	0	0.000E+00

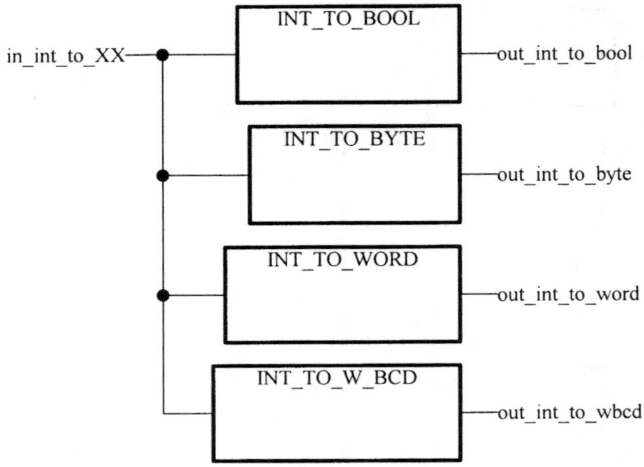

Bild 8.3
Rumpf des Funktionsbausteins FINTWA

Tabelle 8.2 Ergebnisse der Typumwandlung von INT-Variablen

INT_TO_	BOOL	BYTE	WORD	W_BCD
32767	1	**FF**	7FFF	max. 9999
255	1	FF	00FF	0255
15	1	0F	000F	0015
1	1	01	0001	0001
0	0	00	0000	0000
–1	1	**FF**	FFFF	**FFFF**
–2	1	**FE**	FFFE	**FFFF**
–255	1	**01**	FF01	**FFFF**
–32768	1	**00**	8000	**FFFF**

8.4 Typumwandlung von REAL-Variablen: FREALWA

Der Wertebereich von REAL-Variablen (s. Bild 8.4 und Tabelle 8.3) ist größer als der einer INT-Variablen, wobei die Grenzwerte vom SPS-System abhängig sind. Die Wandlungsergebnisse in Tabelle 8.3 zeigen, daß Dezimalstellen einer REAL-Variablen verloren gehen bei der Wandlung. Die nutzbaren Wertebereiche ergeben sich aus der Zielvariablen. Die zusätzliche DINT_TO_TIME-Wandlung zeigt, Daß positive REAL- bzw. DINT-Werte hier in Millisekunden interpretiert werden. Ein DINT-Wert von 8192 ergibt eine Zeit von 8 192 ms.

Bild 8.4
Rumpf des Funktionsbausteins FREALWA

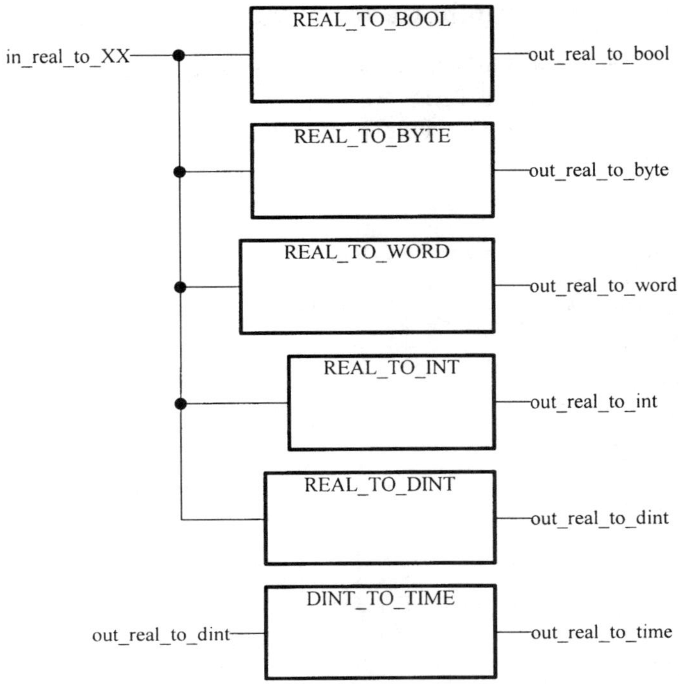

Tabelle 8.3 Ergebnisse der Typumwandlung von REAL-Variablen

REAL_TO_	BOOL	BYTE	WORD	INT	DINT	TIME
50000.0	1				50000	50.000
32767.5	1		7FFF	32767	32767	32.767
8192.5	1		2000	8192	8192	8.192
255.7	1	FF	00FF	255	255	0.255
1.5	1	01	0001	1	1	0.001
0	0	00	0000	0	0	0.000
–1.5	1		FFFF	–1	–1	
–2.5	1		FFFE	–2	–2	
–15.6	1		FFF1	–15	–15	
–32768.5	1		8000	–32768	–32768	
–50000.0	1				–50000	

8.5 Umwandlung von Bogen- in Gradmaß: RAGRAD

Die Standard-Winkelfunktionen SIN, COS usw. nach IEC1131 arbeiten auf der Basis des Winkelmaßes RAD. Für den Fall, daß man programminterne Winkelwerte in Gradmaß ausgeben will, muß man umwandeln. Tabelle 8.4 zeigt an einigen Werten die Zusammenhänge.

Tabelle 8.4 Winkelwerte für Gradmaß und Bogenmaß

Winkel φ in GRAD	Bogenmaß x in rad		$\cos\varphi$	$\sin\varphi$
360°	6.2832	2π	1	0
180°	3.4116	π	1	0
90°	1.5708	$\pi/2$	0	1
75°	1.3089		0.258	0.966
60°	1.0472		0.5	0.866
45°	0.7854	$\pi/4$	0.707	0.707
30°	0.5236		0.866	0.5
15°	0.2618		0.9659	0.2588
0°	0		1.000	0
–15°	–0.2618		0.9659	–0.2588
–30°	–0.5236		0.866	–0.5
–45°	–0.7854	$-\pi/4$	0.707	–0.707
–60°	–1.0472		0.5	–0.866
–90°	–1.5708	$-\pi/2$	0	–1
–180°	–3.4116	$-\pi$	–1	0

Beim Arbeiten mit Winkelwerten und Winkelfunktionen verwendet man i. d. R. Altgrad (Grad oder DEG) und teilt den Vollwinkel in 360 Teile sprich 360°. Gibt man einen Winkelwert im Bogenmaß rad an, dann bezeichnet man damit die Länge eines Kreisausschnittes auf einem Kreis mit dem Radius 1 m. Der Winkel 1 Radiant ist somit folgendermaßen definiert: Der Winkel $x = 1$ rad schneidet aus einem Kreis mit dem Radius 1 m einen Bogen mit der Länge von ebenfalls 1 m aus.

Dazu gehört ein Zentriwinkel φ von 57,3°. Zu einem Vollkreis mit $\varphi = 360°$ gehört das Bogenmaß $x = 2\pi$.

Für die gegenseitige Umrechnung gilt:

$x = \varphi/180.0 \cdot \pi$

und

$\varphi = x/\pi \cdot 180.0$

mit:
Zentriwinkel φ in Grad
Bogenmaß x in rad

Die Funktion SRAGRAD in ST berechnet zu den RAD-Werten am Eingang `rad_real` die Winkelwerte in Grad. Bild 8.5 zeigt den Baustein, wie ihn FBS darstellt. Tabelle 8.5 enthält die lokalen Variablen und Bild 8.6 den Rumpf des Bausteins SRAGRAD. Da es sich hier um eine Funktion handelt, ist keine Ausgangsvariable vorhanden; der Funktionsname ist die Ausgangsvariable. Für die Umrechnung dividiert man den RAD-Wert durch π und multipliziert das Ergebnis mit 180.0.

Bild 8.5
Baustein SRAGRAD

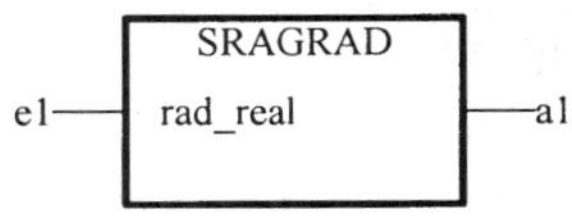

Tabelle 8.5 Lokale Variablen des Bausteins SRAGRAD

```
VAR_INPUT
rad_real    :    REAL;
END_VAR
```

```
SRAGRAD := (rad_real / 3.1459) * 180.0;
```

Bild 8.6 Rumpf des Bausteins SRAGRAD

8.6 Umwandlung von Grad- in Bogenmaß: GRARAD

Mit der in ST geschriebenen Funktion SGRARAD (s. Bild 8.7, 8.8 und Tabelle 8.6) berechnet man entgegengesetzt, und zwar ermittelt man aus dem Winkelwert in grad am Eingang `grad_real` das Bogenmaß in rad.

Bild 8.7
Baustein SGRARAD

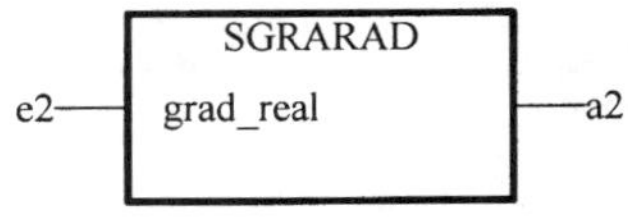


```
SGRARAD := (grad_real / 180.0) * 3.14156;
```

Bild 8.8 Rumpf des Bausteins SGRARAD

Tabelle 8.6 Lokale Variablen des Bausteins SGRARAD

```
VAR_INPUT
grad_real  :    REAL;
END_VAR
```

8.7 Leistungsberechnung: LEISTU

Der Funktionsbaustein zur Leistungsberechnung liegt in FBS als FLEISTU vor (s. Bild 8.9, 8.10 und Tabelle 8.7). Damit berechnet man aus den Werten eines elektrischen Stromkreises Wirkleistung, Scheinleistung und Blindleistung. Am Eingang `ieff_real` ist der Wert des Effektivstroms zu übergeben im Bereich 0.0 ... 10.0 A. Für den Spannungswert am Eingang `ueff_real` ist der Bereich 0.0 ... 230.0 möglich und für den Phasenwinkel `phi_real` der Bereich von –90.0° ... +90.0°.

Das Programm begrenzt zunächst alle 3 Eingangsgrößen auf praktische Wertebereiche. Der Winkelwert, den man in Grad vorgibt, ist dann mit Hilfe der projektinternen

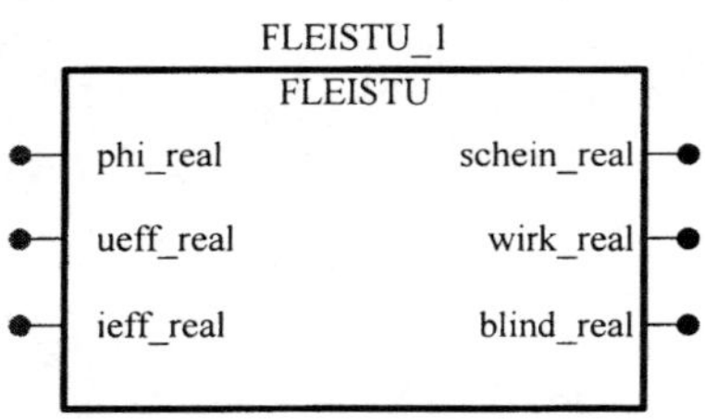

Bild 8.9
Baustein FLEISTU

Tabelle 8.7 Lokale Variablen des Bausteins FLEISTU

```
VAR_INPUT
phi_real     :   REAL;
ueff_real    :   REAL;
ieff_real    :   REAL;
END_VAR

VAR
i_max        :   REAL.:= 10.0;
netzspng     :   REAL := 230.0;
phi_min      :   REAL := -90.0;
phi_max      :   REAL:= 90.0;
END_VAR

VAR_OUTPUT
schein_real :   REAL;
wirk_real    :   REAL;
blind_real   :   REAL;
END_VAR
```

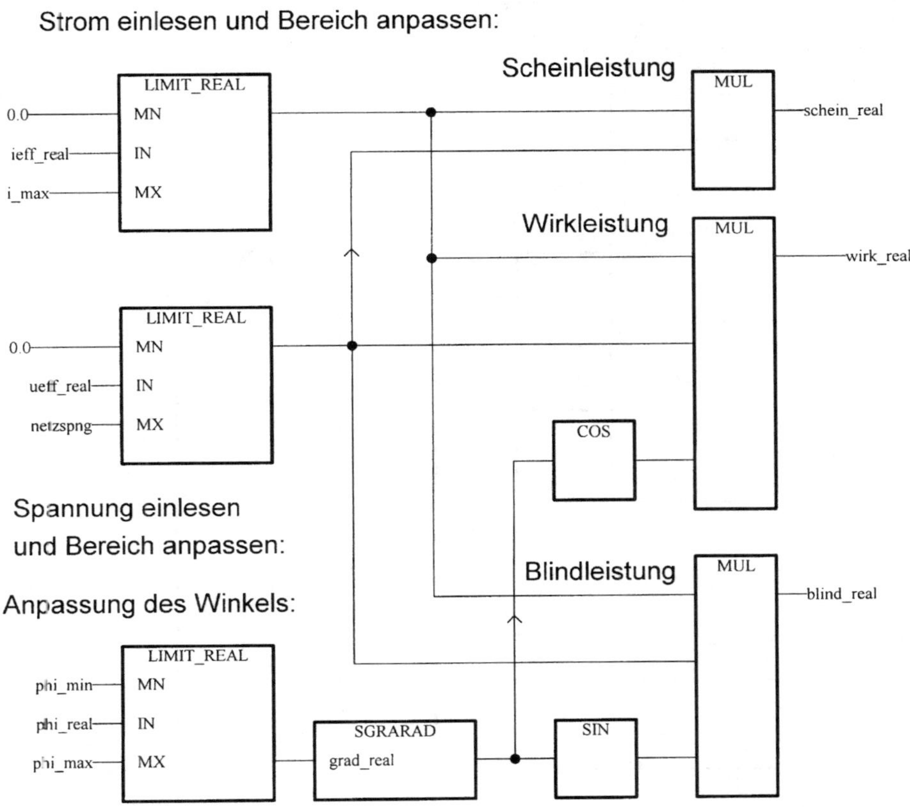

Bild 8.10 Rumpf des Bausteins FLEISTU

Funktion SGRARAD in das Bogenmaß umzuwandeln. Die Scheinleistung entsteht dann durch Multiplikation von Strom und Spannung. Die Wirkleistung benötigt dazu noch cos φ und die Blindleistung sin φ.

8.8 Füllmenge in einem Kugeltank: VOLKUG

Der Funktionsbaustein FVOLKUG (s. Bild 8.11, 8.12 und Tabelle 8.8) in FBS berechnet aus einem Füllstandswert `pegel_real` die Füllmenge in einem kugelförmigen Tank.

Bild 8.11
Baustein FVOLKUG

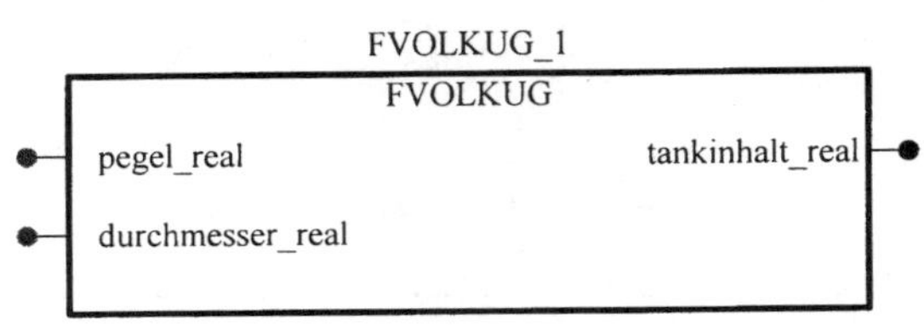

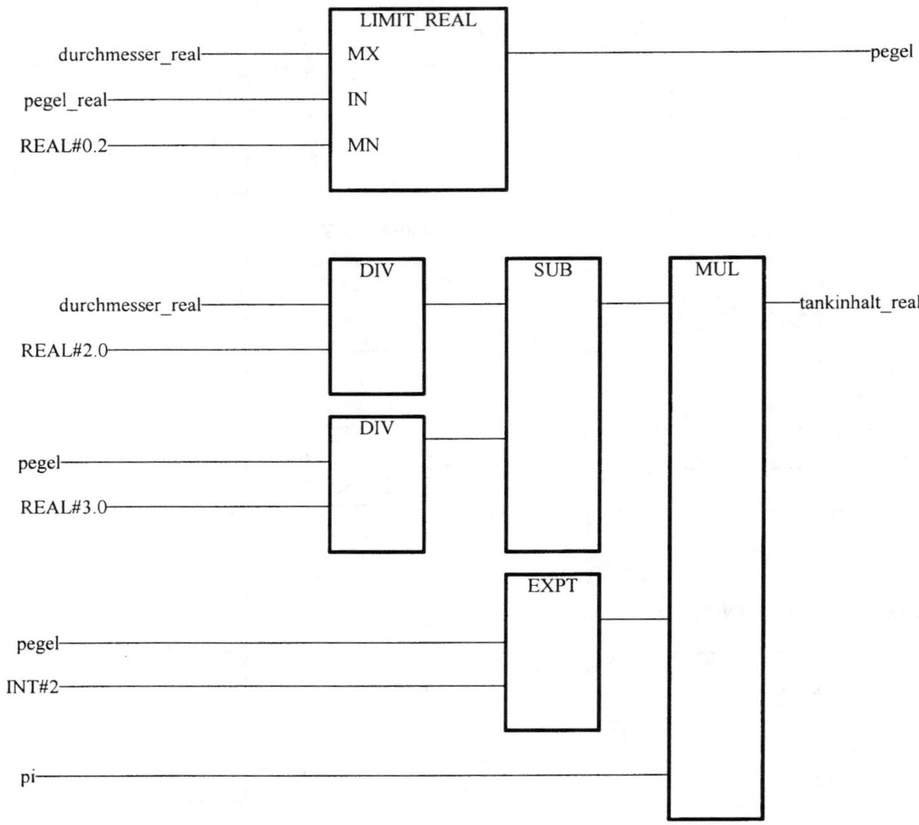

Bild 8.12 Rumpf des Bausteins FVOLKUG

Tabelle 8.8 Lokale Variablen des Bausteins FVOLKUG

```
VAR_INPUT
pegel_real        :   REAL;
durchmesser_real  :   REAL;
END_VAR

VAR
pegel             :   REAL;
pi                :   REAL := 3.142 ;
END_VAR

VAR_OUTPUT
tankinhalt_real   :   REAL;
END_VAR
```

tankinhalt_real = π *pegel_real*² *(durchmesser_real/2 – pegel_real/3)*

$$tankinhalt\_real = \pi \cdot pegel\_real^2 \cdot (durchmesser\_real/2 - pegel\_real/3)$$

mit:

durchmesser_real	in m
pegel_real	in m
tankinhalt_real	in m^3

Für den Wert der Eingangsvariablen `pegel_real` ist zunächst eine Begrenzung nötig, speziell im Hinblick auf die nachfolgende Division. Das Laufzeitsystem meldet nämlich einen Fehler, wenn einer der beiden Operanden einer Division 0 wird! Da der Pegelwert nicht größer werden kann als der Tankdurchmesser, ist dies die Obergrenze für LIMIT_REAL. Das nachfolgende Netzwerk setzt Schritt für Schritt die Gleichung um: zunächst die beiden Divisionskomponenten und dann mit Subtraktion den Klammerinhalt. Die EXPT-Funktion gestattet es, Potenzen zu berechnen. Der obere Eingang erhält die Basis als REAL-Variable, der untere Eingang den Exponenten als INT-Variable. In unserem Beispiel berechnet EXPT das Quadrat der Variablen `pegel`. Die abschließende Multiplikation aller Komponenten führt zum Ergebnis `tankinhalt_real`.

8.9 Simulation einer RL-Parallelschaltung: RLSIM

Das Programm RLSIM (s. Bild 8.13, 8.14 und Tabelle 8.9) berechnet die Werte einer RL-Parallelschaltung. Eingangsgrößen sind der Widerstand R im Bereich 5 Ω … 5 000 Ω, die Induktivität L im Bereich 0.001 H … 10 H und die Spannung U im Bereich 2 V … 230 V.

Nachdem die 3 Eingangsgrößen ihre Begrenzung durchlaufen haben, berechnet das Programm den `wirkstrom_real`, den `blindstrom_real` und den Blindwiderstand `omega_L`. Man geht dabei von der Netzfrequenz mit 50 Hz aus. Den Phasenwinkel ermittelt man über den Tangens des Winkels aus $\tan\varphi = r\_in\_ohm/omega\_L$. Die Ausgabe des Winkels in Grad erfordert abschließend die Umwandlung von Rad in Grad über die Funktion SRAGRAD. Den Gesamtstrom berechnen wir nach der Gleichung:

$$gesamtstrom\_real = \sqrt{wirkstrom\_real^2 + blindstrom\_real^2}$$

Das Quadrat bildet man hier durch die Multiplikation des gleichen Wertes mit sich selbst, das Wurzelziehen besorgt die Funktion SQRT.

Bild 8.13
Baustein FRLSIM

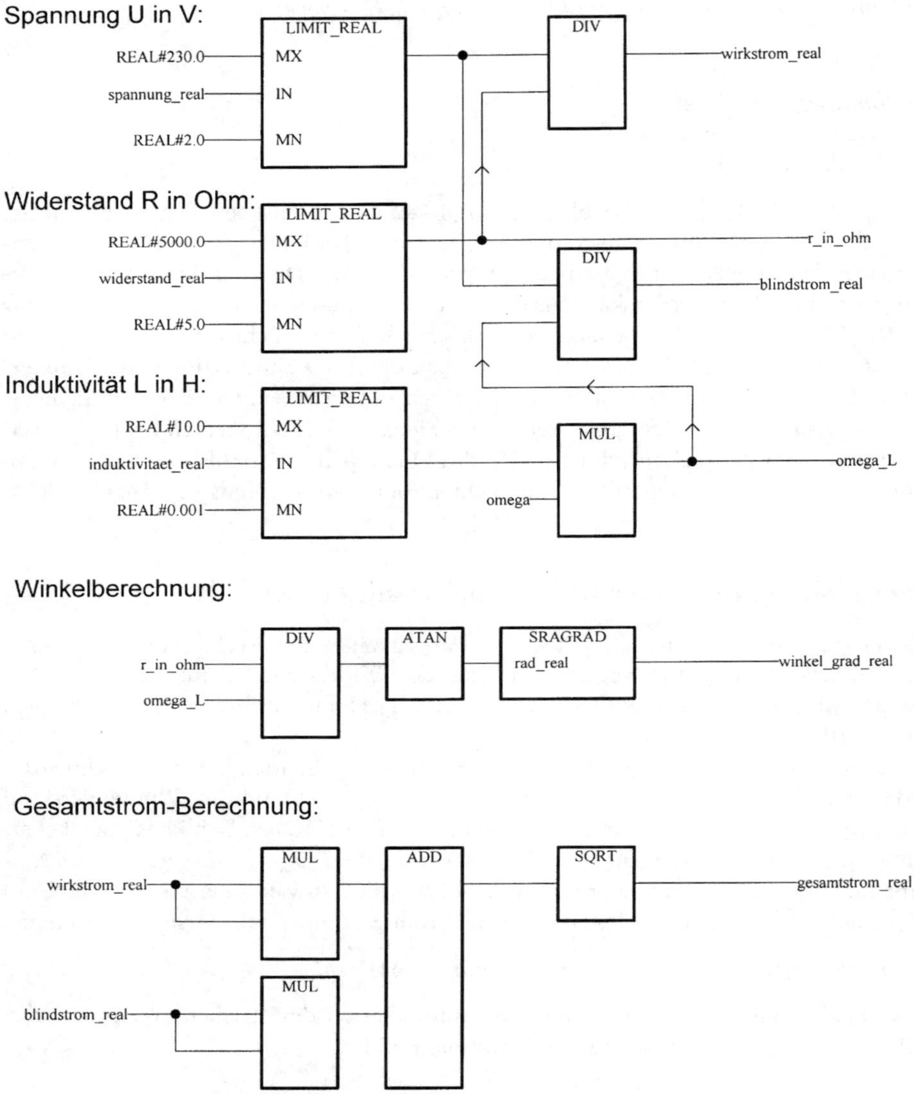

Bild 8.14 Rumpf des Bausteins FRLSIM

Tabelle 8.9 Lokale Variablen des Bausteins FRLSIM

```
VAR_INPUT
spannung_real        :   REAL; (* Spannung U in V *)
widerstand_real      :   REAL; (* Widerstand in Ohm *)
induktivitaet_real   :   REAL; (* Induktivität in H *)
END_VAR

VAR
omega                :   REAL := 314.159;
omega_L              :   REAL;
r_in_ohm             :   REAL;
winkel_grad          :   REAL;
END_VAR

VAR_OUTPUT
gesamtstrom_real     :   REAL;
wirkstrom_real       :   REAL;
blindstrom_real      :   REAL;
winkel_grad_real     :   REAL;
END_VAR
```

8.10 Mittelwertberechnung über 2 bzw. 4 Werte: MITTL

Bild 8.15 zeigt alle 3 Bausteine in ihrer Testumgebung im Programm PRG_4. Der Funktionsbaustein SMITTL1 (s. Bild 8.16 und Tabelle 8.10) in ST bildet aus dem Strom der eingehenden Werte laufend den Mittelwert aus den beiden letzten Werten, der Funktionsbaustein SMITTL2 (s. Bild 8.17 und Tabelle 8.11) bildet den Mittelwert aus den 4 letzten Werten. Für die einfache Demonstration der Arbeitsweise dieser beiden Bausteine dient hier ein Testgenerator STSTGEN, ebenfalls in ST.

Beide Bausteine dienen zunächst der Demonstration für die Art und Weise, wie in einem Programm einen Mittelwert gebildet werden kann. Dies ist der Grund, daß die eigentliche Berechnung der Mittelwerte nicht kontinuierlich in jedem Programmzyklus erfolgt, sondern taktgesteuert über den Eingang `ladepuls`. Um per Software einen Mittelwert über den aktuellen Meßwert und mehrere vorhergehende Meßwerte zu bilden, ist eine Gedächtnisfunktion nötig. Diese Gedächtnis kommt dadurch zustande, daß man den aktuell eingelaufenen `messwert_real` in der Variablen `neuer_wert` erst nach der Berechnung des Mittelwertes in die Gedächtnisvariable `alter_wert` abspeichern. Diese kommt dann im nächsten Programmzyklus zur Geltung. Im Baustein SMITTL1 benötigen wir nur 1 Gedächtnisvariable, in SMITTL2 dagegen 3. Alle 3 wirken wie eine Art Schieberegister, bei dem in jedem Bearbeitungszyklus der neue Wert nachgeschoben und der älteste Wert überschrieben wird.

Im Testbetrieb erzeugt der Testgenerator ein Dreiecksignal mit Werten im Bereich 0 ... 20. Die Zykluszeit ist auf 2 s eingestellt, wobei jeder neue Wert von einem `takt` begleitet wird. Dieser dient den beiden Mittelwertbausteinen als `ladeimpuls`.

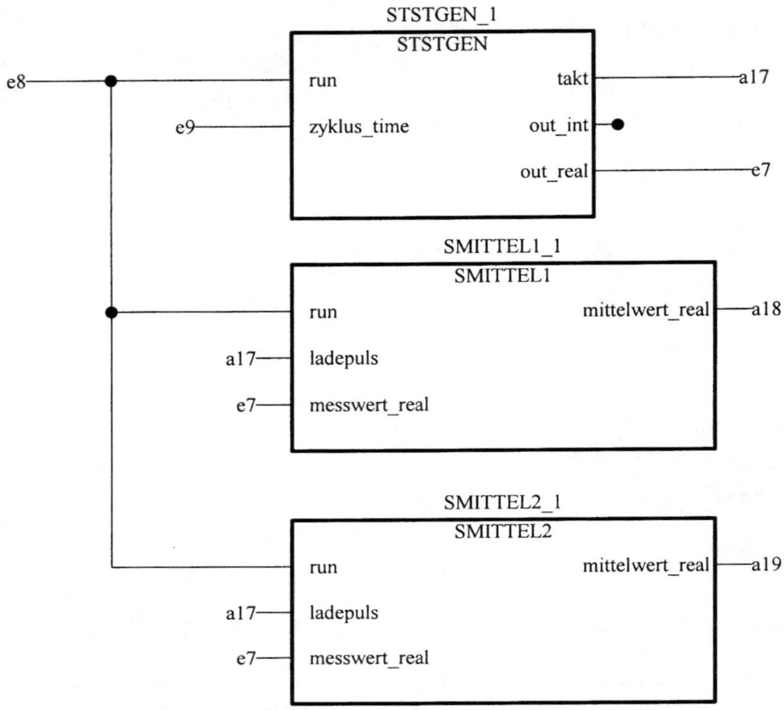

Bild 8.15 Die beiden Mittelwertbausteine in ihrer Testumgebung im Programm PRG_4

Tabelle 8.10 Variablen zum Baustein SMITTL1

```
VAR_INPUT
run             :    BOOL;
ladepuls        :    BOOL;
messwert_real   :    REAL;
END_VAR

VAR
neuer_wert      :    REAL;
alter_wert      :    REAL;
END_VAR

VAR_OUTPUT
mittelwert_real :    REAL;
END_VAR
```

```
IF   NOT run
     THEN  alter_wert := 0.0;
ELSE
     IF    ladepuls
           THEN  neuer_wert := messwert_real;
                 mittelwert_real := 0.5 * (neuer_wert + alter_wert);
                 alter_wert := neuer_wert;
     END_IF;
END_IF;
```

Bild 8.16 Rumpf des Bausteins SMITTL1

```
IF   NOT run
     THEN    alter_wert1 := 0.0;
             alter_wert2 := 0.0;
             alter_wert3 := 0.0;

ELSE
        IF   ladepuls
             THEN  neuer_wert := messwert_real;

                   mittelwert_real :=
                   (neuer_wert + alter_wert1 +
                   alter_wert2 + alter_wert3) /4.0;

                   alter_wert3 := alter_wert2;
                   alter_wert2 := alter_wert1;
                   alter_wert1 := neuer_wert;
        END_IF;
END_IF;
```

Bild 8.17 Rumpf des Bausteins SMITTL2

Tabelle 8.11 Variablen zum Baustein SMITTL2

```
VAR_INPUT
run             :    BOOL;
ladepuls        :    BOOL;
messwert_real   :    REAL;
END_VAR

VAR
neuer_wert      :    REAL;
alter_wert1     :    REAL;
alter_wert2     :    REAL;
alter_wert3     :    REAL;
END_VAR

VAR_OUTPUT
mittelwert_real :    REAL;
END_VAR
```

8.11 Body-Mass-Index: BMI

Der Body-Mass-Index BMI bzw. Körpermassenindex stammt aus der Gesundheitslehre. In bezug auf die Körpergröße von Erwachsenen postuliert er ein Idealgewicht. Den BMI berechnet man aus dem Körpergewicht in kg, dividiert durch das Quadrat der Körpergröße. Ein BMI-Wert im Bereich 20 ... 25 steht dabei für Normalgewicht; ein BMI zwischen 25 und 30 steht für Übergewicht. Für einen BMI größer als 30 empfiehlt die Gesundheitslehre eine ärztliche Behandlung, ebenso wie für Untergewicht mit einem BMI im Bereich 15 ... 20.

Der Funktionsbaustein FBMI (s. Bild 8.18, 8.19 und Tabelle 8.12) begrenzt zunächst den Wert für das `gewicht_real` auf den Bereich 10,0 kg ... 200,0 kg und die `groesse_real` auf 100,0 cm ... 200,0 cm. Eine DIV-Funktion rechnet dann die Größe in cm um in Meter und die MUL-Funktion bildet das Quadrat. Zum Schluß erfolgt das eigentliche Berechnen des BMI und die Typumwandlung für `BMI_int`.

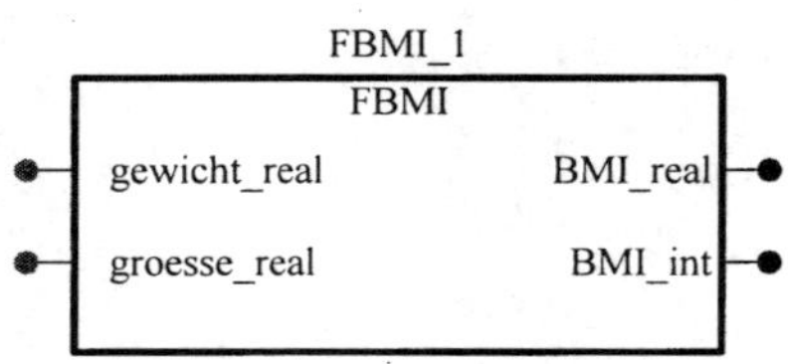

Bild 8.18
Baustein FBMI

Tabelle 8.12 Variablen zum Baustein FBMI

```
VAR_INPUT
gewicht_real :  REAL;
groesse_real :  REAL;
END_VAR

VAR
gewicht      :  REAL;
groesse      :  REAL;
divisor      :  REAL := 100.0;
END_VAR

VAR_OUTPUT
BMI_real     :  REAL;
BMI_int      :  INT;
END_VAR
```

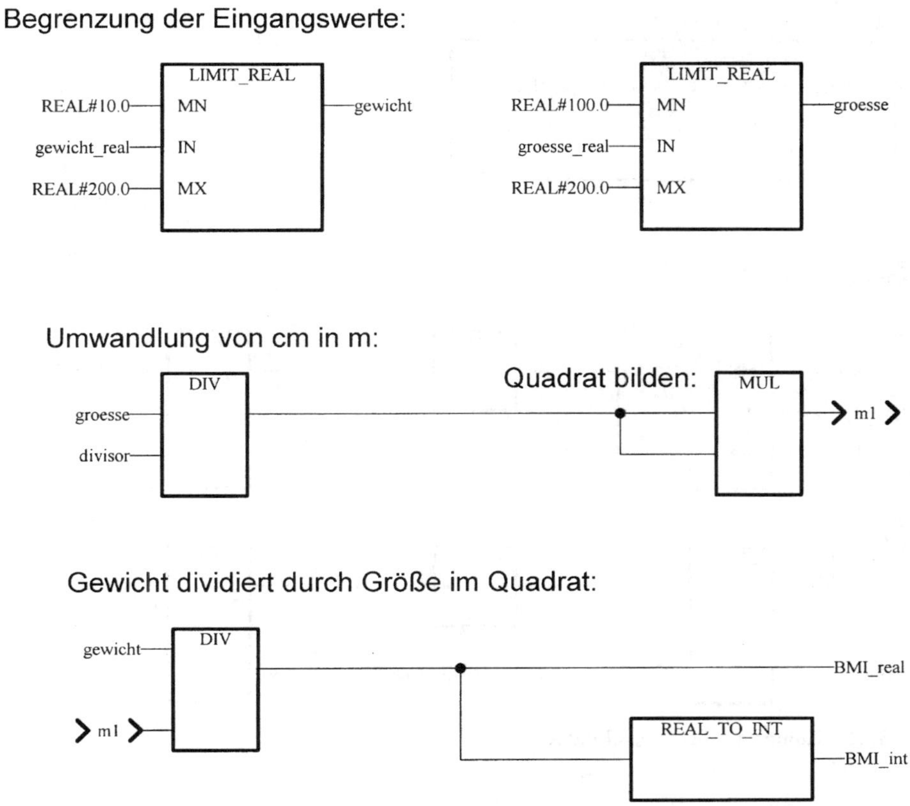

Bild 8.19 Rumpf des Bausteins FBMI

8.12 Pegelrechnung: PEGEL

Das Programm PEGEL ermittelt aus einem Spannungswert am Eingang `spannung_real` zwei Pegelwerte. Am Ausgang `pegel_dB_real` erhalten wir den Spannungspegel, bezogen auf 775 mV an einem Widerstand von 600 Ω. Am Ausgang `pegel_dBV_real` erhalten wir den Spannungspegel bezogen auf 1 V. Bild 8.20 zeigt den Baustein, in FBS, Tabelle 8.13 enthält die lokalen Variablen und Bild 8.21 den Rumpf des Bausteins FPEGEL.
Der Baustein berechnet die Pegel nach der Gleichung:

$pegel\_dB\_real = spannung\_real / 0.775\,\mathrm{V}$

und

$pegel\_dBV\_real = spannung\_real / 1\,\mathrm{V}$

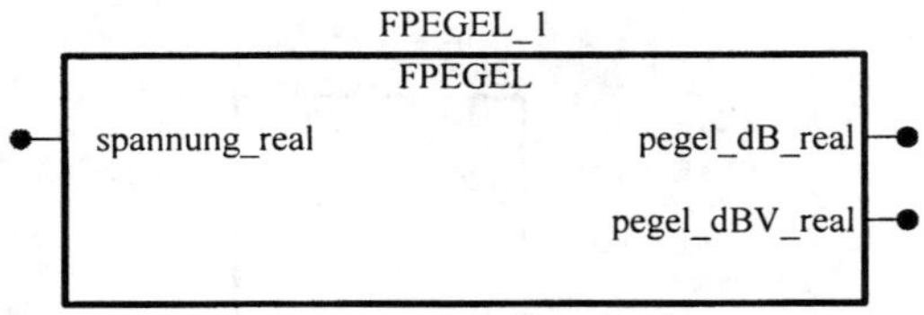

Bild 8.20
Bausteine FPEGEL

Spannung U in V:

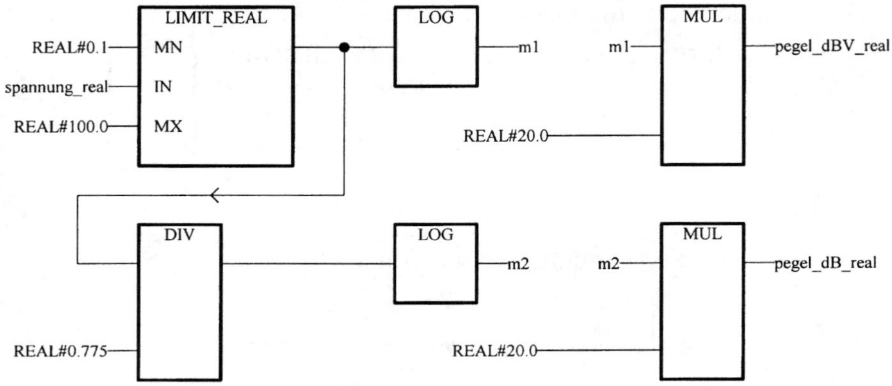

Bild 8.21 Rumpf des Bausteins FPEGEL

Tabelle 8.13 Variablen zum Baustein FPEGEL

```
VAR_INPUT
spannung_real  :   REAL;
END_VAR

VAR
m2  , m1       :   REAL;
END_VAR

VAR_OUTPUT
pegel_dB_real  :   REAL;
pegel_dBV_real :   REAL;
END_VAR
```

8.13 Aufgaben

Die Lösungen finden Sie im Projekt LOE_08.PWT auf der beiliegenden CD.

1. Schreiben Sie das Programm RAGRAD als Funktion in FBS.
   Name der Funktion: FRAGRAD.
2. Schreiben Sie das Programm für die Leistungsberechnung LEISTU in ST.
   Name des Funktionsbausteins: SLEISTU
3. Das Programm für die Volumenberechnung VOLKUG läßt sich auch als Funktion schreiben, weil hier keine statischen Variablen nötig sind. Schreiben Sie diese Funktion in ST.
   Name der Funktion: SVOLKUG
4. Schreiben Sie einen Funktionsbaustein, mit dem man aus einem Spannungswert und einem Widerstandswert den zugehörigen Strom und die Leistung berechnen kann. Die Spannung soll im Bereich 0.1 V ... 24.0 V liegen, der Widerstandswert ist auf den Bereich 0.1 Ω ... 1000.0 Ω zu begrenzen.
   Name des Funktionsbausteins: FOHMGE.

9 Tabellenverarbeitung

Zu diesem Kapitel gehört das Projekt KAP_09.PWT auf der beiliegenden CD.

Die Tabellen dieses Kapitels sind im Arbeitsblatt TABELLEN des Ordners Datentypen definiert. Tabelle 9.1 zeigt die Liste dieser anwenderdefinierten Datentypen.

Tabelle 9.1 Definition der im Projekt verwendeten Tabellen

```
TYPE
TAB08BIT    :   ARRAY   [0..7]        OF BOOL;
TAB8BIT     :   ARRAY   [1..8]        OF BOOL;
TAB8BIT0    :   ARRAY   [0..7]        OF BOOL;
TAB16BIT    :   ARRAY   [0..15]       OF BOOL;

TAB7BYTE    :   ARRAY   [2..8]        OF BYTE;
TAB8BYTE    :   ARRAY   [0..7]        OF BYTE;
TAB16BYTE   :   ARRAY   [0..15]       OF BYTE;

TAB4WORD    :   ARRAY   [0..3]        OF WORD;
TAB8WORD    :   ARRAY   [0..7]        OF WORD;

TAB16INT    :   ARRAY   [0..15]       OF INT;
TAB128INT   :   ARRAY   [0..127]      OF INT;
TAB256INT   :   ARRAY   [1..256]      OF INT;
TAB512INT   :   ARRAY   [1..512]      OF INT;

TAB10REAL   :   ARRAY   [0..9]        OF REAL;
TAB128REAL  :   ARRAY   [0..127]      OF REAL;

TAB2X8INT   :   ARRAY   [0..7,0..1]   OF INT;

END_TYPE
```

9.1 Taktgesteuerte Ausgabe einer Tabelle: TABAUS

Der Funktionsbaustein STABAUS (s. Bild 9.1, 9.2 und Tabelle 9.2) gibt mit einem Taktsignal am Eingang `takt` nacheinander 10 REAL-Werte an den `ausgang_real`. Die Werte sind im Programm selbst vorgegeben und liegen in einer Tabelle.

Das Programm soll in erster Linie zeigen, wie man in FBS auf eine Tabelle zugreifen kann. Die MOVE-Operation gestattet es, Werte an einzelne Tabellenplätze zu kopieren. Der erste Teil des Programmes initialisiert demnach alle 10 Felder mit Werten zwischen 0.1 ... 9.9. Ein Zähler bildet dann die Variable `zeiger`, mit deren Hilfe man auf den Tabelleninhalt ferngesteuert zugreifen kann. Der Zähler fällt mit dem Wert 10 wieder zurück auf 0. Der `zeiger` darf aber nicht größer werden als 9, weil dies die höchste Tabellenadresse ist. Der Versuch, mit einem Zeigerwert von 10 auf die Tabelle zuzugreifen, führt zu Stopp des Programmes. Eine LIMIT-Funktion begrenzt folglich den `zeiger` auf den Wertebereich von 0 ... 9. Die Ausgabe der Tabellenwerte erfolgt dann zeigergesteuert durch das MOVE-Glied an den `ausgang_real`.

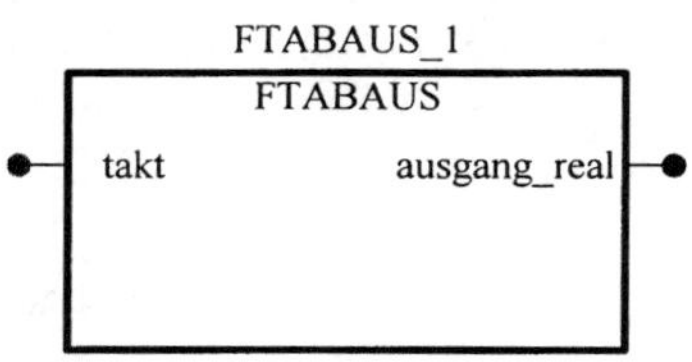

Bild 9.1
Baustein FTABAUS

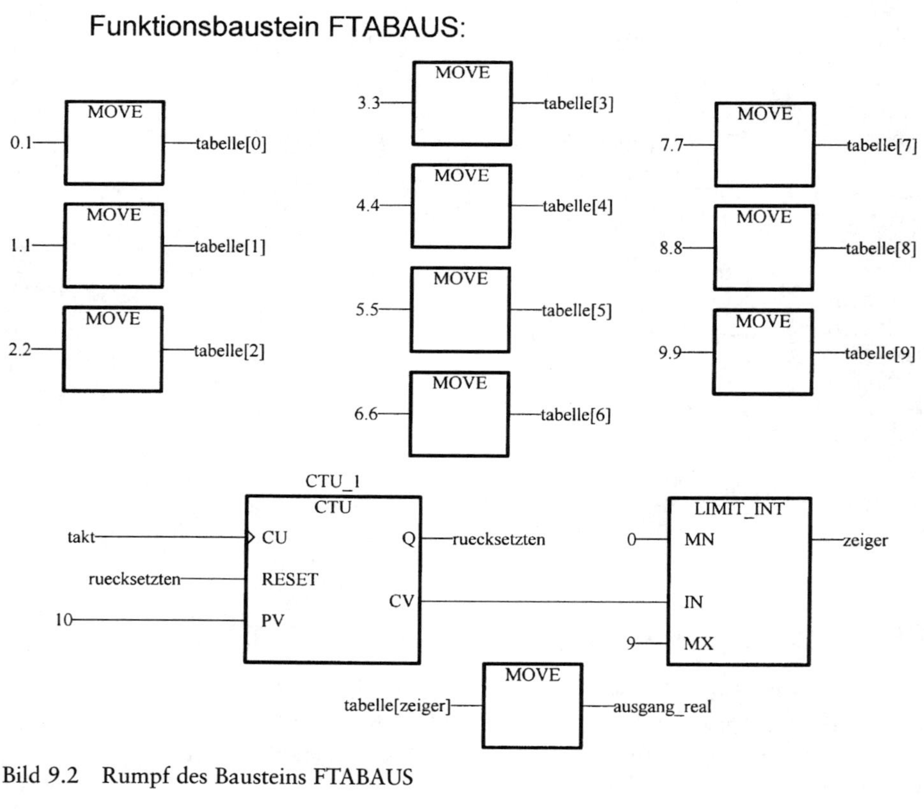

Bild 9.2 Rumpf des Bausteins FTABAUS

Tabelle 9.2 Lokale Variablen des Bausteins FTABAUS

```
VAR_INPUT
takt         :   BOOL;
END_VAR

VAR
tabelle      :   TAB10REAL;
CTU_1        :   CTU;
ruecksetzten :   BOOL;
zeiger       :   INT;
END_VAR

VAR_OUTPUT
ausgang_real :   REAL;
END_VAR
```

9.2 Sollwertgenerator für 16 INT-Werte: SOLWG

Der Funktionsbaustein SSOLWG (s. Bild 9.3, 9.4 und Tabelle 9.3) gibt als Sollwertgenerator 16 INT-Werte aus, gesteuert durch einen internen Taktgenerator. Die Ausgabe beginnt mit einer 1 am Eingang `start`. Sie endet nach der Ausgabe des letzten Wertes oder über den Eingang `stop`. Ein Zeitwert am Eingang `taktzeit_time` bestimmt die Ausgaberate der Werte.

Das Programm arbeitet folgendermaßen: Im 1. Durchlauf des Bausteins nach dem Einschalten der Anlage erfolgt zunächst das Auffüllen der `sollwert_tabelle`. Hier ist ein beliebiger Anfangswert von 10 angesetzt, mit dem in der Tabelle der Wertebereich von 10…25 entsteht. Nach dem Füllen geht die Variable `lauf` auf TRUE, womit diese Programmsequenz in den folgenden Zyklen abgeschaltet ist. Ein `taktgeber`, bestehend aus einem Pulstimer TP, liefert Wischimpulse `takt` mit der Dauer von einem Programmzyklus. Für den `start`-Eingang erfolgt dann eine Flankenauswertung, die `run` auf TRUE und den `tabellen_zeiger` auf 0 setzt. Die folgende IF-Sequenz schaltet mit jedem Takt den `tabellen_zeiger` weiter und fragt ihn auf den Endwert ab. Mit `tabellen_ zeiger = 16` wird `run` zurückgesetzt und `tabellen_zeiger` gelöscht. Der Eingang `stop` setzt ebenfalls die Variable `run` zurück. Zuletzt erfolgt dann die Ausgabe der Tabellenwerte. Im Ruhezustand geht der Wert 0 an den Ausgang.

Bild 9.3
Baustein SSOLWG

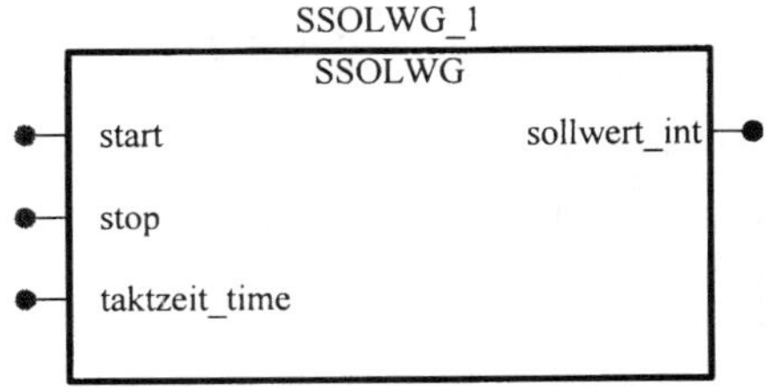

```
(* Tabelle füllen mit Zahlen von 10...25: *)
IF   NOT lauf
     THEN  FOR index := 0 TO 15
           DO sollwert_tabelle[index] := index + 10;
           END_FOR;
           lauf := TRUE;
END_IF;

taktgeber(IN := takt, PT := taktzeit_time);
m1 := taktgeber.Q;
takt := run AND NOT m1;

IF   start AND NOT m2
     THEN  run := TRUE;
           tabellen_zeiger := 0;
END_IF;
m2 := start;

IF   takt
     THEN  tabellen_zeiger := tabellen_zeiger + 1;
           IF   tabellen_zeiger = 16
                THEN run := FALSE;
                tabellen_zeiger := 0;
           END_IF;
END_IF;

IF   stop
     THEN  run := FALSE;
END_IF;

IF   run
     THEN  sollwert_int := sollwert_tabelle[tabellen_zeiger];
     ELSE  sollwert_int := 0;
END_IF;
```

Bild 9.4 Rumpf des Bausteins SSOLWG

Tabelle 9.3 Lokale Variablen des Bausteins SSOLWG

```
VAR_INPUT
start              :    BOOL;
stop               :    BOOL;
taktzeit_time      :    TIME;
END_VAR

VAR
sollwert_tabelle   :    TAB16INT;
lauf               :    BOOL;
run                :    BOOL;
takt               :    BOOL;
m1                 :    BOOL;
m2                 :    BOOL;
index              :    INT;
tabellen_zeiger    :    INT;
taktgeber          :    TP;
END_VAR

VAR_OUTPUT
sollwert_int       :    INT;
END_VAR
```

9.3 Zusammenfassung von 16 Bit in einem Wort: BITWOR

Der Funktionsbaustein SBITWOR (s. Bild 9.5, 9.6 und Tabelle 9.4) setzt die 16 einzelnen Bits an den Eingängen `bit_0` bis `bit_15` zu einem Wort zusammen. Er gibt dieses Wort am Ausgang `out_word` aus.

Als Zwischenstation für die einzelnen Bits dient eine Tabelle für 16 Boolesche Variablen. Dies gestattet es, die Bits in einer FOR-Schleife in das Wort einzubauen. Der 1. Teil des Bausteins sammelt also zunächst die 16 Eingangsbits in die `bit_tabelle`. Als Zwischenspeicher zum Aufbau des Wortes dient die Variable `merkerwort`. Die FOR-Schleife besorgt das Zusammensetzen. Sie nimmt dabei in 16 Durchläufen jedes einzelne Bit aus der `bit_tabelle` und führt damit eine BOOL_TO_WORD-Umwandlung durch. Das behandelte Bit taucht in diesem Wort `m1` dann ganz rechts in der niedrigsten Stelle auf. Das Ganze um die Anzahl der `bitnummer` nach links verschoben bringt das Bit in die richtige Position innerhalb des Wortes, zunächst nach `m2`. Den endgültigen Einbau des Bits in das Wort bewerkstelligt dann eine ODER-Verknüpfung von `m2` mit dem `merkerwort`. Mit dem Ende der FOR-Schleife sind alle Eingangsbits im `merkerwort` versammelt und gehen an `out_word`.

Bild 9.5
Baustein SBITWOR

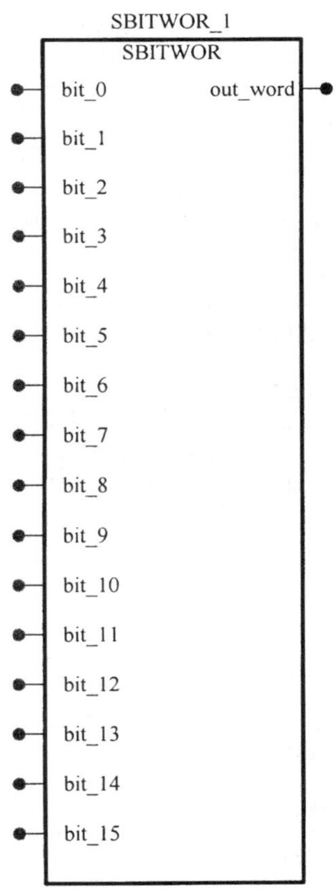

```
(* Abfüllen der Eingangsbits in eine Tabelle: *)
bit_tabelle[0]  := bit_0;
bit_tabelle[1]  := bit_1;
bit_tabelle[2]  := bit_2;
bit_tabelle[3]  := bit_3;
bit_tabelle[4]  := bit_4;
bit_tabelle[5]  := bit_5;
bit_tabelle[6]  := bit_6;
bit_tabelle[7]  := bit_7;
bit_tabelle[8]  := bit_8;
bit_tabelle[9]  := bit_9;
bit_tabelle[10] := bit_10;
bit_tabelle[11] := bit_11;
bit_tabelle[12] := bit_12;
bit_tabelle[13] := bit_13;
bit_tabelle[14] := bit_14;
bit_tabelle[15] := bit_15;

merkerwort:=WORD#16#0000;

FOR  bitnummer:= 0 TO 15
DO   m1 := BOOL_TO_WORD (bit_tabelle[bitnummer]);
     m2 := SHL_WORD (m1,bitnummer);
     merkerwort := merkerwort OR m2;
END_FOR;

out_word := merkerwort;
```

Bild 9.6 Rumpf des Bausteins SBITWOR

Tabelle 9.4 Lokale Variablen des Bausteins SBITWOR

```
VAR_INPUT
bit_0, bit_1, bit_2    :   BOOL;
bit_3, bit_4, bit_5    :   BOOL;
bit_6, bit_7, bit_8    :   BOOL;
bit_9, bit_10, bit_11 :   BOOL;
bit_12,bit_13, bit_14 :   BOOL;
bit_15                 :   BOOL;
END_VAR

VAR
bit_tabelle            :   TAB16BIT;
merkerwort             :   WORD;
bitnummer              :   INT;
m1, m2                 :   WORD;
END_VAR

VAR_OUTPUT
out_word               :   WORD;
END_VAR
```

9.4 Zerlegen eines Wortes in 16 einzelne Bits: WORBIT

Der Funktionsbaustein SWORBIT (s. Bild 9.7, 9.8 und Tabelle 9.5) zerlegt das Eingangswort `input_word` in 16 einzelne Bits. Er gibt diese 16 Bits über die Ausgänge `bit_0` bis `bit_15` aus.

Auch hier erfolgt die Wandlung mit Hilfe einer Tabelle für 16 Bits. Diese Tabelle gestattet es, das Separieren der Bits innerhalb einer FOR-Schleife zu erledigen. Zentrale Operation dabei ist das Maskieren eines jeden einzelnen Bits. Dazu ist zunächst eine `maske` nötig mit dem Startwert `16#0001`. 16-mal wird diese Maske nach links verschoben und über das `input_word` gelegt. Die Variable `m1` enthält danach ein Wort, in dem das maskierte Bit entweder 0 oder 1 ist, womit der Wert des Wortes entweder 0 oder ungleich 0 ist. Die WORD_TO_BOOL-Wandlung liefert nach `m2` ein Bit mit dem Zustand 0, wenn `m1` den Wert 0 hat und mit dem Wert 1, wenn `m1` ungleich 0 ist. Damit ist das Bit mit der `bitnummer` aus dem Wort herausgelöst und kann an die entsprechende Stelle in der `bit_tabelle` wandern. Zum Schluß sind die 16 Tabellenwerte auf die Ausgänge des Bausteins zu legen.

Bild 9.7
Baustein SWORBIT

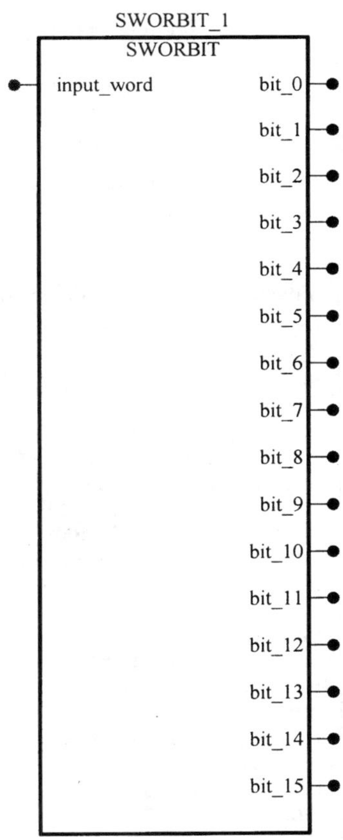

```
maske := WORD#16#0001;

FOR bitnummer:= 0 TO 15
DO  m1 := input_word AND maske;
    m2 := WORD_TO_BOOL(m1);
    bit_tabelle[bitnummer] := m2;
    maske := SHL_WORD(maske,1);
END_FOR;

bit_0   := bit_tabelle[0];
bit_1   := bit_tabelle[1];
bit_2   := bit_tabelle[2];
bit_3   := bit_tabelle[3];
bit_4   := bit_tabelle[4];
bit_5   := bit_tabelle[5];
bit_6   := bit_tabelle[6];
bit_7   := bit_tabelle[7];

bit_8   := bit_tabelle[8];
bit_9   := bit_tabelle[9];
bit_10  := bit_tabelle[10];
bit_11  := bit_tabelle[11];
bit_12  := bit_tabelle[12];
bit_13  := bit_tabelle[13];
bit_14  := bit_tabelle[14];
bit_15  := bit_tabelle[15];
```

Bild 9.8 Rumpf des Bausteins SWORBIT

Tabelle 9.5 Lokale Variablen des Bausteins SWORBIT

```
VAR_INPUT
input_word   :   WORD;
END_VAR

VAR
bit_tabelle  :   TAB16BIT;
bitnummer    :   INT;
m1           :   WORD;
maske        :   WORD;
m2           :   BOOL;
END_VAR

VAR_OUTPUT
bit_0, bit_1, bit_2     :   BOOL;
bit_3, bit_4, bit_5     :   BOOL;
bit_6, bit_7, bit_8     :   BOOL;
bit_9, bit_10, bit_11   :   BOOL;
bit_12,bit_13, bit_14   :   BOOL;
bit_15                  :   BOOL;
END_VAR
```

9.5 Zusammenfassung von 8 Bytes in einer Tabelle: BYTTAB

Der Funktionsbaustein SBYTTAB (s. Bild 9.9, 9.10 und Tabelle 9.6) führt die 8 Eingangsbytes `byte_0` bis `byte_7` in einer Tabelle zusammen. Er gibt diese Tabelle über den Ausgang `byte_tabelle` aus.

Das Programm dieses Funktionsbausteins ist denkbar einfach. Da ein Tabellenelement nicht als Eingangsvariable deklarierbar ist, werden alle Eingangsbytes ihrem Tabellenwert zugewiesen. Die Tabelle insgesamt ist als Ausgangsvariable deklariert, sie taucht im Programm nicht auf.

Bild 9.9
Baustein SBYTTAB

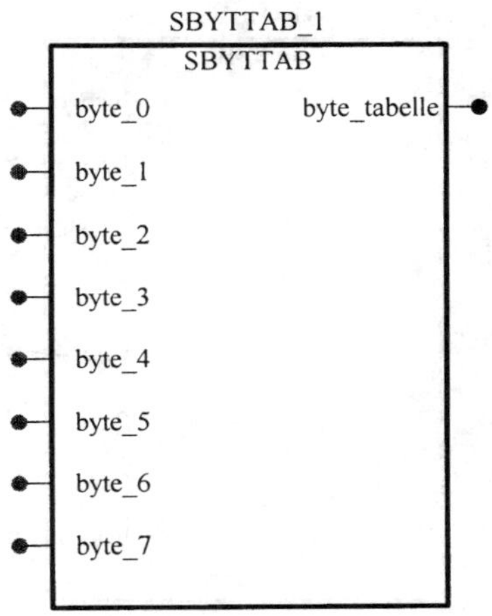


```
byte_tabelle[0]  := byte_0;
byte_tabelle[1]  := byte_1;
byte_tabelle[2]  := byte_2;
byte_tabelle[3]  := byte_3;
byte_tabelle[4]  := byte_4;
byte_tabelle[5]  := byte_5;
byte_tabelle[6]  := byte_6;
byte_tabelle[7]  := byte_7;
```

Bild 9.10 Rumpf des Bausteins SBYTTAB

Tabelle 9.6 Lokale Variablen des Bausteins SBYTTAB

```
VAR_INPUT
byte_0, byte_1, byte_2, byte_3 :   BYTE;
byte_4, byte_5, byte_6, byte_7 :   BYTE;
END_VAR

VAR_OUTPUT
byte_tabelle :   TAB8BYTE;
END_VAR
```

9.6 Ausgabe von 8 Bytes aus einer Tabelle: TABBYT

Mit dem Funktionsbaustein STABBYT (s. Bild 9.11, 9.12 und Tabelle 9.7) führt man die entgegengesetzte Tätigkeit wie mit dem Baustein SBYTTAB aus: Er zerlegt eine Tabelle, die über den Eingang `byte_tabelle` einläuft, in 8 einzelne Bytes und gibt diese 8 Bytes über die Ausgänge `byte_0` bis `byte_7` aus.

Auch hier ist das Programm denkbar einfach. Die Tabelle ist als Eingangsvariable deklariert. Sie taucht im Programm selbst nicht auf. Das Programm weist die einzelnen Tabellenelemente den zugehörigen Ausgängen zu.

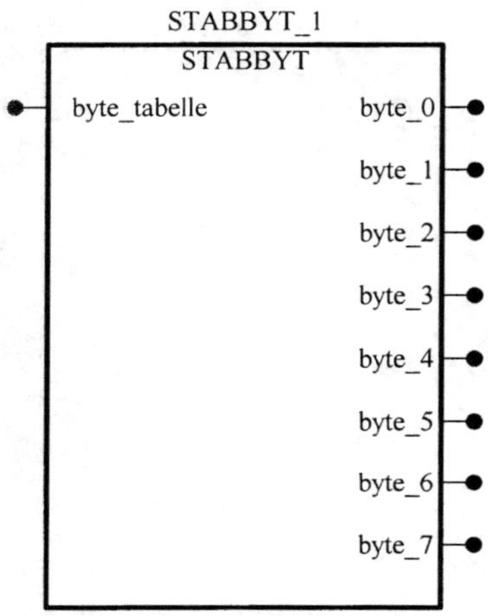

Bild 9.11
Baustein STABBYT

```
byte_0 := byte_tabelle[0];
byte_1 := byte_tabelle[1];
byte_2 := byte_tabelle[2];
byte_3 := byte_tabelle[3];
byte_4 := byte_tabelle[4];
byte_5 := byte_tabelle[5];
byte_6 := byte_tabelle[6];
byte_7 := byte_tabelle[7];
```

Bild 9.12 Rumpf des Bausteins STABBYT

Tabelle 9.7 Lokale Variablen des Bausteins STABBYT

```
VAR_INPUT
byte_tabelle :   TAB8BYTE;
END_VAR

VAR_OUTPUT
byte_0, byte_1, byte_2, byte_3 :   BYTE;
byte_4, byte_5, byte_6, byte_7 :   BYTE;
END_VAR
```

9.7 Umbau einer BYTE-Tabelle in eine WORD-Tabelle: BYTWOR

Mit dem Funktionsbaustein SBYTWOR (s. Bild 9.13, 9.14 und Tabelle 9.8) baut man eine Tabelle mit 8 Bytes am Eingang `byte_tabelle` um in eine Tabelle mit 4 Worten. Diese Wort-Tabelle steht am Ausgang `word_tabelle` zur Verfügung. Durch Deklaration anderer Tabellen und andere Endwerte im Programm läßt sich das Programm auf beliebige Tabellengrößen erweitern.

Bild 9.13
Baustein SBYTWOR

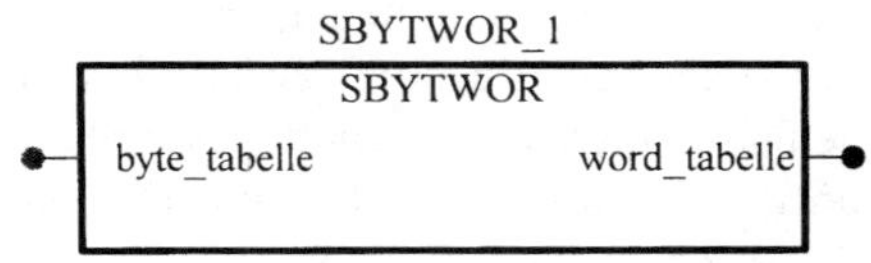


```
wortzeiger := 0;

FOR  bytezeiger := 0 TO 6 BY 2
     DO m1  := BYTE_TO_WORD(byte_tabelle[bytezeiger]);
        m2  := SHL(m1,8);
        m4  := bytezeiger + 1;
        m3  := BYTE_TO_WORD(byte_tabelle[m4]);
        word_tabelle[wortzeiger] := m2 OR m3;
        wortzeiger := wortzeiger + 1;
END_FOR;
```

Bild 9.14 Rumpf des Bausteins SBYTWOR

Tabelle 9.8 Lokale Variablen des Bausteins SBYTWOR

```
VAR_INPUT
byte_tabelle :  TAB8BYTE;
END_VAR

VAR
bytezeiger   :  INT;
wortzeiger   :  INT;
m1, m2, m3   :  WORD;
m4           :  INT;
END_VAR

VAR_OUTPUT
word_tabelle :  TAB4WORD;
END_VAR
```

Der Baustein arbeitet folgendermaßen (Bild 9.15): Am Beginn des Programmzyklus zeigt der `bytezeiger` auf das erste Byte der `byte_tabelle`. Der `wortzeiger` zeigt auf das 1. Wort. In der FOR-Schleife erhält jetzt der Merker `m1` das aufgerufene Byte 0, umgewandelt in ein WORD-Format, das Byte steht rechtsbündig in diesem Wort. Wir schieben es dann um 8 Stellen nach links, `m2` erhält das Ergebnis. Der `bytezeiger` wird dann um 1 erhöht und ruft das Tabellenbyte Nr. 1 auf, der Zeiger steht in `m4`. Auch dieses Byte wandelt man um in ein WORD-Format, es steht ebenfalls rechtsbündig in diesem Wort `m3`. Die linken, höherwertigen Bits im Wort haben den Wert 0. In `m2` steht an dieser Stelle das Byte 0 linksbündig und die rechten, niederwertigen Bits führen 0. Beide Merkerworte lassen sich zuletzt durch eine ODER-Verknüpfung zusammenbauen und in der `word_tabelle` ablegen. Abschließend ist der `wortzeiger` um 1 zu erhöhen. Der `bytezeiger` ist Steuervariable der FOR-Schleife und geht automatisch mit jeder Schleife um 2 hoch. Die Schrittweite von 2 ist nötig, weil innerhalb der Schleife bereits 2 Bytes behandelt werden. Auf die gleiche Weise baut das Programm auch die folgenden Bytepaare zu einem Wort zusammen und übergibt sie der `word_tabelle` (s. Bild 9.15).

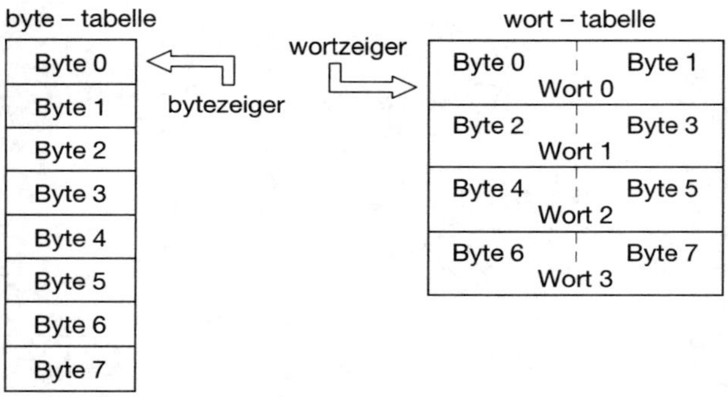

Bild 9.15
Elemente der Tabellenumwandlung SBYTWOR

9.8 Umbau einer WORD-Tabelle in eine BYTE-Tabelle: WORBYT

Der Funktionsbaustein SWORBYT (s. Bild 9.16, 9.17 und Tabelle 9.9) überführt eine Tabelle mit 4 Worten in eine Tabelle mit 8 Bytes. Der Baustein arbeitet folgendermaßen (Bild 9.18): Am Beginn des Programmzyklus zeigt der `bytezeiger` auf das 2. Byte der `byte_tabelle`. Der `wortzeiger` hat den Wert des 1. Wortes. In der FOR-Schleife erhält jetzt der Merker `m1` das aufgerufene Wort, umgewandelt in ein Byte. Im `m1` stehen damit die rechten 8 Bits aus Wort Nr. 0. Sie gehen in der folgenden Zeile direkt in die `byte_tabelle`. Für den Wortmerker `m2` wird das aufgerufene Wort Nr. 0 zunächst um 8 Stellen nach rechts verschoben und kommt dann nach der WORD_TO_BYTE-Wandlung nach `m3`. Mit `m4` schaltet man den `bytezeiger` um 1 zurück, um m3 dann in den Tabellenplatz 0 zu packen. Damit ist Wort Nr. 0 umgewandelt, der bytezeiger wird um 2 Bytes weitergeschaltet. Der wortzeiger ist Steuervariable der FOR-Schleife, er geht automatisch um 1 hoch. Die FOR-Schleife ist beendet, wenn wortzeiger den Wert 4 erreicht (s. Bild 9.18).

Bild 9.16
Baustein SWORBYT

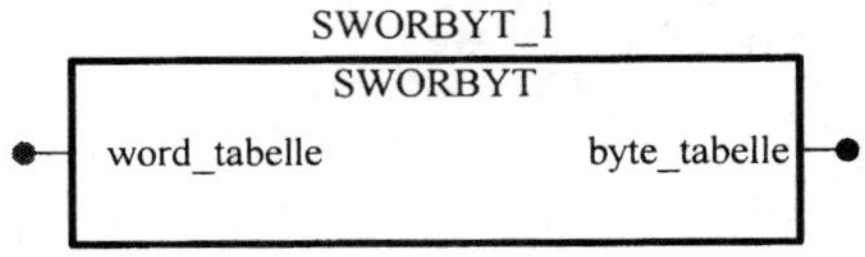


```
bytezeiger := 1;

FOR  wortzeiger:= 0 TO 3
     DO m1 := WORD_TO_BYTE (word_tabelle[wortzeiger]);
        byte_tabelle[bytezeiger] := m1;
        m2 := SHR(word_tabelle[wortzeiger],8);
        m3 := WORD_TO_BYTE(m2);
        m4 := bytezeiger-1;
        byte_tabelle[m4] := m3;

        bytezeiger := bytezeiger + 2;
END_FOR;
```

Bild 9.17 Rumpf des Bausteins SWORBYT

Tabelle 9.9 Lokale Variablen des Bausteins SWORBYT

```
VAR_INPUT
word_tabelle :   TAB4WORD;
END_VAR

VAR
wortzeiger   :   INT;
bytezeiger   :   INT;
m1           :   BYTE;
m2           :   WORD;
m3           :   BYTE;
m4           :   INT;
END_VAR

VAR_OUTPUT
byte_tabelle :   TAB8BYTE;
END_VAR
```

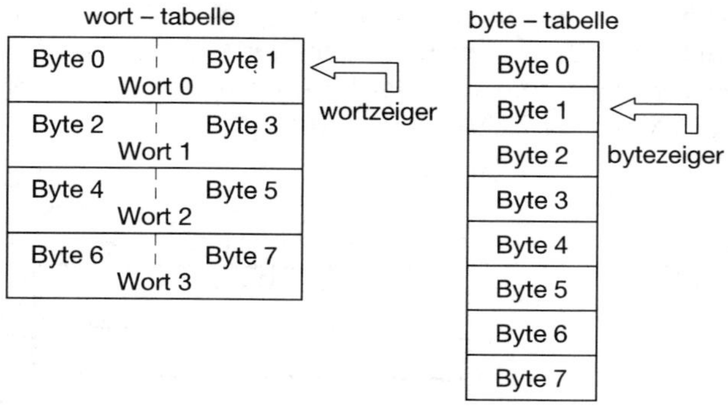

Bild 9.18
Organisation der beiden Tabellen

9.9 Stapelspeicher für Integerwerte: STACK

Ein Stapelspeicher, Stack oder Kellerspeicher ist ein sog. Last-In-First-Out-Register, kurz LIFO-Register. Der Stack dient häufig als Kurzzeitspeicher eines Prozessors. Es handelt sich dabei um eine Tabelle, in die man durch einen Impuls Daten hineinschreiben kann. Die eingespeicherten Daten werden in der Tabelle – bildlich gesprochen – übereinander abgelegt, wie Bücher auf einem Stapel. So, wie wir dem Bücherstapel das zuletzt gestapelte Buch zuerst entnehmen, lassen sich aus dem Stapelspeicher auch immer nur die zuletzt gespeicherten Daten entnehmen. Bedienung des Bausteins SSTACK (s. Bild 9.19, 9.20 und Tabelle 9.10): Am Eingang `stapelhoehe_int` ist zunächst die Größe des Stapels vorzugeben und mit einer 1 an `reset` zu übernehmen. Der Ausgang `empty` geht damit auf 1. Jetzt kann man an `input_int` einen Wert vorgeben und mit einem Puls an `schreiben` in den Stack übernehmen. Aufgrund des inneren Mechanismus von SSTACK wird der zuletzt angelegte Wert an `input_int` nicht übernommen, wenn das Programm mit `schreiben` feststellt, daß der Stapel voll ist! Zum Lesen des zuletzt gespeicherten Wertes genügt ein Puls am Eingang `lesen`.

Die 1. Programmsequenz macht eine Flankenauswertung der beiden Eingänge `lesen` und `schreiben`. Eine 1 am Eingang `reset` bringt den `stapelzeiger` auf –1 und übernimmt den Eingangswert `stapelhoehe_int`: Damit liegt die Größe des Stapels fest. Die Ausgangslage –1 für den `stapelzeiger` ist nötig, weil er vor dem Einspeichern des 1. Wertes um 1 erhöht wird; er zeigt dann auf die 1. Speicherstelle mit der Nummer 0. `reset` löscht auch den Ausgang und stellt die Meldeausgänge, entsprechend dem Stackzustand `empty`. Die folgende Programmsequenz tritt in Aktion, wenn `lesen` (pop) verlangt ist und der Stapel nicht leer ist. `overflow` wird auf jeden Fall zurückgenommen und der `stapelzeiger` um 1 vermindert. Er zeigt damit auf ein tieferliegendes Element in der Tabelle. Ein Vergleich auf `stapelzeiger` < 0 prüft, ob der Speicher leer ist, der Meldeausgang `empty` erhält das Vergleichsergebnis zugewiesen. Ist der Speicher nicht leer, dann geht der Inhalt der vom `stapelzeiger` aufgerufenen Speicherstelle an `output_int`, andernfalls geht 0 an den Ausgang. Ist `schreiben` (push) gewünscht und der Speicher nicht voll, dann geht der `stapelzeiger` um 1 hoch und zeigt damit auf den nächsten freien Speicherplatz; es sei denn, er erreicht den Wert der `stapelgroesse`. In diesem Falle geht das Abfrageergebnis an `overflow`. Ist noch Platz im Stack, dann geht der Eingangswert in die Speicherstelle, die der `stapelzeiger` aufruft, und gleichzeitig an den Ausgang. Zu beachten ist, daß die Nummer des höchsten freien Speicherplatzes um 1 kleiner ist als der Wert `stapelgroesse`.

Bild 9.21 zeigt den Zustand des Stapels für eine `stapelhöhe_int` von 8, nachdem folgende Werte hineingeschrieben wurden: 11, 22, 33, 44, 55, 66, 77, 88. Danach wurde 4-mal gelesen. Der `stapelzeiger` steht dann auf 3, `output_int` liefert den Wert 44.

Bild 9.19
Baustein SSTACK

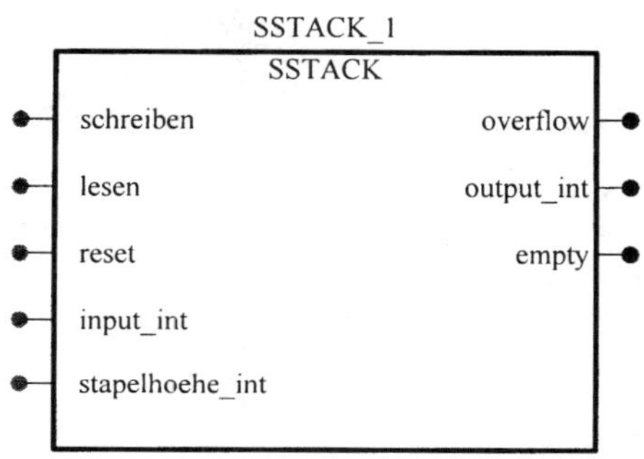


```
R_TRIG_1(CLK := schreiben);
push := R_TRIG_1.Q;
R_TRIG_2(CLK := lesen);
pop := R_TRIG_2.Q;

IF reset
     THEN  overflow := FALSE; empty := TRUE; stapelzeiger := -1;
           stapelgroesse := LIMIT_INT(1,stapelhoehe_int,128);
           output_int := 0;
ELSIF pop AND NOT empty
     THEN  overflow:=FALSE; stapelzeiger := stapelzeiger - 1;
           empty := stapelzeiger<0;
           IF empty
              THEN   output_int := 0;
           ELSE output_int := stapel[stapelzeiger];
           END_IF;
ELSIF push AND NOT overflow
     THEN  empty := FALSE; stapelzeiger := stapelzeiger + 1;
           overflow := stapelzeiger = stapelgroesse;
           IF NOT    overflow
              THEN   stapel[stapelzeiger] := input_int;
                     output_int := input_int;
           ELSE  output_int := 0;
           END_IF;
END_IF;
```

Bild 9.20 Rumpf des Bausteins SSTACK

Tabelle 9.10 Lokale Variablen des Bausteins SSTACK

```
VAR_INPUT
schreiben       :  BOOL;
lesen           :  BOOL;
reset           :  BOOL;
input_int       :  INT;
stapelhoehe_int :  INT;
END_VAR

VAR
push            :  BOOL;
pop             :  BOOL;
stapel          :  TAB128INT;
stapelgroesse   :  INT := 128;
stapelzeiger    :  INT := -1;
R_TRIG_1        :  R_TRIG;
R_TRIG_2        :  R_TRIG;
END_VAR

VAR_OUTPUT
overflow        :  BOOL;
output_int      :  INT;
empty           :  BOOL;
END_VAR
```

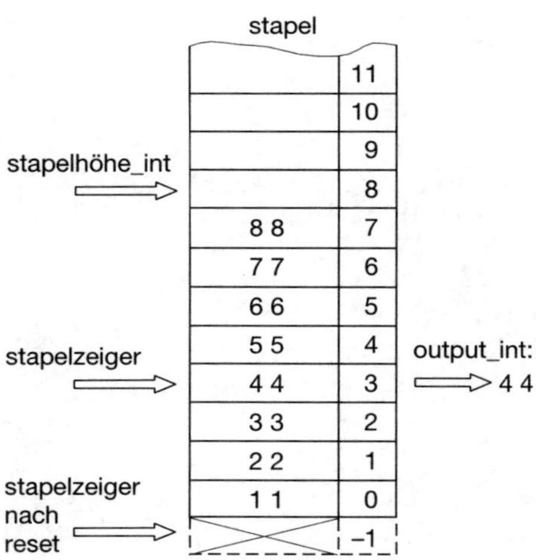

Bild 9.21
Zustand des Stapels

9.10 Auswertung von 8 Fehlermeldungen: FEHLER

Der Funktionsbaustein SFEHLER (s. Bild 9.22, 9.23 und Tabelle 9.11) verarbeitet 8 Fehlermeldungen nach dem Prinzip der Letztwert-Meldung: Die Fehlermeldungen laufen über die Eingänge `fehler_1` bis `fehler_8` ein. Die Nummer des zuletzt einge-

Bild 9.22
Baustein SFEHLER

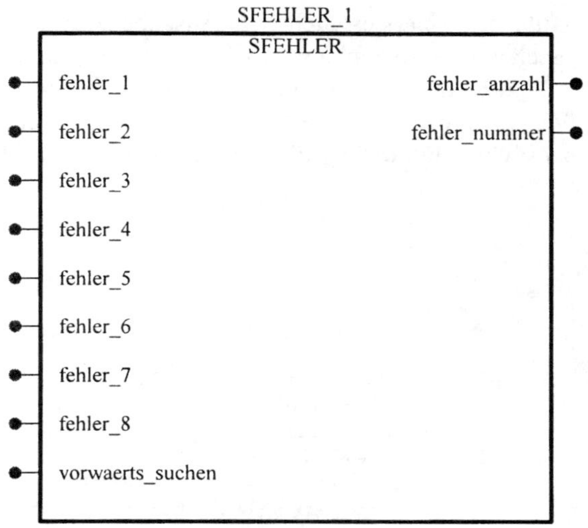

Tabelle 9.11 Lokale Variablen des Bausteins SFEHLER

```
VAR_INPUT
fehler_1          : BOOL;
fehler_2          : BOOL;
fehler_3          : BOOL;
fehler_4          : BOOL;
fehler_5          : BOOL;
fehler_6          : BOOL;
fehler_7          : BOOL;
fehler_8          : BOOL;
vorwaerts_suchen  : BOOL;
END_VAR

VAR
fehlertabelle     : TAB8BIT;
zeiger            : INT;
letztwert         : INT;
vor               : BOOL;
suchen            : BOOL;
m1                : BOOL;
END_VAR

VAR_OUTPUT
fehler_anzahl     : INT;
fehler_nummer     : INT;
END_VAR
```

laufenen Fehlers erscheint am Ausgang `fehler_nummer`. Stehen mehrere Fehler an, erscheint die Anzahl am Ausgang `fehler_anzahl`. Über den Eingang `vorwaerts_suchen` läßt sich dann auf die nächstfolgende Fehlernummer weiterschalten. Verschwindet ein Fehler und stehen weitere Fehler an, dann fängt das Programm an zu suchen und meldet die Nummer des nächsthöheren noch anstehenden Fehlers.

```
IF fehler_1 AND NOT fehlertabelle[1]
     THEN  fehlertabelle[1] := TRUE;
           fehler_anzahl := fehler_anzahl + 1; zeiger := 1;
ELSIF fehlertabelle[1] AND NOT fehler_1
     THEN  fehlertabelle[1] := FALSE;
           fehler_anzahl := fehler_anzahl - 1;
           IF    fehler_anzahl = 0 THEN zeiger := 0;
           ELSE  suchen := TRUE; END_IF;
END_IF;

IF fehler_2 AND NOT fehlertabelle[2]
     THEN  fehlertabelle[2] := TRUE;
           fehler_anzahl := fehler_anzahl+1; zeiger := 2;
ELSIF fehlertabelle[2] AND NOT fehler_2
     THEN  fehlertabelle[2] := FALSE;
           fehler_anzahl := fehler_anzahl - 1;
           IF    fehler_anzahl = 0 THEN zeiger := 0;
           ELSE  suchen := TRUE; END_IF;
END_IF;

IF fehler_3 AND NOT fehlertabelle[3]
     THEN  fehlertabelle[3] := TRUE;
           fehler_anzahl := fehler_anzahl + 1; zeiger := 3;
ELSIF fehlertabelle[3] AND NOT fehler_3
     THEN  fehlertabelle[3] := FALSE;
           fehler_anzahl := fehler_anzahl - 1;
           IF    fehler_anzahl = 0 THEN zeiger := 0;
           ELSE  suchen := TRUE; END_IF;
END_IF;

IF fehler_4 AND NOT fehlertabelle[4]
     THEN  fehlertabelle[4] := TRUE;
           fehler_anzahl := fehler_anzahl + 1; zeiger := 4;
ELSIF fehlertabelle[4] AND NOT fehler_4
     THEN  fehlertabelle[4] := FALSE;
           fehler_anzahl:=fehler_anzahl - 1;
           IF    fehler_anzahl = 0 THEN zeiger := 0;
           ELSE  suchen := TRUE; END_IF;
END_IF;
```

Bild 9.23 Rumpf des Bausteins SFEHLER (Teil 1)

```
IF fehler_5 AND NOT fehlertabelle[5]
     THEN   fehlertabelle[5] := TRUE;
            fehler_anzahl := fehler_anzahl + 1; zeiger := 5;
ELSIF fehlertabelle[5] AND NOT fehler_5
     THEN   fehlertabelle[5] := FALSE;
            fehler_anzahl := fehler_anzahl-1;
            IF    fehler_anzahl = 0 THEN zeiger := 0;
            ELSE  suchen := TRUE; END_IF;
END_IF;

IF fehler_6 AND NOT fehlertabelle[6]
     THEN   fehlertabelle[6] := TRUE;
            fehler_anzahl := fehler_anzahl + 1; zeiger := 6;
ELSIF fehlertabelle[6] AND NOT fehler_6
     THEN   fehlertabelle[6] := FALSE;
            fehler_anzahl := fehler_anzahl - 1;
            IF    fehler_anzahl = 0 THEN zeiger := 0;
            ELSE  suchen := TRUE; END_IF;
END_IF;

IF fehler_7 AND NOT fehlertabelle[7]
     THEN   fehlertabelle[7] := TRUE;
            fehler_anzahl := fehler_anzahl + 1; zeiger := 7;
ELSIF fehlertabelle[7] AND NOT fehler_7
     THEN   fehlertabelle[7]:= FALSE;fehler_anzahl:=fehler_anzahl - 1;
            IF    fehler_anzahl = 0 THEN zeiger := 0;
            ELSE  suchen := TRUE; END_IF;
END_IF;

IF fehler_8 AND NOT fehlertabelle[8]
     THEN   fehlertabelle[8] := TRUE;
            fehler_anzahl := fehler_anzahl + 1; zeiger := 8;
ELSIF fehlertabelle[8] AND NOT fehler_8
     THEN   fehlertabelle[8] := FALSE;
            fehler_anzahl := fehler_anzahl-1;
            IF    fehler_anzahl = 0 THEN zeiger := 0;
            ELSE  suchen := TRUE; END_IF;
END_IF;

IF NOT vorwaerts_suchen
     THEN   m1 := FALSE;
ELSIF vorwaerts_suchen  AND NOT m1 AND fehler_anzahl <> 0
     THEN   suchen := TRUE; m1 := TRUE;
END_IF;

IF suchen
     THEN suchen := FALSE;
        REPEAT zeiger := zeiger +1;
            IF zeiger = 9 THEN zeiger := 1; END_IF;
        UNTIL     fehlertabelle[zeiger] = TRUE
        END_REPEAT;
END_IF;
fehler_nummer := zeiger;
```

Bild 9.23 Rumpf des Bausteins SFEHLER (Teil 2)

Im Programm sind zunächst 8 Sequenzen für das Auswerten der 8 Eingänge zuständig. Jede Sequenz besteht mit IF- und ELSIF- aus 2 Abteilungen. Die erste untersucht, ob ein Fehler neu aufgetaucht ist. Die zweite untersucht, ob ein vorhandener Fehler noch ansteht. In beiden Fällen erfolgt dies durch einen Vergleich des Fehlereinganges mit dem zugehörigen Bit in der `fehlertabelle`.

Bei einem neu eingelaufenen Fehler erhält der Tabellenwert TRUE, der Ausgang `fehler_anzahl` geht um 1 hoch und `zeiger` erhält die Nummer des Fehlers. Ist ein vorhandener Fehler verschwunden, erhält der zugehörige Tabellenwert FALSE, die `fehler_anzahl` geht um 1 zurück. Dann ist zu prüfen, ob jetzt die `fehler_anzahl` = 0 ist. Wenn ja, geht der `zeiger` auf 0, andernfalls wird `suchen` aktiviert.

Die Variable `zeiger` dient zum Suchen eines Fehlerbits in der Tabelle und geht am Schluß des Programmes als `fehler_nummer` an den Ausgang. Sie zeigt immer auf die Nummer des zuletzt eingelaufenen Fehlers, oder, nach einem Suchvorgang, auf den als nächstes gefunden Fehler in der Tabelle.

Nachdem auf diese Weise alle 8 Fehler behandelt wurden, kommt der Eingang `vorwaerts_suchen` zum Zuge. Liegt hier ein Signalwechsel vor und die `fehler_anzahl` ist ungleich 0, dann geht die Variable `suchen` auf 1. Die letzte IF-Abfrage erkennt den Suchwunsch. Da der Suchvorgang nur ein einziges Mal ablaufen soll, wird `suchen` unmittelbar nach dem Erkennen wieder zurückgesetzt.

Die REPEAT-Anweisung läßt dann den Zeiger 1-mal umlaufen; und zwar so weit, bis er auf ein gesetztes Bit in der Tabelle trifft. Dann stoppt der Suchvorgang. Wenn die Variable `suchen` gesetzt wird, ist von vornherein klar, daß irgendwo in der Tabelle noch ein Fehlerbit vorhanden ist. Deshalb brauchen wir in der REPEAT-Anweisung nicht zu kontrollieren, ob sie 1-mal vollständig durchlaufen wurde; da könnte dann u. U. eine Endlosschleife entstehen.

9.11 Verzögerung von INT-Werten über max. 512 Programmzyklen: ZYKVER

Mit dem Funktionsbaustein SZYKVER (s. Bild 9.24, 9.25 und Tabelle 9.12) gibt man einen INT-Wert am `eingang_int` um eine wählbare Anzahl von Programmzyklen verzögert am Ausgang wieder aus. Maximal ist eine Verzögerung um 512 Programmzyklen möglich, der gewünschte Wert ist am Eingang `taktzahl_int` anzugeben. Mit `taktzahl_int = 0` geht der `eingang_int` direkt an `ausgang_int`.

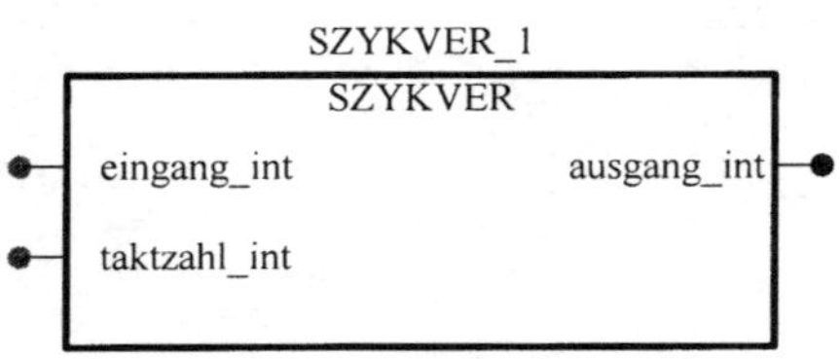

Bild 9.24
Baustein SZYKVER

```
IF   taktzahl_int = 0
     THEN   ausgang_int := eingang_int;
            RETURN;
END_IF;

endwert:= LIMIT_INT(1,taktzahl_int,512);

tabelle[1] := eingang_int;

FOR i :=    1 TO 511 DO
            ziel := 513-i; quelle := 512-i;
            tabelle[ziel] := tabelle[quelle];
END_FOR;

ausgang_int := tabelle[endwert];
```

Bild 9.25 Rumpf des Bausteins SZYKVER

Tabelle 9.12 Lokale Variablen des Bausteins SZYKVER

```
VAR_INPUT
eingang_int   :  INT;
taktzahl_int  :  INT;
END_VAR

VAR
tabelle       :  TAB512INT;
endwert       :  INT;
ziel          :  INT;
quelle        :  INT;
i             :  INT;
END_VAR

VAR_OUTPUT
ausgang_int   :  INT;
END_VAR
```

Im Programm erfolgt zunächst die Abfrage, ob keine Verzögerung gewünscht ist. Mit einem Wert von 0 am Eingang `taktzahl_int` ist dies der Fall, daraus folgt: `eingang_int` geht direkt an `ausgang_int` und RETURN beendet dann den Baustein. Mit `taktzahl_int` ungleich 0 erfolgt zunächst eine Begrenzung, die sicherstellt, daß der gewünschte `endwert` innerhalb der Tabellengröße liegt. Der `endwert` nennt die Stelle in der Tabelle, an der das verzögerte Signal ausgekoppelt wird. Die eigentliche Verzögerung läuft dergestalt ab, daß mit der FOR-Schleife in jedem Programmzyklus der gesamte Tabelleninhalt um eine Stelle nach oben verschoben wird, beginnend beim obersten Tabellenplatz. Ist `taktzahl_int` beispielsweise 5 (Bild 9.26), dann kommt der auf Platz 1 eingespeicherte Eingangswert nach 5 Programmzyklen auf Platz 5 an und geht von dort an den Ausgang. Der Funktionsbaustein SZYKVER erfüllt die Aufgabe eines FIFO-Registers, wobei FIFO für First-In-First-Out steht.

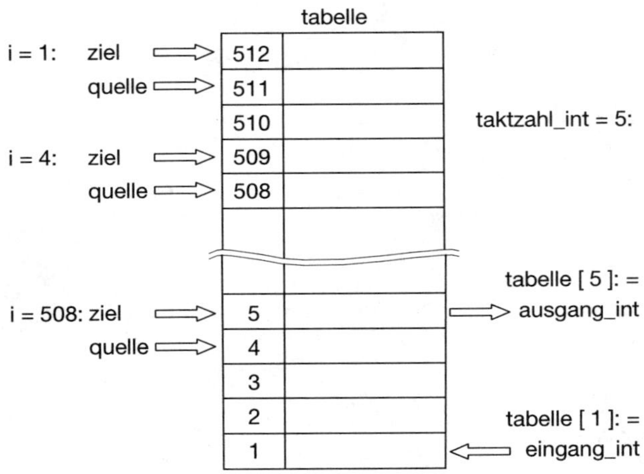

Bild 9.26
Datentransport durch die Tabelle

9.12 Verzögerung von REAL-Werten über max. 128 Programmzyklen: SFIFO

Der Funktionsbaustein SFIFO (s. Bild 9.27, 9.28 und Tabelle 9.13) erfüllt die gleiche Funktion wie der Baustein SZYKVER, hier jedoch für REAL-Werte und nach einem anderen Prinzip. Liegt der Eingang `run` auf 0, dann geht `in_real` direkt an `out_real`. Über den Eingang `tiefe_int` legt man die Speichertiefe fest. Mit `run` = 1 ist der Verzögerungsbetrieb freigegeben.

Im Programm fragt die Anweisung `IF run` zunächst, ob `run = 1` ist. Gehen wir zunächst davon aus, daß `run = 0` ist, dann geht es bei `IF run ELSE` weiter. Dieser Abschnitt leitet zunächst das Eingangssignal an `in_real` direkt an den Ausgang `out_real`. Dann werden die beiden Tabellenzeiger in ihre Grundstellung gebracht, und zwar folgendermaßen: Der Ausgabezeiger `zeiger_out` zeigt auf Tabellenplatz 0 und der Eingabezeiger `zeiger_in` auf einen um die Speichertiefe `tiefe_int` höheren Platz.

Die FOR-Schleife füllt abschließend die `tabelle` mit dem aktuellen Eingangswert auf, im Beispiel Bild 9.29 ist dies der Wert 33.3.

Mit `run = 1` soll die Verzögerung ablaufen. Ein Signalwert, der in einem Programmzyklus `PZ` am Eingang `in_real` anliegt, soll um eine vorgegebene Anzahl von Pro-

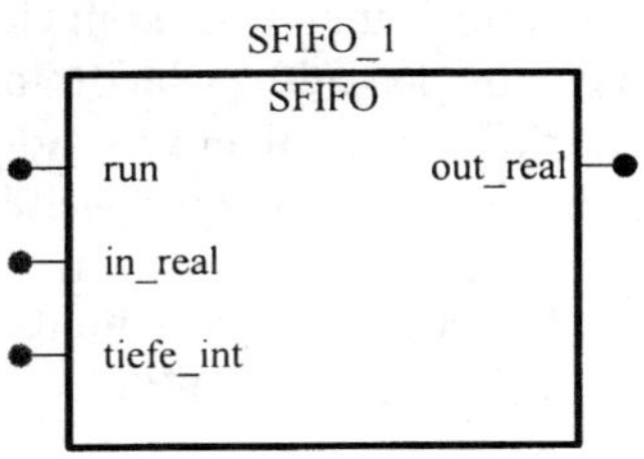

Bild 9.27
Baustein SFIFO

```
IF   run
     THEN  zeiger_in := (zeiger_in + 1) MOD 128;
           tabelle[zeiger_in] := in_real;

           zeiger_out := (zeiger_out + 1) MOD 128;
           out_real := tabelle[zeiger_out];

ELSE       out_real := in_real;
           zeiger_in := tiefe_int;
           zeiger_out := 0;

           FOR index := 0 TO tiefe_int
               DO tabelle[index] := in_real;
           END_FOR;
END_IF;

(* Die Wirkung des MOD-Operators
   beim Erzeugen der Zeiger:
   0 MOD 128 = 0;
   1 MOD 128 = 1;
   2 MOD 128 = 2;
   3 MOD 128 = 3;
   126 MOD 128 = 126;
   127 MOD 128 = 127;
   128 MOD 128 = 0;
   129 MOD 128 = 1;
   130 MOD 128 = 2;
   131 MOD 128 = 3;    usw...*)
```

Bild 9.28 Rumpf des Bausteins SFIFO

Tabelle 9.13 Lokale Variablen des Bausteins SFIFO

```
VAR_INPUT
run         :  BOOL;
in_real     :  REAL;
tiefe_int   :  INT;
END_VAR

VAR
eing_zeiger:  INT;
ausg_zeiger:  INT;
tabelle     :  TAB128REAL;
index       :  INT;
zeiger_in   :  INT;
zeiger_out  :  INT;
END_VAR

VAR_OUTPUT
out_real    :  REAL;
END_VAR
```

grammzyklen später erst am Ausgang out_real erscheinen. Die Anzahl z. B. 5 steht in der Variablen tiefe_int. Bild 9.29 erläutert den Mechanismus unter der Annahme, daß nach der Freigabe mit run = 1 über die folgenden 8 Programmzyklen PZ1 ... PZ8 in jedem Zyklus ein neuer Wert in die Tabelle einläuft (44.4 ... 222.2). Beide Zeiger zeiger_in und zeiger_out gehen mit jedem Programmzyklus PZ um 1 hoch. Der Ausdruck (zeiger_in + 1) MOD 128 sorgt dafür, daß der Zeigerwert nie über 128 hinausgeht: Das ist die maximale Tabellengröße. Da der zeiger_out um den Wert tiefe_int hinter dem zeiger_in herläuft, erscheinen die eingegebenen Daten um diesen Wert verzögert am Ausgang.

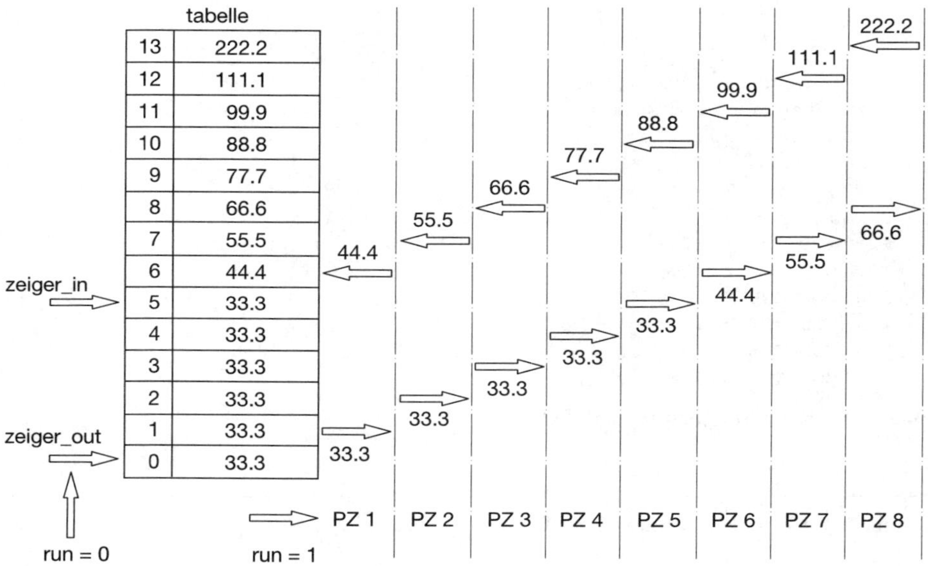

Bild 9.29 Innerer Mechanismus des Bausteins SFIFO

9.13 Gleichmäßige Auslastung von 8 Pumpen: PMPAUS

Der Funktionsbaustein SPMPAUS steuert 8 Pumpen pumpe_1 bis pumpe_8, die den Schmiermittelkreislauf für ca. 50 Dreh- und Fräsmaschinen bewerkstelligen. Je nach Auslastung der Maschinen ist der Bedarf an Schmiermittel unterschiedlich groß. Als Minimum laufen immer 2 Pumpen. Über den Eingang pumpenzahl_int lassen sich bis zu 8 Pumpen insgesamt anfordern. Der Funktionsbaustein SPMPAUS steuert die Pumpen so an, daß sie rund um die Uhr gleichmäßig ausgelastet sind. Ein interner Takt schaltet in wählbaren Zeitabständen eine Pumpe mit niedriger Nummer ab und eine Pumpe mit höherer Nummer hinzu, ähnlich einem Schieberegister. Immer dann, wenn der Einsatz einer weiteren Pumpe nötig ist, wird eine Pumpe mit höherer Nummer zugeschaltet. Sinkt der Bedarf um eine Pumpe, dann wird die Pumpe mit der niedrigsten Nummer abgeschaltet (s. auch Bild 9.32). Das Programm setzt voraus, daß jeweils nur eine einzige Pumpe hinzukommt oder wegfällt. Der Baustein gibt das Bitmuster für die Pumpen in Form eines Bytes am Ausgang `out_byte` aus. Der Zeitabstand ist am Eingang `taktzeit_time` vorzugeben. Mit `reset` läßt sich die Anlage in die Grundstellung bringen, in der `pumpe_1` und `pumpe_2` laufen.

Bild 9.30 (s. auch Bild 9.31 und Tabelle 9.14) zeigt den Baustein in seiner Testumgebung. Zum Ansteuern der einzelnen Pumpen sind binäre Signale nötig. Das erfordert einen weiteren Baustein SPMPAN, der die Variable `out_byte` in ihre einzelnen Bits zerlegt. Der Baustein SPMPAN arbeitet auf die gleiche Weise wie SWORBIT mit dem Unterschied, daß wir hier nicht ein Wort sondern ein Byte in seine einzelnen Bits zerlegen.

Der Baustein SPMPAUS arbeitet folgendermaßen: Unmittelbar nach dem erstmaligen Durchlauf des Bausteins erfolgt das Initialisieren einer Bytetabelle (`basistabelle`) mit einem Basisbitmuster. Diese Bitmuster repräsentieren den Zustand der 8 Pumpen für die 7 Bedarfsfälle (Bild 9.32). Die `basistabelle` ist so numeriert, daß

Bild 9.30
Baustein SPMPAUS in seiner Testumgebung PRG_3

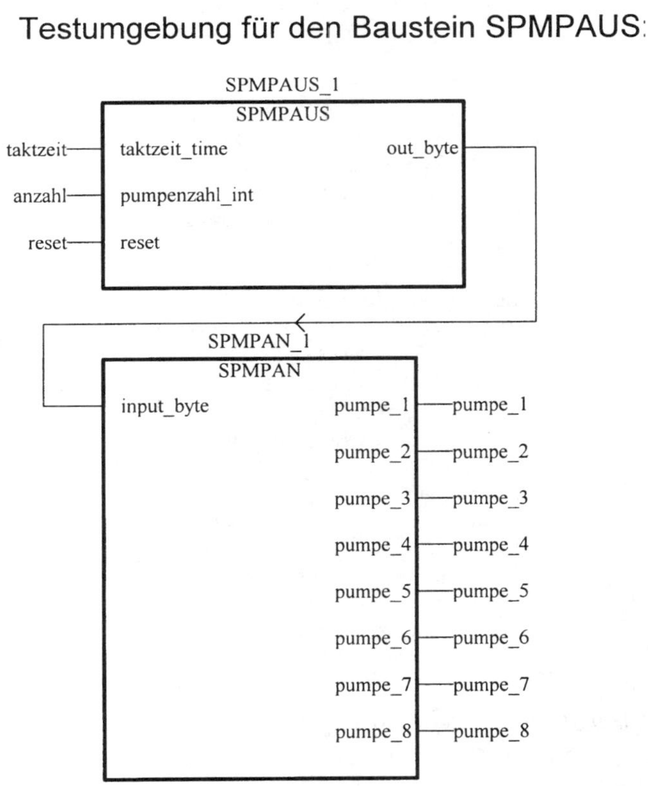

```
(* Funktionsbaustein SPMPAUS: *)

IF run = FALSE
     THEN
     basistabelle[2] := BYTE#16#03;
     basistabelle[3] := BYTE#16#07;
     basistabelle[4] := BYTE#16#0F;
     basistabelle[5] := BYTE#16#1F;
     basistabelle[6] := BYTE#16#3F;
     basistabelle[7] := BYTE#16#7F;
     basistabelle[8] := BYTE#16#FF;
     run := TRUE;
END_IF;

timer (IN := puls, PT := taktzeit_time);
puls := NOT timer.Q;

pumpenzahl := LIMIT_INT(2, pumpenzahl_int, 8);

IF   reset
     THEN zeiger := 2; positionszaehler := 0;
          pumpenzahl_alt := 2;
          out_byte := basistabelle[zeiger];
          RETURN;
END_IF;

IF   puls
     THEN out_byte := ROL_BYTE(out_byte, 1);
          positionszaehler := positionszaehler + 1;
          IF    positionszaehler = 8
                THEN  positionszaehler := 0;
          END_IF;

ELSIF     pumpenzahl = pumpenzahl_alt + 1
          THEN  zeiger := pumpenzahl;
                m1 := basistabelle[zeiger];
                m2 := ROL_BYTE(m1, positionszaehler);
                out_byte := out_byte OR m2;
                pumpenzahl_alt := pumpenzahl;

ELSIF     pumpenzahl = pumpenzahl_alt - 1
          THEN  zeiger := pumpenzahl;
                m3 := basistabelle[zeiger];
                positionszaehler := positionszaehler + 1;
                m5 := ROL_BYTE(m3, positionszaehler);
                out_byte := out_byte AND m5;
                pumpenzahl_alt := pumpenzahl;
END_IF;
```

Bild 9.31 Rumpf des Bausteins SPMPAUS

Tabelle 9.14 Lokale Variablen des Bausteins SPMPAUS

```
VAR_INPUT
taktzeit_time      :   TIME;
pumpenzahl_int     :   INT;
reset              :   BOOL;
END_VAR

VAR
run                :   BOOL;
pumpenzahl         :   INT;
basistabelle       :   TAB7BYTE;
timer              :   TP;
puls               :   BOOL;
zeiger             :   INT;
positionszaehler   :   INT;
m1, m2, m3, m5     :   BYTE;
pumpenzahl_alt     :   INT;
END_VAR

VAR_OUTPUT
out_byte           :   BYTE;
END_VAR
```

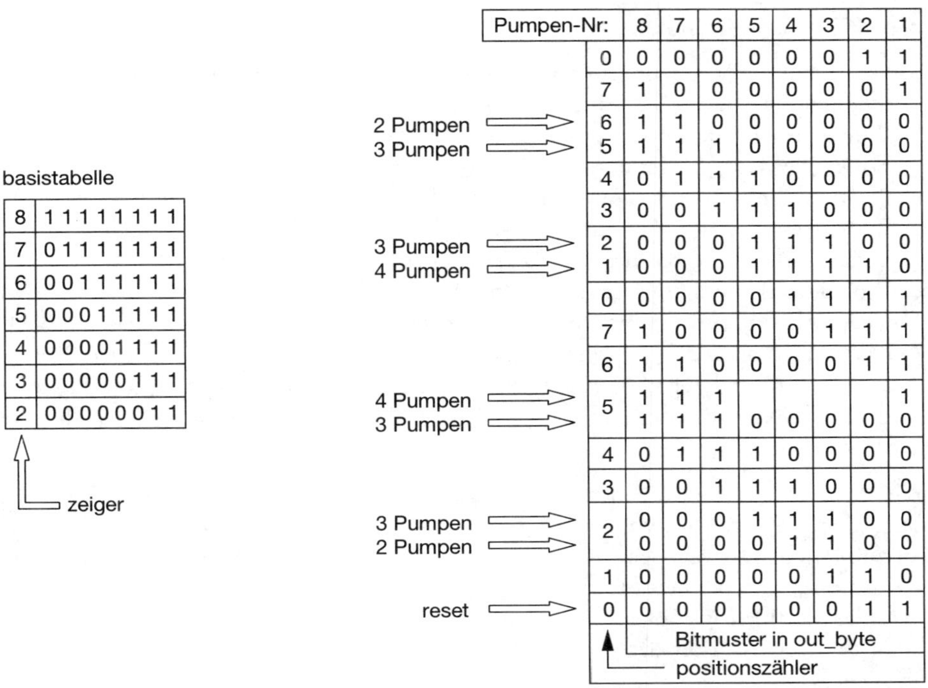

Bild 9.32 Tabellenverarbeitung zum Ansteuern der Pumpen

die Feldnummer der pumpenanzahl entspricht (von 2 ... 8). Der timer als Minimalpulsgeber mit einem Zeitglied TP steuert den zeitlichen Ablauf. Der puls, der im Abstand von taktzeit_time für die Dauer von einem Programmzyklus auftaucht, sorgt für das Weiterschalten der Pumpen.

Die Eingangsvariable pumpenzahl_int dient als Zeiger auf die basistabelle und muß folglich im Wertebereich 2 ... 8 liegen. Eine LIMIT_INT-Funktion realisiert diese Begrenzung für die Variable pumpenzahl. Mit reset erhält man die Grundstellung mit pumpe_0 und pumpe_1. Mit reset = FALSE läuft die Anlage, ein bereits anstehender Wunsch nach einer höheren Pumpenzahl wird sofort übernommen. Die folgende IF-Schleife regelt 3 Dinge:

- Kommt ein puls, dann sind die Pumpen um eine Stelle weiterzuschalten (umlaufendes Schieberegister).
- Kommt der Wunsch nach einer zusätzlichen Pumpe, dann ist der entsprechende Wert aus der basistabelle so in das laufende Bitmuster out_byte einzubauen, daß eine Pumpe mit der nächsthöheren Nummer zusätzlich anläuft.
- Ist eine Pumpe weniger nötig, dann ist ebenfalls der entsprechende Wert aus der basistabelle so in das laufende Bitmuster einzubauen, daß die Pumpe mit der niedrigsten Nummer abschaltet.

Im einzelnen läuft dabei folgendes ab: Jeder puls schiebt das Bitmuster out_byte um 1 Stelle nach links, also zu einem höheren Wert hin. Der positionszaehler verfolgt die Position des Bitmusters, er dient der Synchronisation beim Einbauen eines neuen Tabellenwertes in das laufende Bitmuster:

- Steht kein puls an, fragt die folgende Sequenz, ob eine zusätzliche Pumpe einzuschalten ist. Wenn ja, ruft pumpenzahl über den zeiger das zugehörige Bitmuster aus der basistabelle auf. Mit Hilfe des positionszaehlers bringt die ROL_BYTE-Funktion das Basisbitmuster dann über m2 in die richtige Position zum laufenden Bitmuster. Abschließend erfolgt per OR-Verknüpfung das Einbauen in die Variable out_byte. Die OR-Verknüpfung ist hier angebracht, weil in das vorhandene Bitmuster ein zusätzliches Bit einzubauen ist.
- Die letzte IF-Abteilung fragt, ob eine Pumpe abzuschalten ist. Wenn ja, geht zunächst das zugehörige Bitmuster aus der basistabelle in die Variable m3. Die beiden folgenden Zeilen bringen das neue Bitmuster aus m3 in die richtige Position nach m5. Abschließend baut man m5 durch eine AND-Verknüpfung in out_byte ein. Die AND-Verknüpfung ist hier nötig, weil im neuen Bitmuster eine Stelle auf 0 zu setzen ist.

Bild 9.32 erläutert die Tabellenverarbeitung und den Schiebevorgang in der Variablen out_byte. Ausgehend vom positionszaehler-Wert 0 kommt beim zaehler-Stand 2 und 5 jeweils eine Pumpe hinzu. Im folgenden Schiebezyklus fällt beim Zählerstand 1 und 5 jeweils eine Pumpe weg. Zum Abschalten einer Pumpe nimmt man das wertniedrigste Bit aus der Schlange zurück. Damit jetzt der Wert des Zählers noch mit der Position des Basisbitmusters übereinstimmt, ist der Zähler um 1 zu erhöhen.

9.14 Einsatz einer Struktur für Parametersätze: PARAM

Der in ST geschriebene Funktionsbaustein SPARAM gestattet es, 4 Variablen mit unterschiedlichen Datentypen in einer Struktur zu sammeln und als Struktur unter dem Namen `parametersatz` am Ausgang auszugeben. Die Struktur vom Typ LAUFPARAMETER (s. Tabelle 9.15) ist im Arbeitsblatt STRUKTUR des Ordners Datentypen im Projekt deklariert.

Tabelle 9.15 Deklaration des Datentyps LAUFPARAMETER als Struktur

```
TYPE
LAUFPARAMETER :   STRUCT
muster        :   WORD;
takt          :   TIME;
umlaeufe      :   INT;
richtung      :   BOOL;
END_STRUCT;
END_TYPE
```

Bild 9.33 zeigt den Einsatz dieses Bausteins an einem einfachen Beispiel. Das Beispiel liegt im Programm PRG_4 des Projektes. In dem Beispiel versorgt man ein Lauflicht mit 4 unterschiedlichen Parametersätzen. Der Baustein SLAUFLI erzeugt an seinen 16 Ausgängen ein Lauflicht mit folgenden Parametern:

- der Parameter `rechtslauf` bestimmt die Laufrichtung,
- der Parameter `zykzahl_int` bestimmt, wie oft ein gewähltes Bitmuster umläuft,
- der Parameter `taktzeit_time` bestimmt, wie schnell das Bitmuster umläuft,
- der Parameter `startmuster_word` bestimmt das Startbitmuster.

An 4 Bausteinen SPARAM (s. Bild 9.33 und Tabelle 9.16) können wir 4 unterschiedliche Parametersätze einstellen und über den Multiplexbaustein SSTRMPX (s. Tabelle 9.17) einen davon auswählen. Das Innenleben des Bausteins SLAUFLI ist so aufgebaut, daß er einen neuen Parametersatz erkennt und diesen dann bearbeitet. Bild 9.34 zeigt den Rumpf des Bausteins SPARAM, Bild 9.35 den Rumpf des Multiplexbausteins SSTRMPX und Bild 9.36 (s. auch Tabelle 9.18) erläutert das Innenleben des Lauflichtbausteins SLAUFLI.

Der Baustein SPARAM übergibt die 4 Eingangsvariablen an die entsprechende Strukturkomponente. Die gesamte Struktur geht dann als Block an den Ausgang `parametersatz` des Bausteins. Der Ausgang `parametersatz` ist deklariert als VAR_OUTPUT vom Datentyp LAUFPARAMETER. Diesen Datentyp haben wir im Datentypenkatalog des Projekts deklariert.

Auch der Multiplexer für diese Struktur ist einfach aufgebaut. Er hat 4 Eingangsvariablen vom Typ LAUFPARAMETER und einen Ausgang vom Typ LAUFPARAMETER. Das Zuordnen der Eingänge zum Ausgang erfolgt mit einer CASE-Anweisung.

Der zentrale Baustein SLAUFLI, der mit den Parametersätzen zu versorgen ist, besteht grob aus 4 Abschnitten. Im 1. Abschnitt arbeitet ein Minimaltimer vom Typ TP.

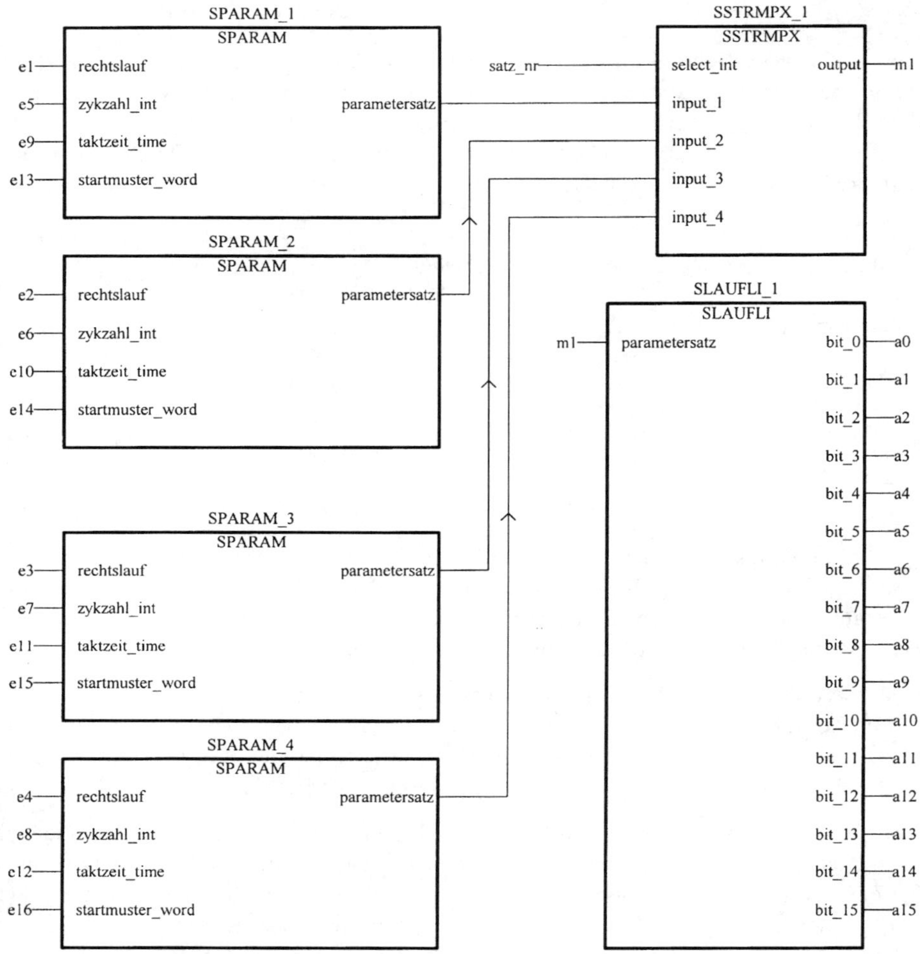

Bild 9.33 Funktionsbaustein SPARAM in seiner Testumgebung PRG_4

Er bezieht seine Laufzeitinformation aus der Strukturvariablen `parametersatz.takt`.

Der 2. Abschnitt überprüft in einer IF-Sequenz, ob eine neuer Parametersatz vorliegt, und zwar vereinfacht auf der Basis eines neuen Musters. Ist dies der Fall, dann geht die Strukturvariable `parametersatz.muster` an die interne Rotationsvariable und die Strukturvariable `parametersatz.richtung` wird für die Rotationsrichtung ausgewertet. Das 16fache der Strukturvariablen `parametersatz.umlaeufe` geht an einen `zaehler`.

Im 3. Abschnitt erfolgt das Rotieren des vorgegebenen Bitmusters, und zwar so lange, bis der `zaehler` leer ist. Der 4. Abschnitt letztendlich zerlegt das rotierende Wort in seine einzelnen Bits und gibt diese an die Ausgänge.

Tabelle 9.16 Lokale Variablen des Bausteins SPARAM

```
VAR_INPUT
rechtslauf        :   BOOL;
zykzahl_int       :   INT;
taktzeit_time     :   TIME;
startmuster_word :    WORD;
END_VAR

VAR_OUTPUT
parametersatz     :   LAUFPARAMETER;
END_VAR
```

```
parametersatz.muster := startmuster_word;
parametersatz.takt := taktzeit_time;
parametersatz.umlaeufe := zykzahl_int ;
parametersatz.richtung := rechtslauf;
```

Bild 9.34 Rumpf des Funktionsbausteins SPARAM

Tabelle 9.17 Lokale Variablen des Bausteins SSTRMPX

```
VAR_INPUT
select_int :   INT;
input_1    :   LAUFPARAMETER;
input_2    :   LAUFPARAMETER;
input_3    :   LAUFPARAMETER;
input_4    :   LAUFPARAMETER;
END_VAR

VAR_OUTPUT
output     :   LAUFPARAMETER;
END_VAR
```

```
CASE select_int  OF
1: output := input_1;
2: output := input_2;
3: output := input_3;
4: output := input_4;

END_CASE;
```

Bild 9.35 Rumpf des Funktionsbausteins SSTRMPX

```
timer(IN:=puls, PT:=parametersatz.takt);
puls:=NOT timer.Q;

IF   parametersatz.muster <> in_word_old
     THEN    rotate_word := parametersatz.muster;
             in_word_old := parametersatz.muster;
             right_rotate := parametersatz.richtung;
             left_rotate := NOT parametersatz.richtung;
             zaehler := parametersatz.umlaeufe * 16;
END_IF;

IF   zaehler <> 0
     THEN
        IF  puls AND right_rotate
            THEN      rotate_word := ROR_WORD(rotate_word, 1);
                      zaehler := zaehler -1;
            ELSIF     puls AND left_rotate AND NOT right_rotate
                      THEN  rotate_word := ROL_WORD(rotate_word, 1);
                            zaehler := zaehler -1;
        END_IF;
END_IF;

maske := WORD#16#0001;

FOR  bitnummer := 0 TO 15
     DO m1 := rotate_word AND maske;
        m2 := WORD_TO_BOOL(m1);
        bit_tabelle[bitnummer] := m2;
        maske := SHL_WORD(maske,1);
END_FOR;
bit_0   := bit_tabelle[0];
bit_1   := bit_tabelle[1];
bit_2   := bit_tabelle[2];
bit_3   := bit_tabelle[3];
bit_4   := bit_tabelle[4];
bit_5   := bit_tabelle[5];
bit_6   := bit_tabelle[6];
bit_7   := bit_tabelle[7];
bit_8   := bit_tabelle[8];
bit_9   := bit_tabelle[9];
bit_10  := bit_tabelle[10];
bit_11  := bit_tabelle[11];
bit_12  := bit_tabelle[12];
bit_13  := bit_tabelle[13];
bit_14  := bit_tabelle[14];
bit_15  := bit_tabelle[15];
```

Bild 9.36 Rumpf des Funktionsbausteins SLAUFLI

Tabelle 9.18 Lokale Variablen des Bausteins SLAUFLI

```
VAR_INPUT
parametersatz :   laufparameter;
END_VAR

VAR
zaehler        :  INT;
right_rotate   :  BOOL;
left_rotate    :  BOOL;
bit_tabelle    :  TAB16BIT;
in_word_old    :  WORD;
maske          :  WORD;
timer          :  TP;
puls           :  BOOL;
rotate_word    :  WORD;
bitnummer      :  INT;
m1             :  WORD;
m2             :  BOOL;
END_VAR

VAR_OUTPUT
bit_0, bit_1, bit_2, bit_3,
bit_4, bit_5, bit_6, bit_7,
bit_8, bit_9, bit_10, bit_11,
bit_12, bit_13, bit_14,
bit_15         :  BOOL;
END_VAR
```

9.15 Aufgaben

Die Lösungen finden Sie im Projekt LOE_09.PWT auf der beiliegenden CD.

1. Der Sollwertgenerator SSOLWG gibt 16 Werte aus, die durch das Programm festgelegt sind, im Beispiel der Wertebereich von 10 ... 25. Ändern Sie den Funktionsbaustein so ab, daß der Endwert über den Eingang `endwert_int` von außen einstellbar ist. Diesen Endwert zerlegt das Programm in 15 Teile.
   Name des Bausteins: SSOLWG1.
2. Der Funktionsbaustein SBITWOR fügt 16 einzelne Bits zu einem Wort zusammen, und zwar mit Hilfe einer Tabelle in ST. Die gleiche Aufgabe läßt sich auch ohne Tabelle in FBS lösen. Dabei muß man mit BOOL_TO_WORD-Typumwandlungen und Schiebeoperationen arbeiten. Das Zusammenbauen der Bits zum Ergebniswort geschieht dann über eine OR-Verknüpfung. Schreiben Sie das Programm.
   Name des Funktionsbausteins: BIT_WRT.
3. Schreiben Sie das Programm des Bausteins FTABAUS in AWL.
   Name des Funktionsbausteins: ATABAUS

10 Regelungstechnik

Die Bausteine in diesem Kapitel basieren auf dem einfachen Regelkreismodell nach Bild 10.1. Eingangsgrößen der Regeleinrichtung sind die Führungsgröße w und die Rückführgröße r. Die Führungsgröße gibt den Sollwert vor, den die Regelgröße x annehmen soll. Ausgangsgröße der Regeleinrichtung ist die Stellgröße y. Die Stellgröße bedient ein Stellglied, das einen Masse- oder Energiefluß steuert. Eine geeignete Meßeinrichtung erfaßt den Istwert der Regelgröße x und bildet daraus die Rückführgröße r [21, 23].

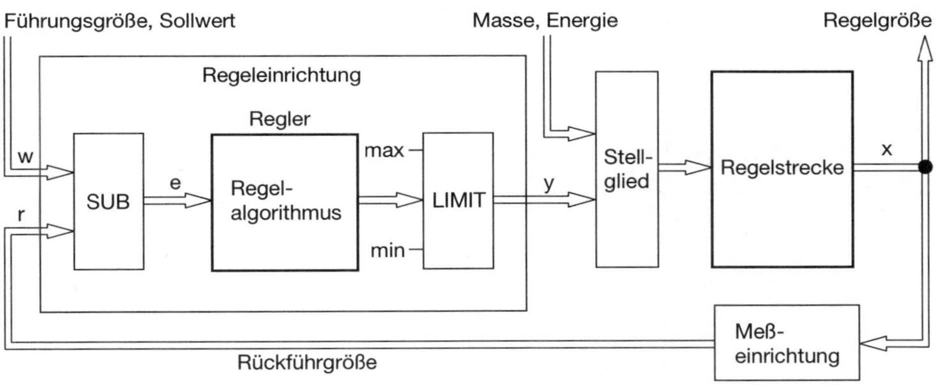

Bild 10.1 Blockschaltbild eines einfachen Regelkreises

Mit der Regeleinrichtung berechnet man zunächst die Regeldifferenz e aus der Rückführgröße r und der Führungsgröße w:

Regeldifferenz = Führungsgröße – Rückführgröße

$e = w - r$

Da in der Simulation der Bausteine im Rahmen dieses Buches kein Unterschied besteht zwischen der Regelgröße und der Rückführgröße, läßt sich die Gleichung auch als

$e = w - x$

schreiben.

Die Regeldifferenz soll im eingeschwungenen stabilen Zustand des Regelkreises bei 0 liegen. Zuständig dafür ist der Regelalgorithmus im Regler, der auf das Verhalten der Regelstrecke zugeschnitten sein muß. Aus der Regeldifferenz *e* entsteht also aufgrund des Regelalgorithmus die Stellgröße *y*, die üblicherweise im Regler noch eine Begrenzung erfährt. Über diese Stellgröße wirkt der Regler dergestalt auf den Massen- oder Energiefluß am Eingang der Strecke ein, daß die Regelgröße *x* einen Wert annimmt, der der Führungsgröße *w* entspricht. Treten an irgendeiner Stelle im Regelkreis Änderungen auf, sei es, daß ein neuer Sollwert gewünscht ist oder eine Störung die Regelgröße verändert, dann soll der Regler diese Änderung so schnell wie möglich ausgleichen.

Im praktischen Betrieb ist die Vielfalt der beteiligten physikalischen Größen u. U. recht groß. Beispiel: Die Führungsgröße *w* kommt von einem Potentiometer mit einer Spannung im Bereich 0 ... 10 V. Die Rückführgröße *r* für den Reglereingang kommt von einem Thermoelementwandler mit einem Strom von 4 ... 20 mA; er steht für eine Regelgröße *x* als Temperatur im Bereich von 0 ... 500 °C. Der Regler liefert die Stellgröße *y* als Strom im Bereich 0 ... 20 mA, der das Ventil eines Gasbrenners in einem Härteofen steuert.

Man geht bei den folgenden Bausteinen davon aus, daß alle Ein- und Ausgangsdaten der Funktionsbausteine im REAL-Format vorliegen und daß Führungsgröße und Rückführgröße im gleichen Wertebereich liegen. Die binären Ausgänge des 2-Punkt-Reglers bilden hier natürlich eine Ausnahme. Kapitel 7 befaßt sich mit Programmen, die das Einlesen, Ausgeben und Anpassen von Analogwerten besorgen.

Betrachtet man einen kompletten Regelkreis aus der Sicht einer SPS- oder PC-Steuerung, dann kommt man zu einer anderen Sichtweise von Regelkreisen.

Bild 10.2 zeigt das Zusammenspiel zwischen der Regelstrecke im Feld, einem Feldbus, der die Daten einsammelt und verteilt und einem PC, in dem das Reglerprogramm abläuft. Hier steht der Softwareregler nicht ununterbrochen mit dem Prozeß in Ver-

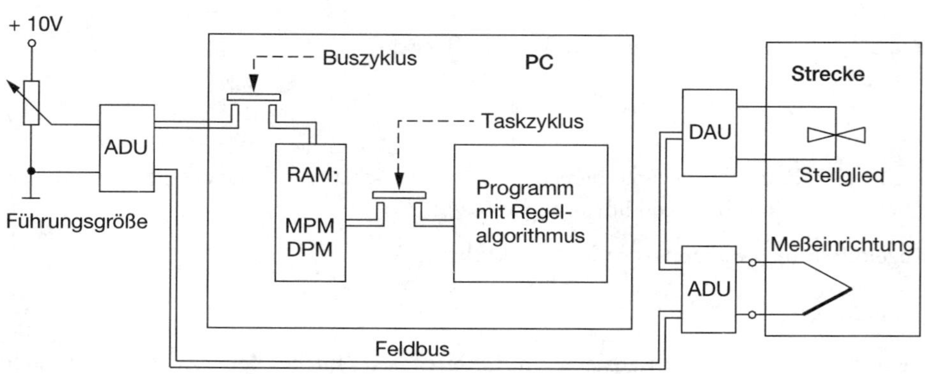

Bild 10.2 Blockschaltbild eines Regelkreises mit Softwareregler

bindung, wie dies bei rein analogen Regelkreisen der Fall ist. Der 1. vom Buszyklus gesteuerte Schalter deutet an, daß die E-/A-Daten im Prozeßabbild in einem bestimmten Zeitraster erneuert bzw. ausgegeben werden. Die Zeitabstände liegen hier bei modernen Feldbussystemen im Bereich von einigen Millisekunden. Den 2. Schalter steuert die Taskverwaltung des Prozessors. Sie sorgt dafür, daß das Programm mit dem Regelalgorithmus nach einem festen Zeitraster arbeitet. Die zeitliche Stabilität dieser Taskintervalle und der Buszyklen ist entscheidend für die Qualität der Regelung.

Für die zeitliche Stabilität der Buszyklen ist der Anwender beim Parametrisieren des Bussystems zuständig. Bei Feldbussystemen, die nach dem Summenrahmenprotokoll arbeiten, ergibt sich der starre und berechenbare Buszyklus allein aus der Arbeitsweise vom Bus. Für die Stabilität des Taskzyklus ist das Betriebssystem des Prozessors zuständig (Echtzeitbetriebssysteme). Konstante Aufrufzyklen für das Reglerprogramm sind deshalb wichtig, weil diese Zykluszeit direkt in die Kenngrößen des Softwarereglers eingeht.

10.1 Regelkreisglied mit P-Verhalten: P_GLD

Der Funktionsbaustein bildet ein Regelkreisglied mit proportionalem Verhalten nach. Das Signal am Eingang `in_real` wird mit dem Wert an `proportionalbeiwert_real` multipliziert und zum Ausgang hin auf dem Bereich 0.0 ... 10000.0 begrenzt. Die Ausgänge `obergrenze` und `untergrenze` melden das Erreichen einer dieser Grenzen. Das Programm ist in FBS als FP_GLD geschrieben (s. Bild 10.3, 10.4 und Tabelle 10.1).

Die Arbeitsweise des Bausteins ist einfach. Zunächst erfolgt die Multiplikation des Signals am Eingang `in_real` mit dem Proportionalbeiwert. Das Produkt geht an eine Begrenzerfunktion, deren Grenzwerte durch die Variable `grenzwert_real` auf den Bereich +10000.0 ... –10000.0 festgelegt sind. Die beiden Ausgänge `obergrenze` und `untergrenze` melden, wenn das Produkt einen der Grenzwerte erreicht hat.

Tabelle 10.1 Lokale Variablen des Bausteins FP_GLD

```
VAR_INPUT
in_real                :   REAL;
proport_beiwert_real   :   REAL;
END_VAR

VAR
grenzwert_real    : REAL := 10000.0;
END_VAR

VAR_OUTPUT
obergrenze             :   BOOL;
out_real               :   REAL;
untergrenze            :   BOOL;
END_VAR
```

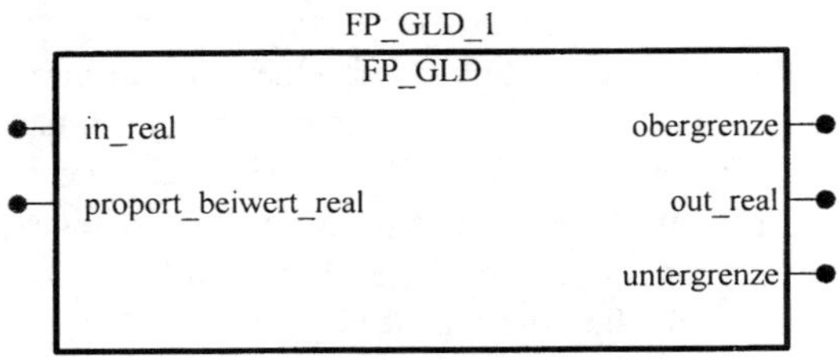

Bild 10.3
Baustein FP_GLD

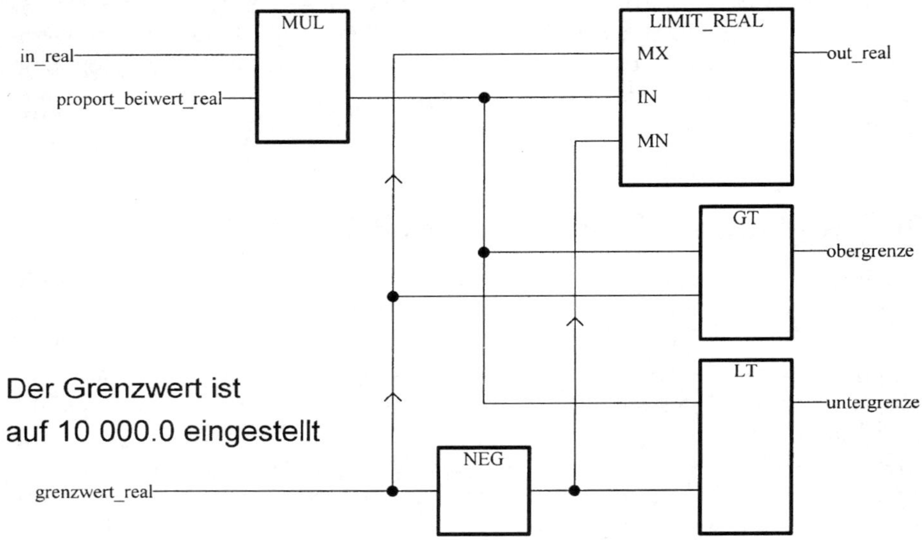

Bild 10.4 Rumpf des Bausteins FP_GLD

10.2 Regelkreisglied mit P-T_1-Verhalten: PT1GLD

Das P-T_1-Glied (s. Bild 10.5) ist aus der Elektronik her auch als RC-Tiefpaß oder RC-Integrierglied bekannt.

Die Arbeitsweise des folgenden Programmes sei hier an der Sprungantwort dieses RC-Glieds erläutert (s. Bild 10.5). Sprungantwort heißt, daß man die Eingangsspannung von 0 auf einen bestimmten Wert einschaltet und dann den Verlauf der Ausgangsgröße beobachtet. Beim P-T_1-Glied steigt die Ausgangsgröße U_a nach einer e-Funktion an:

$$U_a = U_e - U_e \cdot e^{-(t/\tau)}$$

Die Zeitkonstante τ ist die zentrale Kenngröße des P-T_1-Gliedes. Nach der Zeit von τ ist der Ausgangswert auf 63 % des Eingangswertes angewachsen. Mit fortschreitender Zeit wird der Faktor $e^{-(t/\tau)}$ immer kleiner, folglich auch das Produkt $U_e \cdot e^{-(t/\tau)}$. Bild

Bild 10.5
RC-Tiefpaß als P-T_1-Glied

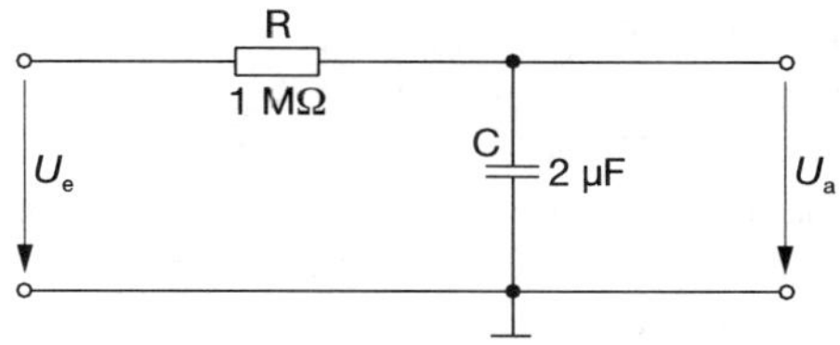

Bild 10.6
Sprungantwort eines P-T_1-Gliedes

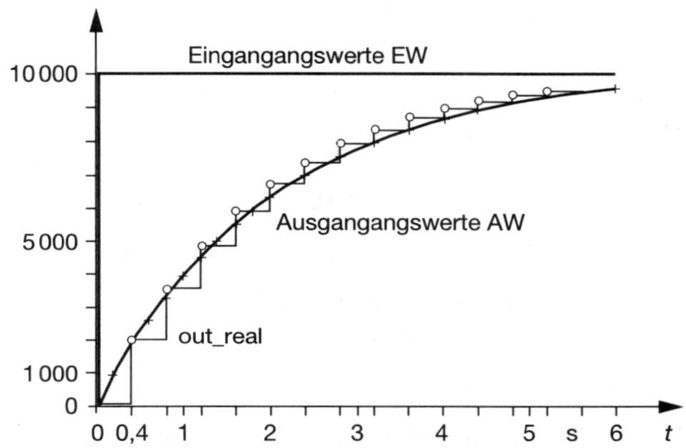

10.6 zeigt den Verlauf von U_a. Das Anwachsen der Ausgangsspannung erfolgt mit zunehmender Zeit immer langsamer, es kommt immer weniger Ausgangsspannung hinzu. Theoretisch nach unendlich langer Zeit hat U_a den Wert von U_e.

Für die Softwareausführung eines P-T_1-Gliedes kann man nicht mit Spannungen rechnen, wir setzen statt dessen *EW* für Eingangswert und *AW* für Ausgangswert ein.

Bild 10.6 zeigt die Sprungantwort eines elektronischen RC-Gliedes mit der Zeitkonstanten $\tau = 2\,\text{s}$ im Vergleich mit der vom Steuerungsprogramm ermittelten Sprungantwort eines Software-P-T_1-Gliedes.

Das Software-P-T_1-Glied im Funktionsbaustein SPT1GLD (Bild 10.8) arbeitet dabei nach folgender Überlegung. Die Ausgangsgröße `out_real` wird hier nicht kontinuierlich wie in einer Analogschaltung berechnet, sondern in einem festen Zeitraster mit der Abtastzeit T_A. Mit fortschreitender Zeit wird der Betrag, um den die Ausgangsgröße anwächst, immer kleiner. Damit läßt sich ein einfacher Algorithmus aufstellen, nach dem wir aus dem Wert der Eingangsgröße *EW* den Wert der Ausgangsgröße *AW* ermitteln:

$$AW_{(t)} = AW_{(t-1)} + (EW_{(t)} - AW_{(t-1)}) \cdot \text{Zeitkonstante}$$

mit:

$AW_{(t)}$ Ausgangswert für den aktuellen Programmzyklus
$AW_{(t-1)}$ Ausgangswert aus dem vorhergehenden Programmzyklus
$EW_{(t)}$ Eingangswert im aktuellen Programmzyklus

In jedem Programmzyklus zum Zeitpunkt t bildet man die Differenz zwischen dem aktuellen Eingangswert $EW_{(t)}$ und dem Ausgangswert aus dem vorherigen Zyklus $AW_{(t-1)}$. Diesen multipliziert man mit einer zeitbestimmenden Konstanten und addiert das Produkt zum Ausgangswert aus dem vorherigen Programmzyklus hinzu. Die Differenz $(EW_{(t)} - AW_{(t-1)})$ sinkt mit fortschreitender Zeit, womit der Ausgangswert AW immer langsamer anwächst.

Im Programm des Bausteins SPT1GLD bildet man die Zeitkonstante aus den eingegebenen Werten für `abtastzeit_time` und `tau_time` nach einer Wandlung in das REAL-Format:

```
tau_faktor = abtastzeit_real/tau_real
```

Die Differenz zwischen dem aktuellen Eingangswert und dem Ausgangswert des vorherigen Zyklus liegt in der Variablen `neuwert`, wobei die Variable `gedaechtnis` den Ausgangswert des vorherigen Programmzyklus enthält.

```
neuwert = in_real - gedaechtnis
```

Der aktuelle Ausgangswert ist die Summe aus dem Ausgangswert des vorherigen Zyklus und dem angepaßten `neuwert`:

```
out_real = gedaechtnis + neuwert · tau_faktor
```

Das in ST geschriebene Programm setzt diese Gleichung um, und zwar als Funktionsbaustein SPT1GLD (s. Bild 10.7, 10.8 und Tabelle 10.2). Es verlangt die Eingangsgröße am Eingang `in_real`, wobei keine interne Begrenzung vorgesehen ist. Der Funktionsbaustein muß in einem Programm arbeiten, das einer zyklischen Task mit definiertem Aufrufintervall zugeordnet ist. Diese Zeit ist am Eingang `abtastzeit_time` anzugeben. Bei der Versorgung des Bausteins mit Aktualparametern ist es sinnvoll, wenn man diese bereits beim Deklarieren mit Werten belegt. Die im Baustein notwendige Division führt nämlich mit `tau_real = 0` zu einem Programmstopp.

Das Programm wandelt zunächst die beiden Zeitwerte in das REAL-Format um und bildet daraus das Verhältnis von Abtastzeit/Zeitkonstante. Der `neuwert` erhält die Differenz aus dem Eingangswert und dem Ausgangswert aus dem vorherigen Bearbeitungszyklus. Dieser Wert im `gedaechtnis` entsteht dadurch, daß man erst am Ende des Programmes den ausgegebenen Wert in diese Variable übernimmt. Er bleibt dann bis zum nächsten Zyklus erhalten.

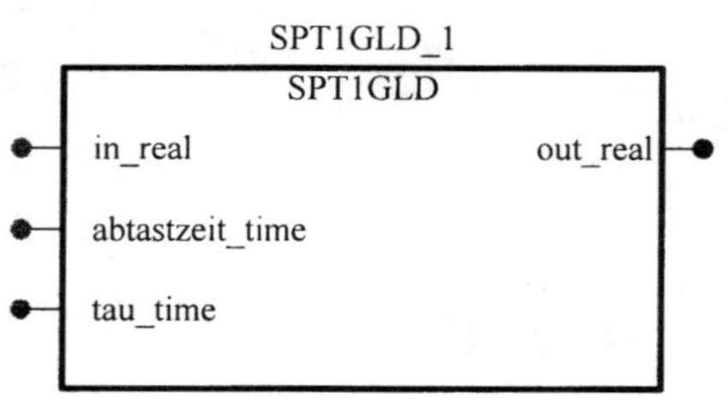

Bild 10.7
Baustein SPT1GLD

```
(* Abtastzeit in einen REAL-Wert umwandlen:*)
merker1          := TIME_TO_DINT(abtastzeit_time);
abtastzeit_real := DINT_TO_REAL (merker1);

(* Zeitkonstante tau in einen REAL-Wert umwandeln:*)
merker2  := TIME_TO_DINT(tau_time);
tau_real := DINT_TO_REAL(merker2);


tau_faktor := abtastzeit_real / tau_real;

neuwert  := in_real - gedaechtnis;
out_real := gedaechtnis + neuwert * tau_faktor;

gedaechtnis := out_real;
```

Bild 10.8 Rumpf des Bausteins SPT1GLD

Tabelle 10.2 Lokale Variablen des Bausteins SPT1GLD

```
VAR_INPUT
in_real          :  REAL;
abtastzeit_time  :  TIME;
tau_time         :  TIME;
END_VAR

VAR
merker1          :  DINT;
abtastzeit_real  :  REAL;
merker2          :  DINT;
tau_real         :  REAL;
tau_faktor       :  REAL;
neuwert          :  REAL;
gedaechtnis      :  REAL;
END_VAR

VAR_OUTPUT
out_real         :  REAL;
END_VAR
```

10.3 Regelkreisglied mit I-Verhalten: I_GLD

Für das I-Glied gelten ähnliche Überlegungen wie für das P-T_1-Glied. Den Vorgang der Integration in einer elektronischen Analogschaltung beschreibt folgende Gleichung, wobei man davon ausgeht, daß die Eingangswerte von einer Spannung U_e kommen und die Spannung U_a die Ausgangswerte erhält.

$$U_a = K_I \int_0^t U_e \cdot dt$$

mit:

U_a Ausgangsspannung in V
U_e Eingangsspannung in V
t zurückgelegte Zeit in s
K_I Integrierbeiwert in 1/s

Bild 10.9 zeigt den Verlauf der Ausgangsspannung eines I-Gliedes, wie er sich für unterschiedliche Eingangsspannungen ergibt.

Die Eingangsspannung U_e ist über einige Zeitabschnitte hinweg konstant. Innerhalb dieser Abschnitte steigt U_a nach folgender Gleichung an:

$$U_a = U_e \cdot t \cdot K_I$$

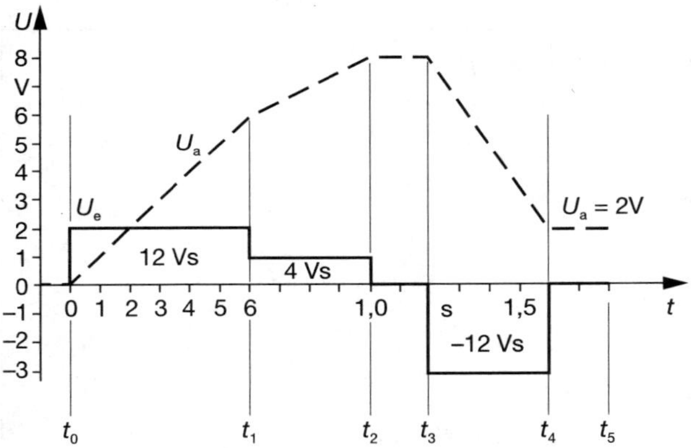

Bild 10.9
Arbeitsweise eines analogen I-Gliedes

Die Bedeutung der Gleichungen bzw. die Wirkung des I-Gliedes ist folgende: Die Höhe der Ausgangsspannung zu einem beliebigen Zeitpunkt entspricht der bis dahin aufgelaufenen Spannungs-Zeit-Fläche am Eingang. K_I ist als Integrierbeiwert der zentrale Kennwert der Schaltung:

$$K_I = U_a / U_e \cdot t$$

Vom Startmoment $t_0 \dots t_1$ ergibt sich mit $U_e = 2\,V$ eine Spannungs-Zeit-Fläche von 12 Vs, die Integratorspannung steigt auf 6 V an. Von $t_1 \dots t_2$ kommt eine Spannungs-Zeit-Fläche von 4 Vs hinzu, die Ausgangsspannung steigt um 2 V auf 8 V an. Im Zeitraum zwischen t_2 und t_3 ist $U_e = 0$, die Ausgangsspannung zeigt mit ihrem Wert an, welche Spannungs-Zeit-Fläche inzwischen am Eingang aufgelaufen ist: $U_a = 8\,V$ für eine Spannungs-Zeit-Fläche von 16 Vs. Im Moment t_3 kehrt sich die Eingangsspannung um, und es läuft bis t_4 eine negative Spannungs-Zeit-Fläche von –12 Vs auf, U_a sinkt und beträgt am Ende des Zyklus noch 2 V für die insgesamt integrierte Spannungs-Zeit-Fläche von +4 Vs. Mit einer einfachen Überschlagsrechnung kommen wir auf einen Integrierbeiwert von

$$K_I = 2 \cdot 1/s$$

Das Bild zeigt weiterhin, daß ein I-Glied über ein «Gedächtnis» verfügt. Selbst wenn die Eingangsgröße 0 ist, bleibt die Ausgangsgröße bestehen; und zwar auf dem Wert, der sich aus den bisher aufgelaufenen Spannungs-Zeit-Flächen am Eingang ergibt. Als Reglerkomponente ist das I-Glied deshalb unerläßlich. Die I-Komponente mit ihrer Gedächtnisfunktion versetzt den Regler nämlich in die Lage, auch dann noch eine Stellgröße zu liefern, wenn die Regeldifferenz aufgrund seines Eingreifens auf 0 gegangen ist.

Ähnlich wie beim P-T_1-Glied muß man für die Softwarelösung den kontinuierlichen Integrationsvorgang des analogen I-Gliedes umsetzen in ein Additionsverfahren. Beim I-Glied ist dies allerdings einfacher als beim P-T_1-Glied, weil die Ausgangsgröße linear von der Eingangsgröße abhängig ist. Die Eingangsgröße bezeichnet man auch hier mit *EW*, die Ausgangsgröße mit *AW*.

Der Funktionsbaustein SI_GLD ermittelt die Ausgangsgröße am Ausgang `out_real` nach folgender Überlegung:

Mit jedem Abtastzeitpunkt *t* nimmt man den Eingangswert `in_real`, multipliziert ihn mit einem Proportionalbeiwert *K* und addiert das Produkt zum Ausgangswert des vorherigen Zyklus $t - 1$:

$$AW_{(t)} = AW_{(t-1)} + EW_{(t)} \cdot K$$

mit:

$AW_{(t)}$	Ausgangswert im aktuellen Bearbeitungsintervall
$AW_{(t-1)}$	Ausgangswert im vorhergehenden Bearbeitungsintervall
$EW_{(t)}$	Eingangswert im aktuellen Bearbeitungsintervall
K	Proportionalitätsfaktor, Integrierbeiwert

oder, mit den Variablen im Programm:

```
out_real = gedaechtnis + in_real * integrierbeiwert
```

Bild 10.10 zeigt, wie diese Additionsgleichung arbeitet, wenn die Abtastzeit T_A *nicht* mit einbezogen ist. Der Proportionalitätsfaktor beträgt im Beispiel $K = 0.2$.

Bei einer Abtastzeit von $T_A = 1\,s$ wächst der Ausgangswert *AW* jede Sekunde um den Betrag $EW \cdot K = 2$ an. Am Ende des Eingangsimpulses hat *AW* den Endwert von 20 erreicht. Wenn man hier genauso rechnet wie in der Analogschaltung, dann ergibt sich der Integrierbeiwert K_I für diesen Verlauf aus

$$K_I = AW/EW \cdot t = 20/100\,s = 0{,}2 \cdot 1/s.$$

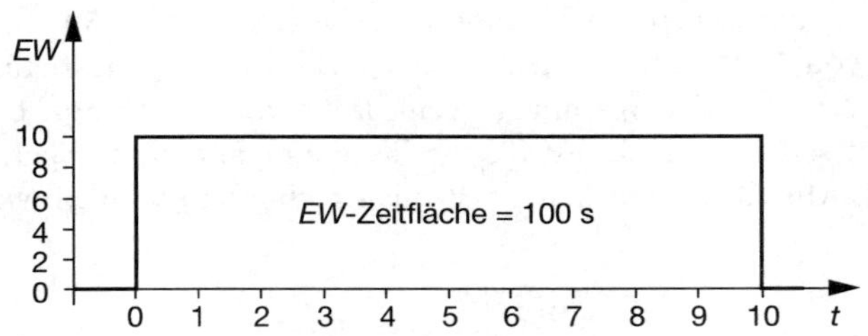

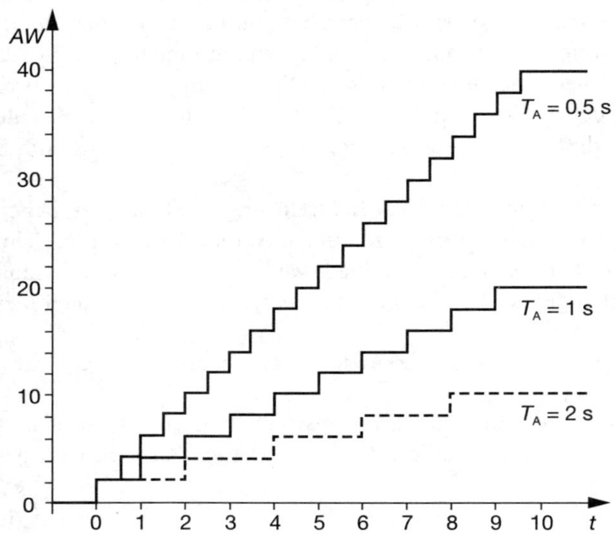

Bild 10.10
Schrittweise Addition anstelle von kontinuierlicher Integration

Verdoppelt man die Abtastzeit auf $T_A = 2\,s$, dann ist der Anstieg von *AW* wegen des gleichen Faktors *K* entsprechend flacher, da jetzt nur alle 2 s ein Anstieg um 2 V erfolgt: Nach 10 s ist der Ausgangswert erst auf 10 angestiegen. Die Eigenschaft des I-Gliedes hat sich folglich geändert, K_I ist jetzt

$K_I = AW/EW \cdot t = 10/100\,s = 0{,}1 \cdot 1/s.$

Entsprechendes gilt für die Abtastzeit von $T_A = 0.5\,s$. Die Ausgangsspannung steigt hier schneller an, weil jetzt alle 500 ms eine Änderung von +2 V erfolgt: K_I verdoppelt sich, denn nach Ablauf der 10 s hat *AW* den Endwert 40 erreicht.

$K_I = AW/EW \cdot t = 40/100\,s = 0{,}4 \cdot 1/s.$

Einem Funktionsbaustein, der als I-Glied mit definiertem Integrierbeiwert arbeiten soll, unabhängig vom Taskzyklus, muß man folglich 2 Kenngrößen als Variablen übergeben:

- ❑ den gewünschten Integrierbeiwert K_I als die eigentliche Kenngröße des I-Gliedes und

❑ die Abtastzeit T_A, die dem Aufrufintervall der aufrufenden Task entspricht.

Die entsprechende Berechnungsvorschrift sieht dann folgendermaßen aus:

$$AW_{(t)} = AW_{(t-1)} + EW_{(t)} \cdot K_I \cdot T_A \,/\, 1\,000\,\text{ms}$$

Die Abtastzeit T_A bezogen auf 1 000 ms taucht hier als weiterer Faktor zur Berechnung des Neuwertes auf. Beträgt der Abtastzyklus $T_A = 1$ s, dann gilt K_I unmittelbar. Ist $T_A < 1$ s, dann verringert sich der Einfluß von K_I entsprechend, die Änderung in der Ausgangsspannung fällt geringer aus. Umgekehrt wird bei größerem Tastzyklus als 1 s der Beiwert K_I entsprechend multipliziert und die Spannungsstufen am Ausgang des I-Gliedes fallen größer aus. In allen Fällen wirkt das Programm nach außen mit konstantem Integrierbeiwert, unabhängig vom Zyklus der aufrufenden Task.

Der in ST geschriebene Baustein SI_GLD (s. Bild 10.11, 10.12 und Tabelle 10.3) erhält das zu integrierende Signal am Eingang `in_real`, mit Signal 1 am Eingang `run` läuft die Integration. Der Integrationsvorgang läßt sich mit TRUE an `hold` anhalten, mit FALSE läuft die Integration weiter. Am Eingang `abtastzeit_time` ist die Taskzykluszeit anzugeben und der gewünschte Integrierbeiwert am Eingang `integrierbeiwert_real`. Neben dem eigentlichen Signalausgang `out_real` steht noch ein Ausgang `laufzeit` zur Verfügung. Hier läßt sich die Laufzeit des Programmes in Sekunden ablesen, so daß wir den Integrationsvorgang nachrechnen können.

Solange der Eingang `run` Signal 0 führt, erhalten die wichtigsten Variablen ebenfalls 0. Mit `run = 1` erfolgt die Integration, wobei zunächst der `integrierbeiwert` be-

Tabelle 10.3 Lokale Variablen des Bausteins SI_GLD

```
VAR_INPUT
in_real                  :   REAL;
run                      :   BOOL;
hold                     :   BOOL;
abtastzeit_time          :   TIME;
integrierbeiwert_real    :   REAL;
END_VAR

VAR
gedaechtnis              :   REAL;
integrierbeiwert         :   REAL;
integralwert             :   REAL;
abtastzeit_real          :   REAL;
merker1                  :   DINT;
END_VAR

VAR_OUTPUT
out_real                 :   REAL;
laufzeit                 :   TIME;
END_VAR
VAR_EXTERNAL
PLC_SYS_TICK_CNT         :   DINT;
END_VAR
```

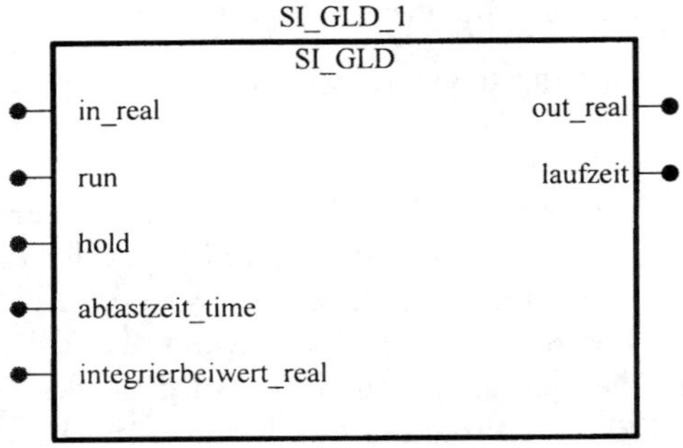

Bild 10.11
Baustein SI_GLD

```
IF   NOT run
     THEN gedaechtnis := 0.0;
          integralwert := 0.0;
          out_real := 0.0;
          laufzeit := DINT_TO_TIME(DINT#0000);
ELSE
          merker1 := TIME_TO_DINT(abtastzeit_time);
          abtastzeit_real := DINT_TO_REAL(merker1);
          integrierbeiwert := integrierbeiwert_real *
                               (abtastzeit_real / 1000.0);
          IF NOT hold
             THEN   integralwert :=  in_real * integrierbeiwert
                                     + gedaechtnis;
                    gedaechtnis := integralwert;
                    laufzeit := DINT_TO_TIME(PLC_SYS_TICK_CNT);
          END_IF;
END_IF;

out_real := integralwert;
```

Bild 10.12 Rumpf des Bausteins SI_GLD

rechnet wird. Das Umwandeln einer Zeit in eine REAL-Variable ist direkt nicht möglich, das Programmiersystem stellt hier nur die Typumwandlung TIME_TO_DINT zur Verfügung. Den eigentlichen Integrationskern kann man über das Signal an `hold` überspringen, nur wenn `hold = 0` ist, erfolgt das Summieren des Integralwertes. Dann geht auch der Wert des System-Tick-Zählers als `laufzeit` an den Ausgang. Abschließend erhält `out_real` den `integralwert` zugewiesen.

10.4 Regler mit P-Verhalten: P_REG

Der Regler mit P-Verhalten liegt in FBS als FP_REG vor (s. Bild 10.13, 10.14 und Tabelle 10.4). Sollwert und Istwert gelangen über die Eingänge `sollwert_real` und istwert_real auf den Regler. Die Reglerverstärkung übergibt man am Eingang proportionalbeiwert_real. Für die Stellgröße ist intern ein Bereich von +10000.0 … –10000.0 durch den grenzwert_real vorgegeben. Innerhalb dieser Grenzen bildet der Regler die Stellgröße nach folgender Gleichung:

$y = K_P \cdot e$ mit $e = w - x$:
$y = K_P \cdot (w - x)$

mit:

y Stellgröße bzw.: stellgroesse_real
w Sollwert bzw.: sollwert_real
x Istwert (Regelgröße) bzw.: istwert_real
e Regeldifferenz
K_P Proportionalbeiwert bzw.: proportionalbeiwert_real

Bild 10.13
Baustein FP_REG

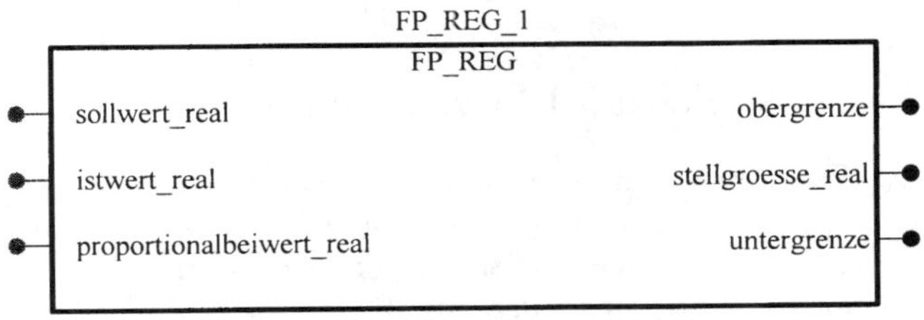

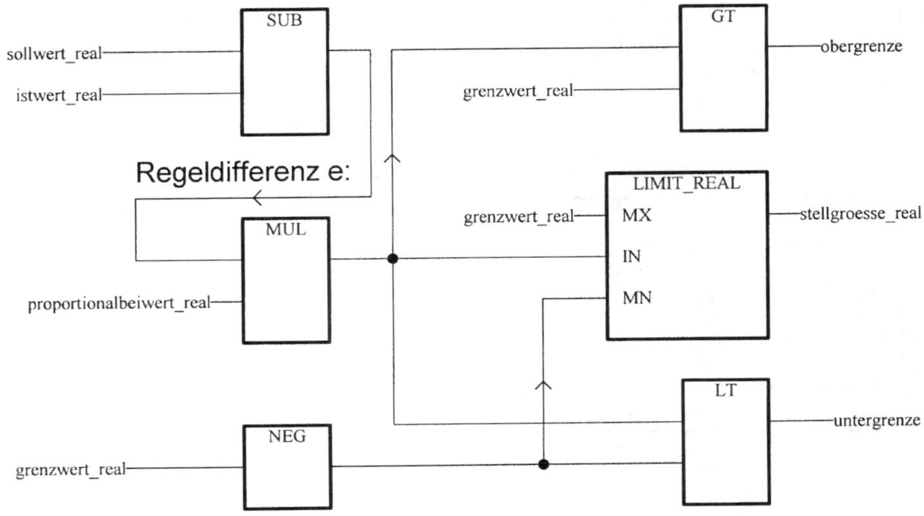

Bild 10.14 Rumpf des Bausteins FP_REG

Tabelle 10.4 Lokale Variablen des Bausteins FP_REG

```
VAR_INPUT
sollwert_real                 :  REAL;
istwert_real                  :  REAL;
proportionalbeiwert_real :  REAL;
END_VAR

VAR
merker1                       :  REAL;
grenzwert_real                :  REAL := 10000.0;
END_VAR

VAR_OUTPUT
obergrenze                    :  BOOL;
stellgroesse_real             :  REAL;
untergrenze                   :  BOOL;
END_VAR
```

10.5 Regler mit I-Verhalten: I_REG

Das Programm liegt in ST als SI_REG vor (s. Bild 10.15, 10.16 und Tabelle 10.5). Der Baustein benötigt als Eingangsparameter den Sollwert, den Istwert und den Übertragungsbeiwert im REAL-Format; die Abtastzeit im TIME-Format. Das Programm arbeitet im Prinzip nach dem gleichen Verfahren, wie das vorher beschriebene I-Glied, mit dem Unterschied, daß für den Reglereinsatz eine Überwachung der Stellgröße auf einen Grenzwert hin nötig ist. Der Grenzwert ist intern auf den Bereich –10000.0... +10000.0 eingestellt.

Nachdem das Programm die `regeldifferenz` berechnet hat, ermittelt es in der nächsten Sektion den `integrierbeiwert`. Bei dem dort ermittelten `integralwert` handelt es sich eigentlich bereits um die Stellgröße, die aber abschließend noch einer Grenzwertkontrolle unterworfen wird.

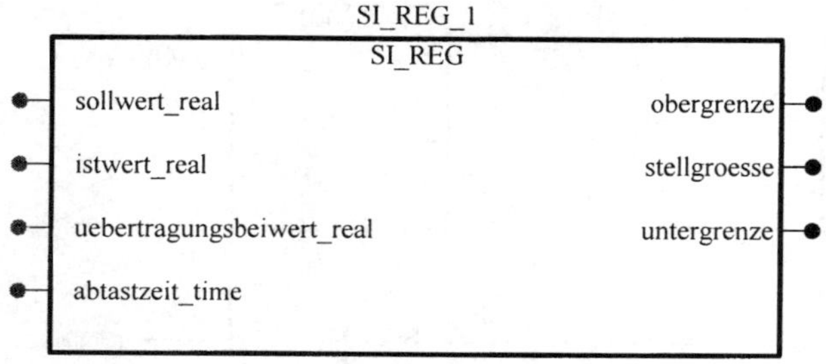

Bild 10.15
Baustein SI_REG

```
regeldifferenz := sollwert_real - istwert_real;

(* Integrierbeiwert berechnen: *)
merker1 := TIME_TO_DINT(abtastzeit_time);
abtastzeit_real  := DINT_TO_REAL (merker1);
integrierbeiwert := uebertragungsbeiwert_real * (abtastzeit_real/1000.0);

(* Integrator: *)
neuwert       := regeldifferenz * integrierbeiwert;
integralwert := neuwert + gedaechtnis;
gedaechtnis  := integralwert;

(* Grenzwerte für die Stellgröße überwachen: *)
IF integralwert > grenzwert
      THEN  stellgroesse := grenzwert;
            obergrenze := TRUE;
ELSIF integralwert < -grenzwert
      THEN  stellgroesse := -grenzwert;
            untergrenze  := TRUE;
ELSE  stellgroesse := integralwert;
      obergrenze   := FALSE;
      untergrenze  := FALSE;
END_IF;
```

Bild 10.16 Rumpf des Bausteins SI_REG

Tabelle 10.5 Lokale Variablen des Bausteins SI_REG

```
VAR_INPUT
sollwert_real               :  REAL;
istwert_real                :  REAL;
uebertragungsbeiwert_real :  REAL;
abtastzeit_time             :  TIME;
END_VAR

VAR
regeldifferenz   :  REAL;
integralwert     :  REAL;
grenzwert        :  REAL := 10000.0;
neuwert          :  REAL;
gedaechtnis      :  REAL := 0.0 ;
integrierbeiwert :  REAL;
merker1          :  DINT;
abtastzeit_real  :  REAL;
END_VAR

VAR_OUTPUT
obergrenze       :  BOOL;
stellgroesse     :  REAL;
untergrenze      :  BOOL;
END_VAR
```

10.6 2-Punkt-Regler: ZP_RG1

Der 2-Punkt-Regler liegt in FBS als FZP_RG1 vor (s. Bild 10.17, 10.18 und Tabelle 10.6). Er arbeitet mit einer intern vorgegebenen Schalthysterese mit dem Wert 12. Auf der Basis eines Wertes am Eingang `sollwert_int` und dieser Hysterese ist der Baustein als Fensterdiskriminator und als 2-Punkt-Regler einsetzbar. Solange der Wert an `istwert_int` kleiner ist als die Differenz `sollwert_int - hysterese`, führt der Ausgang `kleiner` Signal 1. Liegt `istwert_int` oberhalb der Summe `sollwert_int + hysterese`, erhält `groesser` Signal 1. Der Ausgang `inner` kommt mit 1, wenn `istwert_int` zwischen diesen beiden Grenzwerten liegt. Für den 2-Punkt-Regler dient `stellgl` als Ausgang. Er schaltet ein, wenn `istwert_int` kleiner ist als die untere Schwelle `untergrenze` und schaltet beim Erreichen der oberen Schwelle `obergrenze` wieder ab.

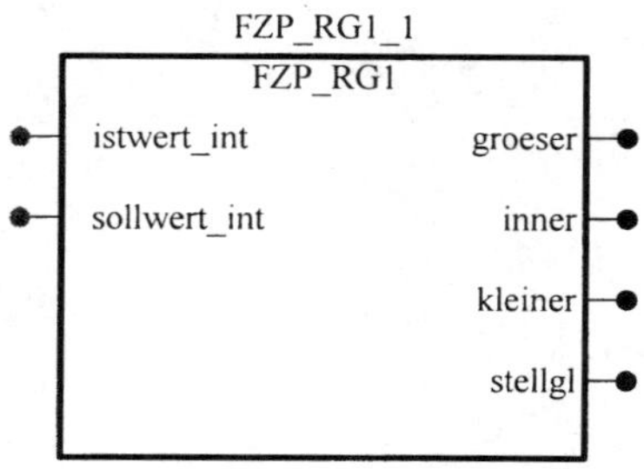

Bild 10.17
Baustein FZP_RG1

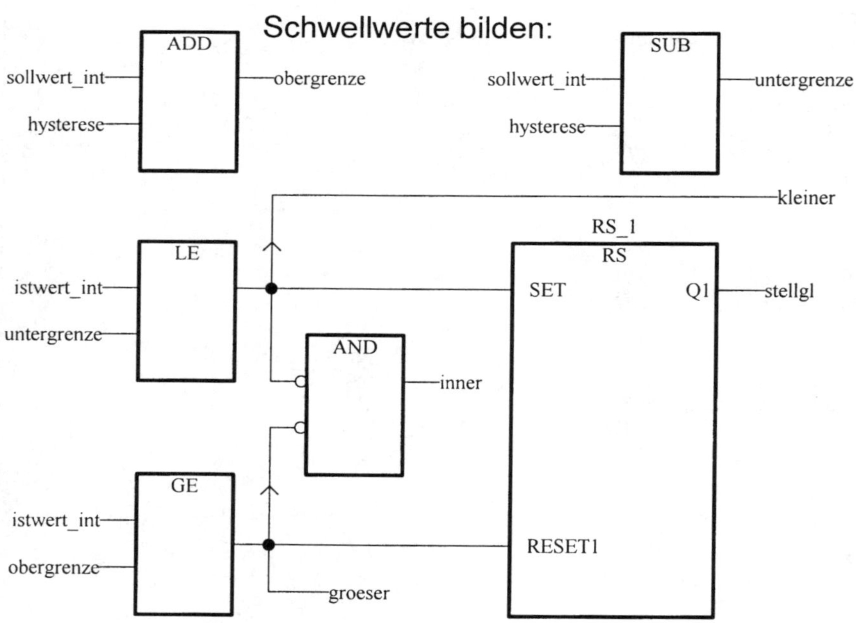

Bild 10.18 Rumpf des Bausteins FZP_RG1

Tabelle 10.6 Lokale Variablen des Bausteins FZP_RG1

```
VAR_INPUT
istwert_int  :    INT;
sollwert_int :    INT;
END_VAR

VAR
obergrenze   :    INT;
untergrenze  :    INT;
hysterese    :    INT := 12;
RS_1         :    RS;
END_VAR

VAR_OUTPUT
groesser     :    BOOL;
inner        :    BOOL;
kleiner      :    BOOL;
stellgl      :    BOOL;
END_VAR
```

Die Arbeitsweise des Bausteins FZP_RG1 ist einfach. Durch Addition und Subtraktion von `sollwert_int` mit `hysterese` entstehen die Variablen `obergrenze` und `untergrenze`. 2 Vergleichsoperationen von `istwert_int` mit diesen Grenzwerten steuern den Speicher für den Ausgang `stellgl`.

10.7 3-Punkt-Regler: DP_RG1

Der 3-Punkt-Regler in ST als SDP_RG1 (s. Bild 10.19, 10.20 und Tabelle 10.7) verarbeitet Soll- und Istwerte im Bereich 0.0 ... 10000.0. Die Totzone ist auf 1000.0 begrenzt. Der Ausgang `stellgr_1` schaltet ein, solange der Istwert größer ist als die Summe aus Sollwert und dem halben Totzonewert. Der Ausgang `stellgr_2` schaltet ein, solange der Istwert kleiner ist als die Differenz aus Sollwert – 1/2 Totzonewert. Die beiden Schaltpunkte liegen also um den Betrag der Totzone auseinander.

Der 1. Teil des Programmes sorgt für eine Begrenzung der Eingangsgrößen. Der eigentliche Regler besteht aus den beiden letzten Zeilen. Jede Stellgröße erhält hier das

Bild 10.19
Baustein SDP_RG1

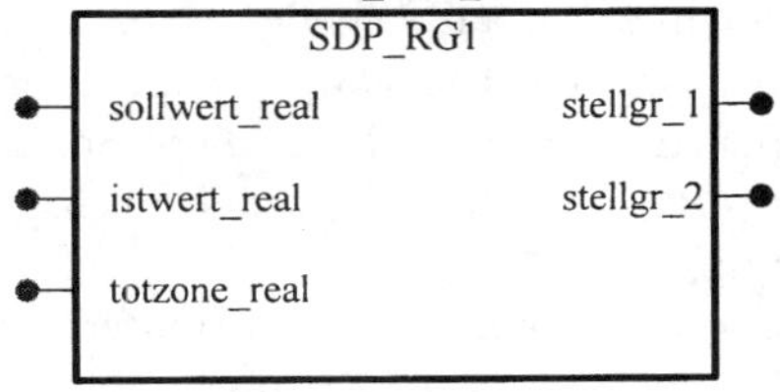

```
(*Eingangsgrößen begrenzen: *)
sollwert       := LIMIT_REAL(0.0, sollwert_real, 10000.0);
istwert        := LIMIT_REAL(0.0, istwert_real, 10000.0);
halbe_totzone := LIMIT_REAL(0.0, totzone_real, 1000.0)/ 2.0;

(* Stellgrößen berechnen: *)
stellgr_1 := istwert > sollwert + halbe_totzone;
stellgr_2 := istwert < sollwert - halbe_totzone;
```

Bild 10.20 Rumpf des Bausteins SDP_RG1

Tabelle 10.7 Lokale Variablen des Bausteins SDP_RG1

```
VAR_INPUT
sollwert_real :  REAL;
istwert_real  :  REAL;
totzone_real  :  REAL;
END_VAR

VAR
sollwert      :  REAL;
istwert       :  REAL;
halbe_totzone :  REAL;
END_VAR

VAR_OUTPUT
stellgr_1     :  BOOL;
stellgr_2     :  BOOL;
END_VAR
```

Boolesche Ergebnis einer Vergleichsoperation zugewiesen. Innerhalb des Vergleiches erfolgt noch die Berechnung der Grenzwerte. Weil die Additions- und Subtraktionsoperation eine höhere Priorität haben als der Vergleich, kommt man ohne Klammern aus.

10.8 Schrittregler: S_REG

Einen einfachen Schrittregler enthält der Funktionsbaustein FS_REG (s. Bild 10.21, 10.22 und Tabelle 10.8). Er gibt am Ausgang `pulse` Stellimpulse ab, mit denen man ein integrierendes Stellglied bzw. eine Strecke mit I-Verhalten ansteuern kann. Im Beispiel Bild 10.21 arbeitet der Regler mit einem Schrittmotor zusammen, den der Baustein FS_MOT1 simuliert. Solange `sollwert` und `istwert` ungleich sind, gibt der Regler Stellimpulse an den Schrittmotor. Mit `sollwert > istwert` ist die `richtung = TRUE`, andernfalls ist `richtung = FALSE`. Der Wert am Eingang `prop_beiwert_int` wird intern begrenzt auf den Bereich 1 ... 10 und bestimmt die Frequenz der `stellimpulse`.

Bild 10.21
Schrittregler FS_REG
mit Schrittmotor
FS_MOT1

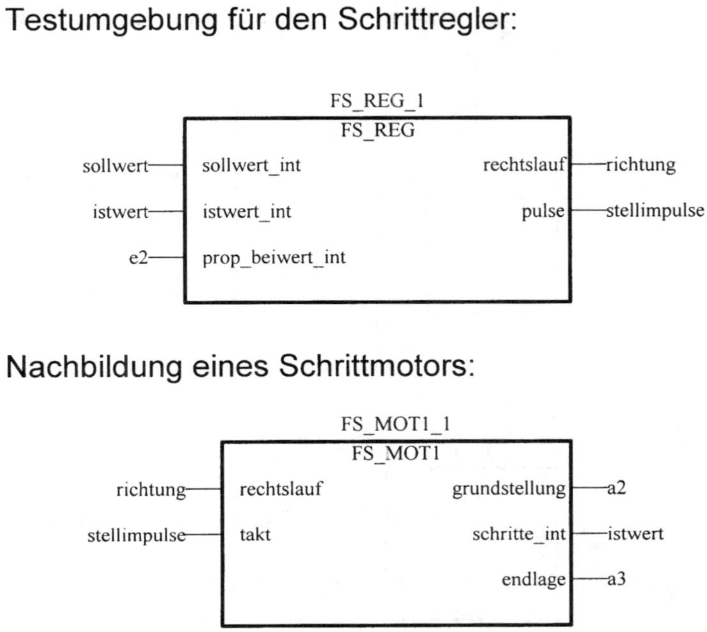

Tabelle 10.8 Lokale Variablen des Bausteins FS_REG

```
VAR_INPUT
sollwert_int      :   INT;
istwert_int       :   INT;
prop_beiwert_int  :   INT;
END_VAR

VAR
rela_start        :   BOOL;
rela_stop         :   BOOL;
lila_start        :   BOOL;
lila_stop         :   BOOL;
RS_1, RS_2, RS_3  :   RS;
puls_frei_rechts  :   BOOL;
puls_frei_links   :   BOOL;
TP_1, TP_2        :   TP;
tbas              :   TIME := T#800ms;
kp                :   INT;
END_VAR

VAR_OUTPUT
rechtslauf        :   BOOL;
pulse             :   BOOL;
END_VAR
```

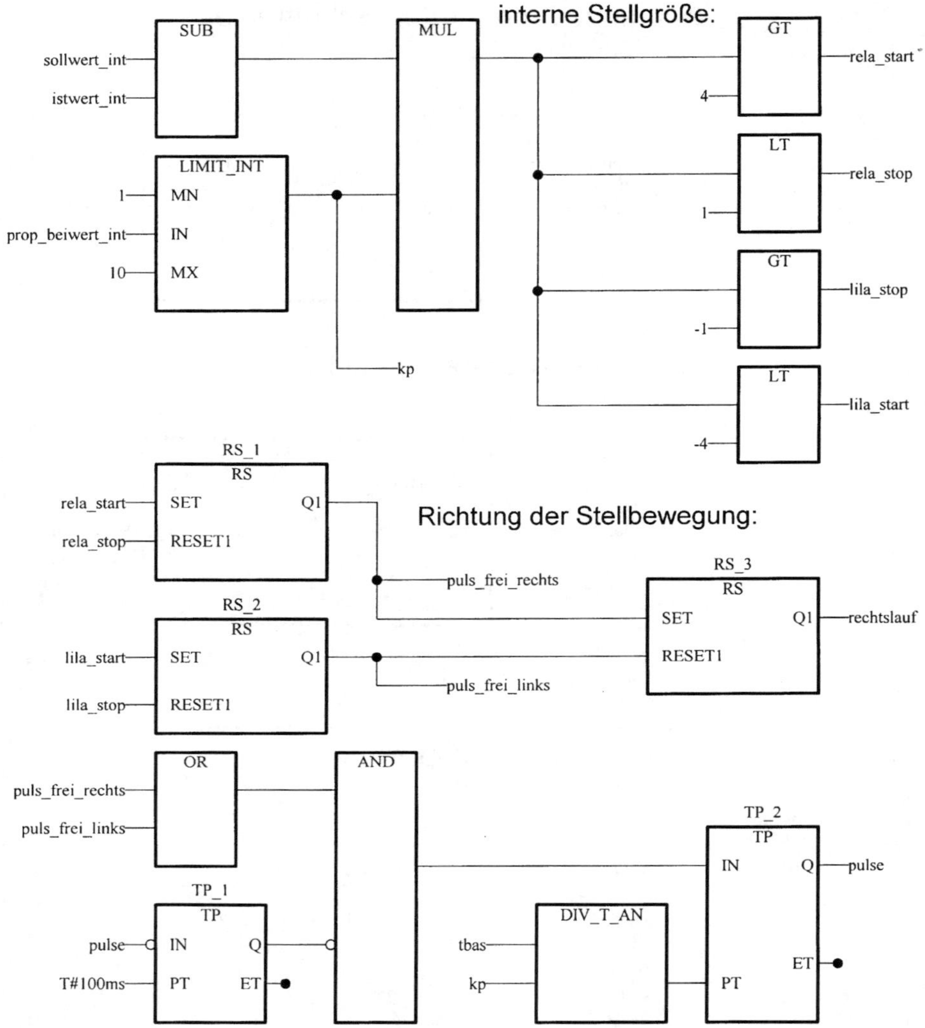

Bild 10.22 Rumpf des Bausteins FS_REG

Das Programm ist folgendermaßen aufgebaut (Bild 10.22). Eine SUB-Funktion bildet zunächst die Regelabweichung e, gefolgt von der Multiplikation mit dem Proportionalbeiwert. Das Ergebnis ist eine interne Stellgröße, die von 4 Vergleichern auf ihren Wert untersucht wird. Ist sie größer als 4 bzw. –4, dann schalten wir einen der beiden Richtungsspeicher ein und erhalten Pulse am Stellausgang. Den Pulsgeber bilden 2 Timer, von denen TP_1 mit einer festen Zeit von 100 ms arbeitet. TP_2, der die `pulse` erzeugt, erhält Zeitvorgaben zwischen 800 ... 80 ms, abhängig vom Proportionalbeiwert kp. Die Periodendauer der pulse liegt folglich mit kp = 1 bei 900 ms und mit kp = 10 bei 180 ms. Größer kann kp wegen der Begrenzung nicht werden. Arbeitet der Regler mit einem Schrittmotor zusammen, dann ist die Stellgeschwindigkeit nur von dieser Periodendauer abhängig. Soll der Regler dagegen auf ein I-Glied arbeiten, dann sind über die Ausgänge rechtslauf und pulse entsprechende REAL-Werte auf den Eingang des I-Gliedes zu schalten. Im Programm PRG_5 liegt hierfür ein Beispiel.

10.9 Simulation eines Schrittmotors als Stellglied: S_MOT1

Der Funktionsbaustein S_MOT1 simuliert einen Schrittmotor mit 2 Endschaltern. Wir können damit ein Schrittmotorstellglied nachbilden. Bild 10.21 zeigt den Baustein als FS_MOT1 (s. Bild 10.23 und Tabelle 10.9) in Verbindung mit dem Stellungsregler FS_REG1. Der nachgebildete Motor erhält ein Richtungssignal am Eingang rechtslauf und die Schrittimpulse am Eingang takt. Er ist intern so ausgelegt, daß er für eine Umdrehung 360 Schritte benötigt. 2 Endschalter im Programm begrenzen allerdings die Endlagen auf die grundstellung und auf einen Endwert von 100 Schritten.

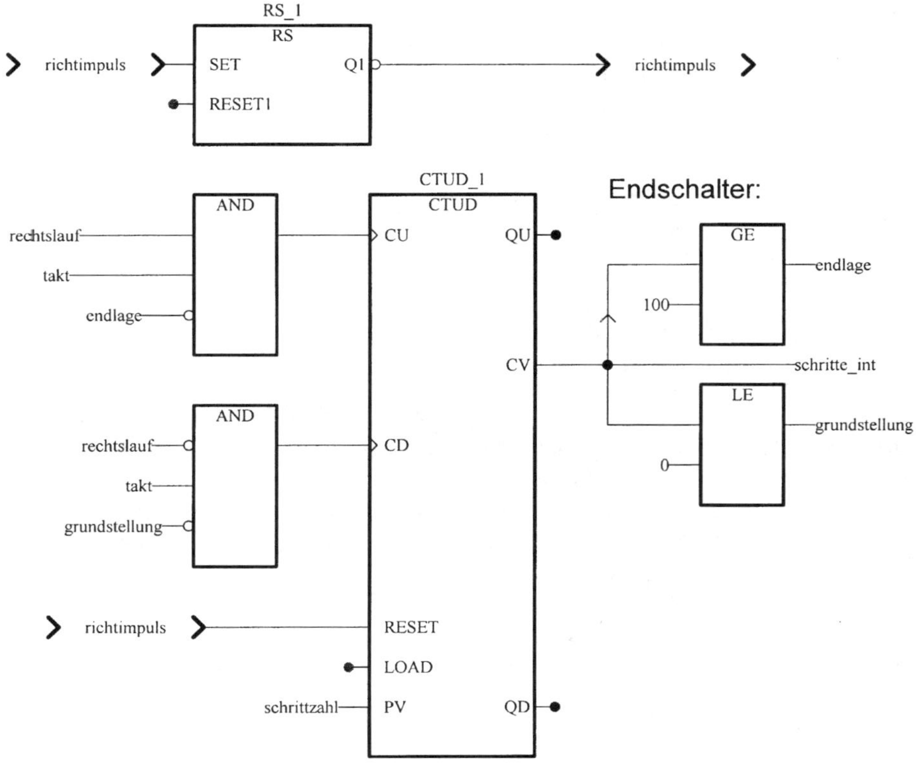

Bild 10.23 Rumpf des Bausteins FS_ MOT1

Tabelle 10.9 Lokale Variablen des Bausteins FS_MOT1

```
VAR_INPUT
rechtslauf     :  BOOL;
takt           :  BOOL;
END_VAR

VAR
CTUD_1         :  CTUD;
RS_1           :  RS;
schrittzahl    :  INT := 360;
END_VAR

VAR_OUTPUT
endlage        :  BOOL;
schritte_int   :  INT;
grundstellung  :  BOOL;
END_VAR
```

Den Kern des Schrittmotors bildet ein Vorwärts-/Rückwärtszähler CTUD_1. Beim Programmstart setzt ihn ein `richtimpuls` zurück in die `grundstellung`. Am Ausgang `schritte_int` erhält man die zurückgelegten Schritte des Motors. Die Variable `schrittzahl` am Eingang PV des Zählers bestimmt die Schritte je Umdrehung, in unserem Falle sind das 360. Mit den beiden Endschaltern `grundstellung` und `endlage` läuft der Motor allerdings nur um 100 Schritte vor und zurück. Mit `rechtslauf = TRUE` geht der Zählerstand mit jedem `takt` um 1 hoch, bis die `endlage` erreicht ist. Motorlinkslauf erhält man mit `rechtslauf = 0`, die dann einlaufenden Taktimpulse zählen den Zähler zurück bis in die `grundstellung`, die hier mit 0 vorgegeben ist.

10.10 Getriebemotor als integrierendes Stellglied: I_STGL

Getriebemotoren als Stellglied verstellen z. B. Ventilklappen in einem Flüssigkeitskreis, um die Durchflußmenge zu regulieren. Das Stellglied hat 2 Eingänge `auf` und `zu`. Führen beide Eingänge 0, dann hält die Ventilklappe ihre Position. Mit TRUE am Eingang `auf` öffnet die Ventilklappe mit einer intern gegebenen Geschwindigkeit. Mit TRUE am Eingang `zu` schließt die Klappe mit gleicher Geschwindigkeit. 2 Endschalterausgänge `ganz_auf` und `ganz_zu` melden die Endpositionen der Klappe. Der Stellbereich am Ausgang `stellung_real` geht von 0.0 ... 9000.0, womit ein Stellwinkel von 0 ... 90° gemeint ist. Bild 10.24 zeigt den Baustein SI_STGL in einer Testumgebung mit dem Stellungsregler FS_REG.

Für den Integratorkern des Programmes (s. Bild 10.25 und Tabelle 10.10) wird in den ersten 3 Codezeilen zunächst der `integrierbeiwert` berechnet. Die beiden folgenden IF-Sequenzen überprüfen die Stellwünsche `auf` bzw. `zu` und erzeugen den notwendigen `stellwert`. Dieser `stellwert` ist zuständig für die Stellgeschwindigkeit und ist hier als Konstante mit 100.0 vorgegeben. Der Integrator arbeitet nach dem

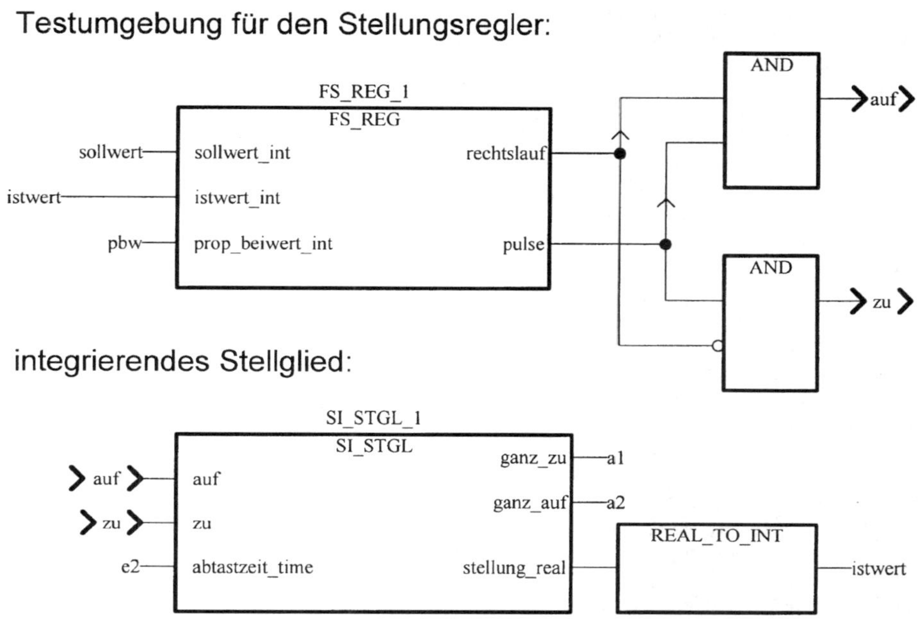

Bild 10.24 Stellglied SI_STGL mit Stellungsregler FS_REG

Tabelle 10.10 Lokale Variablen des Bausteins SI_STGL

```
VAR_INPUT
auf                 :  BOOL;
zu                  :  BOOL;
abtastzeit_time     :  TIME;
END_VAR

VAR
stellwert           :  REAL;
integralwert        :  REAL;
integrierbeiwert    :  REAL;
gedaechtnis         :  REAL;
uebertr_bw          :  REAL  := 0.5;
abtastzeit_real     :  REAL;
merker1             :  DINT;
END_VAR

VAR_OUTPUT
ganz_zu             :  BOOL;
ganz_auf            :  BOOL;
stellung_real       :  REAL;
END_VAR
```

```
(* Integrierbeiwert aus der Abtastzeit berechnen: *)
merker1    := TIME_TO_DINT(abtastzeit_time);
abtastzeit_real   := DINT_TO_REAL (merker1);
integrierbeiwert  := uebertr_bw * (abtastzeit_real / 1000.0);

(* den Stellwert auswählen: *)
IF  auf AND NOT zu AND NOT ganz_auf
    THEN  stellwert := 100.0;
ELSIF  ganz_auf AND NOT zu
       THEN  stellwert := 0.0;
END_IF;

IF  zu AND NOT auf AND NOT ganz_zu
    THEN  stellwert := -100.0;
ELSIF  ganz_zu AND NOT auf
       THEN  stellwert := 0.0;
END_IF;

(* Integrator: *)
IF  auf OR zu
    THEN  integralwert := stellwert * integrierbeiwert+
          gedaechtnis; gedaechtnis := integralwert;
END_IF;
stellung_real := integralwert;

(* Endschalter: *)
ganz_auf := stellung_real >= 9000.0;
ganz_zu  := stellung_real <= 0.0;
```

Bild 10.25 Rumpf des Bausteins SI_STGL

gleichen Verfahren, wie vorher beschrieben durch ständiges Summieren kleiner Stellinkremente (Bild 10.12). Die Endschalter `ganz_auf` und `ganz_zu` in den beiden letzten Zeilen sind auf 0.0 und 9000.0 fixiert. Beide erhalten das Boolesche Ergebnis einer Vergleichsoperation zugeführt. Für den Vergleich setzt man die ≥- bzw. ≤-Operation ein, weil man nicht vorhersagen kann, ob `stellung_real` genau den Wert 9000.0 oder 0.0 trifft.

Da es sich hier um einen integrierenden Baustein handelt, muß der Aktualparameter für den Eingang `abtastzeit_real` genau mit der Intervallzeit der aufrufenden Task übereinstimmen.

10.11 Aufgaben

Die Lösungen finden Sie im Projekt LOE_10.PWT auf der beiliegenden CD.

1. Schreiben Sie das Programm für das P-Glied in ST.
   Name des Bausteins: SP_GLD.
2. Schreiben Sie auf der Grundlage des 2-Punkt-Reglers FZP_RG1 ein Programm mit folgenden Eigenschaften:

Die Eingänge für Sollwert und Istwert sind im REAL-Format auf den Wertebereich 0.0 … 10000.0 zu begrenzen. Die Schalthysterese ist ebenfalls im REAL-Format von außen einstellbar, der Wertebereich soll auf 0.0 … 1000.0 begrenzt sein.
Sprache: ST,
Name des Bausteins: SZP_RG2.

3. Ändern Sie das Programm für den 3-Punkt-Regler SDP_RG1 so ab, daß die beiden Umschaltpunkte mit einer Schalthysterese arbeiten. Der Hysteresewert soll 20.0 betragen. Schreiben Sie den Funktionsbaustein in ST.
Name des Bausteins: SDP_RG2.
4. Schreiben Sie das Programm des Bausteins SDP_RG2 in FBS.
Name des Bausteins: FDP_RG2.

11 Ablaufsprache AS

Viele industrielle Prozesse erledigen ihre Arbeit nach einem starren, schrittweise ablaufenden Programm. Definierte Aktionsbereiche der Anlage lassen sich als abgeschlossene Zustände formulieren. Das beste Beispiel hierfür sind Spülmaschinen und Waschmaschinen. Der Hausmann kann hier zwar unter einigen Spül- oder Waschprogrammen auswählen, innerhalb dieser Programme gibt es aber nur eine begrenzte, überschaubare Anzahl von Zuständen oder Schritten. Innerhalb eines bestimmten Zustandes laufen stets die gleichen Aktionen ab (heizen, pumpen usw.). Genau definierbare Ereignisse veranlassen die Übergänge (Transitionen) von einem Zustand zum nächsten Zustand. Die Steuerungsprogramme für solche Prozesse lassen sich einfach und übersichtlich mit der Ablaufsprache programmieren. Wir sprechen bei AS-Programmen auch häufig von Schrittketten, die wir mit Hilfe von Zustandsgrafen programmieren. Neben den rein linearen Schrittketten sind auch Schrittketten mit Parallelzweigen und Sprüngen denkbar.
Für die hier behandelten Beispiele gelten folgende Regeln:

- Alle Variablen, die das Programm von sich aus verwaltet, sind groß geschrieben; das sind die Schrittnamen, die Bezeichner für Aktionslupen und für Transitionslupen. Die Variablen, die der Programmierer deklarieren muß, sind klein geschrieben. Im Text sind alle gemeinsam durch eine `Sonderschrift` ausgezeichnet.
- Alle Beispiele sind als Programm geschrieben. Jedes Programm also, das man testen will, ist in der Defaulttask unter PROGINST anzumelden. Dazu öffnet man PROGINST mit der rechten Maustaste und sucht aus der angebotenen Liste das gewünschte Programm aus. Für den Test ist es empfehlenswert, neben dem Programm die Variablenliste darzustellen. Damit lassen sich Variablen, die in Transitionslupen liegen, einfach forcen, und es lassen sich Variablen in Aktionslupen einfach beobachten. Die Programme CAKTION, CABLA_1, CABLA_2 und CABLA_3 erläutern die grundlegenden Elemente der Ablaufsprache. Die Programme C4TAKT, CSTEDR und CWENDE1 bringen Anwendungsbeispiele.

11.1 Schritt, Transition und Aktion

Die Ablaufsprache arbeitet mit den Elementen Schritt, Transition und Aktion. Prinzipiell ist AS eine grafische Sprache, die Programme lassen sich nach IEC 1131 aber auch als Text formulieren, sofern das Programmiersystem dies anbietet. In der grafischen Form gestattet die Ablaufsprache eine Kombination mit Elementen der Sprachen KOP und FBS.

11.1.1 Schritt

Ein Schritt steht für einen genau beschreibbaren Zustand der Anlage. Der Schritt kann aktiv sein oder inaktiv. Aktiv steht dabei für TRUE, inaktiv für FALSE. Wenn z. B. die Waschmaschine schleudert, dann ist der Schritt SCHLEUDERN aktiv. In einer linearen Schrittkette und in Alternativzweigen kann immer nur ein einziger Schritt aktiv sein. In Simultanverzweigungen können auch mehrere Schritte aktiv sein. Jeder Schritt ist mit einem eindeutigen Namen `SCHRITTNAME` zu kennzeichnen. Ein Ablaufnetzwerk beginnt immer mit einem Anfangsschritt. Ein Endschritt steht am Ende einer Kette, hier ist keine weiterführende Transition möglich. Ein Sprung läßt sich ebenfalls als Schritt betrachten. Die zugehörige Aktion besteht dabei in einer Programmverzweigung. Die Norm ordnet jedem Schritt 2 Variablen zu:

- ❑ einen Schrittmerker mit dem Bezeichner `SCHRITTNAME.X`, z. B. `SCHLEUDERN.X`.
- ❑ eine Zeitdauervariable mit dem Bezeichner `SCHRITTNAME.T`, z. B. `SCHLEUDERN.T`.

Diese lassen sich im Programm wie normale Variablen abfragen, soweit sie im eingesetzten Programmierwerkzeug zugänglich sind. Den Aussagen der Norm folgend, darf es nicht möglich sein, diese Variablen aus dem Programm heraus zu verändern. Damit ist zunächst keine Möglichkeit gegeben, ein Ablaufkette komplett zurückzusetzen, z. B. in der Testphase oder Simulation. Multiprog wt ist hier allerdings in der vorliegenden Fassung großzügig und generiert keine Fehlermeldung, wenn wir einen Schrittmerker zurücksetzen. Das nutzen wir in einigen Programmbeispielen, in dem wir über den gesamten Programmablauf hinweg eine STOP-Aktion freigeben. Diese gestattet es, über die Variable `stop_taste` oder `stop` den ersten Schritt zu setzen und alle anderen Schritte zurückzusetzen. Weiterentwicklungen der Normablaufsprache laufen bei einigen Herstellern unter der Bezeichnung Maschinenablaufsprache, z. B. in PCWORX der Firma PHOENIX CONTACT. Der Ausstieg aus einer Schrittkette ist hier so realisiert, daß mit einem entsprechenden Befehl die gesamte Kette in einem einzigen Programmzyklus bis zum Ende durchlaufen wird.

11.1.2 Transition

Die Variablen einer Transition sind zuständig für den Übergang von einem auf den nächstfolgenden Schritt. Als Transitionsbedingung sind möglich:

- ❑ einzelne lokale oder globale Variablen,
- ❑ einfache Verknüpfungen mehrerer Variablen über Elemente der Sprache FBS oder KOP,

- umfangreiche Verknüpfungen, die in speziellen Arbeitsblättern oder Bausteinen formuliert sind; in Multiprog wt sind sie als Lupe bezeichnet.

11.1.3 Aktion

Die Aktionen gehen von einem Schritt aus. Im einfachsten Falle handelt es sich bei einer Aktion nur um eine einzige Variable. Diese Variable ist dann der Aktionsname. Sind in der Aktion Verknüpfungen nötig, so ist sie als Lupe mit einem Aktionsnamen zu deklarieren. Das Programmiersystem legt dann eine eigene POE für diese Aktion an. Das zeitliche Verhalten einer Aktion, bezogen auf den zugehörigen Schritt, gibt man in Form von Bestimmungszeichen an. Grob unterscheiden kann man hier zwischen:

- den zeitunabhängigen Aktionen N, S und R,
- den zeitabhängigen Aktionen L, D und P,
- und den zeitabhängigen Aktionen mit Speicherverhalten SD, DS und SL.

11.2 Beispielprogramm: CAKTION

Programm CAKTION in Bild 11.1 faßt alle Aktionen in einer einfachen linearen Schrittkette zusammen.

11.2.1 Bestimmungszeichen N

N steht für «nicht speichernd» bzw. «not stored». Die Aktion `AKT_1` (s. Bild 11.2) läuft so lange ab, wie der Schritt `SCH_1` aktiv ist. Gehört zu der Aktion eine einzelne Variable, erhält sie während dieser Zeit den Wert TRUE.

11.2.2 Bestimmungszeichen S

S steht für «speichernd» bzw. «stored». Die Aktion `AKT_2` wird speichernd eingeschaltet mit Schritt `SCH_2` (s. Bild 11.3). Wenn man diese Aktion nicht irgendwo im Programm wieder zurücksetzt, bleibt sie über die gesamte Programmlaufzeit aktiv. Man kann dies z. B. nutzen, um in einer Lupe gemeinsame Rücksetzbedingungen zu formulieren. Wenn man diese Lupe mit dem 1. Schritt speichernd einschaltet, dann gelten die Rücksetzbedingungen, solange das Programm läuft (Beispiel im Programm ABLA_3).

11.2.3 Bestimmungszeichen R

R steht für Rücksetzen bzw. Reset. Das Rücksetzen einer Aktion macht nur dann Sinn, wenn diese auch irgendwo innerhalb der Kette gesetzt wurde. Die mit R deklarierte Aktion (s. Bild 11.3) verliert unmittelbar mit dem Beginn des zugehörigen Schrittes ihre Wirkung. Im Beispiel setzt `SCH_4` die Aktion 2 wieder zurück.

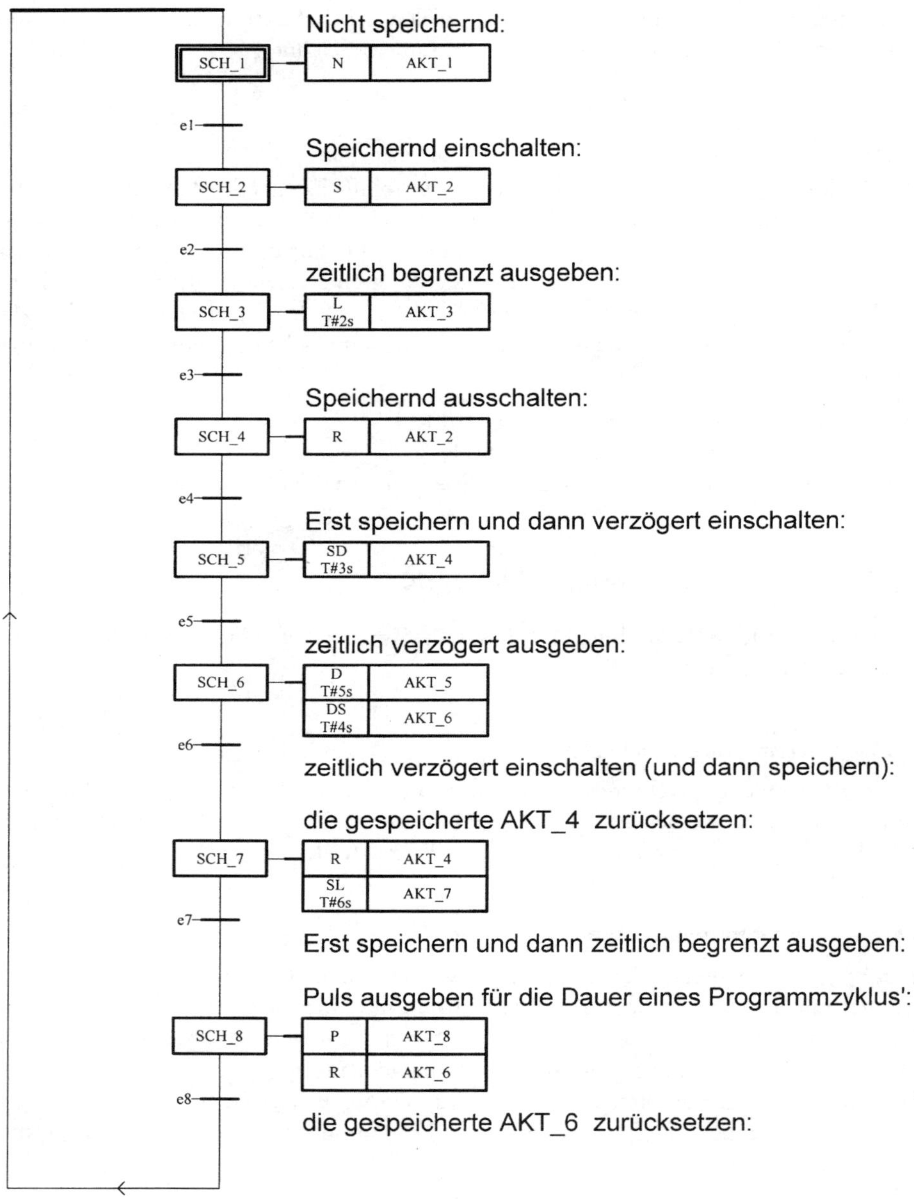

Bild 11.1 Beispiele für die Aktionsarten im Programm CAKTION

Bild 11.2
N-Aktion

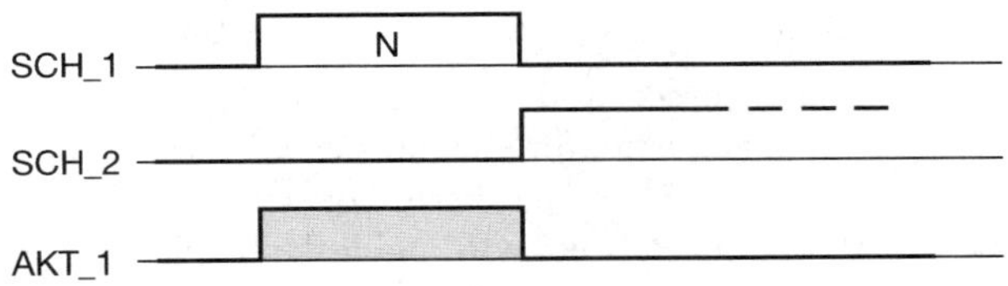

Bild 11.3
S- und R-Aktion

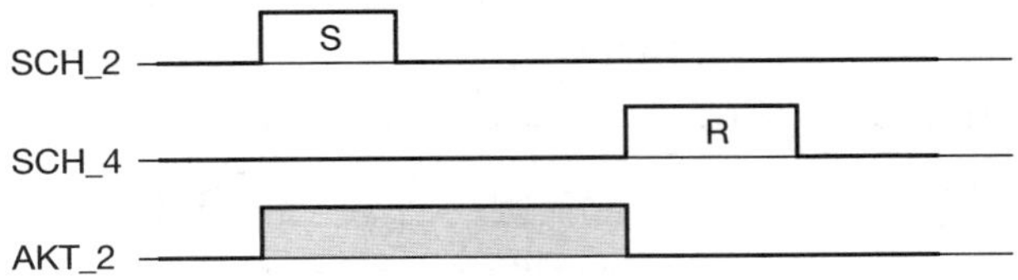

11.2.4 Bestimmungszeichen L

L steht für «limitet» bzw. «zeitlich limitiert», zeitlich begrenzt. Zusätzlich zum Bestimmungszeichen ist hier eine Laufzeit anzugeben (s. Bild 11.4).

Im Beispiel beginnt die Aktion `AKT_3` unmittelbar mit dem auslösenden Schritt `SCH_3`. Die Aktion endet nach Ablauf der vorgegebenen Laufzeit. Wird der Schritt vor dem Ende der Laufzeit verlassen, endet damit auch die Aktion.

Bild 11.4
L-Aktion

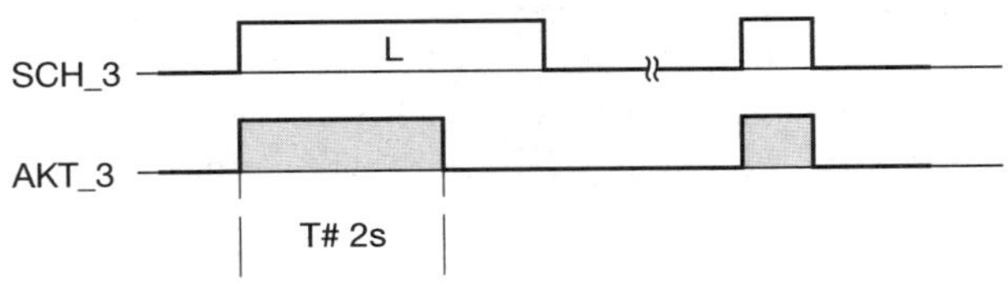

11.2.5 Bestimmungszeichen D

D steht für «delayed» oder «zeitlich verzögert». Auch hier ist zusätzlich zum Bestimmungszeichen die Verzögerungszeit anzugeben. Die von `SCH_6` im Beispiel ausgehende Aktion `AKT_6` beginnt, wenn der Schritt länger ansteht als die Verzögerungszeit. Die Aktion (s. Bild 11.5) endet mit dem auslösenden Schritt.

Bild 11.5
D-Aktion

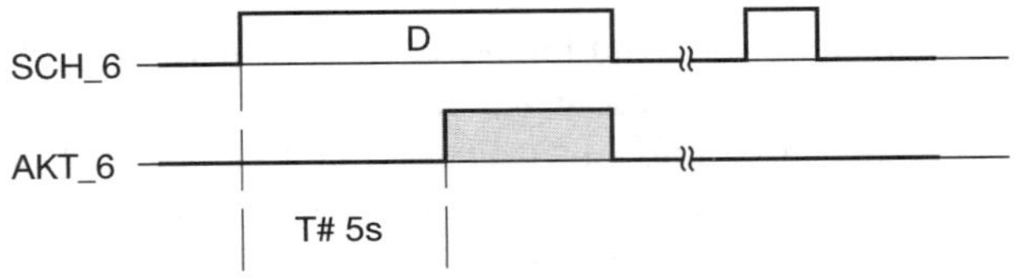

11.2.6 Bestimmungszeichen SD

SD steht für «stored» and delayed» bzw. «gespeichert und verzögert». Mit dem Bestimmungszeichen ist dafür ebenfalls eine Verzögerungszeit anzugeben (s. Bild 11.6).

Als erstes ist hier die Speicherung genannt, danach die Zeitverzögerung. D. h., die Aktion AKT_4 im Beispiel wird auch dann zeitverzögert von SCH_5 gestartet, wenn SCH_5 vor Ablauf der Verzögerungszeit bereits wieder verlassen wurde. Eine SD-Aktion benötigt eine R-Aktion, für die im Beispiel SCH_7 zuständig ist.

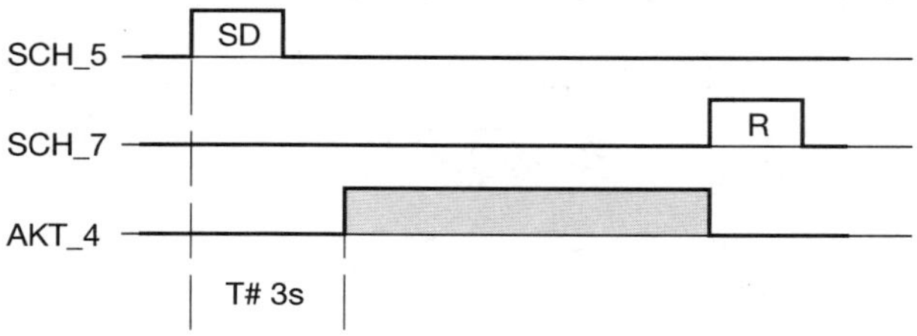

Bild 11.6
SD-Aktion

11.2.7 Bestimmungszeichen DS

DS steht für «delayed and stored», also «verzögert und gespeichert», die Verzögerungszeit ist bei der Deklaration anzugeben (s. Bild 11.7).

Das Beispiel zeigt, daß der auslösende Schritt SCH_6 keine Auswirkungen auf AKT_6 hat, wenn er kürzer als die Verzögerungszeit ansteht. Erst wenn er länger ansteht, schaltet die Aktion «speichernd» ein. Daher ist im Bestimmungszeichen erst die Verzögerung und dann die Speicherung genannt. Auch diese Aktion benötigt einen Resetbefehl, der im Beispiel von SCH_8 kommt.

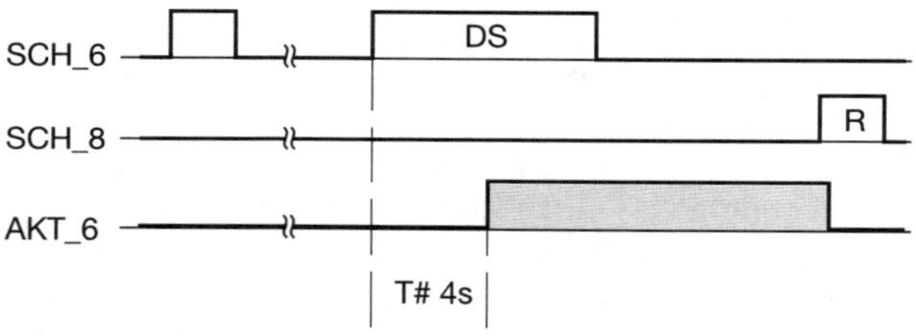

Bild 11.7
DS-Aktion

11.2.8 Bestimmungszeichen SL

SL steht für «stored and limited» bzw. «gespeichert und zeitlich begrenzt», was ebenfalls die Angabe einer Laufzeit erfordert.

Die Aktion (s. Bild 11.8) startet unmittelbar mit dem auslösenden Schritt, im Beispiel SCH_7. Sie wird dann für die Dauer der Laufzeit ausgeführt unabhängig davon, wie lange der Schritt aktiv ist.

Bild 11.8
SL-Aktion

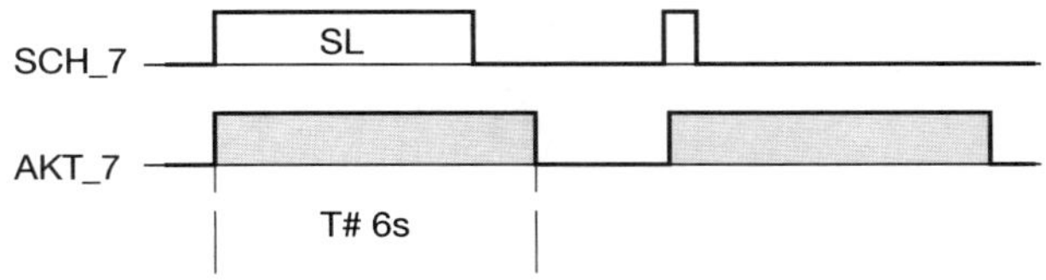

11.2.9 Bestimmungszeichen P

P steht für «puls». Die Aktion erfolgt für die Dauer von einem einzigen Programmzyklus (Bild 11.9).

Bild 11.9
P-Aktion

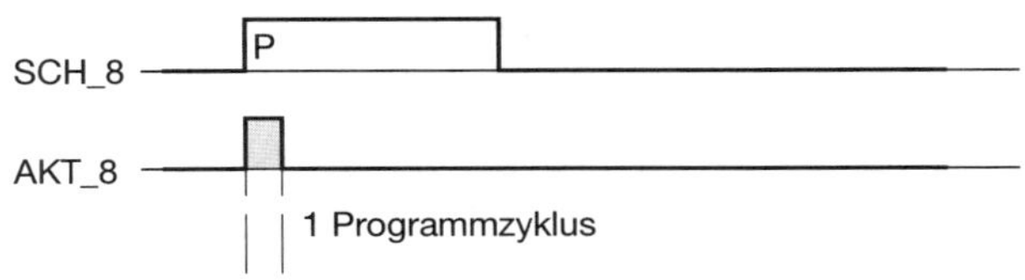

11.3 Beispielprogramm: CABLA_1

Das Programm (s. Bild 11.10 und Tabelle 11.1) zeigt die verschiedenen Möglichkeiten, eine Transition zu bilden. Im einfachsten Falle ist nur eine einzige Variable nötig, um den Übergang auf den nächstfolgenden Schritt einzuleiten. In diesem Falle läßt sich die Transition als Variable deklarieren und mit einer beliebigen Variablen versehen. Besteht die Transitionsbedingung nur aus einfachen Verknüpfungen, so sind diese als FBS- oder KOP-Elemente an der gleichen Stelle möglich. Dies kann jedoch zu einer Überfrachtung des Diagrammes führen. Hier bietet sich die Auszeichnung der Transition als Lupe an. Der Bezeichner dieser Lupe (im Beispiel die `zurueck_lupe`, s. Bild 11.11) dient als interne Variable, sie muß nicht im Variablenarbeitsblatt deklariert sein. Das Programmiersystem legt für jede Lupe ein eigenes Arbeitsblatt an, in dem beliebige Programme in den Sprachen FBS, ST, AWL oder KOP aufgebaut werden können. Das so gebildete Ergebnis geht als Zuweisung an den Bezeichner der Lupe.

Die Aktionen im Programm CABLA_1 sind als Variablen ausgeführt. Jeder Schritt steuert eine nichtgespeicherte Variable. Schritt 2 schaltet eine `gespeicherte_variable` ein, Schritt 4 setzt diese Variable gespeichert zurück.

11.4 Beispielprogramm: CABLA_2

Das Programm CABLA_2 (s. Bild 11.12 und Tabelle 11.2) zeigt einige Beispiele für die Möglichkeiten, die der Programmierer hat, um den Rumpf von Aktionslupen zu programmieren. Es zeigt die verschiedenen Schrittarten Anfangsschritt, Endschritt und Sprung sowie eine Alternativverzweigung.

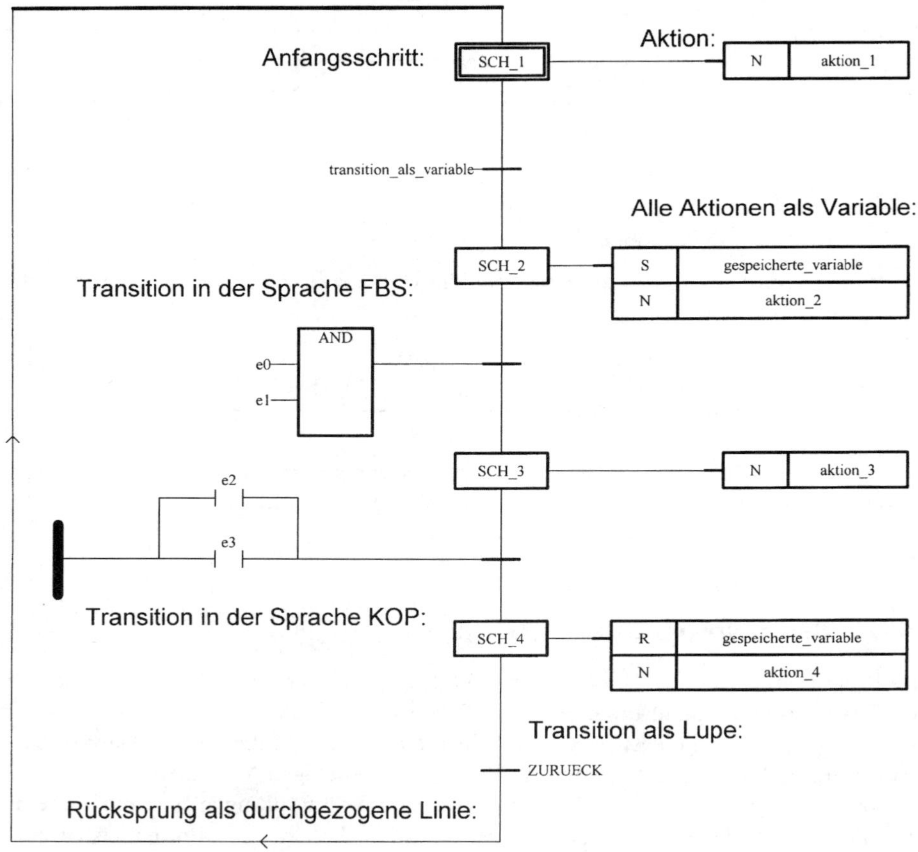

Bild 11.10 Beispiele für Transitionen und einfache Aktionen im Programm CABLA_1

Tabelle 11.1 Variablen zum Programm CABLA_1

```
VAR
e0, e1, e2, e3          :  BOOL;
e4, e5                  :  BOOL;
transition_als_variable :  BOOL;
gespeicherte_variable   :  BOOL;
aktion_1                :  BOOL;
aktion_2                :  BOOL;
aktion_3                :  BOOL;
aktion_4                :  BOOL;
END_VAR
```

```
ZURUECK := e4 AND e5 OR e1 AND e2;
```

Bild 11.11 Inhalt der Lupe ZURUECK in ST

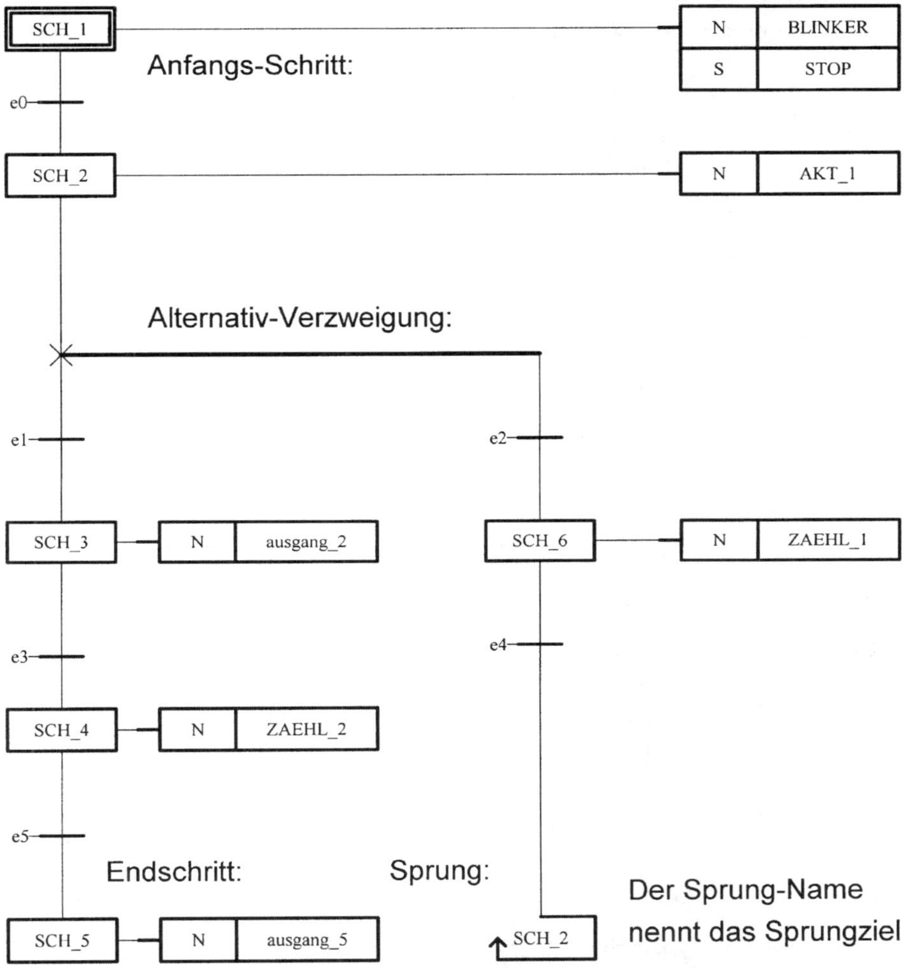

Bild 11.12 Beispielprogramm für Schritte und Aktionslupen im Programm CABLA_2

In der Lupe BLINKER (s. Bild 11.13) ist der projekteigene Taktgeber eingesetzt, um das Blinksignal für `ausgang_0` zu erzeugen. Der Taktgeber arbeitet nur, solange Schritt 1 aktiv ist. Allerdings ist der Signalzustand am Ausgang `puls` nicht definiert, wenn wir Schritt 1 verlassen, er kann sowohl TRUE als auch FALSE sein. Um trotzdem bei inaktivem `SCH_1` den Signalzustand FALSE am `ausgang_0` zu erhalten, ist eine UND-Verknüpfung mit dem Schrittmerker `SCH_1.X` vorgesehen.

Um alle Schritte über eine `stop`-Variable zurückzusetzen, bietet sich der Weg über ein ständig geöffnetes Arbeitsblatt an. Die `STOP`-Aktion (s. Bild 11.14) wird hier mit dem 1. Schritt speichernd eingeschaltet, sie ist während des gesamten Programmablaufs aktiv, d. h., daß alle Operationen im zugehörigen Arbeitsblatt ständig bearbeitet

Tabelle 11.2 Variablen zum Programm CABLA_2

```
VAR
e0, e1, e2, e3 :  BOOL;
e4, e5, e6     :  BOOL;
ausgang_0      :  BOOL;
ausgang_1      :  BOOL;
ausgang_2      :  BOOL;
ausgang_3      :  BOOL;
ausgang_4      :  INT;
ausgang_5      :  BOOL;
ausgang_6      :  BOOL;
ausgang_7      :  BOOL;
ausgang_8      :  INT;
ausgang_9      :  INT;
zaehler_reset  :  BOOL;
stop_taste     :  BOOL;
TAKT_1         :  TAKT;
CTU_1          :  CTU;
CTU_2          :  CTU;
END_VAR
```

Rumpf der Aktionslupe BLINKER:

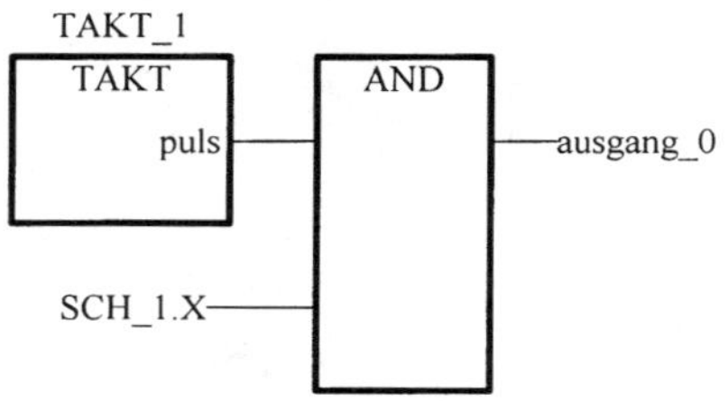

SCH_1.X ist der Schrittmerker!

Bild 11.13 Inhalt der Lupe BLINKER in FBS

```
LD    stop_taste
S     SCH_1.X
R     SCH_2.X
R     SCH_3.X
R     SCH_4.X
R     SCH_5.X
R     SCH_6.X

LD    zaehler_reset
ST    CTU_1.RESET
CAL   CTU_1
```

Bild 11.14 Inhalt der Lupe STOP in AWL

werden. Hier lassen sich über entsprechende Variablen und Verknüpfungen alle Schritte manipulieren, sofern das Programmierwerkzeug dies zuläßt.

In der Lupe AKT_1 (s. Bild 11.15) dient der Schrittmerker SCH_2.X dazu, ausgang_6 direkt und ausgang_7 invertiert anzusteuern. Den ausgang_8 versorgt er im aktiven Zustand mit der Konstanten 3333, im inaktiven Zustand mit 6666.

Rumpf der Aktionslupe AKT_1:

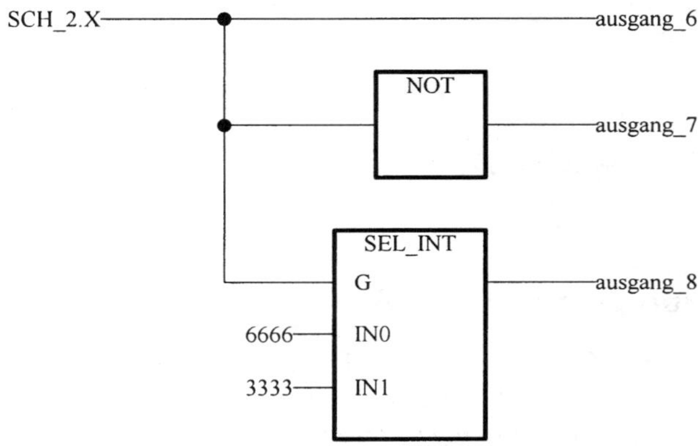

Nur wenn SCH_2 aktiv ist, kommt an ausgang_8 der Wert 3333

Ist SCH_2 nicht aktiv, kommt an ausgang_8 der Wert 6666

Bild 11.15 Inhalt der Lupe AKT_1 in FBS

Rumpf der Aktionslupe ZAEHL_1:

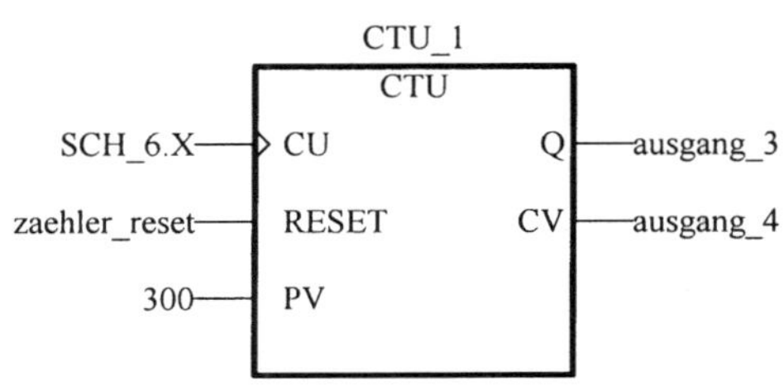

Jeder Durchlauf durch Schritt SCH_6 wird hier gezählt

Bild 11.16 Inhalt der Lupe ZAEHL_1 in FBS

Der Zähler in der Lupe ZAEHL_1 (s. Bild 11.16) zählt die Durchläufe des Programmes über den zugehörigen Schritt SCH_6. Als Zählvariable dient der Schrittmerker SCH_6.X. Damit der Zähler arbeitet, ist über RESET der Wert am Eingang PV zu übernehmen. Hier ist folgendes zu beachten: Die Aktion ZAEHLER wird nur bearbeitet, wenn SCH_6 aktiv ist, folglich ist auch nur dann in dieser Konstruktion ein Zähler-RESET möglich.

Ein 2. Zähler ist hier in ST programmiert (s. Bild 11.17). Am Zähleingang von CTU_2 ist der zugehörige Schrittmerker SCH_4.X aktiv. Für das Rücksetzen des Zählers gelten die gleichen Bedingungen wie für CTU_1.

```
CTU_2(CU := SCH_4.X, PV := 99, RESET := zaehler_reset);
ausgang_9 := CTU_2.CV;
```

Bild 11.17 Inhalt der Lupe ZAEHL_2 in ST

11.5 Beispielprogramm: CABLA_3

Das Programm CABLA_3 (Bild 11.18 und Tabelle 11.3) zeigt die Simultanverzweigung und erläutert einige Möglichkeiten in Aktionen.

Simultanverzweigung heißt, daß eine Transition, im Beispiel die Variable e1, den Übergang in mehrere Parallelzweige ermöglicht. Verlassen kann man die Parallelzweige erst dann mit der Transitionsbedingung e3, wenn alle Zweige durchlaufen wurden. Schritt 2 startet speichernd eine Lupenaktion BLINK (Bild 11.19), die nur über die stop_taste zurücknehmbar ist.

Die Aktionslupe STOP (Bild 11.20) faßt alle Anweisungen zur stop_taste zusammen. Neben den Schritten SCH_1 bis SCH_5 wird hier auch eine Aktionslupe zurückgesetzt, und zwar über deren Zustandsmerker BLINK.X.

Tabelle 11.3 Variablen zum Programm CABLA_3

```
VAR
TAKT_1          :  TAKT;
e1,e2,e3,e4     :  BOOL;
stop_taste      :  BOOL;
ausgang_1       :  BOOL;
ausgang_2       :  BOOL;
ausgang_3       :  BOOL;
ausgang_4       :  BOOL;
ausgang_5       :  BOOL;
END_VAR
```

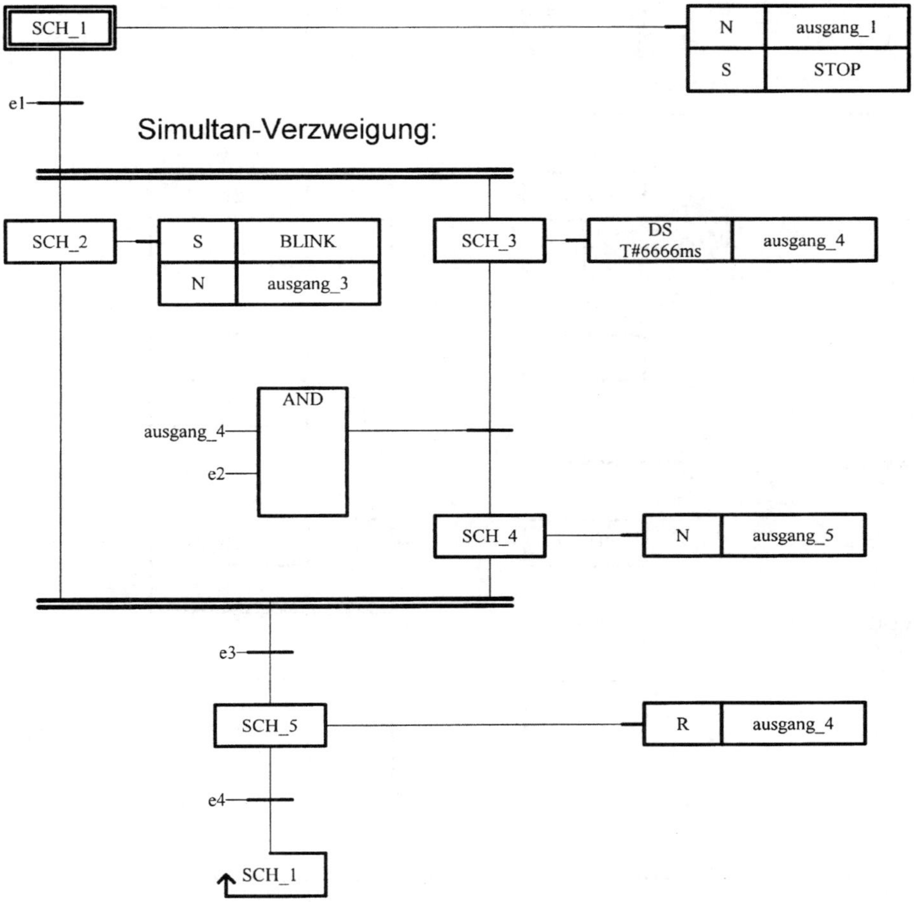

Bild 11.18 Programm CABLA_3

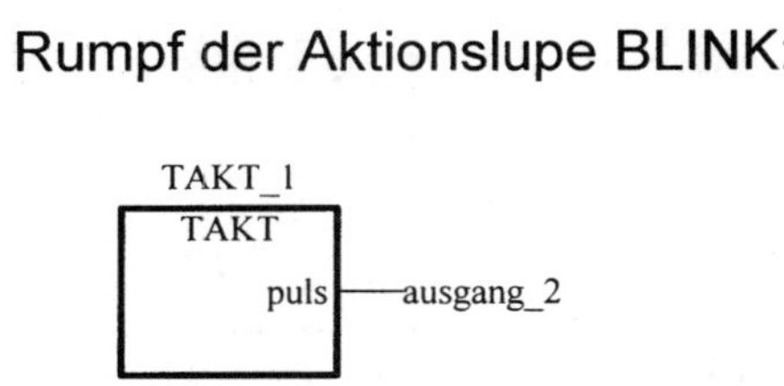

Bild 11.19
Rumpf der Aktionslupe `BLINK`

11.6 Zeitgeführte Ablaufsteuerung: C4TAKT1

Das Programm C4TAKT1 steuert 4 Aktionen, die nacheinander im 3-Sekunden-Takt anstehen (s. Bild 11.21 und Tabelle 11.4). Solange die Variable `freigabe` Signal 1

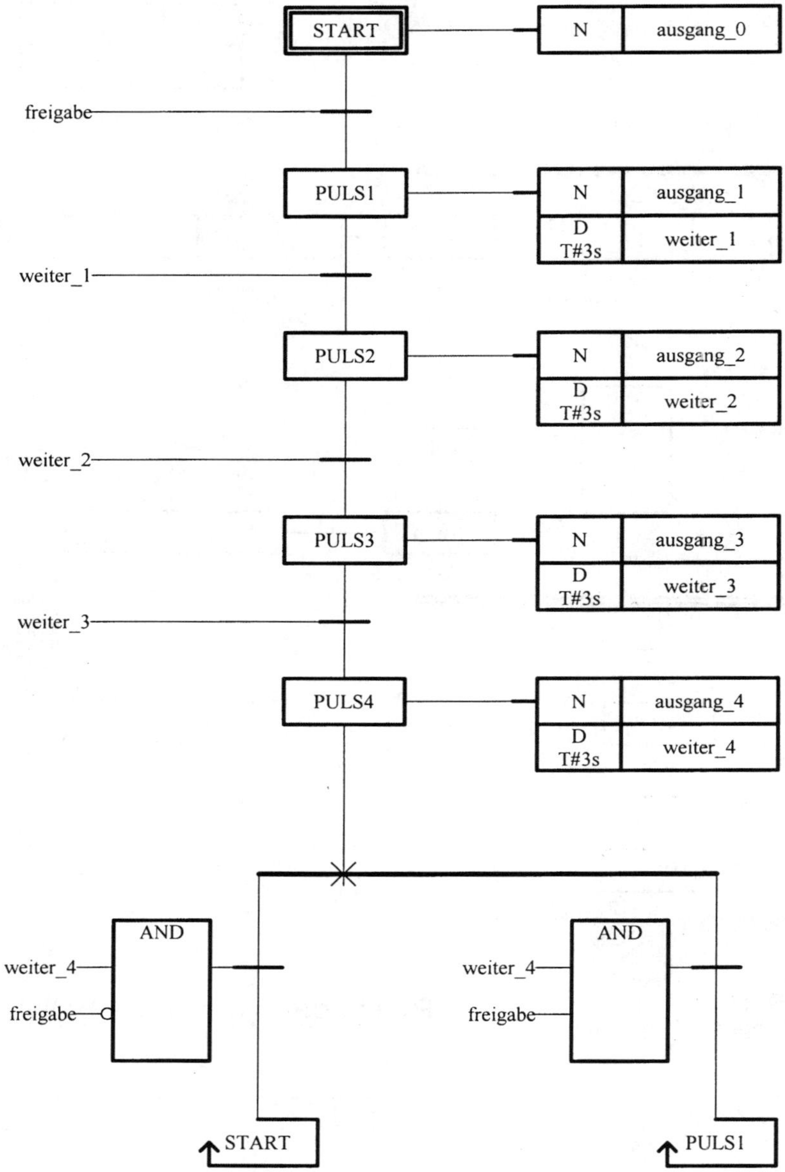

Bild 11.21 Ablaufsteuerung C4TAKT1

```
LD     stop_taste
S      SCH_1.X
R      SCH_2.X
R      SCH_3.X
R      SCH_4.X
R      SCH_5.X
R      BLINK.X
R      ausgang_4
```

Bild 11.20 Rumpf der Aktionslupe STOP

Tabelle 11.4 Variablen zum Programm C4TAKT1

```
VAR
freigabe  :  BOOL;
weiter_1  :  BOOL;
weiter_2  :  BOOL;
weiter_3  :  BOOL;
weiter_4  :  BOOL;
ausgang_0 :  BOOL;
ausgang_1 :  BOOL;
ausgang_2 :  BOOL;
ausgang_3 :  BOOL;
ausgang_4 :  BOOL;
END_VAR
```

führt, wiederholt sich dieser Vorgang zyklisch. Mit freigabe = 0 läuft der aktuelle Zyklus noch vollständig ab, dann geht das Programm in die Grundstellung START.

Das Weiterschalten von einem Schritt auf den nächstfolgenden Schritt besorgen die verzögerten Aktionen weiter_1 bis weiter_4. In den Sprung START kommen wir hinein, wenn freigabe Signal 0 führt. Andernfalls, mit freigabe = 1, arbeitet das Programm mit Schritt PULS1 weiter.

11.7 Wendeschaltung: CWENDE1

Die Wendeschaltung steuert die Laufrichtung eines Drehstrommotors über 2 Ausgänge schuetz_re und schuetz_li (Bild 11.22 und Tabelle 11.5).

Die Freigabe der beiden Alternativzweige erfolgt über eine gegenseitige UND-Verknüpfung der Startsignale. Gehen start_rechts und start_links gleichzeitig auf TRUE, dann sind beide Zweige blockiert. Der Eingang stop führt aus jedem Zweig heraus zurück in die Grundstellung.

Die Grundstellung meldet ausgang_0 mit einem Blinksignal (s. Bild 11.23). Damit ausgang_0 auf jeden Fall Signal 0 liefert bei inaktivem Schritt START , ist eine UND-Verknüpfung mit dem Schrittmerker erforderlich. Hier wäre natürlich auch ein Taktgeber mit Freigabeeingang denkbar, man könnte dann auf das UND-Glied verzichten.

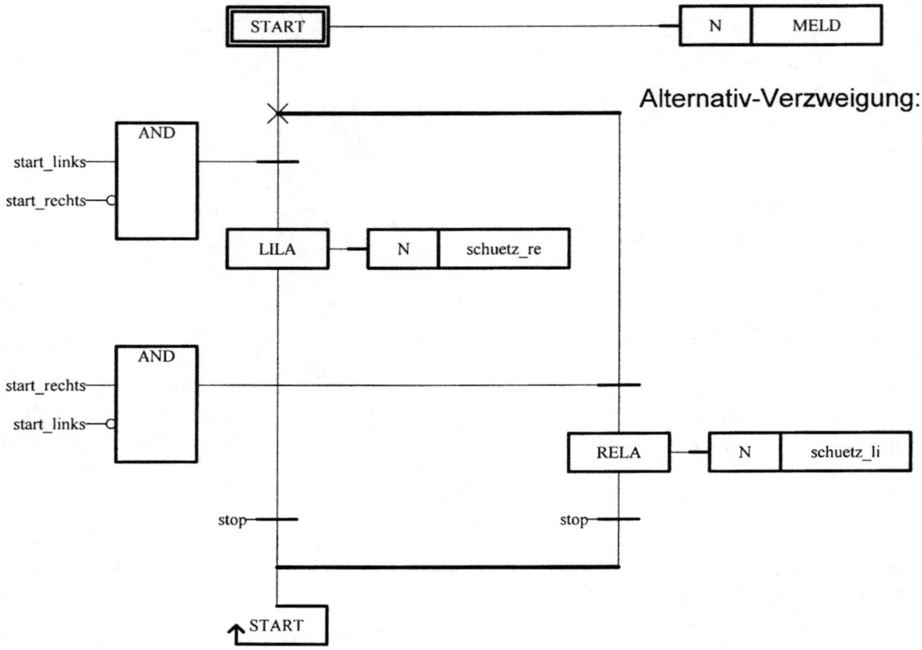

Bild 11.22 Ablaufsteuerung CWENDE1

Tabelle 11.5 Variablen zum Programm CWENDE1

```
VAR
start_links   :  BOOL;
start_rechts  :  BOOL;
stop          :  BOOL;
schuetz_re    :  BOOL;
schuetz_li    :  BOOL;
ausgang_0     :  BOOL;
TAKT_1        :  TAKT;
END_VAR
```

Rumpf der Aktionslupe MELD:

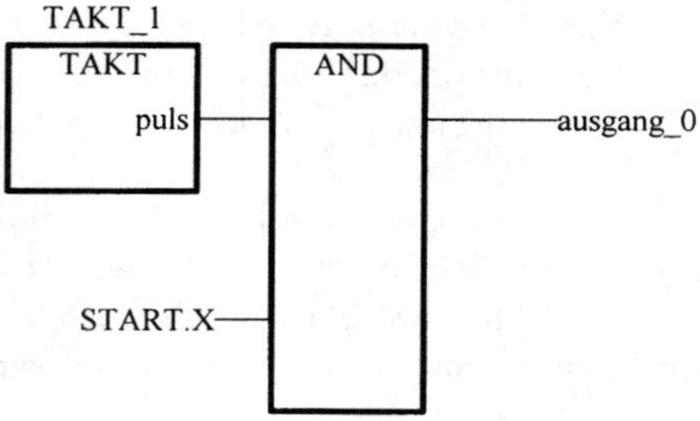

Bild 11.23
Rumpf der Aktionslupe MELD

11.8 Wendebetrieb mit Stern-Dreieck-Anlauf: CSTEDR

Das Programm CSTEDR realisiert eine Wendeschaltung mit Stern-Dreieck-Anlauf für Drehstrommotoren (Bild 11.24 und Tabelle 11.6).

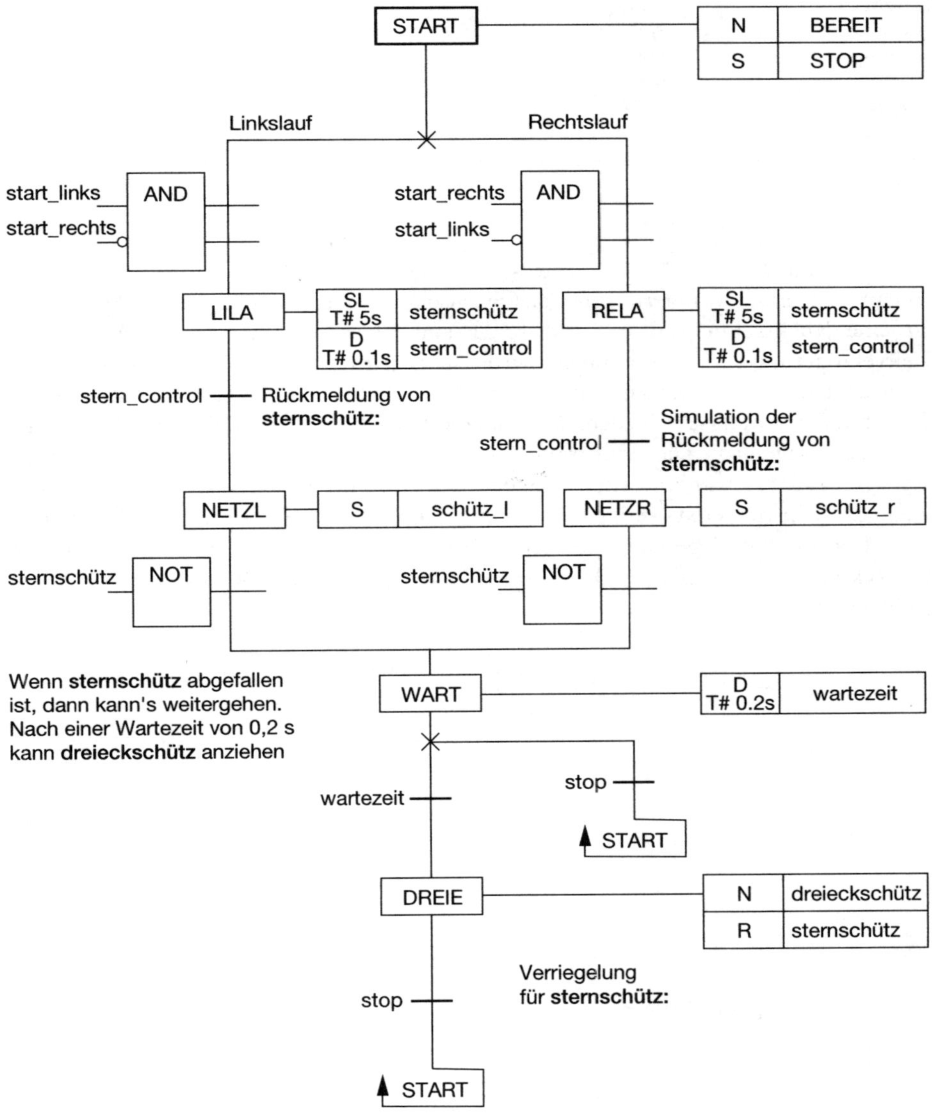

Bild 11.24 Ablaufsteuerung CSTEDR

Tabelle 11.6 Variablen zum Programm CSTEDR

```
VAR
start_links     :  BOOL;
start_rechts    :  BOOL;
stern_control   :  BOOL;
stop            :  BOOL;
sternschuetz    :  BOOL;
dreieckschuetz  :  BOOL;
schuetz_l       :  BOOL;
schuetz_r       :  BOOL;
wartezeit       :  BOOL;
lampe_1         :  BOOL;
TAKT_1          :  TAKT;
END_VAR
```

Den Startschritt meldet Ausgang lampe_1 in der Aktion BEREIT durch Blinksignal entsprechend Bild 11.13. Den Motorstart leitet man ein durch start_links oder start_rechts, womit zunächst das Sternschütz anziehen soll. Für das Sternschütz ist eine Rückmeldung stern_control eingeplant, die hier durch eine geringe Zeitverzögerung von 0,1 s simuliert wird. Die Schritte LILA und RELA aktivieren das Sternschütz, werden aber kurz darauf von den Schritten NETZL bzw. NETZR abgelöst. Damit die Sternphase trotzdem 5 s andauert, ist hier eine SL-Aktion (Stored and Delayed) eingesetzt. Die Schritte LILA und RELA speichern folglich die Aktion sternschuetz, während sie aktiv sind. Die Aktion bleibt dann 5 s bestehen, auch wenn die Schritte bereits verlassen wurden. Dann fällt sternschuetz ab, womit der Weg frei ist zum Übergang auf eine Wartezeit von 200 ms, nach der dann das Dreieckschütz anziehen soll. Der Eingang stop gestattet das Rücksetzen der Anlage (Bild 11.25).

```
LD    stop
R     LILA.X
R     RELA.X
R     NETZL.X
R     NETZR.X
R     WART.X
R     DREIE.X
R     schuetz_l
R     schuetz_r
R     sternschuetz
S     START.X
```

Bild 11.25 Rumpf der Aktionslupe STOP

11.9 Aufgaben

Die Lösungen finden Sie im Projekt LOE_11.PWT auf der beiliegenden CD.

1. Ändern Sie das Programm CABLA_1 so ab, daß alle 4 Transitionen als Lupe zu programmieren sind.
   Name des Programmes: CABLA11.
2. Ändern Sie das Programm CABLA_2 so ab, daß es während der gesamten Programmlaufzeit möglich ist, die beiden Zähler CTU_1 und CTU_2 zurückzusetzen.
   Name des Programmes: CABLA22.
3. Ändern Sie das Programm CABLA_2 so ab, daß der Parallelzweig mit SCH_6 nach dem Start nur 4-mal durchlaufen werden kann.
   Name des Programmes: CABLA23.

12 Spezialitäten

12.1 10-stufiger Bargraph: BARGR

Der Funktionsbaustein zeigt den Wert des Eingangsparameters im Bereich 0 ... 100 in Form eines Bargraphen an, und zwar in 10-%-Schritten. Das Programm liegt in ST als SBARGR vor (s. Bild 12.1, 12.2 und Tabelle 12.1).

Der Baustein arbeitet folgendermaßen: Zunächst komprimieren wir den Wertebereich von 0 ... 100 am Eingang `input_int` auf den Bereich 0 ... 10 in der Variablen `exponent`. Danach ist der INT-Wert der Variablen `exponent` umzusetzen in 10 einzelne Bits für die 10 Ausgänge (s. Tabelle 12.2). Der Übergang von einer INT-Variablen auf Variablen vom Typ `BOOL` geht nur über eine WORD-Variable. Tabelle 12.2 zeigt, wie das Bitmuster in dieser WORD-Variablen aussehen muß. Es entspricht direkt dem Aufbau des Bargraphen.

Bild 12.1
Baustein SBARGR

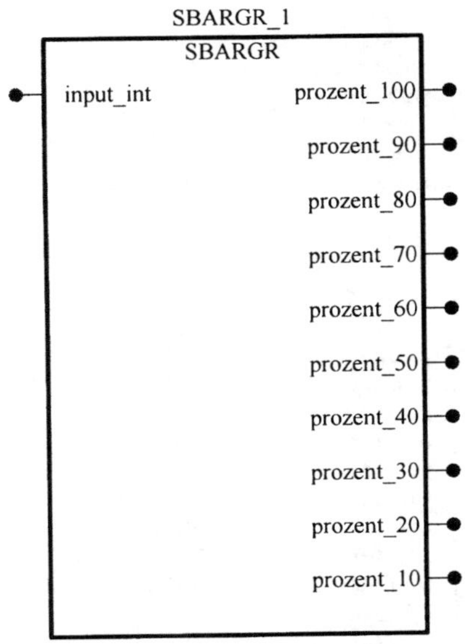

```
exponent := LIMIT_INT(0, input_int / 10, 10);
potenzwert := 1;

FOR  zaehler := 0 TO exponent DO
     IF exponent = 0
        THEN  potenzwert := 1; EXIT;
     END_IF;
     potenzwert := potenzwert * 2;
END_FOR;

ergebnis := potenzwert - 1;

bitmuster := INT_TO_WORD(ergebnis);

SWORBIT_1( input_word := bitmuster);
prozent_10  := SWORBIT_1.bit_1;
prozent_20  := SWORBIT_1.bit_2;
prozent_30  := SWORBIT_1.bit_3;
prozent_40  := SWORBIT_1.bit_4;
prozent_50  := SWORBIT_1.bit_5;
prozent_60  := SWORBIT_1.bit_6;
prozent_70  := SWORBIT_1.bit_7;
prozent_80  := SWORBIT_1.bit_8;
prozent_90  := SWORBIT_1.bit_9;
prozent_100 := SWORBIT_1.bit_10;
```

Bild 12.2 Rumpf des Bausteins SBARGR

Tabelle 12.1 Lokale Variablen des Bausteins SBARGR

```
VAR_INPUT
input_int   :  INT;
END_VAR

VAR
exponent    :  INT;
potenzwert  :  INT;
zaehler     :  INT;
ergebnis    :  INT;
bitmuster   :  WORD;
SWORBIT_1   :  SWORBIT;
END_VAR

VAR_OUTPUT
prozent_100 :  BOOL;
prozent_90  :  BOOL;
prozent_80  :  BOOL;
prozent_70  :  BOOL;
prozent_60  :  BOOL;
prozent_50  :  BOOL;
prozent_40  :  BOOL;
prozent_30  :  BOOL;
prozent_20  :  BOOL;
prozent_10  :  BOOL;
END_VAR
```

Tabelle 12.2 Umwandlung einer INT-Variablen in 10 einzelne Bits

input_int	notwendiges Bitmuster im WORD-Format der Variablen `bitmuster`	INT-Wert der Variablen `bitmuster`	in der Exponentialschreibweise
0	0000 0000 0000 0000	0	$2^0 - 1$
1	0000 0000 0000 0001	1	$2^1 - 1$
2	0000 0000 0000 0011	3	$2^2 - 1$
3	0000 0000 0000 0111	7	$2^3 - 1$
4	0000 0000 0000 1111	15	$2^4 - 1$
5	0000 0000 0001 1111	31	$2^5 - 1$
6	0000 0000 0011 1111	63	$2^6 - 1$
usw. bis	usw. bis	usw. bis	usw. bis
10	0000 0011 1111 1111	1023	$2^{10} - 1$

Das Bitmuster erhält man, wenn man für jeden Eingangswert in der Variablen `exponent` den Potenzwert zur Basis 2 berechnet und diesen um 1 vermindert. Dafür sorgt die FOR-Schleife. Sie multipliziert den `potenzwert` so oft mit 2, wie der `exponent` angibt. Ein `exponent` von 5 z. B. führt am Ende der FOR-Schleife zu einem `potenzwert` von $2^5 = 32$. Dieser Wert vermindert um 1 ergibt das `ergebnis`, aus dem nach einer INT_TO_WORD-Wandlung das gewünschte `bitmuster` hervorgeht. Der Funktionsbaustein SWORBIT aus Kapitel 9 zerlegt abschließend das `bitmuster` im WORD-Format in 10 einzelne Bits für die Ausgabe.

12.2 Simulation eines Aufzugs: AUFZG

Der Funktionsbaustein simuliert über die 10 Ausgangsbits einen Aufzug in Form zweier Bits, die hoch- oder runterlaufen. Gesteuert wird der Aufzug über die statischen Eingänge `aufwaerts`, `abwaerts` und `reset`. `reset` bringt den Aufzug in die Grundstellung: Die Ausgänge `bit_0` und `bit_1` führen TRUE. Mit TRUE am Eingang `aufwaerts` bewegen sich die beiden eingeschalteten Bits im Sekundentakt bis zur Endlage nach oben. Entsprechend bewegen sich die beiden Bits nach unten, wenn Eingang `abwaerts` Signal 1 führt; und zwar ebenfalls bis zu Endlage. Das Programm liegt in ST als SAUFZG vor (s. Bild 12.3, 12.4 und Tabelle 12.3).

Kern des Aufzugprogrammes sind 2 IF-Sequenzen, die das Bitmuster `aufzug` bei jedem `takt` nach links oder nach rechts schieben. Geschoben wird so lange, wie das entsprechende Eingangssignal vorliegt und die Endlage nicht erreicht ist. Der Timer TP_1 zu Beginn des Bausteins sorgt für den `takt`. Um den Aufzug in seine Grundstellung zu bringen, ist ein `reset` nötig. Das abschließende Umsetzen des Bitmusters `aufzug` in 10 einzelne Bits besorgt der Funktionsbaustein SWORBIT_1 aus Kapitel 9.

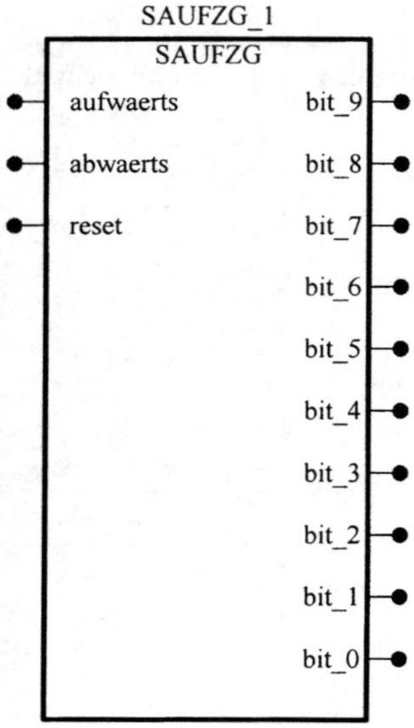

Bild 12.3
Baustein SAUFZG

```
TP_1(IN := takt, PT := T#1s);
takt := NOT TP_1.Q;

IF  reset
    THEN  aufzug := grundstellung;
END_IF;

IF  aufwaerts AND NOT abwaerts AND NOT bit_9 AND takt
    THEN  aufzug := SHL_WORD(aufzug, 1);
END_IF;

IF  abwaerts AND NOT aufwaerts AND NOT bit_0 AND takt
    THEN  aufzug := SHR_WORD(aufzug, 1);
END_IF;

SWORBIT_1 (input_word := aufzug);
bit_9 := SWORBIT_1.bit_9;
bit_8 := SWORBIT_1.bit_8;
bit_7 := SWORBIT_1.bit_7;
bit_6 := SWORBIT_1.bit_6;
bit_5 := SWORBIT_1.bit_5;
bit_4 := SWORBIT_1.bit_4;
bit_3 := SWORBIT_1.bit_3;
bit_2 := SWORBIT_1.bit_2;
bit_1 := SWORBIT_1.bit_1;
bit_0 := SWORBIT_1.bit_0;
```

Bild 12.4 Rumpf des Bausteins SAUFZG

Tabelle 12.3 Lokale Variablen des Bausteins SAUFZG

```
VAR_INPUT
aufwaerts      :  BOOL;
abwaerts       :  BOOL;
reset          :  BOOL;
END_VAR

VAR
TP_1           :  TP;
SWORBIT_1      :  SWORBIT;
takt           :  BOOL;
grundstellung  :  WORD := 16#0003;
aufzug         :  WORD;
END_VAR

VAR_OUTPUT
bit_9          :  BOOL;
bit_8          :  BOOL;
bit_7          :  BOOL;
bit_6          :  BOOL;
bit_5          :  BOOL;
bit_4          :  BOOL;
bit_3          :  BOOL;
bit_2          :  BOOL;
bit_1          :  BOOL;
bit_0          :  BOOL;
END_VAR
```

12.3 Simulation eines Förderbandes: BAND

Der Funktionsbaustein BAND simuliert ein Transportband, das in der Montageabteilung irgendwelche Teile von einer Ladestation auf 3 Entladestationen verteilt. Das Band besteht dabei aus der Ausgangsvariablen `bandlauf_byte`, in der ein Bit von rechts nach links bzw. links nach rechts wandert, je nach gewählter Richtung. Um den Bandlauf optisch entsprechend darzustellen, ist hier noch eine Umwandlung des Bytes in eine Einzelbitausgabe erforderlich, wofür der Baustein SBYTBIT geschrieben wurde (Bild 12.5).

Er zerlegt dieses `bandlauf_byte` in seine einzelnen Bits. Linkslauf des Bandes bedeutet, daß eine Bitstelle von unten nach oben wandert, mit Rechtslauf wandert das Bit von oben nach unten.

Gesteuert wird das Band über 5 Eingänge. Mit `reset = TRUE` bringt man das Band in die Grundstellung `ladestation_0`, der Ausgang führt TRUE. Über den Eingang `laden` läßt sich das Band hier beladen, der Ausgang blinkt dann. Mit TRUE am Eingang `mot_ll` bewegt sich das Band in Richtung der `entladestation_1`, wobei der jeweilige Ausgang ständig blinkt. Bei einem Stopp an einer der Entladestationen kann man das Band entladen, durch einen Puls am Eingang `entladen`, der Ausgang hört jetzt auf zu blinken. Fährt ein Teil über die Bandgrenzen hin-

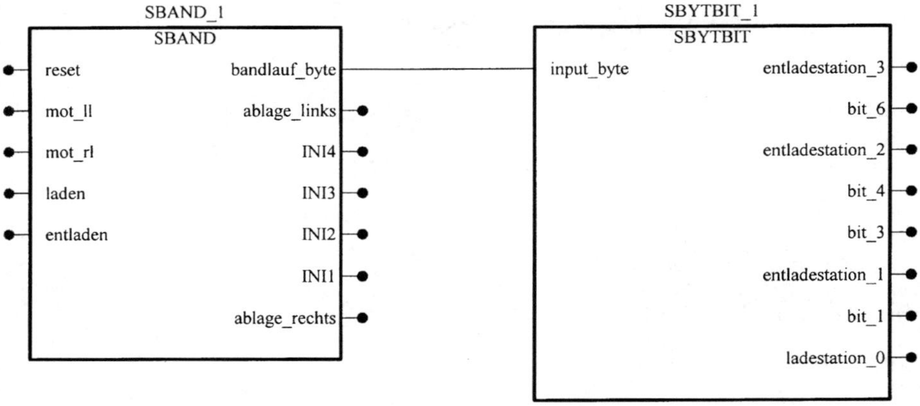

Bild 12.5 Der Baustein SBAND, verbunden mit der Einzelbitausgabe SBYTBIT

aus, dann fällt es in die Ablage und wird über die zugeordneten Initiatoren ablage_rechts und ablage_links erfaßt. Jeder Station ist ein Initiator INI1 bis INI4 zugeordnet, der erkennt, ob das Band beladen ist.

Der Programmrumpf SBAND (s. Bild 12.6 und Tabelle 12.4) arbeitet folgendermaßen: Der reset-Eingang bringt das Band zunächst in seine Grundstellung, indem die Variable band ihren startwert erhält. Dann erzeugen wir den Blinktakt, mit dem der aktive Ausgang blinkt, wenn das Band beladen ist. Der Generator aus TP_2 und TP_3 arbeitet kontinuierlich mit einer Taktperiode von 400 ms. Der Blinktakt blink vom Ausgang des Timers TP_3 ist jedoch nur aktiv mit band_beladen.

Für das eigentliche Band sind 2 Variable zuständig; und zwar die interne Variable band und die Ausgangsvariable bandlauf_byte. Um das Blinken der Ausgänge zu bewerkstelligen, legt man über die Umschaltfunktion SEL_BYTE abwechselnd die interne Variable band oder die Variable null auf den Ausgang bandlauf_byte.

Den Schiebetakt erzeugt man durch Freigabe des Timers TP_1, solange mot_rl oder mot_ll Signal TRUE führen. Der Takt schieb ist dann in Verbindung mit mot_rl oder mot_ll zuständig für die Auswahl von ROR_BYTE oder ROL_BYTE.

Das Laden und Entladen des Bandes geschieht über das Speicherglied RS_1. Es wird gesetzt mit teil_rein und zurückgesetzt mit teil_raus. In der UND-Verknüpfung, mit der man die Variable teil_rein bildet, ist hier das Ergebnis einer Vergleichsoperation (band = startwert) einbezogen! Das Rücksetzen des Speichers RS_1 über die Variable teil_raus erfordert umfangreichere Überlegungen. Für das normale Entladen muß das Band stehen, und zwar in einer entladeposition. Fördert das beladene Band nach rechts oder links über die Bandgrenzen hinaus, ist ebenfalls zu entladen. ablage_rechts und ablage_links werten dies aus.

Abschließend erhalten die Initiatoren ihre Meldungen, und zwar als UND-Verknüpfung. Sie werden nur aktiv, wenn das band_beladen ist UND wenn die rotierende Variable band einen der Vergleichswerte startwert, ini2wert usw. aufweist. Die UND-Verknüpfung ist hier also realisiert mit der Variablen band_beladen und dem Ergebnis einer Vergleichsoperation!

```
(* Grundstellung des Bandes: *)
IF   reset   THEN   band := startwert; END_IF;

(* Blinktakt für die Meldung, daß das Band beladen ist *)
TP_2(IN := NOT TP_3.Q, PT := T#200ms);
TP_3(IN := NOT TP_2.Q, PT := T#200ms);
blink := TP_3.Q AND band_beladen;
bandlauf_byte := SEL_BYTE(blink, band, null);

(* Schiebetakt erzeugen: *)
IF   mot_rl OR mot_ll
     THEN    TP_1(IN := schieb, PT := T#500ms);
             schieb := NOT TP_1.Q;
END_IF;

(* Bandlauf erzeugen: *)
IF   schieb AND mot_rl
     THEN    band := ROR_BYTE(band, 1);
END_IF;
IF   schieb AND mot_ll
     THEN    band := ROL_BYTE(band, 1);
END_IF;

(* Band beladen und entladen: *)
teil_rein := laden AND band_steht AND (band = startwert);
RS_1(SET := teil_rein, RESET1 := teil_raus);
band_beladen := RS_1.Q1;

(* Band entladen: *)
band_steht := NOT mot_rl AND NOT mot_ll;
entladeposition := INI1 OR INI2 OR INI3 OR INI4;
ablage_rechts := mot_rl AND INI4;
F_TRIG_1(CLK := INI4);
flanke := F_TRIG_1.Q;
ablage_links := mot_ll AND flanke;

teil_raus  := (entladen AND band_steht AND entladeposition)
           OR ablage_rechts
           OR ablage_links;

(* Endschalter aufbereiten *)
INI1 := (band = startwert) AND band_beladen;
INI2 := (band = ini2wert)  AND band_beladen;
INI3 := (band = ini3wert)  AND band_beladen;
INI4 := (band = ini4wert)  AND band_beladen;
```

Bild 12.6 Rumpf des Bausteins SBAND

Tabelle 12.4 Lokale Variablen des Bausteins SBAND

```
VAR_INPUT
reset,mot_ll          :  BOOL;
mot_rl,laden          :  BOOL;
entladen              :  BOOL;
END_VAR

VAR
F_TRIG_1              :  F_TRIG;
TP_1,TP_2,TP_3        :  TP;
RS_1                  :  RS;
band                  :  BYTE;
schieb                :  BOOL;
null                  :        BYTE := 16#00;
band_beladen          :  BOOL;
band_steht            :  BOOL;
entladeposition       :  BOOL;
teil_rein             :  BOOL;
teil_raus             :  BOOL;
motor_steht           :  BOOL;
blink,flanke          :  BOOL;
startwert             :  BYTE := 16#01;
ini2wert              :  BYTE := 16#04;
ini3wert              :  BYTE := 16#20;
ini4wert              :  BYTE := 16#80;
END_VAR

VAR_OUTPUT
bandlauf_byte         :  BYTE;
ablage_links          :  BOOL;
INI4,INI3,INI2,INI1   :  BOOL;
ablage_rechts         :  BOOL;
END_VAR
```

12.4 STRING-Verarbeitung: FMELD1

Variablen vom Typ STRING gestatten es, Zeichenketten zu bilden. Damit ist es möglich, längere Byteketten zu verarbeiten, die z. B. von einem Barcodeleser oder einer alphanumerischen Tastatur einlaufen. Das vorliegende Beispiel mit dem Funktionsbaustein FMELD1 soll einige Möglichkeiten zur Stringverarbeitung zeigen (Bild 12.7, 12.8 und Tabelle 12.5).

2 Zähler zählen die Impulse an den Eingängen zaehleingang_0 und zaehleingang_1. Die beiden Zählerstände gehen im Textformat an die Ausgänge meldung0_string und meldung1_string, umgeben von einem Begleittext. Über den Eingang aktion_0 schaltet man 2 unterschiedliche Texte auf den Ausgang meldung2_string.

Der richtimpuls zu Beginn des Bausteins bereitet die beiden Zähler vor, ebenso wie der reset-Eingang. Die beiden Zähler erhalten einen Voreinstellwert, der weit außerhalb unseres Zählbereiches liegt und zählen die Pulse an den beiden Eingängen `zaehleingang_0` und `zaehleingang_1`. Für jeden Zählerstand erfolgt dann eine INT_TO_STRING-Wandlung, womit sich der Wert in eine STRING-Variable einfügen läßt, dafür ist die INSERT-Funktion zuständig. An der Zeichenstelle 24 baut sie den Zählerstand in die Zeichenketten `text_0` bzw. `text_1` ein. Die abschließende Funktion SEL_STRING gestattet es, über den Eingang `aktion_0` 2 Texte auszuwählen und auf den Ausgang `meldung2_string` auszugeben.

Bild 12.7
Baustein FMELD1

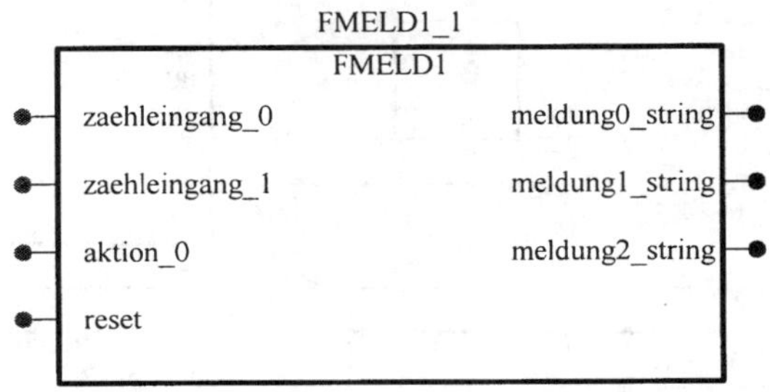

Tabelle 12.5 Lokale Variablen des Bausteins FMELDE1

```
VAR_INPUT
zaehleingang_0  :  BOOL;
zaehleingang_1  :  BOOL;
aktion_0        :  BOOL;
reset           :  BOOL;
END_VAR

VAR
text_0          :  STRING := 'Am Zaehleingang 0 kamen Impulse';
text_1          :  STRING := 'Am Zaehleingang 1 kamen Impulse';
text_2          :  STRING := 'Band ist in Grundstellung';
text_3          :  STRING := 'Band ist unterwegs';
RS_1            :  RS;
CTU_0, CTU_1    :  CTU;
richtimpuls     :  BOOL;
zaehlerstand_0  :  INT;
zaehlerstand_1  :  INT;
END_VAR

VAR_OUTPUT
meldung0_string :  STRING;
meldung1_string :  STRING;
meldung2_string :  STRING;
END_VAR
```

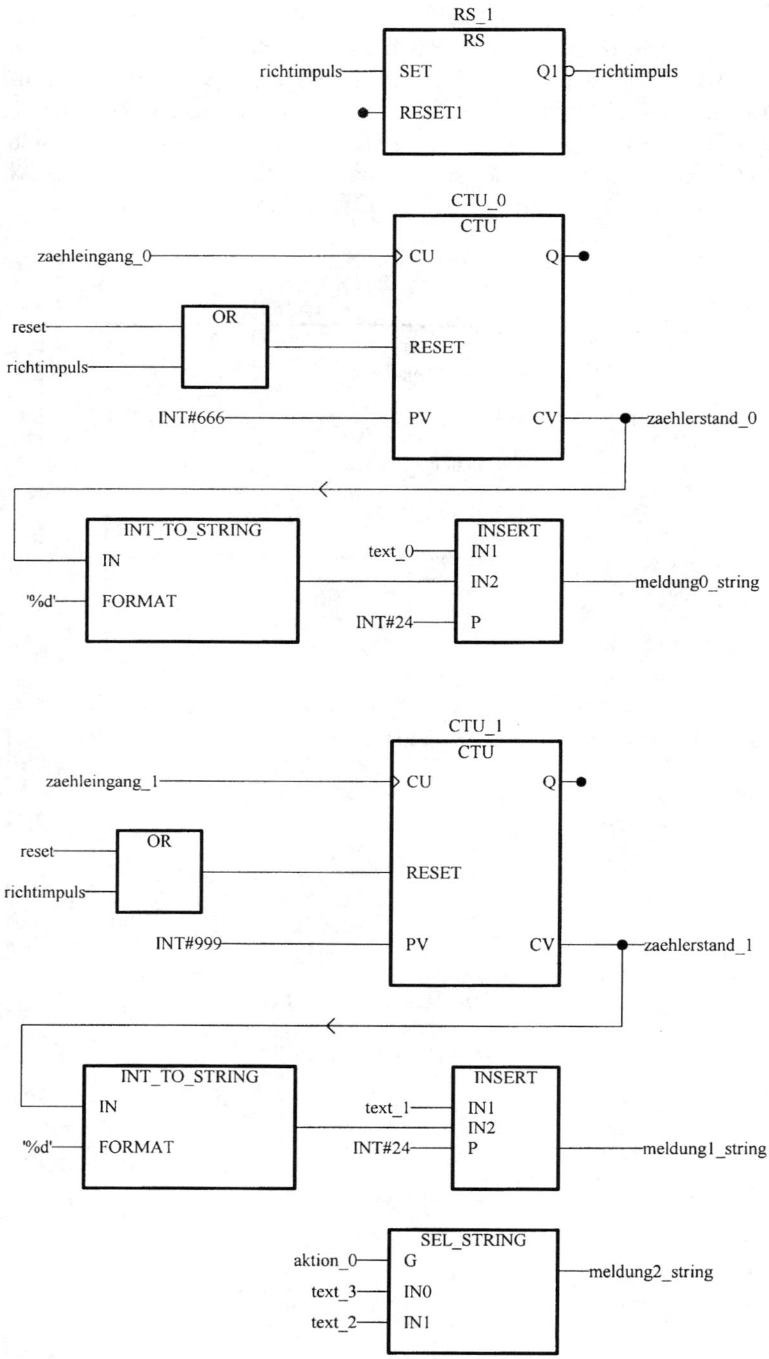

Bild 12.8 Rumpf des Bausteins FMELD1

12.5 Aufgaben

Die Lösungen finden Sie im Projekt LOE_12.PWT auf der beiliegenden CD.

1. Ergänzen Sie das Programm SAUFZG. Zunächst soll der Aufzug nicht nur über `reset`, sondern auch beim Programmstart die Grundstellung einnehmen, dann der Baustein 3 weiter Ausgänge erhalten, die 3 Positionen des Aufzugs melden:
   Ausgang `unten` meldet, wenn der Aufzug in der Grundstellung ist.
   Ausgang `mitte` meldet, wenn der Aufzug auf `bit_4` und `bit_5` steht.
   Ausgang `oben` meldet, wenn der Aufzug bei `bit_8` und `bit_9` steht.
   Name des Bausteins: SAUFZG1.
2. Ein Taktverteiler für 32 Bit ist zu erstellen. Der Funktionsbaustein hat die Eingänge `startmuster_dword` und `takt`. und 32 Ausgänge `bit_0` bis `bit_31`.
   Der Baustein übernimmt das Bitmuster vom Eingang `startmuster_dword` immer dann, wenn es sich ändert. Er übergibt dieses Bitmuster dann an die binären Ausgänge und schiebt es mit jedem Takt um eine Stelle nach oben zum nächsthöheren Ausgang. Schreiben Sie das Programm in ST.
   Name des Bausteins: STAKT32.

Inhalt der CD-ROM

Die beiliegende CD enthält folgende Softwarepakete:

- Acrobat Reader im Verzeichnis *Acrobat*,
- MULTIPROG Version 2.01 der Firma Klöpper und Wiege im Verzeichnis *Disk*,
- PC WORX Version 1.25 der Firma Phoenix Contact in einer DEMO-Version für max. 40 Prozeßdatenzuordnungen im Verzeichnis *Install*,
- im Verzeichnis *PROJEKTE\MULTIPROG* alle Beispielprojekte des Buches in einer Version, in der sie unter Multiprog wt Version 2.01 einsetzbar sind,
- im Verzeichnis *PROJEKTE\PCWORX* alle Beispielprojekte des Buches in einer Version, in der sie direkt in PC WORX-Projekten der Firma Phoenix Contact einsetzbar sind.

Einsatz der Software

Die Projekte KAP_02 bis KAP_12 enthalten zunächst alle im Buch behandelten Funktionsbausteine und Funktionen.

Zu jedem Projekt gehören darüber hinaus einige Programme, in denen diese Bausteine in einer einfachen Testumgebung zugänglich sind – sie lassen sich also unmittelbar testen. Ein Programm läßt sich testen, wenn es einer Task zugeordnet ist. Liegen also mehrere Testprogramme in einem Projekt vor, muß der Leser das gewünschte Programm in eine Task einfügen.

Alle Projekte KAP_02 bis KAP_12 lassen sich in eigenen Anwenderprojekten mit der Basis *Multiprog wt* als Bibliotheken einbinden. Allerdings ist dabei die Versionsnummer zu beachten.

Bezeichnungen für die Bausteine

Jeder Baustein hat eine Bezeichnung, die mehr oder weniger anschaulich die Tätigkeit des Bausteins nennt, z. B. BCDDEZ für einen BCD-Dezimalwandler. Diesem Bezeichner ist ein Buchstabe vorausgestellt, der die Sprache des Bausteinrumpfes kennzeichnet:

- F für Funktionsbausteinsprache (FBS),
- A für Anweisungsliste (AWL),
- S für Strukturierter Text (ST),

- K für Kontaktplan (KOP) und
- C für Ablaufsprache (AS).

Für spezielle Bausteinfunktionen, die mit unterschiedlichen Programmen gelöst sind, führen die Bausteinbezeichnungen noch eine Ordnungsziffer am Ende.

Umgang mit dem Buch

Alle Variablen sind im Text mit einer Sonderschrift ausgezeichnet. Die Ein- und Ausgangsvariablen der Funktionsbausteine und die Eingangsvariablen der Funktionen nennen in ihrer Endung den Datentyp, z. B. `sollwert_real` oder `endwert_int`. Boolesche Variablen sind ohne Typangabe aufgeführt.

Für die Variablen sind deutsche und englische Begriffe frei gemischt, und zwar deshalb, weil in der Automatisierungstechnik die englische Begriffswelt, d. h. die englische Sprache vorherrscht.

Englische Begriffe sind überall dort eingesetzt, wo es sich um Ausdrücke handelt, die in der englischsprachigen Automatisierungsliteratur häufig vorkommen, bzw. sie wurden dort eingesetzt, wo sie kürzer und prägnanter waren als deutsche Begriffe. Umgekehrt gilt natürlich das gleiche auch für viele deutsche Begriffe. Kurz und prägnant, das war bei allen Bezeichnungen der entscheidende Auswahlgrund. Andererseits zeigte sich während der Arbeit an den Programmen, daß man mit längeren Variablen-Namen fast im Klartext programmieren kann. Begünstigt wird dies dadurch, daß in modernen Programmiersystemen diese langen Bezeichnungen nur noch ein einziges mal geschrieben werden müssen: Sie lassen sich anschließend durch Mausklick aus Tabellen auswählen.

Bedienungsanleitung für die Softwarepakete

Für die beiden Softwarepakete MULTIPROG und PC WORX folgt hier jeweils eine Kurzeinführung. Darüber hinaus sei dem Leser die ausgezeichnete kontextbezogene Hilfe in beiden Programmen empfohlen.

Kurzanleitung für die Bedienung von MULTIPROG

Die CD enthält das SPS-Programmiersystem

- *MULTIPROG 2.01 in Deutsch/Englisch/Französisch*
  mit integrierter virtueller
- *SPS ProCOnOS 3.0.1 und I/O-Simulation DEMOIO.*

Die Beispielprogramme des Buches können damit geladen, editiert, übertragen und getestet werden.

Hardwarevoraussetzungen

- Pentium Prozessor mit 133 MHz
- 32 MB RAM, besser 64 MB

- Windows 95, 98 oder NT
- 60 MB freier Festplattenspeicher
- CD-ROM

Installation

MULTIPROG und ProCOnOS als virtuelles Zielsystem laufen auf Standard-PCs unter Windows 95/98 oder NT.

- Legen Sie die CD ins CD-ROM-Laufwerk.
- Öffnen Sie den Dateimanager / Explorer und wählen Sie den Laufwerksbuchstaben des CD-ROM-Laufwerks [DRIVE].
- Im Verzeichnis [DRIVE]:\DISK\MULTIPROG befindet sich MWT.EXE.
- Starten Sie das Installationsprogramm mit MWT.EXE und folgen Sie den Anweisungen.

Dokumentation

Nach der Installation finden Sie die Dokumentation im MULTIPROG-Startmenü oder auf dem Desktop. Zum Öffnen benötigen Sie den Acrobat Reader. Er ist auf der CD im Verzeichnis [DRIVE]:\ACROBAT\READER_DEUTSCH abgelegt und läßt sich von dort mit SETUP.EXE installieren.

Anschrift:

Klöpper und Wiege Software GmbH
Lagesche Straße 32
32657 Lemgo

Tel: (0 52 61) 93 73-0
Fax: (0 52 61) 93 73-26

http://www.kw-software.de
info@kw-software.de

Laden und Testen der Beispielprogramme

Die Projekte, die sich mit MULTIPROG 2.01 bearbeiten lassen, liegen im Verzeichnis DRIVE:\PROJEKTE\MULTIPROG auf der CD. In den Projekten sind alle Funktionsbausteine und Funktionen so in Programme eingebunden, daß sie sich in der Simulation unmittelbar steuern und beobachten lassen. Die Programme haben die Bezeichnungen PRG_1, PRG_2, PRG_FBS o. ä. Damit ein Programm auf der eingebauten Software-SPS laufen kann, muß es einer Task zugeordnet sein. Nur dann wird es auch im Projektbaum, Abteilung Instanzen, aufgeführt. Mindestens 1 Programm ist bereits zugeordnet, i. d. R. PRG_1. Weiter unten erfahren Sie, wie Sie weitere Programme der zyklischen Standard-Task STD_TSK zuordnen. Folgender Ablauf empfiehlt sich für die Simulation eines Projekts.

- ❑ *MULTIPROG wt starten und ein neues Projekt als Vorlage für die Demoversion anlegen:*
  Datei ⇒ Neues Projekt ⇒ Vorlage für Demoversion ⇒ OK
  Das Projekt hat nun den Namen UNTITLED.
- ❑ *Das gewünschte Projekt aus dem Projektverzeichnis von der CD entpacken:*
  Datei ⇒ Projekt öffnen/Projekt entpacken ⇒ im Verzeichnisfenster den Dateityp gepackte Projektdatei [*.zwt] anwählen ⇒ Projekt auswählen aus dem Verzeichnis DRIVE:\PROJEKTE\MULTIPROG der CD, z. B. KAP_03.ZWT.
  Das entpackte Projekt hat noch den Namen UNTITLED.
- ❑ *Dieses Projekt UNTITLED unter seinem richtigen Namen, z. B. KAP_03.MWT, im eigenen Projektverzeichnis abspeichern:*
  Datei ⇒ Projekt speichern unter/Projekt packen unter ... ⇒ im Verzeichnisfenster den Dateityp Projektdateien [*.mwt] anwählen ⇒ Verzeichnis auswählen und abspeichern.
- ❑ *Das Projekt läßt sich nun bearbeiten. Der Bildschirm zeigt im linken Drittel das Fenster für den Projektbaum, aufgeteilt auf 4 Karteikarten:*
  - Projekt (für das gesamte Projekt),
  - POEs (nur die Softwarebausteine),
  - Bibliotheken (nur die im Projekt verwendeten Bibliotheken),
  - Hardware (nur der Hardwareanteil),
  - Instanzen (alle Softwarebausteine, die in einer Task zum Einsatz kommen).
- ❑ *Das Projekt kompilieren:*
  Entweder Taste F9 oder Code ⇒ Make.
  Damit ist das Projekt aufbereitet und steht für die Simulation zur Verfügung.
- ❑ *Im Projektbaum «Physical Hardware» erfahren Sie unter Tasks, welche Programme für die Simulation instanziiert sind. Sie können hier weitere Programme einfügen:*
  Ordner Physical Hardware öffnen ⇒ Ordner Tasks ⇒ Ordner DEFAULT oder STD_TSK öffnen ⇒ die zugeordneten Programme werden aufgelistet. Will man ein weiteres Programm einer Task zuordnen (instanziieren), geht man folgendermaßen vor:
  Das Kontextmenü zu STD_TSK oder DEFAULT öffnen ⇒ Einfügen ⇒ Typ Programm anwählen ⇒ der Programminstanz einen Namen geben ⇒ unter Programmtyp das gewünschte Programm auswählen ⇒ OK. Das Projekt ist danach neu zu kompilieren.
- ❑ *Starten der Simulation:*
  Mit STRG+F10 oder Online ⇒ Ressourcenkontrolle öffnen Sie das Kontrollkästchen für die Soft-SPS. Mit Stop (bei Bedarf) ⇒ Senden ⇒ Projekt Senden ⇒ Kalt (Start) setzen Sie die Simulation in Gang. Sie können das Kontrollkästchen dann schließen.
- ❑ *Beobachten der Variablen in einem Programm:*
  Im Projektbaum die Karteikarte Instanzen auswählen ⇒ den Ordner STD_TSK öff-

nen ⇒ den gewünschten Baustein auswählen ⇒ der Bausteininhalt erscheint im rechten Fenster ⇒ über Online ⇒ Debug läßt sich der Zugriff auf das laufende Programm Ein- und Ausschalten.

- *Steuern der Variablen in einem Programm:*
  Im Debug-Modus eines Programmes lassen sich die Aktualoperanden an den Bausteineingängen überschreiben. Doppelklick mit der linken Maustaste auf den Operanden öffnet das Debug-Fenster und gestattet, den aktuellen Wert zu ändern. Mit Überschreiben wird dieser Wert gültig.

Kurzanleitung für die Bedienung von PC WORX

Die CD enthält die Softwarepakete

- *PC WORX Version 1.25 Deutsch*
- *Genesis für Windows Version 3.51 Englisch*
- *Firmware zum Hochrüsten der Field-Controller Firma Phoenix Contact*

PC WORX dient zum Parametrisieren und Programmieren von INTERBUS-Systemen mit Field-Controllern der Generation 4. Die vorliegende Demoversion gestattet das Arbeiten mit max. 40 Prozeßdatenzuordnungen.

Mit den Programmen der Visualisierungssoftware Genesis kann man die Daten des INTERBUS grafisch aufbereiten und dynamisch darstellen. Neben der grafischen Darstellung ist auch eine Trend-Darstellung sowie eine Alarmbehandlung möglich.

Hardwarevoraussetzungen

- Pentium-Prozessor 100 MHz
- 32-MB-RAM
- 100 MB freier Festplattenplatz
- CD-ROM
- Windows NT 4.0
- serielle Schnittstelle (COM1 ... COM4)
- parallele Schnittstelle (LPT1 ... LPT2)
- Interbus-Field-Controller

Installation

PC WORX läuft auf Standard-PCs unter Windows NT 4.0

- Legen Sie die Buch-CD ins CD-ROM-Laufwerk.
- Öffnen Sie den Dateimanager / Explorer und wählen Sie den Laufwerksbuchstaben des CD-ROM-Laufwerks [DRIVE].
- Im Verzeichnis [DRIVE]:\INSTALL\PCWORX\DISK1 befindet sich SETUP.EXE.
- Starten Sie das Installationsprogramm mit SETUP.EXE und folgen Sie den Anweisungen. Die Eingabe eines Paßwortes ist nicht notwendig, sie läßt sich mit RETURN übergehen.

Aktuelle Informationen zum Programm sowie zur Installation unter WIN NT findet man in der Datei README.TXT im Hauptverzeichnis der CD.

Die Visualisierungssoftware Genesis for Windows und der I/O-Server werden über ein separates Programm aus dem Verzeichnis DRIVE]:\INSTALL\GENESIS installiert.

Dokumentation

Als Dokumentation stehen auf der CD-ROM zur Verfügung

- ❑ Windows-Hilfedateien im HLP-Format,
- ❑ Postscript-Dateien im PDF-Format.

Die Windows-Hilfedateien kann man aus PC WORX über das Menü «?» bzw. über den Schalter «Hilfe» aufrufen.

Zum Öffnen der Postscript-Dateien (*.PDF) benötigt man den Acrobat Reader (s. Dokumentation Multiprog).

Anschrift

Phoenix Contact GmbH & Co.
Flachsmarktstraße 8–28
32825 Blomberg

Tel. (0 52 35) 3-00
Fax. (0 52 35) 34 12-00

Laden und Testen der Beispielprogramme

Unter PC WORX ist das Testen der Programme nur dann möglich, wenn man einen Field Controller im PC besitzt oder über die RS232-Schnittstelle ansprechen kann, z. B. die IBS ISA FC/I-T-Karte der Firma Phoenix Contact. Alle Projekte aus dem Verzeichnis DRIVE:\PROJEKTE\PCWORX der beiliegenden CD lassen sich dann einsetzen. Das Einbinden des gepackten Projekts KAP_03.ZWT wird hier beispielhaft für die oben erwähnte ISA-FC-Karte erläutert.

- ❑ Starten Sie PC WORX und legen Sie ein neues Projekt an, sinnvollerweise mit dem Namen des ausgesuchten Buchprojekts:
  PC WORX starten ⇒ Datei ⇒ Neu ⇒ es entsteht das Projekt NONAME ⇒ Datei ⇒ Speichern unter … ⇒ Arbeitsverzeichnis auswählen ⇒ Dateiname eintragen, z. B. KAP_03.BG4 OK.
  Sie befinden sich jetzt in der Abteilung SYSTEM WORX, die es gestattet, einen vorhandenen Busaufbau einzulesen oder zu planen. Für das Testen der Beispielprogramme ist kein Busaufbau nötig! Man überprüft im Projektbaum unter Anschaltbaugruppe den Kommunikationsweg ⇒ Serielle Schnittstelle oder PC ISA Bus.
  Um das PC WORX-Projekt KAP_02.BG4 zu bearbeiten, öffnet man es von der CD

aus dem Verzeichnis DRIVE:\PROJEKTE\PWX_02 und speichert auf der Festplatte im Arbeitsverzeichnis ab. Danach läßt es sich bearbeiten.

- ❑ *Wechseln Sie jetzt in die Abteilung PROGRAM WORX, um die Software zu bearbeiten:*
  Kontextmenü des Projektzweigs Programm öffnen ⇒ PROGRAM WORX auswählen ⇒ als Projektvorlage die Controllerkarte auswählen, beispielsweise IBS ISA FC/I-T ⇒ OK.
- ❑ *Unter PROGRAM WORX ist jetzt das Buchprojekt zu entpacken, im Beispiel KAP_03.ZWT:*
  Datei ⇒ Projekt packen/entpacken ... ⇒ in dem aufklappenden Fenster auf Durchsuchen klicken ⇒ als Archiv das Verzeichnis Projekte\PCWORX auf der CD ansteuern ⇒ Dateiname KAP_03.ZWT auswählen ⇒ entpacken anwählen und eventuelle Fragen mit Ja beantworten ⇒ das Projekt läßt sich damit bearbeiten.
- ❑ *Im Projektbaum unter Physical Hardware ist jetzt die Konfiguration und die Ressource anzupassen:*
  Kontextmenü der Konfiguration C_IPC_28 öffnen ⇒ Objekteigenschaften ⇒ Name: STD_CNF vorgeben ⇒ SPS-Typ: M68_28 auswählen ⇒ OK.
  Kontextmenü der Ressource R_IPC öffnen ⇒ Objekteigenschaften ⇒ Name STD_RES vorgeben ⇒ Prozessortyp ISAFC auswählen ⇒ OK.
  Zu jedem markierten Objekt im Projektbaum erhält man übrigens mit der Hilfetaste F1 eine ausführliche Beschreibung!
- ❑ *Projekt kompilieren:*
  Menü Code ⇒ Projekt erzeugen ⇒ die Kompilierung läuft ab.
- ❑ *Jetzt ist das Projekt an den ISA-FC-Controller zu schicken und dort zu starten:*
  Unter Physical Hardware das CONTROL-Kästchen öffnen ⇒ Hinweise mit OK übergehen ⇒ Senden ⇒ Senden Projekt ⇒ es erfolgt ein Download des Projekts auf die Karte ⇒ über den Kalt-Button das Projekt starten ⇒ schließen Sie das CONTROL-Kästchen, das Programm läuft nun auf der Controllerkarte.
- ❑ *Beobachten des Programmablaufs und Steuern der Variablen:*
  Unter Physical Hardware das Feld Instances öffnen ⇒ alle in einer Task eingebundenen Bausteine werden aufgelistet ⇒ den gewünschten Baustein, z.B. das Programm PRG_1 öffnen.
  Doppelklick mit der linken Maustaste auf den Operanden öffnet das Debug-Fenster und gestattet, den aktuellen Wert zu ändern. Mit Überschreiben wird dieser Wert gültig.

Verwendung der Programme in der Programmiersoftware anderer Hersteller

Programmsequenzen in den Textsprachen ST und AWL lassen sich fast problemlos kopieren und einfügen; ebenso die Variablenlisten.

Das direkte Umkopieren von Bausteinen in den grafischen Sprachen ist nicht möglich.

Verzeichnis aller Programme, Funktionsbausteine und Funktionen

Kapitel 2: Elemente der Steuerungssoftware						
Nr.	Thema	Inhalt	Name	Sprache	Typ	Bild-Nr.
1	Einsatz von Funktionsbausteinen und Funktionen in AWL	CTU, COS, SHR_WORD, LIMIT_INT	PRG_AWL	AWL	PRG	2.1
2	Einsatz von Funktionsbausteinen und Funktionen in ST	CTU, COS, SHR_WORD, LIMIT_INT	PRG_ST	ST	PRG	2.2
3	hysteresebehafteter Umschalter Stillstandswächter mit Hysterese	Beispiele für die IF-Anweisung	IFBSP	ST	FB	2.4
4	Suche nach dem größten Wert in einer Tabelle	Beispiele für die FOR-Anweisung	FORBSP1	ST	FB	2.7
5	Berechnen von Zweierpotenzen	dto.	FORBSP2	ST	FB	2.9
6	16-stufiger Bargraph	Beispiel für die WHILE-Anweisung	WHLBSP	ST	FB	2.11
7	Suchen von Werkzeug-nummern und freien Plätzen in einem Werkzeugmagazin	Beispiel für die REPEAT-Anweisung	SWKZPOS	ST	FB	2.13
8	Auswahl von 6 Sollwerten	Beispiel für die CASE-Anweisung	CASEBSP	ST	FU	2.15
9	taskgesteuerter Taktgeber	NOT-Operator	PRG_TKT	ST	PRG	2.16
10	Demoprogramm	Einsatz globaler und lokaler Variablen	PRG_1	FBS	PRG	2.17
11	Demoprogramm	dto.	PRG_2	FBS	PRG	2.18

Kapitel 3: Logikverknüpfungen und Codewandler						
Nr.	Thema	Inhalt	Name	Sprache	Typ	Bild-Nr.
12	Codewandler BCD – Dezimal	Beispiel für Logikverknüpfungen	FBCDDEZ	FBS	FB	3.5
13	dto.	dto.	SBCDDEZ	ST	FB	3.6
14	Codewandler Dezimal – BCD	dto.	FDEZBCD	FBS	FB	3.8
15	dto.	dto.	SDEZBCD	ST	FB	3.9
16	Auswahlschaltung 2 aus 3	dto.	FZWAUD	FBS	FU	3.11
17	dto.	dto.	SZWAUD	ST	FU	3.12
18	Sebsthalteschaltung	dto.	FSELBHA	FBS	FB	3.14
19	Suchen von Teilen auf einem Rundtisch	dto.	FTEISU1	FBS	FU	3.16
20	dto.	Einsatz einer Tabelle anstelle von Verknüpfungen	STEISU2	ST	FU	3.19
21	Multiplexer für 4 boolesche Eingänge mit Ansteuerung im Dualcode	Beispiel für Logikverknüpfungen	FMPXBL1	FBS	FU	3.21
22	dazu passender Demultiplexer	dto.	FDPXBL1	FBS	FB	3.22
23	Multiplexer für 4 INT-Eingänge mit Ansteuerung durch INT-Variable	Beispiel für die CASE-Anweisung	SMPXINT	ST	FU	3.24
24	Einfügen eines einzelnen Bits in ein Wort	ROL_WORD BOOL_TO_WORD	SBITBAU1	ST	FB	3.26
25	Test eines einzelnen Bits in einem Wort	SHR_WORD WORD_TO_BOOL	FBITTST	FBS	FB	3.28
26	Umwandeln einer INT-Zahl 0 ... 9 in ein BCD-Bitmuster	INT_TO_WORD FBITTST	FBCDSIM	FBS	FB	3.30

Kapitel 4: Speicher- und Zählerschaltungen						
Nr.	Thema	Inhalt	Name	Sprache	Typ	Bild-Nr.
27	Speicherglieder und Zähler in FBS	RS, SR, CTU, CTD, CTUD	PRG_FBS	FBS	PRG	4.1 bis 4.32
28	Speicherglieder und Zähler in KOP	RS, SR, CTU, CTD, CTUD	PRG_KOP	KOP	PRG	dto.
29	Speicherglieder und Zähler in AWL	RS, SR, CTU, CTD, CTUD	PRG_AWL	AWL	PRG	dto.
30	Speicherglieder und Zähler in ST	RS, SR, CTU, CTD, CTUD	PRG_ST1	ST	PRG	dto.
31	Speichern und Zählen mit den Mitteln von ST	IF-Anweisung, zählen	PRG_ST2	ST	PRG	dto.
32	Befehlsspeicher mit RS-Glied	Freigabe, Verriegelung	FBEFL	FBS	FB	4.34
33	dto.	dto. mit Standard-FB	SBEFL1	ST	FB	4.35
34	dto.	dto. mit ST-Operationen	SBEFL2	ST	FB	4.36
35	Impulsschalter mit statischer Freigabe	Speicherglieder mit gegenseitiger Freigabe	FIMPFF1	FBS	FB	4.39
36	Impulsschalter mit Flankenauswertung	dto.	FIMPFF2	FBS	FB	4.40
37	Impulsschalter mit den Mitteln von ST	IF-Anweisung	SIMPFF	ST	FB	4.41
38	Hand-Automatik-Umschaltung	RS-Speicherglieder	FHAAUT	FBS	FB	4.43
39	dto.	RS-Speicherglieder in ST	SHAAUT	FBS	FB	4.44
40	Wendeschaltung für Drehstrommotoren	RS-Speicherglieder, Freigabe und Verriegelung	FWENDE1	FBS	FB	4.46
41	dto.	Kontaktplandarstellung	KWENDE	FBS	FB	4.47
42	Einschaltreihenfolge von 3 Verbrauchern	Ansteuern von Speichergliedern, Reihenfolge im Programm	FEINRF1	FBS	FB	4.49
43	Auswertung eines Inkrementalgebers	Sprache ST	SIGAUW	ST	FB	4.51
44	Simulation eines Inkrementalgebers	Ansteuern von Speichergliedern	FIGSIM	FBS	FB	4.54
45	Schieberegister mit 16 Ausgängen als Taktverteiler	ROT-Funktionen, Tabellenverarbeitung	SWORROT	FBS	FB	4.56

Kapitel 5: Steuerungen mit Zeitverhalten						
Nr.	Thema	Inhalt	Name	Sprache	Typ	Bild-Nr.
46	Zeitglieder und Flankenauswertung in FBS	TP, TON, TOF, R_TRIG, F_TRIG	PRG_FBS	FBS	PRG	5.1 bis 5.25
47	Zeitglieder und Flankenauswertung in KOP	TP, TON, TOF, R_TRIG, F_TRIG	PRG_KOP	KOP	PRG	
48	Zeitglieder und Flankenauswertung in AWL	TP, TON, TOF, R_TRIG, F_TRIG	PRG_AWL	AWL	PRG	
49	Zeitglieder und Flankenauswertung in ST	TP, TON, TOF, R_TRIG, F_TRIG	PRG_ST	ST	PRG	
50	Taktgenerator mit Freigabeeingang und einstellbarer Perioden-dauer	TP, DIV_T_AN	FTKTRN	FBS	FB	5.26
51	Taktgenerator mit Start-Stopp-Eingängen	Einsatz von Anwender-FBs, FTKTRN	FTAKTSS	FBS	FB	5.28
52	Taktgenerator mit wählbarer Impulszahl	FTAKTSS, CTU	FTAKTAN	FBS	FB	5.30
53	Pulsdauermodulation einer Rechteck-impulsfolge	DIV, MUL_T_AN	FTKTMD	FBS	FB	5.32
54	Taktgeber auf der Basis des Programm-zyklus	Programmzyklus, MOD-Funktion	SSYSTKT	ST	FB	5.35
55	Zeitfolgesteuerung für 3 Motoren	TP-Timer als Zeitgeber	FZEITFO	FBS	FB	5.37
56	Speichernde Einschalt-verzögerung mit umschaltbarer Zeit	SEL_TIME	FSEINVZ	FBS	FB	5.39
57	Frequenzverdoppelung	R_TRIG, F_TRIG, SEL_INT Programmzyklus bestimmt die Pulsdauer	FFDOPPL	FBS	FB	5.41
58	dto.	R_TRIG, F_TRIG, IF-Anweisung	SFDOPPL	ST	FB	5.42
59	Taktgeber auf der Basis einer zyklischen Task	Multitaskingbetrieb, MOD-Funktion	PRG_TKT	FBS	PRG	5.43

Kapitel 6: Signalgeneratoren						
Nr.	Thema	Inhalt	Name	Sprache	Typ	Bild-Nr.
60	Einfacher Rampengenerator auf der Basis des Programmzyklus	MOD-Funktion, INT_TO_REAL	SRAMPE1	ST	FB	6.2
61	Rampengenerator mit Start-Halt-Stopp-Eingängen	IF-Anweisung, MOD-Funktion	SRAMPE2	ST	FB	6.4
62	dto.	MOD-Funktion, Anwenderbaustein	FRAMPE2	FBS	FB	6.5
63	Sägezahngenerator auf Zählerbasis	CTUD, Taktgeber mit 2 Frequenzen	FSAEGZA	FBS	FB	6.7
64	dto.	Funktionsbausteine in ST	SSAEGZA	ST	FB	6.8
65	Dreieckgenerator auf der Basis des Programmzyklus mit Amplituden- und Offseteinstellung	IF-Anweisung	STRIAG1	ST	FB	6.10
66	Dreieckgenerator mit Timer-Zeitbasis; oberer und unterer Spitzenwert einstellbar	IF-Anweisung, verschachtelte Funktionen	STRIAG2	ST	FB	6.12
67	Sinusgenerator mit Timer-Zeitbasis	SIN-Funktion, Winkelberechnung, Bogenmaß	SSING1	ST	FB	6.14
68	Bitmustergenerator für 4 Bit mit einstellbarer Periodendauer	ADD-Funktion, INT_TO_WORD, Einsatz einer Anwenderfunktion	FBITMG1	FBS	FB	6.17
69	dto.	Anwenderfunktion JK-FF	FBITMG2	FBS	FB	6.18

Kapitel 7: Analogwertverarbeitung						
Nr.	Thema	Inhalt	Name	Sprache	Typ	Bild-Nr.
70	Anpassen von Analogwerten 8 Bit bipolar	SUB, DIV, MUL	FAI8BIW	FBS	FB	7.2
71	Anpassen von Analogwerten 8 Bit bipolar	dto.	SAI8BIW	ST	FB	7.3
72	Anpassen von Analogwerten 12 Bit unipolar und Transformation des Wertebereiches	Numerische Funktionen	FAI12UW	FBS	FB	7.5
73	dto.	verschachtelte numerische Operationen	SAI12UW	ST	FU	7.6
74	Anpassen von Analogwerten 12 Bit bipolar	Zweierkomplement	FAI12BI	FBS	FB	7.8
75	dto.	Zweierkomplement	SAI12BI	ST	FB	7.9
76	Anpassen von Analogwerten 12 Bit unipolar oder bipolar	SEL_REAL	FAI12UB	FBS	FB	7.11
77	dto.	Einsatz von ST	SAI12UB	ST	FU	7.12
78	Automatische Meßbereichsanpassung für eine 12-Bit-Eingabebaugruppe mit einstellbarer Verstärkung	IF-Anweisungen	SAMESBE	ST	FB	7.14
79	Simulation einer Analog-Eingabebaugruppe mit einstellbarer Verstärkung	IF-Anweisungen	SADTEST	ST	FB	7.17
80	Datenausgabe an einen bipolaren 12-Bit-ADU	Wertebereich umsetzen	FAO12BIW	FBS	FB	7.19
81	Analogwerte aus Multiplexkanälen laden	Bitmuster zusammenbauen, Tabellenverarbeitung	SMPXLES	ST	FB	7.21
82	Analogeingabe mit 12-Bit-unipolar-Baugruppe IB ST 24 AI 4/SF, Firma PHOENIX CONTACT	Wertebereich anpassen	FAI4SFW	FBS	FU	7.24
83	Analogausgabe mit 12-Bit-unipolar-Baugruppe IB ST 24 AO 4/SF, Firma PHOENIX CONTACT	dto.	FAO4SFW	FBS	FU	7.25
84	Schwellwertschalter mit Hysterese	SEL_INT- und GT-Funktion	FGT_HY1	FBS	FB	7.28
85	Schwellwertschalter mit Hysterese, mittlerer Schaltschwelle und Hysterese einstellbar	SEL_IN-, ADD- und GT-Funktionen	FGT_HY2	FBS	FB	7.29
86	Sample-And-Hold-Schalter	Wirkung der IF-Anweisung	SSA_HLD	ST	FB	7.31

Kapitel 8: Numerische und arithmetische Aufgaben						
Nr.	Thema	Inhalt	Name	Sprache	Typ	Bild-Nr.
87	Typumwandlung	WORD_TO_	FWORDWA	FBS	FB	8.2
88	dto.	INT_TO_	FINTWA	FBS	FB	8.3
89	dto.	REAL_TO_	FREALWA	FBS	FB	8.4
90	Winkelwerte umwandeln von Bogenmaß in Gradmaß	mathematische Operationen	SRAGRAD	ST	FU	8.6
91	Winkelwerte umwandeln von Gradmaß in Bogenmaß	dto.	SGRARAD.	ST	FU	8.8
92	Berechnung von Wirk-, Schein- und Blindleistung	Mathematik in FBS	FLEISTU	FBS	FB	8.10
93	Füllmenge in einem Kugeltank	dto.	FVOLKUG	FBS	FB	8.12
94	Simulation einer RL-Parallelschaltung	MUL, DIV, ATAN, SQRT	FRLSIM	FBS	FB	8.14
95	Mittelwertberechnung über 2 Werte	Speichern von Meßwerten	SMITTL1	ST	FB	8.16
96	Mittelwertberechnung über 4 Werte	dto.	SMITTL2	ST	FB	8.17
97	Berechnung des Body-Mass-Index	MUL, DIV, LIMIT_REAL	FBMI	FBS	FB	8.19
98	Pegelberechnung dB und dBV	LOG, MUL, DIV	FPEGEL	FBS	FB	8.21

Kapitel 9: Tabellenverarbeitung

Nr.	Thema	Inhalt	Name	Sprache	Typ	Bild-Nr.
99	taktgesteuerte Ausgabe einer Tabelle	Tabelle initialisieren, Zeiger bilden	FTABAUS	FBS	FB	9.2
100	Sollwertgenerator für 16 INT-Werte	dto.	SSOLWG	ST	FB	9.4
101	Zusammenfassen von 16 Bit zu einem Wort	FOR-Schleife, BOOL_TO_WORD	SBITWOR	ST	FB	9.6
102	Zerlegen eines Wortes in 16 einzelne Bit	FOR-Schleife, WORD_TO_BOOL	SWORBIT	ST	FB	9.8
103	Zusammenfassen von 8 Eingangsbytes zu einer Tabelle	Tabellenwerte zuordnen	SBYTTAB	ST	FB	9.10
104	Ausgabe von 8 Bytes aus einer Tabelle	Tabellenwerte einzeln auslesen	STABBYT	ST	FB	9.12
105	Umbau einer BYTE-Tabelle in eine WORD-Tabelle	Interessante Zeigeroperationen	SBYTWOR	ST	FB	9.14
106	Umbau einer WORD-Tabelle in eine BYTE-Tabelle	dto.	SWORBYT	ST	FB	9.17
107	Stapelspeicher für INT-Werte	dto.	SSTACK	ST	FB	9.20
108	Auswertung von 8 Fehlermeldungen mit Letztwertmeldung	Interessante Tabellenverarbeitung	SFEHLER	ST	FB	9.23
109	Verzögerung von INT-Werten über max. 512 Programmzyklen	Werte in einer Tabelle verschieben	SZYKVER	ST	FB	9.25
110	Verzögerung von REAL-Werten über max. 128 Programmzyklen als First-IN-First-OUT-Register	MOD-Operator zum Erzeugen umlaufenden Zeiger	SFIFO	ST	FB	9.28
111	gleichmäßiges Auslasten von 8 Pumpen	Interessante Tabellenverarbeitung	SPMPAUS	ST	FB	9.31
112	Erzeugen von Strukturen	Variablen in Strukturen	SPARAM	ST	FB	9.34
113	Multiplexer für Strukturen	Arbeit mit Strukturen	SSTRMPX	ST	FB	9.35
114	Lauflicht mit unterschiedlichen Parametersätzen	Einsatz von Strukturen	SLAUFLI	ST	FB	9.36

Kapitel 10: Regelungstechnik						
Nr.	Thema	Inhalt	Name	Sprache	Typ	Bild-Nr.
115	Regelkreisglied mit P-Verhalten	MUL, NEG, LIMIT_REAL	FP_GLD	FBS	FB	10.4
116	Regelkreisglied mit PT_1-Verhalten	Zeitabhängigkeit des Programmrumpfes	SPT1GLD	ST	FB	10.8
117	Regelkreisglied mit I-Verhalten	dto.	SI_GLD	ST	FB	10.12
118	Regler mit P-Verhalten	Regeldifferenz, Proportionalbeiwert	FP_REG	FBS	FB	10.14
119	Regler mit I-Verhalten	Addition statt Integration	SI_REG	ST	FB	10.16
120	2-Punkt-Regler	ADD, SUB, LE, GT	FZP_RG1	FBS	FB	10.18
121	3-Punkt-Regler	interessante ST-Operationen	FDP_RG1	ST	FB	10.20
122	einfacher Schrittregler	interessante FB-Operationen	FS_REG	FBS	FB	10.22
123	Simulation eines Schrittmotors als Stellglied	Zähler mit Begrenzung	FS_MOT1	FBS	FB	10.23
124	Getriebemotor als integrierendes Stellglied	interessante ST-Operationen	SI_STGL	ST	FB	10.25

Kapitel 11: Ablaufsprache AS						
Nr.	Thema	Inhalt	Name	Sprache	Typ	Bild-Nr.
125	Beispielprogramm für Aktionen	unterschiedliche Bestimmungszeichen	CAKTION	AS	PRG	11.1
126	Beispielprogramm für Aktionen und Transitionen	unterschiedliche Arten von Transitionen	CABLA_1	AS	PRG	11.10
127	Beispielprogramm für Aktionen und Verzweigung	unterschiedliche Aktionslupen, Alternativverzweigung	CABLA_2	AS	PRG	11.12
128	Beispielprogramm für Aktionen und Verzweigung	dto.	CABLA_3	AS	PRG	11.18
129	zeitgeführte Ablaufsteuerung	Weiterschalten durch Timer	C4TAKT1	AS	PRG	11.21
130	Wendeschaltung für Drehstrommotoren	Alternativverzweigung	CWENDE1	AS	PRG	11.22
131	Wendebetrieb mit Stern-Dreieck-Anlauf	dto.	CSTEDR	AS	PRG	11.24

Kapitel 12: Spezialitäten						
Nr.	Thema	Inhalt	Name	Sprache	Typ	Bild-Nr.
132	10-stufiger Bargraph	Potenzrechnung	SBARGR	ST	FB	12.2
133	Simulation eines Aufzugs	SHL_WORD, SHR_WORD	SAUFZG	ST	FB	12.4
134	Simulation eines Förderbandes	ROR_BYTE, ROL_BYTE, Maskierung über AND	SBAND	ST	FB	12.6
135	STRING_Verarbeitung	SEL_STRING, INSERT, INT_TO_STRING	FMELD1	FBS	FB	12.8

Literaturverzeichnis

[1] BAGINSKI, A., MÜLLER, M.: *Interbus-S, Grundlagen und Praxis.* Heidelberg: Hüthig Verlag, 1994.

[2] PHOENIX CONTAKT (Hrsg.): *Grundkurs Sensor/Aktor-Feldbustechnik.* Würzburg: Vogel Buchverlag, 1997.

[3] REIßENWEBER, B.: Feldbussysteme. München: Oldenbourg Verlag, 1998.

[4] ETSCHBERGER, K.: *CAN.* München: Hanser Verlag, 1994

[5] HEAP, N.: *OSI-Referenzmodell ohne Geheimnis.* Hannover: Heise Verlag, 1994.

[6] BORST, W.: *Der Feldbus in der Maschinen- und Anlagentechnik.* München: Franzis Verlag, 1992.

[7] TROITSCH, M.: *PC-Vernetzung.* München: Franzis Verlag, 1993.

[8] ROSE, M.: *Prozeßautomatisierung mit DIN-Meßbus und Interbus-S.* Heidelberg: Hüthig Verlag, 1993.

[9] WELLENREUTHER, G., ZASTROW, D.: *Steuerungstechnik mit SPS.* Braunschweig: Vieweg Verlag, 1995.

[10] DIETRICH / LOY / SCHWEINZER (Hrsg.): *LON-Technologie.* Heidelberg: Hüthig Verlag, 1997.

[11] JOHN, K.-H., TIEGELKAMP, M.: *SPS-Programmierung mit IEC 1131-3.* Berlin: Springer Verlag, 1995.

[12] BREUER, H.: *dtv-Atlas zur Informatik.* München: dtv Verlag, 1995.

[13] BIBLIOGRAPHISCHES INSTITUT (Hrsg.): *Schüler-Duden: Die Informatik.* Mannheim: Duden Verlag, 1986.

[14] DR. ERBS, H.-E., STOLZ, O.: *Einführung in die Programmierung mit Pascal.* Stuttgart: Teubner Verlag, 1982.

[15] WEIGMANN, J., KILIAN, G.: *Dezentralisieren mit Profibus DP.* Erlangen: Publicis MCD Verlag, 1998.

[16] BERGER, H.: *Automatisieren mit STEP 7 in FUP.* Erlangen: Publicis MCD Verlag, 1997.

[17] WELLERS, H.: SPS-Programmierung nach IEC 1131-3. Berlin: Cornelsen Giradet, 1996.

[18] Praxis Profiline: Controller Area Network. Würzburg: Vogel Verlag, 1. Ausgabe 1998.

[19] Praxis Profiline: Mit INTERBUS in die Zukunft. Würzburg: Vogel Verlag, 1. Ausgabe 1997.

[20] Firmenschrift DATEL GmbH: Handbuch der Datenwandlung. München: DATEL GmbH, 1990.

[21] EBEL, T.: Regelungstechnik. Teubner Studienskripten. Stuttgart: Teubner Verlag, 1982.

[22] HEYMANN, P., SAUERWEIN, H. (Hrsg.): *Elektrotechnik, Fachstufe Energietechnik.* Stuttgart: Klett Verlag, 1998.

[23] SAMAL, E.: *Grundriß der praktischen Regelungstechnik.* München: Oldenbourg Verlag, 1990.

Stichwortverzeichnis